EUL VERLAG

# SCHRIFTEN DES INSTITUTS FÜR ENTWICKLUNG ZUKUNFTSFÄHIGER ORGANISATIONEN

Herausgegeben von Prof. Sonja A. Sackmann, Ph. D., Prof. Dr. Stephan Kaiser, Prof. Dr. Hans A. Wüthrich und Prof. Dr. Axel Schaffer, Universität der Bundeswehr München

Band 1
Katharina Schuster
**Akzeptanz organisationaler Veränderungen** – Eine experimentelle Studie zur Implementierung und Wirkung variabler Vergütung
Lohmar – Köln 2013 • 384 S. • € 65,- (D) • ISBN 978-3-8441-0227-7

JOSEF EUL VERLAG

der Bundeswehr
Universität München

Angaben gemäß § 13 (2) der Promotionsordnung i. D. F. v. 08. November 2000

UNIVERSITÄT DER BUNDESWEHR MÜNCHEN
Fakultät für Wirtschafts- und Organisationswissenschaften
Institut für Entwicklung zukunftsfähiger Organisationen

Thema der Dissertation:
Akzeptanz organisationaler Veränderungen - Eine experimentelle Studie zur Implementierung und Wirkung variabler Vergütung

Verfasserin: Dipl.-Kffr. Katharina Schuster

Promotionsausschuss:
Vorsitzender: Prof. Dr. Hans A. Wüthrich
1. Berichterstatterin: Prof. Sonja A. Sackmann, Ph.D.
2. Berichterstatter: Prof. Dr. Rainer Marr
3. Berichterstatterin: Prof. Dr. Eva-Maria Kern
4. Berichterstatter: Prof. Dr. Stephan Kaiser

Mit der Promotion erlangter akademischer Grad:
Doktor der Wirtschafts- und Sozialwissenschaften (Dr. rer. pol.)

Tag der mündlichen Prüfung:
Neubiberg, 24. Oktober 2012

Schriften des Instituts für Entwicklung zukunftsfähiger Organisationen · Band 1
Herausgegeben von Prof. Sonja A. Sackmann, Ph. D., Prof. Dr. Stephan Kaiser, Prof. Dr. Hans A. Wüthrich und Prof. Dr. Axel Schaffer, Universität der Bundeswehr München

Dr. Katharina Schuster

# Akzeptanz organisationaler Veränderungen

## Eine experimentelle Studie zur Implementierung und Wirkung variabler Vergütung

Mit einem Geleitwort von Prof. Sonja A. Sackmann, Ph. D.,
Universität der Bundeswehr München

EUL VERLAG

**Bibliografische Information der Deutschen Nationalbibliothek**

Die Deutsche Nationalbibliothek verzeichnet diese Publikation in der Deutschen Nationalbibliografie; detaillierte bibliografische Daten sind im Internet über <http://dnb.d-nb.de> abrufbar.

**Dissertation, Universität der Bundeswehr München, 2012**

ISBN 978-3-8441-0227-7
1. Auflage Februar 2013



JOSEF EUL VERLAG GmbH
Brandsberg 6
53797 Lohmar
Tel.: 0 22 05 / 90 10 6-6
Fax: 0 22 05 / 90 10 6-88
E-Mail: info@eul-verlag.de
http://www.eul-verlag.de

**Bei der Herstellung unserer Bücher möchten wir die Umwelt schonen. Dieses Buch ist daher auf säurefreiem, 100% chlorfrei gebleichtem, alterungsbeständigem Papier nach DIN 6738 gedruckt.**

## Vorwort zur Schriftenreihe

## Schriften des Instituts für Entwicklung zukunftsfähiger Organisationen

Die Reihe „Schriften des Instituts für Entwicklung zukunftsfähiger Organisationen“ dient der Verbreitung aktueller Forschungsergebnisse und möchte dadurch Entscheidungsträger bei der ganzheitlichen und auf Nachhaltigkeit ausgerichteten Entwicklung ihrer Organisationen unterstützen. Die Herausgeber der Reihe sind davon überzeugt, dass eine solche zukunftsfähige Entwicklung durch wissenschaftliche Erkenntnisse fundiert und gestützt werden kann, zumindest dann, wenn ein Mindestmaß an Anwendungsorientierung vorhanden ist und eine Übersetzungsleistung aus der Wissenschaft in die Praxis stattfindet. Wissenschaftliche Erkenntnisse zur Zukunftsfähigkeit von Organisationen lassen sich auf unterschiedlichen Ebenen generieren, so dass nicht nur Organisationen im engeren Sinne, sondern auch die in Organisationen agierenden Personen, Gruppen wie auch die für Organisationen relevanten Umfelder als Forschungsgegenstand in Frage kommen.

Verantwortliche Herausgeber der Schriftenreiche sind – wie der Name der Schriftenreihe erkennen lässt – die Mitglieder des Instituts für Entwicklung zukunftsfähiger Organisationen, das an der Universität der Bundeswehr München verortet ist. Konkret sind dies die Inhaber der Professuren für Arbeits- und Organisationspsychologie, Internationales Management, Personalmanagement und Organisation sowie Wandel und Nachhaltigkeit. Generelles Ziel der Aktivitäten des Instituts und seiner Professuren in Lehre, Forschung und Praxis ist die Entwicklung zukunftsfähiger, d. h. lern- und fortschrittsfähiger Organisationen auf Basis einer ganzheitlich-integrativen Managementperspektive. Im Rahmen dieser Sichtweise wird ein konstruktivistisches, reflektierendes und pluralistisches Wissenschaftsverständnis gelebt, auf dessen Grundlage Prämissen hinterfragt werden, Widersprüche gewollt sind, Komplexität bejaht und Kontraintuitives zugelassen wird. Aus einer interdisziplinären Tradition heraus bilden dabei Sozial-, Verhaltens-, Organisations- und Wirtschaftswissenschaften die Grundlage einer systemischen Betrachtungsweise von Menschen, Organisationen und ihren relevanten Umfeldern.

Die im Jahr 2013 erstmals aufgelegte Reihe wird in regelmäßigen Abständen am Institut entstandene Dissertationsschriften, Herausgeber- und Konferenzbände sowie Monographien veröffentlichen. Darüber hinaus ist die Reihe offen für Schriften anderer Wissenschaftler und Praktiker, die sich mit dem Selbstverständnis des Instituts identifizieren können und mit ihren

Werken einen Beitrag zur Entwicklung zukunftsfähiger Organisationen leisten wollen. Hierzu möchten die Herausgeber herzlich einladen. Ebenfalls eine Einladung soll an die Leser ausgesprochen werden: Da Wissenschaft vom kommunikativen Austausch lebt, hoffen die Herausgeber der Reihe nicht nur auf eine entsprechende Resonanz bei der Leserschaft, sondern freuen sich auch auf einen kritischen Dialog.

Sonja Sackmann, Hans Wüthrich, Stephan Kaiser & Axel Schaffer

# Vorwort zur Dissertation

Die vorliegende Dissertation von Frau Schuster befasst sich mit dem äußerst aktuellen Thema der variablen Vergütung. Diese ist nicht nur für jedes Unternehmen von Interesse, sondern wird auch im Zuge von Banken(fehl)spekulationen, Betrugsfällen, der Finanz- und Bankenkrise intensiv in der Öffentlichkeit diskutiert und hat auch große Beachtung in der Wissenschaft gefunden. Allerdings konzentriert sich Frau Schuster mit ihrer Arbeit weniger auf die viel diskutierte Höhe und Art der variablen Vergütung, sondern befasst sich mit dem wenig beachteten Thema der Akzeptanz variabler Vergütung bei ihrer Einführung in Organisationen.

Auf der Basis einer intensiven Auseinandersetzung mit motivationspsychologischen Grundlagen zu Anreiz- und Vergütungssystemen sowie zur Akzeptanz organisationaler Veränderungen und ihrer Bedeutung für die Implementierung variabler Vergütung entwickelt Frau Schuster ein Wirkungsmodell, aus dem sie eine Reihe von Hypothesen ableitet. Diese werden im Hinblick auf die übergeordnete Fragestellung „In welchem Umfang und in welche Richtung ändern sich Motivation und Verhalten der Mitarbeiter durch die variable Vergütung?" mithilfe einer experimentellen Forschungsmethodik systematisch überprüft.
Die Arbeit ist grob in drei zentrale Teile gegliedert. Die Einführung beinhaltet die Problem- und Fragestellung mit der Zielsetzung der Arbeit und einen Überblick über den Gang der Untersuchung. Teil I der Arbeit fokussiert die theoretischen Hintergründe und den aktuellen Stand der für ihre Fragestellung relevanten Forschung im Bereich der Motivationspsychologie (Kapitel 2) wie auch der Akzeptanz organisationaler Veränderungen und ihre Bedeutung für die Implementierung variabler Vergütung (Kapitel 3). Anschließend wird das zu untersuchende Modell dargestellt und konkrete Hypothesen zur systematischen Analyse der Akzeptanz variabler Vergütung abgeleitet, die dann einer empirischen Untersuchung unterzogen werden.

In Teil II wird zunächst in Kapitel 5 die Methodologie mit wissenschaftstheoretischer Fundierung diskutiert sowie die konkrete Methodik der durchgeführten empirischen Forschung in Form eines Experiments, dessen Aufbau, Ablauf und Erhebungsinstrumente beschrieben werden, wie auch die statischen Auswertungsverfahren, die bei der Datenanalyse Anwendung fanden. Stichprobe und Ergebnisse der empirischen Untersuchung werden in Kapitel 6 beschrieben und letztere diskutiert. Implikationen für das Management und für weitere Forschung sowie Limitationen der Studie sind Inhalte des Kapitels 7. Die Arbeit schließt mit einem Fazit.

Die detaillierten Ergebnisse leisten nicht nur einen Beitrag zum bessern Verständnis von Akzeptanz bei der Einführung eines variablen Vergütungssystems, sondern geben auch Hinweise für konkrete Handlungsempfehlungen. Als ein zentraler Beitrag der empirischen Hypothesenüberprüfung kann das Ergebnis gewertet werden, dass variable Vergütung einen positiven Einfluss auf die Quantität der Arbeit nicht jedoch auf deren Qualität in Form von Kreativität hat. Letztere zeigte sich bei fixer Vergütung höher. Damit eignet sich variable Vergütung eher bei repetitiven Aufgaben, während bei kreativen Aufgaben eine fixe Vergütung vorzuziehen ist.

Die vorliegende Arbeit wurde von der Fakultät für Wirtschafts- und Organisationswissenschaften der Universität der Bundeswehr München angenommen. Mit dieser Dissertationsschrift wird die Schriftenreihe des Instituts für Entwicklung zukunftsfähiger Organisationen (EZO) eröffnet. Die Arbeit unterstreicht die interdisziplinäre, theoretisch fundierte und zugleich anwendungs- und entwicklungsorientierte Ausrichtung unseres Instituts EZO. Mit der Arbeit erfährt die Diskussion über die Einführung bzw. die Akzeptanz und den konkreten Einsatz variabler Vergütungssysteme wesentliche Impulse für die Wissenschaft wie auch für die Praxis.

Prof. Sonja A. Sackmann, Ph.D.
*Institut für Entwicklung zukunftsfähiger Organisationen*
*Fakultät für Wirtschafts- und Organisationswissenschaften*
*Universität der Bundeswehr München*

## Danksagung

Diese Arbeit wurde durch ein Begabtenstipendium der Hanns-Seidel-Stiftung e. V. aus Mitteln des Bundesministeriums für Bildung und Forschung (BMBF) gefördert.

Ich bedanke mich ganz herzlich für die Unterstützung, die ich von allen Seiten erfahren durfte!

Höhenkirchen-Siegertsbrunn, im Februar 2013 Katharina Schuster

# Inhaltsverzeichnis

# Abbildungsverzeichnis

# Tabellenverzeichnis

## Abkürzungsverzeichnis

| | |
|---|---|
| AG | Aktiengesellschaft |
| Bd. | Band |
| BFI-K | Big Five Inventory-Kurzversion |
| BOHICA | Bend Over, Here It Comes Again |
| BPR | Business Process Reengineering |
| bzgl. | bezüglich |
| bzw. | beziehungsweise |
| CEO | Chief Executive Officer |
| E | Einstellung |
| e. V. | eingetragener Verein |
| ed. | Editor |
| eds. | Editors |
| E-F-Erwartung | Ergebnis-Folge-Erwartung |
| ERG | Existence-, Relatedness-, Growth needs |
| et al. | et alii, et aliae (und andere, lat.) |
| etc. | et cetera (und so weiter, lat.) |
| f | folgende |
| H.d.V. | Hervorhebung des Verfassers |
| H-E-Erwartung | Handlungs-Ergebnis-Erwartung |
| HR | Human Resource |
| Hrsg. | Herausgeber |
| H-S-E-Erwartung | Handlungs-bei-Situation-Ergebnis-Erwartung |
| http | hypertext transfer protocol |
| i | Individuum |
| I | Input |
| IRT | Item-Response-Theorie |
| IT | Informationstechnologie |
| IuKSysteme | Informations- und Kommunikationssysteme |
| KI | Konditionsindex |
| lat. | lateinisch |
| LMX | Leader-Member-Exchange |
| M | Mittelwert |
| MBA | Master of Business Administration |
| MEMO | Memorandum |

| | |
|---|---|
| Min | Minute |
| Mini IPIP | Miniature International Personality Item Pool |
| n.s. | nicht signifikant |
| NEO-FFI | Neurotizismus, Extraversion, Offenheit für Erfahrungen-Fünf-Faktoren-Inventar |
| Nr. | Nummer |
| O | Outcome |
| o. S. | ohne Seite |
| o. V. | ohne Verfasser |
| q | Quotient |
| r | Referenzperson |
| $R^2$ | Bestimmtheitsmaß |
| S. | Seite |
| SD | Standard Deviation |
| S-E-Erwartung | Situations-Ergebnis-Erwartung |
| soFid | Sozialwissenschaftliche Fachinformationsdienste |
| S-O-R | Stimulus-Organism-Response |
| TAM | Technology Acceptace Model |
| TG | Treatmentgruppe |
| u. a. | unter anderem |
| US | United States |
| USW | Universitätsseminar der Wirtschaft |
| V | Verhalten |
| v. a. | vor allem |
| VBM | Verband der Bayerischen Metall- und Elektroindustrie e. V. |
| vbw | Verband bayerischer Wirtschaft |
| VDI | Verein Deutscher Ingenieure |
| vgl. | vergleiche |
| VIE | Valenz, Instrumentalität, Erwartungswert |
| VIF | Variance Inflation Factor |
| Vol. | Volume |
| vs. | versus |
| www | world wide web |
| z. B. | zum Beispiel |
| zit. | zitiert |

## Formelverzeichnis

# 1 Einführung

„Fortschritt ist ein schönes Wort.
Seine Triebkraft aber heißt Wandel.
Und der Wandel hat seine Feinde.“
Robert Kennedy (US-Senator)

## 1.1 Problemstellung

Aktuelle Untersuchungen haben gezeigt, dass sich Beschäftigungsbeziehungen in Unternehmen in einem tiefgreifenden Wandel befinden, der sich in einer Änderung der Erwartungen der Mitarbeiter gegenüber dem Unternehmen widerspiegelt (vgl. Marr & Fliaster, 2003b, 278, 288-295; Rousseau, 1995, 1-14; Shire, 2011, 157). Erwartungen sind Gegenstand des sogenannten psychologischen Vertrags, in dessen Mittelpunkt das steht, „... was Unternehmen und ihre Mitarbeiter als verbindliche Verpflichtungen zueinander ansehen und ihrem Handeln zugrunde legen“ (Marr & Fliaster, 2003b, 278). Die Veränderung von einem relationalen zu einem transaktionalen psychologischen Vertrag fassen Marr und Fliaster (2003b, 288) unter dem Stichwort der Transaktionalisierung zusammen. Dabei werden langfristige Bindungen aufgelöst und die Beschäftigungsbeziehungen vorwiegend nach Marktprinzipien gestaltet. Hinzu kommt, dass Deutschland nach dem Bericht „Arbeitslandschaft 2030“ auf einen massiven Personalmangel zusteuert. Dieser Ausblick bleibt weitgehend unbeeinflusst von der Wirtschafts- und Finanzkrise (vgl. vbw - Verband bayerischer Wirtschaft, 2010, o. S.). Somit nimmt künftig auch die Nachfrage nach Hochschulabsolventen als Arbeitnehmer weiter zu (vgl. Gramke, Fischer, Schlesinger & Schüssler, 2009, 12). Sie sind der ‚Generation Y‘ zuzuordnen, stellen die Nachkommen der ‚Generation X‘ dar und werden künftig verstärkt auf dem Arbeitsmarkt vertreten sein. Die Anforderungen an die Arbeitgeber unterscheiden sich deutlich von denen ihrer Vorgänger. Sie legen u. a. großen Wert auf Kreativität, soziale Konnektivität und Vielfalt im Betrieb, stehen Loyalität und einer langfristigen Bindung an ein Unternehmen allerdings kritisch gegenüber. Ihre positive Einstellung gegenüber Leistung geht mit einem Bedürfnis nach einer ausgewogenen Work-Life-Balance und einem geregelten

Privatleben einher (vgl. Albers, 2008, 165-167; o. V., 2010, 6; Sackmann & Klaus, 2011, 8, 10; Salt, 2007, 12).[1]

Auf die geänderten Anforderungen müssen die Unternehmen in geeigneter Weise reagieren, indem sie eigenen internen Wandel durchführen und ihre personalwirtschaftlichen Strukturen, Prozesse, Systeme und Instrumente anpassen. Entsprechender organisationaler Wandel ist für das Unternehmen notwendig, um attraktiv zu bleiben, gute Mitarbeiter gewinnen, binden und Leistungspotenziale ausschöpfen zu können und so die Wettbewerbsfähigkeit zu sichern (vgl. Hessenchemie, 2010, 3; Hug, 2008, 10; Sebald & Enneking, 2006, 4). Sebald, Ballhausen, Denison und Blösinger (2010, 1) sprechen in diesem Zusammenhang auch von einem neuen „Deal", in dem die gegenseitigen Erwartungen neu ausgehandelt werden.

Ein zentrales Element bei der Ausgestaltung zukünftiger Beschäftigungsbeziehungen, das diesem Wandel unterworfen ist, stellt das Anreiz- und Vergütungssystem dar (vgl. Marr & Fliaster, 2003a, 95; Sebald et al., 2010, 1). Betrachtet man die Vielzahl an Veröffentlichungen zum Thema variable Vergütung, so fallen insbesondere drei Punkte auf, wobei der erste die Wirksamkeit extrinsischer Anreize und der zweite den Prozess der Implementierung betrifft. Als drittes ist der bislang mangelnde Fokus auf die ‚Generation Y' festzustellen.

Die Notwendigkeit der Veränderung von Anreiz- und Vergütungssystemen wird an verschiedenen Stellen in der Theorie betont. Demnach ist diese Anpassung wichtig, da die Systeme der Sicherung der Wettbewerbsfähigkeit dienen, indem sie zur Anwerbung und zum Halten guter Mitarbeiter beitragen und zu hohen Leistungen motivieren (vgl. Weinert, 1992, 123). Dabei gilt allgemein die Erwartung, dass ein variables Vergütungssystem, das eine spezielle Ausprägung eines Anreizsystems darstellt (vgl. Kossbiel, 1994, 78), erreichte Ziele und außergewöhnliche Leistungen honoriert, um das Engagement und die Motivation der Mitarbeiter zu fördern (vgl. Hofbauer & Winkler, 2002, 236 f.; Weibel, 2009, 24). Auch nach Ergebnissen verschiedener empirischer Studien können Veränderungen des Vergütungssystems erstens Fluktuation, Rekrutierung und Bindung, zweitens Einstellungen der Mitarbeiter und drittens Arbeitsweisen beeinflussen, wobei allerdings häufig die systematische Evaluation dieser Effekte ausbleibt (z. B. Corby, White & Stanworth, 2005, 12-15; Sebald & Enneking,

---

[1] Die angegebenen Autoren charakterisieren diese Generation wie folgt weiter: Es sind junge (zwischen 01.07.1976 und 30.06.1991 geborene) Arbeitnehmer, welche den Umgang mit Computern, Internet sowie Mobiltelefonen gewöhnt sind, da sie mit kollaborativen Werkzeugen wie Wikipedia und Myspace groß geworden sind. Sie möchten selbst bestimmen, wann und wo sie arbeiten.

2006, 5-7, 11-13, 16; Watson Wyatt Worldwide, 2006, 6). Zahlreiche Studien scheinen demnach die Annahme einer positiven Wirkung der variablen Vergütung zu stützen. Die Wirksamkeit extrinsischer Anreize ist in der Wissenschaft allerdings kontrovers diskutiert (vgl. Weibel, 2009, 24). Denn daneben existieren auch Untersuchungen, die ihr keinen oder sogar einen negativen Effekt bestätigen (vgl. Rost & Osterloh, 2007, 3 f.). In der Praxis hingegen scheint der Siegeszug variabler Vergütung nach Weibel (2009, 24) ungebrochen. Variable Löhne und Gehälter verbreiten sich zunehmend (vgl. Haussmann & Brück, 2007, o. S.; Heissmann, 2007, 2; Näser, 2010, 4; von Hopfenmüller, 2008, o. S.). Zugleich werden Veränderungen an den bestehenden Vergütungssystemen für notwendig gehalten und ein Trend zu einer längerfristig ausgerichteten Vergütung konstatiert (vgl. Dürr & Fischer, 2009, 43; PricewaterhouseCoopers, 2008, 5, 25, 27). Die Unternehmen sehen in der variablen Vergütung viele Chancen, gestalten ihre bestehenden Anreiz- und Vergütungssysteme um und passen diese an bzw. führen variable Vergütung neu ein. Insgesamt ist allerdings nach wie vor offen, ob es sich bei der Relation zwischen variabler Vergütung und Leistung lediglich um eine Ideologie handelt, oder ob ein validierter Zusammenhang besteht.

Neben diesen motivationspychologischen Aspekten sind bislang auch bezogen auf die Veränderungsprozesse zur Umgestaltung bzw. Neueinführung variabler Vergütung verschiedene Fragen offen. Grundsätzlich können die Reaktionen der Mitarbeiter auf Veränderungen sehr unterschiedlich ausfallen. Während die einen dem Wandel positiv gegenüber stehen und ihn als Chance zum Lernen und Wachsen ansehen, reagieren andere schon auf geringste Veränderungen negativ (vgl. Wanberg & Banas, 2000, 132). Change-Projekte sind generell durch das Auftreten von Widerständen gekennzeichnet, wie auch das Eingangszitat veranschaulicht (vgl. Bovey & Hede, 2001b, 534-546; Frey, Gerkhardt & Fischer, 2008, 281-284; Pardo del Val & Fuentes, 2003, 148-154; Stock-Homburg, 2007, 796). Daher ist auch bei der Einführung variabler Vergütung zu erwarten, dass sie bei betroffenen Mitarbeitern auf geringe Akzeptanz stößt oder diese mit Widerstand reagieren, wodurch das Risiko entsteht, dass das Veränderungsvorhaben scheitert. Akzeptanz ist Voraussetzung für den Erfolg von Veränderungen und somit auch für die erfolgreiche Implementierung variabler Vergütung (z. B. Dressler, 1999, 295; Grewe, 2003, 40; Krüger, 1994b, 217; Kruse, 2002, 32-34; Kopp & Schuler, 2003, 183). Akzeptanz meint im Rahmen dieser Arbeit *die Bereitschaft eines Mitarbeiters zur Annahme des variablen Vergütungssystems auf Grund einer positiven Einstellung diesem Objekt gegenüber und die Umsetzung dieser Verhaltensintention in tatsächliches Verhalten.* Demnach gilt die Annahme, dass die *Bereitschaft eines Mitarbeiters, auf das variable Vergütungs-*

*system umzusteigen* und *sich im Sinne der Anreize des Systems zu verhalten,* die Einstellungsakzeptanz widerspiegelt, welche sich als Prädiktor für das tatsächliche Verhalten, die Verhaltensakzeptanz, eignet.[2] Die Literatur liefert zwar zahlreiche Hinweise zur Akzeptanzproblematik, möglichen Widerständen und Maßnahmen (z. B. Caruth, Middlebrook & Rachel, 1985, 26 f.; Kotter & Schlesinger, 2008, 134-137; Kapitel 3.3.4). Jedoch beziehen sich diese nicht auf den konkreten Fall der Einführung von Anreiz- und Vergütungssystemen.

Somit wurde bisher nicht systematisch untersucht, welche Faktoren die Akzeptanz eines Anreiz- und Vergütungssystems, welche die Voraussetzung für die erfolgreiche Einführung darstellt, beeinflussen. Außerdem ist noch offen, inwieweit die Einführung solcher Systeme erfolgreich verläuft, wie Veränderungswiderstände entstehen und wie dieser Prozess der Implementierung optimal gestaltet werden kann. So stellt beispielsweise Winter bereits 1997 (626 f.) fest, dass die Literatur bislang kaum Anhaltspunkte für prozessorientierte Verhaltensregeln bei der Einführung oder Umgestaltung von Anreizsystemen liefert. Für den Erfolg eines Anreiz- und Vergütungssystems ist die Akzeptanz durch die Betroffenen unerlässlich (vgl. Kruse, 2002, 25). Dafür sind nicht nur dessen inhaltliche Ausgestaltung, sondern auch die Entwicklungs-, Implementierungs- und Steuerungsprozesse entscheidend (vgl. Hurtmanns, 2008, 392; Eckardstein, 1995, 37, zit. nach Geier, 2007, 10). Bei der Einführung leistungsorientierter Vergütungssysteme bestehen somit Probleme, die Forscher bislang zu wenig untersucht und Praktiker zu wenig anerkannt haben (vgl. Beer & Cannon, 2004, 15).

Die bisherigen Ausführungen machen weiteren Forschungsbedarf bezogen auf die Wirksamkeit variabler Vergütung und den Implementierungsprozess sowie mögliche Ansatzpunkte zur Akzeptanzförderung deutlich. Basierend auf diesen Ausführungen werden im folgenden Kapitel die Forschungsfragen herausgearbeitet.

## 1.2 Fragestellung und Zielsetzung

Bei organisationalen Veränderungen, wie beispielsweise der Einführung eines variablen Vergütungssystems, spielt das Individuum eine entscheidende Rolle. Obwohl viele Unternehmen variable Vergütung einsetzen, bleibt ihre Wirkung, beispielsweise auf Motivations- und Leistungssteigerung von Mitarbeitern, in der Wissenschaft umstritten. Neben diesem nach wie

[2] Der Zusammenhang zwischen Einstellung und Verhalten sowie die Eignung der Verhaltensintention als Prädiktor für das Verhalten sind in der Literatur stark diskutiert (z. B. Aronson, Wilson & Akert, 2008, 214; Herrmann, 1999, 195; Rosch & Frey, 1997, 302; Venkatesh & Bala, 2008, 291).

vor ungeklärten motivationspsychologischen Punkt stellt sich im Zusammenhang mit der Veränderung der Vergütungssysteme u. a. die Frage, wie die Prozesse gestaltet sein müssen, um die Mitarbeiter im ersten Schritt zum Wechsel zu veranlassen und ihre Bereitschaft, sich entsprechend des Systems zu verhalten, zu fördern. Dieser erste Schritt ist Voraussetzung für den zweiten Schritt, in dem es zu erreichen gilt, dass sich die Mitarbeiter dann auch tatsächlich anreizkonform verhalten. Welche Maßnahmen eignen sich zur Unterstützung des Veränderungsvorhabens und somit auch zur Förderung des Verhaltens im Sinne der Anreize des Systems? Wie kann die Akzeptanz unter verschiedenen Bedingungen erreicht bzw. Nicht-Akzeptanz vermieden (bzw. mit ihr umgegangen) werden, beispielsweise wenn einzelne Mitarbeiter ihren Vorteil als gering einschätzen oder das Verfahren zur Ermittlung der Vergütung oder auch das Verteilungsergebnis als ungerecht wahrnehmen?

Akzeptanz kann sich dabei erstens in einer positiven Verhaltensintention durch die *Bereitschaft, auf das variable Vergütungssystem umzusteigen* und die *Bereitschaft, sich im Sinne der Anreize des Systems zu verhalten*, und zweitens im tatsächlichen anreizkonformen Verhalten (Leistungssteigerung) zeigen. Damit ein Unternehmen die Ziele erreicht, die es mit der variablen Vergütung anstrebt, liegt es in seinem Interesse, dass möglichst flächendeckend die Mitarbeiter nach dem neuen System vergütet werden und die geförderten Verhaltensweisen zeigen. Die Forschungsfragen lassen sich dementsprechend wie folgt zusammenfassen:

In welchem Umfang und in welche Richtung ändern sich Motivation und Verhalten der Mitarbeiter durch die variable Vergütung?

Wenn der Mitarbeiter wählen kann, wovon hängt seine *Bereitschaft, auf das variable Vergütungssystem umzusteigen,* und seine *Bereitschaft, sich im Sinne der Anreize des Systems zu verhalten,* ab?

Inwiefern hängt das tatsächliche (Leistungs-) Verhalten des Mitarbeiters von seiner Bereitschaft ab?

Welche Implikationen lassen sich zur Verbesserung der Akzeptanz sowie zur Verminderung von bzw. zum Umgang mit Nicht-Akzeptanz und somit der Effizienz der variablen Vergütung ableiten?

Ziel dieser Arbeit ist es, organisationalen Wandel in Form der Einführung eines variablen Vergütungssystems und insbesondere dessen Akzeptanz zu untersuchen. Dies soll einen Beitrag zum Verständnis von Akzeptanz sowie deren Erreichung leisten und durch Ableiten von Handlungsempfehlungen zum Erfolg variabler Vergütung beitragen. Dazu werden auf theoretischer Basis ein Modell zu den Bedingungsparametern von Akzeptanz und deren Einfluss auf das Verhalten der Mitarbeiter entwickelt und Hypothesen abgeleitet, die mit Hilfe einer experimentellen Studie empirisch überprüft werden. Die Probanden des eigens konzipierten Experiments sind Studenten. Diese sind, wie eingangs dargestellt, künftig noch mehr als aktuell, begehrte Arbeitnehmer. Deshalb interessieren ihre Erwartungen und Einstellung bzgl. Anreiz- und Vergütungssysteme ganz besonders. Die Ergebnisse dienen der Ableitung von Implikationen für die Gestaltung und Förderung von freiwilligem Wandel. Darüber hinaus werden Implikationen für weitere Forschung abgeleitet. Der Aufbau der Arbeit wird im Folgenden kurz skizziert.

## 1.3 Gang der Untersuchung

Die Arbeit gliedert sich in einen theoretischen und einen empirischen Teil. Im Folgenden wird der Gang der Untersuchung beschrieben. Dazu werden die einzelnen Teilbereiche (1) zu den theoretischen Grundlagen und dem aktuellen Stand der Forschung, (2) zur Methodologie und Methodik der empirischen Untersuchung sowie (3) zur Darstellung und Diskussion der Ergebnisse und den Implikationen für Management und Forschung sowie ihr Zusammenspiel kurz erläutert.

Um die Forschungsfragen empirisch fundiert beantworten zu können, behandelt das **zweite Kapitel** die motivationspsychologischen Grundlagen zu Anreiz- und Vergütungssystemen. Zunächst wird in Kapitel 2.1 die Bedeutung von Motivation und variabler Vergütung im organisationalen Kontext an Hand aktueller Studien und Erkenntnisse aufgezeigt. Als Basis für die weitere Argumentation liefert das Kapitel 2.2 Begriffsdefinitionen und Grundlagen von Motivationstheorien und beschreibt dabei die zentralen Konzepte der Mitarbeitermotivation. In Kapitel 2.3 werden ausgewählte Motivationstheorien kurz skizziert und hinsichtlich ihres Beitrags zur Erklärung der Wirksamkeit von Anreizen diskutiert. Darauf aufbauend erfolgt in Kapitel 2.4 die Darstellung theoretischer Grundlagen zu Anreiz- und Vergütungssystemen. Aus der Analyse der Anforderungen, die diese Systeme zu erfüllen haben, resultiert die Akzeptanz als zentrale Voraussetzung dafür, dass das System die erwünschten Wirkungen erzielen kann. Gerechtigkeit wiederum ist Bedingung dafür, dass die betroffenen Mitarbeiter das entwickelte und zu implementierende variable Vergütungssystem akzeptieren. Da der Gerechtigkeit besondere Bedeutung zukommt, werden ihre Grundlagen sowie ihre Bedeutung im organisationalen Kontext in Kapitel 2.5 ausführlich beschrieben und ebenso hinsichtlich ihres Erklärungsbeitrags zur Wirksamkeit von Anreizen diskutiert.

Da die Einführung variabler Vergütung ein Beispiel für eine organisationale Veränderung darstellt, befasst sich das **dritte Kapitel** intensiv mit diesem Theoriebaustein. Zunächst werden die Bedeutung der Akzeptanz bei organisationalen Veränderungen auf Basis Hilfe empirischer Erkenntnisse dargestellt (Kapitel 3.1) und relevante Begriffe (Kapitel 3.2) geklärt. Kapitel 3.3 fokussiert die Implementierung als eine Phase des organisationalen Veränderungsprozesses. Das zentrale Untersuchungsphänomen Akzeptanz wird im Rahmen der Reaktionen auf Veränderungen (Kapitel 3.4) behandelt. Neben Definition und Begriffsabgrenzungen betrachtet dieses Kapitel die Struktur der Akzeptanz als Einstellung (kognitiv, affektiv, konativ) und/oder Verhalten und zeigt die Verhaltensrelevanz der Einstellung auf (Kapitel 3.4.1). Zudem thematisiert dieses Kapitel die Grundlagen zur Entstehung von Akzeptanz (Kapitel 3.4.2) und geht auf interindividuelle Unterschiede im Umgang mit Veränderungen ein (Kapitel 3.4.3). Dabei werden die Erklärungsbeiträge verschiedener Theorien zu den jeweiligen Themengebieten diskutiert und aktuelle Erkenntnisse aus der Forschung dargestellt. Anschließend werden an Hand der vier Maßnahmengruppen Kommunikation, Organisation, Motivation sowie Qualifizierung/Betreuung die relevanten Bausteine zur Entwicklung eines Konzepts zur Förderung der Akzeptanz im Implementierungsprozess erläutert (Kapitel 3.5). Darauf aufbauend befasst sich das **vierte Kapitel** mit der Modellbildung und Hypothesenformulierung zur systematischen Analyse der Akzeptanz variabler Vergütung. Kapitel 4.1 beinhaltet die Bestimmungsgrößen der Leistungssteigerung der Mitarbeiter. In der Leistungssteigerung zeigt sich, inwiefern sich die *Mitarbeiter im Sinne der Anreize* und somit *anreizkonform* verhalten. Sie spiegelt somit die Verhaltensakzeptanz wider. Darüber hinaus betrachtet es den Effekt variabler Vergütung auf die Motivation. Die Einflussgrößen auf die Verhaltensintention als konative Einstellungskomponente sind Bestandteil des Kapitels 4.2. Diese zeigt sich in der *Bereitschaft, auf das variable Vergütungssystem umzusteigen,* und in der *Bereitschaft, sich im Sinne der Anreize des Systems zu verhalten.* Die Bestimmungsgrößen des wahrgenommenen Nutzens sind Gegenstand des Kapitels 4.3. Kapitel 4.4 fasst das Gesamtmodell grafisch zusammen und liefert damit die Grundlage für die Ableitung der Hypothesen in Kapitel 4.5. Dabei wird zwischen drei Gruppen von Hypothesen unterschieden: (1) Hypothesen zu den Bestimmungsgrößen der Leistungssteigerung der Mitarbeiter und der Motivation (Kapitel 4.5.1), (2) Hypothesen zu den Einflussgrößen auf die *Bereitschaft, auf das variable Vergütungssystem umzusteigen* und *sich im Sinne der Anreize des*

*Systems zu verhalten,* (Kapitel 4.5.2) sowie (3) Hypothesen zu den Einflussgrößen auf die Nutzenwahrnehmung (Kapitel 4.5.3). Kapitel 4.5.4 fasst die formulierten Hypothesen überblicksartig zusammen.

Das **fünfte Kapitel** befasst sich mit Methodologie und Methodik empirischer Forschung. Neben Ausführungen zur wissenschaftstheoretischen Fundierung empirischer Forschung (Kapitel 5.1) wird die Methodik der experimentellen Untersuchung begründet und vorgestellt (Kapitel 5.2). Dabei wird in Kapitel 5.2.1 das Experiment als Erhebungsmethode betrachtet und in diesem Zusammenhang neben der Grundgesamtheit und den Untersuchungsteilnehmern auch der Ablauf der Untersuchung vorgestellt. Kapitel 5.2.2 beinhaltet den Aufbau und Ablauf des Experiments bevor in Kapitel 5.2.3 der Fragebogen als Erhebungsinstrument beschrieben wird. Kapitel 5.3 liefert Grundlagen zu den verwendeten statistischen Auswertungsmethoden.

Das **sechste Kapitel** dient der Darstellung und Diskussion der Ergebnisse der empirischen Untersuchung. Nach der Beschreibung der Stichprobe (Kapitel 6.1) werden die Ergebnisse der Befragung und der Hypothesentests (Kapitel 6.2) dargestellt und abschließend zusammengefasst (Kapitel 6.3). Dabei werden zunächst die Bestimmungsgrößen der Leistungssteigerung und der Motivation untersucht (Kapitel 6.2.1). Anschließend werden die Einflussgrößen auf die *Bereitschaft, auf das variable Vergütungssystem umzusteigen* und *sich im Sinne der Anreize des Systems zu verhalten,* (Kapitel 6.2.2) sowie die Einflussgrößen auf die Nutzenwahrnehmung (Kapitel 6.2.3) analysiert. Dies bildet die Grundlage für die Diskussion in Kapitel 6.4 sowie die Ableitung von Implikationen für Management und Forschung in **Kapitel 7**.

Die Arbeit schließt in **Kapitel 8** mit den zentralen Erkenntnissen zu den Bedingungsparametern von Akzeptanz und deren Einfluss auf das Verhalten der Mitarbeiter. Folgende Abbildung 1 fasst den Gang der Untersuchung nochmals überblicksartig zusammen.

**1 Einführung**

1.1 Problemstellung
1.2 Fragestellung und Zielsetzung
1.3 Gang der Untersuchung

**Teil I: Theoretische Hintergründe und aktueller Stand der Forschung**

**2 Motivationspsychologische Grundlagen zu Anreiz- und Vergütungssystemen**

2.1 Bedeutung von Motivation und variabler Vergütung im organisationalen Kontext
2.2 Begriffe und Grundlagen von Motivationstheorien: Zentrale Konzepte der Mitarbeitermotivation
2.3 Motivationstheoretische Erklärungsbeiträge zur Wirksamkeit von Anreiz- und Vergütungssystemen
2.4 Theoretische Grundlagen zu Anreiz- und Vergütungssystemen

**3 Akzeptanz organisationaler Veränderungen und ihre Bedeutung für die Implementierung variabler Vergütung**

3.1 Bedeutung von Akzeptanz bei organisationalen Veränderungen
3.2 Episoden, Objekte und Formen organisationaler Veränderungen
3.3 Implementierung als Phase des organisationalen Veränderungsprozesses
3.4 Reaktionen auf Veränderungen
3.5 Förderung der Akzeptanz im Implementierungsprozess

**4 Modell und Hypothesen zur systematischen Analyse der Akzeptanz variabler Vergütung**

4.1 Einflussgrößen auf die Leistungssteigerung und die Motivation
4.2 Einflussgrößen auf die Bereitschaft, auf das variable Vergütungssystem umzusteigen und sich im Sinne der Anreize des Systems zu verhalten
4.3 Einflussgrößen auf die Nutzenwahrnehmung
4.4 Gesamtmodell zur Akzeptanz variabler Vergütung
4.5 Ableitung der Hypothesen zur Akzeptanz variabler Vergütung

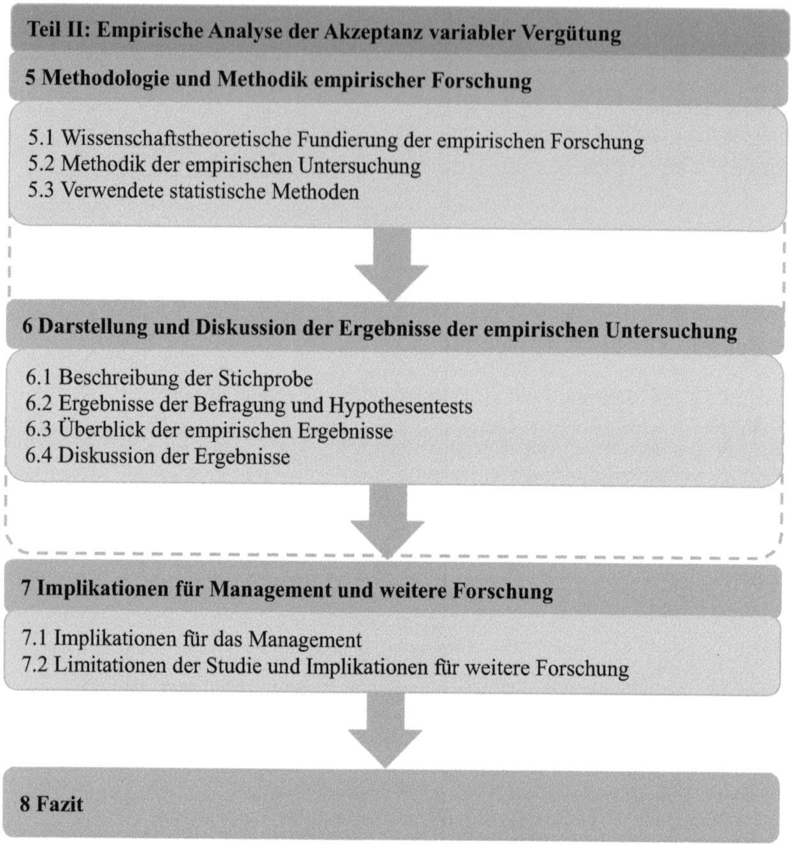


**Abbildung 1: Gang der Untersuchung**
**Quelle: Eigene Darstellung**

# Teil I: Theoretische Hintergründe und aktueller Stand der Forschung

## 2 Motivationspsychologische Grundlagen zu Anreiz- und Vergütungssystemen

Leistungsgerechte Vergütung, Arbeitszeitmodelle, Arbeitsplatzgestaltung sowie neue Laufbahn- und Karrieremodelle sind mögliche Instrumente zur Motivation von Mitarbeitern (vgl. Holz, 2007, 165-169). Dressler (1999, 294, 296) beispielsweise zeigt in seiner Befragung von Filialgeschäftsführern im Einzelhandel, dass die durch ein leistungsorientiertes Vergütungssystem hervorgerufene Arbeitsmotivation den wirtschaftlichen Erfolg von Betrieben positiv beeinflusst. Es gibt jedoch auch kritische Stimmen, die eine fehlende oder gar negative Wirkung extrinsischer Anreize, z. B. in Form variabler Vergütung, propagieren.

Da das Anreiz- bzw. Vergütungssystem ein zentrales Element bei der Ausgestaltung zukünftiger Beschäftigungsbeziehungen ist (vgl. Marr & Fliaster, 2003a, 95; Sebald et al., 2010, 1), steht es im Mittelpunkt der folgenden Ausführungen. Zunächst wird in Kapitel 2.1 die Bedeutung von Motivation und variabler Vergütung im organisationalen Kontext an Hand aktueller Studien und Erkenntnisse aufgezeigt. Als Basis für die weitere Argumentation beschreibt Kapitel 2.2 die zentralen Konzepte der Mitarbeitermotivation und liefert dabei Begriffe und Grundlagen von Motivationstheorien. In Kapitel 2.3 werden ausgewählte Inhaltstheorien (Kapitel 2.3.1), Prozesstheorien (Kapitel 2.3.2) und integrative Theorien (Kapitel 2.3.3) der Motivation skizziert und hinsichtlich ihres Beitrags zur Wirksamkeit von Anreizen diskutiert. Kapitel 2.4 liefert anschließend die theoretischen Grundlagen zu Anreiz- und Vergütungssystemen und geht dabei auf verschiedene Definitionsmöglichkeiten (Kapitel 2.4.1), Funktionen (Kapitel 2.4.2) und Anforderungen (Kapitel 2.4.3) ein. Darüber hinaus werden Ausgestaltungsmöglichkeiten (Kapitel 2.4.4) betrachtet. Über die motivationspsychologischen Bedingungen hinaus, muss ein variables Vergütungssystem weitere Anforderungen erfüllen, damit von ihm die gewünschte Verhaltensbeeinflussung ausgeht. Da der Gestaltung von Anreiz- und Vergütungssystemen der Versuch zu Grunde liegt, Gerechtigkeit walten zu lassen, wird diese in Kapitel 2.5 ausführlich beschrieben und diskutiert. Dabei werden die Grundlagen zur wahrgenommenen Gerechtigkeit und ihren Komponenten (Kapitel 2.5.1) sowie ihre Relevanz im organisationalen Kontext (Kapitel 2.5.2) dargestellt. Abschließend betrachtet das Kapitel die einzelnen Gerechtigkeitskomponenten (Kapitel 2.5.3) sowie ihren Zusammenhang (Kapitel 2.5.4) und trägt mit Hilfe von geeigneten Theorien bzw. theoretischen Ansätzen zu deren Erklärung bei. Damit liefert das zweite Kapitel die Grundlagen zu betrieblichen Anreizsystemen in Form variabler Vergütung als Instrument zur Mitarbeitermotivation. Dadurch trägt es zum Verständnis bei, wie variable Vergütung „motivieren" kann und wovon es aus motivationspsychologischer Sicht abhängt, inwiefern die gewünschte Wirkung erreicht wird.

## 2.1 Bedeutung von Motivation und variabler Vergütung im organisationalen Kontext

Die Ergebnisse der Towers Watson Global Workforce Study 2010 zeigen, dass 67 Prozent der Mitarbeiter in Deutschland hoch (24 Prozent) oder zumindest moderat (43 Prozent) motiviert sind, im Gegensatz zu 33 Prozent (teilweise) nicht Motivierten. Dabei beeinflussen insbesondere das Agieren der Unternehmensleitung sowie der Führungskräfte und die Human Resource (HR)-Programme die Motivation (vgl. Sebald et al., 2010, 1).

Die Unternehmen sollten sich jedoch durch die positiven Daten nicht dazu verleiten lassen, ihre Bemühungen zu reduzieren (vgl. Sebald et al., 2010, 1). Denn im Prozess des Bewältigens schwieriger Bedingungen haben sich die gegenseitigen Erwartungen von Mitarbeitern und Unternehmen verändert, denen es gerecht zu werden gilt. Um nachhaltiges Engagement und die Bindung leistungsstarker Mitarbeiter an das Unternehmen zu erreichen, müssen beide Parteien die gegenseitigen Erwartungen neu aushandeln. Neben den Feldern Top Management, Rolle des direkten Vorgesetzten, Karriereentwicklung sowie Gestaltung des Arbeitsumfelds ist auch der Bereich Vergütung und Zusatzleistungen ein wesentlicher Parameter, der einen Teil dieser Verhandlungen darstellt (vgl. Pelkmann, 2011, o. S.; Sebald et al., 2010, 1; Uhrich, 2010, o. S.).

Im Rahmen des Neuaushandelns der gegenseitigen Erwartungen und der Gestaltung der künftigen Beschäftigungsbeziehungen nimmt das Anreiz- und Vergütungssystem eine wichtige Rolle ein (vgl. Marr & Fliaster, 2003a, 95; Sebald et al., 2010, 1). Es zielt u. a. darauf, das Leistungsverhalten bzw. die Leistungsbereitschaft der Mitarbeiter und dadurch auch den Erfolg des Unternehmens positiv zu beeinflussen (vgl. Schanz, 1991, 8). Die erwartete Motivationswirkung von Anreizinstrumenten bei den betroffenen Mitarbeitern stellt die Grundlage für deren Einsatz dar (vgl. Rinker, 1997, 63). Die Wirkung variabler Vergütung auf Motivation und Leistung ist in der Wissenschaft allerdings umstritten. Es lassen sich drei Standpunkte unterscheiden. Neben der bereits erwähnten Auffassung, dass variable Vergütung positiv auf Motivation und Leistung wirkt, vertreten andere Forscher hingegen die Meinung, dass sie intrinsische Motivation verdrängt. Daneben existiert eine dritte Ansicht, wonach es keinen Zusammenhang zwischen Vergütung und Motivation sowie Leistung gibt.

Zahlreiche Studien scheinen die Wirksamkeit variabler Vergütung als Instrument zur Mitarbeitermotivation zu untermauern. Wie eingangs bereits erwähnt hängen erstens Fluktuation, Rekrutierung und Bindung, zweitens Einstellungen der Mitarbeiter und drittens Arbeitsweisen vom Vergütungssystem bzw. dessen Veränderungen ab (vgl. Corby, White & Stanworth, 2005, 12-15; Sebald & Enneking, 2006, 5-7, 11-13, 16; Watson Wyatt Worldwide, 2006, 6). Darüber hinaus bestätigen beispielsweise Pappas und Flaherty (2006, 28, 30) empirisch den Zusammenhang zwischen dem Vergütungsmix[3] und der Motivation der Mitarbeiter. Thierry (2002, 337-344) zeigt, basierend auf seiner umfangreichen Literaturanalyse, dass der Einsatz monetärer Anreize zu einer Steigerung der Leistung führt. Auch nach Prendergast (1999, 17) gehen von Vergütung beachtliche Effekte auf die Leistung aus, insbesondere dann, wenn die Leistung gut messbar ist. Dies gilt für individuelle sowie Projektleistungen als Kriterien zur Messung der Vergütungseffizienz (vgl. Gomesz-Mejia & Balkin, 1989, 444). Ähnlich zeigen verschiedene Metaanalysen, dass Anreize die Leistung der Mitarbeiter fördern (vgl. Rynes, Gerhart & Parks, 2005, 587; Weibel, Rost & Osterloh, 2009, 397). Unter bestimmten Bedingungen kann individualisierte Vergütung die Arbeitsmotivation von tariflichen Mitarbeitern beeinflussen (vgl. Igalens & Roussel, 1999, 1014-1018). Da variable Vergütung allerdings bei den Betroffenen unterschiedlich wirkt, sollte sie nicht als Allheilmittel angesehen werden: "[Contingent Pay] CP plan and pay in general should not be regarded as the Holy Grail of employee performance" (Aguinis, 2009, 243).

Neben der durch verschiedene Studien untermauerten Motivations- und Leistungswirkung konstatieren Nohira, Groysberg und Lee (2008, 81) in dem von ihnen betrachteten Unternehmen eine Verbesserung von Zufriedenheit und Engagement nach der Einführung leistungsorientierter Vergütung. Gomesz-Mejia und Balkin (1989, 444) berichten einen positiven Einfluss teambasierter Boni auf die Entlohnungszufriedenheit. Auch der organisationale Kontext, der ebenfalls einen Anreiz darstellt (vgl. Rosenstiel, 1975, 231), beeinflusst das freiwillige Arbeitsengagement und den Wissensaustausch (vgl. Rost, Weibel & Osterloh, 2007, 1, 15-17). Ähnlich hängt nach empirischen Ergebnissen von Guo, Wong-On-Wing und

---

[3] Um die Zusammensetzung der Vergütung zu bestimmen, wurden die Befragten gebeten, anzugeben, wie viel Prozent ihrer Gesamtvergütung sie in Form von Incentives erhalten (vgl. Pappas & Flaherty, 2006, 26).

Lui (2010, 18-26) das proaktive Arbeitsverhalten positiv von der autonomen (intrinsischen) Motivation ab. Die Wirkung von flexibler Vergütung und Zusatzleistungen unterscheidet sich allerdings bei tariflichen und außertariflichen Mitarbeitern: Sind Tarifmitarbeiter mit der Vergütung zufrieden, führt dies zu einer höheren Arbeitszufriedenheit. Bei außertariflichen Mitarbeitern hingegen bleiben sowohl Motivation als auch Arbeitszufriedenheit unbeeinflusst (vgl. Igalens & Roussel, 1999, 1014-1018). Die Zustimmung der Betroffenen zum Vergütungssystem kann deren Motivation positiv beeinflussen. Zustimmung ist jedoch nur eine Bedingung für die Motivationswirkung. Ebenso geht von der Erhöhung der Bonuszahlung im Vergleich zum Vorjahr bzw. der Steigerung des Anteils der Bonuszahlungen an der Gesamtvergütung eine positive Wirkung auf die Motivation aus. Eine Senkung der Vergütung hingegen, geht mit einer Reduzierung der positiven Effekte einher (vgl. Beblo, Wolf & Zwick, 2002, 16 f.). Ferner tragen eine konsistente und faire Festlegung der Vergütung, eine im Vergleich zu den Kollegen als fair empfundene Vergütung sowie die Messung der Mitarbeiter an Zielvorgaben entscheidend zur Motivation der Mitarbeiter bei (vgl. Sebald & Enneking, 2006, 11-13, 16).

Dementsprechend dienen Leistungsbeurteilungen auch häufig als Grundlage zur Ermittlung eines variablen Vergütungsanteils, mit dem das Verhalten im Sinne der Ziele des Unternehmens beeinflusst werden soll. Dabei werden die Mitarbeiter hinsichtlich der Erreichung vorab festgelegter Ziele beurteilt (vgl. Kapitel 2.4.4). Es gilt die Annahme, dass entsprechende Beurteilungssysteme und -prozesse zu einer zeitnahen Verhaltensänderung bei den Mitarbeitern und damit zu steigender Leistung führen, wenn bei deren Gestaltung psychologische Prinzipien berücksichtigt werden (vgl. Robson, 2005, 144 f.). Studienergebnisse zeigen einen positiven Effekt des Performance-Management-Systems auf die Leistung (vgl. Bititci, Mendibil, Nudurupati & Garengo, 2004, 38 f.). Bei unsicheren Aufgaben sind Verhaltensbeurteilungen hilfreich. So zeigen Guo et al. (2010, 18-26) empirisch, dass sich beispielsweise eine Leistungsbeurteilung, die sich auf Verhalten (statt auf Ergebnisse) bezieht, bei hoher Aufgabenunsicherheit positiv auf autonome (intrinsische) Motivation und proaktives Arbeitsverhalten, bei geringer Unsicherheit der Aufgabe negativ auswirkt. Die Anreizintensität hat bei hoher, im Vergleich zu geringer Aufgabenunsicherheit, einen stärkeren, positiven Effekt auf die autonome (intrinsische) Motivation. Leistungsbeurteilungssysteme sind effektiver, wenn zwischen der Beurteilung und der Vergütung ein Zusammenhang besteht (vgl. Lawler, 2003, 398-402). Kritisch ist in diesem Zusammenhang allerdings, dass nach StepStone Deutschland AG (2009) knapp 40 Prozent der befragten Arbeitnehmer eine objektive und ehrliche Bewertung der erbrachten Leistung für unmöglich halten, was somit eine große Herausforderung in der Vereinbarung variabler Gehaltsbestandteile darstellt.

Neben diesen Studien, welche die Annahme einer positiven Wirkung der variablen Vergütung zu stützen scheinen, existieren jedoch auch Untersuchungen, die ihr keinen oder sogar einen negativen Effekt bestätigen (vgl. Rost & Osterloh, 2007, 3 f.). So kommen Rost und Osterloh (2007, 3 f.) in ihrer Metaanalyse zu dem Schluss, dass leistungsbezogene Vergütung mit der Unternehmensperformance negativ korreliert. Diese Form der Vergütung enttäuscht demnach nicht nur die gesetzten Erwartungen, sondern wirkt sogar dysfunktional.[4] Speziell für Ärzte bezeichnet Fink (2006, 34, 36) das als neues Paradigma angekündigte Konzept Pay-for-Performance nicht nur als fremd, sondern auch als ethisch fragwürdig, denn keiner sähe ökonomische Anreize als Motivator und Unterlassungsanreize als von Natur aus unethisch an.[5] Auch ist zu beachten, dass Vergütung lediglich die Motivation zur Leistung beeinflusst. Ist die Leistung aber nicht auf Grund mangelnder Motivation schlecht, sondern resultiert sie aus dem Fehlen von Wissen oder Fähigkeiten und Fertigkeiten, kann Geld nicht das geeignete Mittel sein, um dieses Problem zu lösen (vgl. Aguinis, 2009, 243).[6] Gagné, Koestner und Zuckerman (2000, 1843) führen verschiedene Studien auf, wonach Belohnungen (vgl. Deci, 1971, 109-114) und Wettbewerb (vgl. Reeve & Deci, 1996, 28 f.), wenn sie denn als Kontrolle empfunden werden, das Interesse an der Tätigkeit und die Qualität der Leistung untergraben. Nach den Ergebnissen von Koestner, Ryan, Bernieri und Holt (1984, 241-245) können jedoch Grenzen oder Anreize gesetzt werden, ohne intrinsische Motivation zu verdrängen, nämlich dann wenn die Betroffenen diese informierend, nicht kontrollierend wahrnehmen.[7] Kontrolle ist deshalb negativ, da sie Misstrauen signalisiert, was demotivierend wirkt (vgl. Niederer, 2004, 16).

---

[4] Als Hauptkritikpunkte führen sie erstens den fehlenden Anreizeffekt an, da gemäß einer Vielzahl empirischer Studien keine Beziehung zwischen dem leistungsabhängigen Einkommen eines CEOs und der Unternehmensleistung besteht. Die nicht marktgerechte Lohnhöhe, die sich im Anstieg des durchschnittlichen CEO-Gehalts von 1990 bis 2005 um knapp 300 Prozent zeigt, stellt den zweiten Punkt dar, da diese Entwicklung über einen marktgerechnet Lohn hinaus geht. Drittens stellt der Leistungslohn ein Zusatzentgelt dar, da die Unternehmen statt fixe Gehaltsbestandteile zu variabilisieren, die variablen Anteile zusätzlich zahlen. Der vierte Punkt ist die aufgehende Lohnschere. Während im Jahr 1990 die höchstbezahlten US-Manager das 25-fache verdienten als ein durchschnittlicher Angestellter, bezogen sie 2005 das 500-fache (vgl. Rost & Osterloh, 2007, 4 f.).

[5] Für weitere Kritik zu extrinsischen Anreizen siehe z. B. auch Weibel, Rost und Osterloh (2007).

[6] Die Vergütung kann beispielsweise auch den Erwerb von Wissen und Fähigkeiten beeinflussen. So weisen Dierdorff und Surface (2008, 731-736) in ihrer Studie nach, dass Bezahlung in Abhängigkeit der Qualifikation positiv zum Qualifikationserwerb beiträgt. Außerdem hängen die Häufigkeit und Höhe der Vergütung mit der Entwicklung und dem Erhalt der Qualifikationen zusammen.

[7] Vgl. hierzu auch Frey und Osterloh (2000, 68) sowie Amabile (1997, 45 f.).

Den von Deci (1975) als „Korrumpierungseffekt der extrinsischen Motivation“ oder Lepper und Greene (1978) als „verborgene Kosten der Belohnung“ benannten Effekt führt Frey unter der Bezeichnung „Verdrängungs-Effekt“ in die moderne Ökonomik ein (vgl. Frey & Osterloh, 1997, 310).[8] Auch wenn die Wirkung intrinsischer und extrinsischer Motivation empirisch nicht immer eindeutig zu trennen ist, so ist entscheidend, dass für den Fall, dass ein Ziel nur als Mittel zur Erreichung eines anderen Ziels betrachtet wird, das erste Ziel an Wert verliert (vgl. Frey & Osterloh, 2002, 25). Wie auch zahlreiche Experimente zeigen (vgl. Frey & Osterloh, 2002, 26), lassen sich entsprechend dieses Verdrängungseffekts extrinsische und intrinsische Motivation nicht einfach addieren, sondern sind unter bestimmten Bedingungen negativ miteinander verknüpft. Man spricht in diesem Fall von einem sogenannten „Crowding-out“ (vgl. Frey, 1997, 429-435). So zeigt ebenso der Überblick von Frey und Jengen (2001, 591-606) durch Erkenntnisse zahlreicher Studien die empirische Relevanz dieses Effekts, der auch empirisch gut gestützt ist (vgl. Frey & Osterloh, 2000, 67). Die intrinsische Motivation ist umso stärker, je persönlicher die Beziehung zwischen den Beteiligten, je größer die Begeisterung für die Tätigkeit, je ausgeprägter die Mitbestimmung und je anerkennender die Intervention bzw. der Anreiz ist. Der Verdrängungseffekt ist umso größer, je einheitlicher die externe Intervention, je eher es sich um einen Befehl als um eine Belohnung handelt, je enger die Verknüpfung von Belohnung und Leistung und je ungerechter sich die Betroffenen behandelt fühlen. Der Verdrängungseffekt resultiert daraus, dass es bei bereits vorhandener Arbeitsmoral zu einer sogenannten Überveranlassung kommt. Da das Individuum lediglich die intrinsische Motivation steuern kann, reduziert es diese, um dadurch die insgesamt zu hohe Arbeitsmotivation zu kompensieren (vgl. Frey, 1997, 430-432; Frey & Osterloh, 1997, 314 f.; Krönes, 2005, 12). Dieser direkte Effekt ist bei der Einführung variabler Vergütung empirisch häufig zu beobachten. Entweder fühlen sich die Mitarbeiter im Vergleich zu den Kollegen unfair behandelt, zu wenig anerkannt, nehmen die Einführung als Misstrauensvotum von den Vorgesetzten wahr oder sehen sie als ungerechtfertigte Einschränkung ihrer Handlungsspielräume[9]. Bei indirekter Verdrängung ist der motivationale Auswirkungsraum größer als der Einwirkungsraum der Intervention. Will man beispielsweise Kinder, dadurch dass man ihnen Geld gibt, dazu animieren, im Haushalt mitzuhelfen, so

---

[8] Eine aktuelle Studie zeigt beispielsweise, dass leistungsbezogene Vergütung intrinsische Motivation negativ beeinflusst und somit die Bereitschaft zu mehr Arbeitseinsatz reduziert. Gleichzeitig steigert sie extrinsische Motivation und die damit verbundene Arbeitsbereitschaft. Insgesamt ist dabei die Wirkung auf die intrinsische Motivation größer als auf die extrinsische (vgl. Weibel, Rost und Osterloh, 2009, 402-405).

[9] Brehms Reaktanz-Theorie (z. B. Brehm, 1966) befasst sich explizit mit Verhaltensweisen von Individuen, deren Freiräume entzogen wurden (vgl. hierzu auch Kapitel 3.4.2.2).

werden sie auch ihre intrinsische Motivation verlieren, dies freiwillig und ohne Belohnung zu tun (vgl. Krönes, 2005, 12).[10]

Weibel, Rost und Osterloh (2007, 16; 24-26) zeigen in ihrer Metaanalyse, dass Belohnungen die Leistung im Falle extrinsisch motivierter Tätigkeiten erhöhen und im Falle intrinsisch motivierter Tätigkeiten reduzieren. Mit Hilfe eines Experiments zeigen sie zudem, dass leistungsbezogene Vergütung stets zu einer Verdrängung der intrinsischen Motivation führt, wobei sie jedoch bei vorwiegend extrinsisch motivierten Tätigkeiten einen positiven Gesamteffekt auf die Arbeitsanstrengung bewirkt. Bei der Überprüfung der Verdrängungsthese im öffentlichen Sektor kommen Wenzel und Weller (2008, 47-53) zu dem Ergebnis, dass die Einführung leistungsorientierter Vergütung zwar zu einem Verdrängungseffekt führt, die Höhe der Vergütung diesen jedoch abfedern kann. Dabei müsse die Zulage bei ca. 4,5 Prozent liegen, um den negativen Effekt der Systemeinführung zu kompensieren. Sie argumentieren, dass die Systemeinführung eine Störung des sozialen Zusammenhalts bewirkt, die negative Folgen für die Motivation zur Kooperation hat. Somit wäre der Verdrängungseffekt als Verringerung der Reziprozitätsbereitschaft im Team wirksam.

Im Gegensatz dazu kommt Prendergast (1999, 18) nach seinem Literaturüberblick zu dem Schluss, dass der Verdrängungseffekt in empirischen Studien kaum nachweisbar ist. Dies stützen auch die Ergebnissen von Beblo et al. (2002, 13) wonach 82 Prozent der befragten Geschäftsführer nicht davon ausgehen, dass finanzielle Anreize intrinsische Motivation verdrängen. Es existiert auch ein Verstärkungseffekt, „Crowding-in" genannt, der bei externen, als unterstützend und anerkennend wahrgenommenen Anreizen auftreten kann (vgl. Frey, 1997, 430-432; Krönes, 2005, 12). Daneben kann ein externer Eingriff, wie z. B. die Einführung eines variablen Vergütungssystems, auch einen Neutralitäts-, Aktivierungs-, oder Selektionseffekt auslösen. Dabei setzt der Einsatz eines extrinsischen Anreizes (z. B. Leistungslohn) jeweils dessen Kompatibilität mit den Motiven der betroffenen Mitarbeiter voraus: Wenn extrinsische Anreize ohne Auswirkung auf die intrinsische Motivation bleiben, handelt es sich um den sogenannten Neutralitätseffekt, der allerdings nur in seltenen Fällen, insbesondere bei einfachen Tätigkeiten auftritt. Entfachen extrinsische Anreize intrinsische Motivation, spricht man von einem Aktivierungseffekt. Anreize beeinflussen zudem die

---

[10] Frey und Osterloh (1997, 310-312) differenzieren den Verdrängungs-Effekt vergleichbar in die fünf sich einander ergänzenden Teileffekte Verminderte Selbstbestimmung, Reziprozität, Fairness, Reaktanz und Spillover-Effekt. Rost und Osterloh (2007, 6 f.) unterscheiden zwischen dem Überveranlassungs (Over-Justification)-, Übersprungs (Spill-Over)-, Multi-Tasking und Selektionseffekt.

bevorzugten (und zwar die zusätzlich entgoltenen) Tätigkeiten von Mitarbeitern und mittelfristig auch die Zusammensetzung der Belegschaft. In diesem Fall handelt es sich um den Selektionseffekt (vgl. Krönes, 2005, 12).

Wie die aufgeführten Studien verdeutlichen, ist die Frage nach der Wirksamkeit extrinsischer Anreize bzw. die positive Wirkung variabler Vergütung kontrovers diskutiert. Somit ist nach wie vor offen, inwiefern variable Vergütung zur Motivation von Mitarbeitern und damit zur Leistungssteigerung beitragen kann. Ihr Einsatz in der Unternehmenspraxis basiert auf der Annahme, die zugleich Mehrheitsmeinung darstellt, dass extrinsische Anreize die Leistungsmotivation steigern können und durch Belohnung von guter und Sanktionierung von schlechter Leistung die Motivation und somit auch das Leistungsverhalten der Mitarbeiter beeinflussen (vgl. Deci & Ryan, 2008, 15; Frey & Osterloh, 1997, 308 f.; Schanz, 1991, 12). Weibel (2009, 24) bezeichnet den Siegeszug variabler Vergütung in der Praxis bislang als ungebrochen. Sie verbreitet sich zunehmend (vgl. von Hopfenmüller, 2008, o. S.). Im Jahr 2006 besaßen nach einer Untersuchung von Heissmann (2007, 2), an der 218 mittelständische und große Unternehmen verschiedener Branchen teilnahmen, 92 Prozent der befragten Unternehmen ein variables Vergütungssystem für alle oder einen Teil der Mitarbeiter oder planten dessen Einführung. Derzeit beziehen z. B. in der Branche der Informationstechnologie (IT) 81 Prozent der Führungskräfte und 67 Prozent der Fachkräfte leistungsbezogene Vergütung (vgl. Haussmann & Brück, 2007, o. S.; Näser, 2010, 4).[11] Im Rahmen einer internationalen Studie von PricewaterhouseCoopers mit Finanzdienstleistungsunternehmen wurden Führungskräfte, Vertreter von Aufsichtsbehörden, Mitarbeiter und Aktionäre befragt. Die Ergebnisse zeigen, dass Veränderungen an den Vergütungssystemen für notwendig gehalten werden. Außerdem konstatieren sie einen Trend zu und weitere Unterstützung für längerfristig ausgerichtete Vergütung (vgl. Dürr & Fischer, 2009, 43; PricewaterhouseCoopers, 2008, 5, 25, 27). Die Unternehmen schreiben der variablen Vergütung positive Effekte zu. Deshalb gestalten sie ihre bestehenden Anreiz- und Vergütungssysteme um und passen diese an oder implementieren variable Vergütung neu. Es bleibt allerdings weiterhin zu klären, ob der Zusammenhang zwischen Vergütung und Motivation bzw. Leistung validiert ist, oder ob es sich dabei um eine Ideologie handelt.

---

[11] Es beteiligten sich hauptsächlich Personal-/Finanzverantwortliche und Geschäftsführer/Vorstände, wobei Beratungs-/ Dienstleistungsunternehmen, Banken/Versicherungen und das produzierende Gewerbe besonders stark vertreten waren. Knapp 50 Prozent der befragten Unternehmen haben bis zu 500 Mitarbeiter, gute 10 Prozent beschäftigen mehr als 5.000. 30 Prozent der Befragten stammen aus DAX-Unternehmen (vgl. Heissmann, 2007, 3).

Im Folgenden wird diskutiert, inwiefern Motivationstheorien zur Klärung der Frage nach der Wirksamkeit von Anreiz- und Vergütungssystemen beitragen können. In Kapitel 2.2 werden Begriffe und Grundlagen von Motivationstheorien erläutert, bevor im Rahmen des Kapitels 2.3 Grundgedanken ausgewählter Inhalts- (Kapitel 2.3.1) sowie Prozesstheorien (Kapitel 2.3.2) und integrativer Theorien (Kapitel 2.3.3) vorgestellt werden. Darauf aufbauend werden die jeweiligen Erklärungsbeiträge diskutiert.

## 2.2 Begriffe und Grundlagen von Motivationstheorien: Zentrale Konzepte der Mitarbeitermotivation

Motivation der Mitarbeiter ist ein wesentliches Ziel, das Unternehmen mit der Einführung von Anreiz- und Vergütungssystemen verfolgen. Um den Erklärungsbeitrag der Motivationstheorien zur Wirksamkeit von Anreiz- und Vergütungssystemen zu diskutieren und auch um Motivation erfolgreich fördern zu können, ist es hilfreich, mit den relevanten, motivationstheoretischen Grundlagen vertraut zu sein. Im Kontext der Motivation von Mitarbeitern spielen Motiv, Bedürfnis und Anreiz sowie Motivation, Volition und Handeln eine wesentliche Rolle. Die meisten dieser Begriffe werden auch im Alltag häufig verwendet. Da jedoch für die weiteren Ausführungen ein einheitliches Verständnis wichtig ist, werden sie im Folgenden inhaltlich vorgestellt.

**Motiv, Bedürfnis und Anreiz**

**Motive** sind als überdauernde und relativ konstante Ziel- oder Wertungsdispositionen zu bezeichnen. Jedes Motiv besteht dabei aus einer definierten Inhaltsklasse von angestrebten Folgen des eigenen Handelns, den sogenannten Handlungszielen. Leistung, Macht oder sozialer Anschluss sind Beispiele für solche Inhaltsklassen von Handlungszielen, die thematisch zusammenhängende Beweggründe des Handelns darstellen und als Motive bezeichnet werden. Diese nicht angeborenen, sich erst im Laufe der Ontogenese entwickelnden und der Sozialisation unterliegenden Wertungsdispositionen sind dabei „höherer" Art, sprich nicht für die Aufrechterhaltung der Funktionen des Organismus ausschlaggebend. Davon abzugrenzen sind jedoch die **Bedürfnisse**. Denn der Motivbegriff umfasst nicht alle Äquivalenzklassen von Handlungszielen, wie beispielsweise sogenannte psychologisch bedingte Bedürfnisse des Hungers, Durstes, Schlafes, etc., die zwar der Sozialisation unterliegen, aber angeboren und für die Funktionsweise des Organismus entscheidend sind. Die Differenzierung zwischen Bedürfnis und Motiv erfolgt jedoch nicht in jeder Motivationstheorie (vgl. Heckhausen, 1989, 3, 9 f.; Mayer, 2009, 228 f.; Nerdinger, 1995, 11; Rosenstiel, 1996, 6).[12]

Situationen können die Gelegenheit bieten, Wünsche und Ziele zu realisieren oder Bedrohliches signalisieren. All das, was Situationen in diesem Sinne Positives oder Negatives verheißen oder andeuten, sind **Anreize**. Situationsmerkmale, die in der Lage sind, Motive anzuregen, sind somit als Anreize zu bezeichnen. Durch ihren Aufforderungscharakter veranlassen Anreize Personen dazu, Handlungen auszuführen oder zu unterlassen. Dafür ist erstens der Wert dessen, was ein Individuum realisieren möchte und zweitens die Erwartung, mit der es dies erreichen wird, entscheidend. Die individuelle Wertungsdisposition bzw. der Handelnde beeinflusst dabei, welche Verheißungsgehalte einer Situation als wert genug erscheinen, um sich davon zum Handeln anregen zu lassen und wie hoch die Erwartungen (im Sinne von erlebter Wahrscheinlichkeit) sind (vgl. Beyer, 1991, 16; Heckhausen, 1989, 2 f.; Nerdinger, 2003b, 3). Da Geld ein Mittel ist, mit dem unterschiedlichste Wünsche erfüllt werden können, kann es auf verschiedene Motive einwirken und wird deshalb häufig auch als „universeller Anreiz" betrachtet (vgl. Comelli & Rosenstiel, 2001, 150; Nerdinger, 2003b, 4; Schanz, 1991, 14). So räumt auch Rosenstiel (z. B. Rosenstiel, 1975, 232-266) dem Geld als eine Sonderkategorie von Anreizen eine bedeutsame Rolle bei der Anreizgestaltung ein (vgl. Ma, 2007, 28 f.).

Die Wirksamkeit der Anreize, ob sie also ein Motiv anregen oder nicht, hängt von der subjektiven Wahrnehmung (Erkennung des Anreizcharakters einer Situation) und der Beurteilung der situativen Merkmale durch das Individuum ab (vgl. Dressler, 1999, 294; Nerdinger, 2006, 386; Rosenstiel, 1975, 226).[13] Anreize können dementsprechend als Stimuli wirken und somit menschliches Verhalten beeinflussen (vgl. Rosenstiel, 2003, 226). Nach Barnard (1970, 122) „… ist in allen Arten von Organisationen die Bereitstellung angemessener Anreize die wichtigste Aufgabe, die erfüllt werden muß [sic], wenn das Ganze Bestand haben soll." Ist der Zusammenhang zwischen gebotenem Anreiz und empfundenem Bedürfnis nicht vorhanden

[12] Bedeutende Motivklassifikationen stammen beispielsweise von Murray (z. B. Murray, 1938), McClelland (z. B. McClelland, 1958) und Reiss (z. B. Havercamp & Reiss, 2003). Über die bloße Klassifikation hinaus fassen beispielsweise Maslow (z. B. Maslow, 1954; Maslow, 1978), Alderfer (z. B. Alderfer, 1969; Alderfer, 1972) und Herzberg (z. B. Herzberg, Mausner & Snyderman, 1959) Motivgruppen zusammen, ordnen diese hierarchisch und definieren bestimmte Wirkungszusammenhänge (vgl. Rosenstiel, 1975, 163-165; Kapitel 2.3.1).

[13] Die Aktivierung der vermutlich hinter dem angestrebten Verhalten stehenden Motive allein reicht jedoch nicht aus, wenn ein Unternehmen spezielles plankonformes Verhalten der Mitarbeiter erreichen will. Vielmehr kommt es darauf an, durch entsprechende Informationen dafür zu sorgen, dass die individuellen Erwartungen dazu führen, dass die Motivaktivierung auch eine Verhaltensabsicht bewirkt, die das gewünschte Verhalten wahrscheinlich macht (vgl. Rosenstiel, 1975, 350; Kapitel 2.3.2).

oder nicht eng genug, geht dies auf Kosten der Effizienz (vgl. Kossbiel, 1994, 86), da die Motive nicht durch die gebotenen Anreize aktiviert werden und die handlungsauslösende Wirkung ausbleibt. Dieses notwendige Zusammenpassen des Bedürfnisprofils eines Individuums mit den von der Organisation angebotenen Anreizen ist bei der Prognose des Verhaltens bzw. der Arbeitsleistung des Mitarbeiters besonders kritisch (vgl. Krönes, 2005, 12; Weinert, 1992, 125 f.).

Anreize können dabei sehr vielfältig sein. In der Literatur existieren zahlreiche Ansätze zur Klassifikation von Anreizen.[14] Kriterien hierfür sind beispielsweise Anreizobjekt, Anreizquelle, Zahl der Anreizempfänger oder Anreizart. Schanz (1991, 14-16) schlägt zum einen eine Differenzierung nach dem Anreizobjekt, also zwischen materiell (z. B. Entgelt) und immateriell (z. B. soziales Klima oder interessante, ganzheitlich gestaltete Aufgabe), zum anderen eine Unterscheidung nach der Anreizquelle, also zwischen intrinsisch (z. B. „Ganzheitscharakter“ der Tätigkeit) und extrinsisch (z. B. Karriereanreize oder Geld) vor.[15] Auch die Zahl der Anreizempfänger kann als Differenzierungsmerkmal dienen. Demnach gibt es Individual-, Gruppen- oder organisationsweite Anreize. Diese beziehen sich auf monetäre Gratifikationen und hängen mit den Auswirkungen auf das Leistungsverhalten zusammen (vgl. Grewe, 2003, 8 f.; Ma, 2007, 26; Schanz, 1991, 14-16). Rosenstiel (1975, 231) differenziert zur strukturellen Klassifikation von Anreizarten[16] in Organisationen zwischen finanziellen Anreizen, sozialen Anreizen, Anreizen der Arbeit selbst und des organisatorischen Umfelds. Auf Basis dieser Klassifikation und mit anschließender Konzentration auf materielle Anreize unterscheidet Winter (1996, 14 f.) zwischen Anreizen finanzieller (Gesamtvergütung), monetär bewertbarer (Zusatzleistungen) und nicht monetär bewertbarer (z. B. Führungsstil und Unternehmenskultur) Art, wobei die ersten beiden den finanziellen Anreizen nach Rosenstiel (1975) entsprechen.

Im Zusammenhang mit Anreizen spielen somit sowohl Person als auch Situation eine wesentliche Rolle. Bei weiterer Differenzierung der Personen- und Situationsfaktoren ergeben sich

---

[14] Einen Überblick liefert z. B. Rinker (1997, 32, 65).

[15] Vgl. auch Pfaff (2007, 32).

[16] Barnard (1970, 124-129) unterscheidet zwischen spezifischen Anreizen, die einem besonderen Einzelnen angeboten werden können und allgemeinen, nicht persönlichen Anreizen, die nicht auf den Einzelfall zuschneidbar sind. Materielle Anreize, persönliche, nichtmaterielle Gelegenheiten, angenehme physische Umstände und ideelle Werte stellen dabei spezifische Anreize dar. Attraktivität der Zugehörigkeit zu einer Organisation, Angepasstheit von Bedingungen an gewohnte Methoden und Haltungen, Gelegenheit zur stärkeren Teilhabe und Form der Gemeinschaft stellen allgemeine Anreize dar. „Materielle Anreize sind Geld, Güter oder physische Bedingungen, die einem einzelnen als Anreize für die Annahme einer Tätigkeit als Entgelte für Dienstleistungen, als Belohnungen für Mitwirkung angeboten werden“ (Barnard, 1970, 124).

für die personenbezogenen Bedingungen einerseits Fähigkeiten und Fertigkeiten (individuelles Können) sowie andererseits Motivation und Volition (individuelles Wollen). Weitere Determinanten stellen die situationsbezogenen Bedingungen, die sozialen Normen (soziales Dürfen und Sollen) sowie die situativen Ermöglichungsbedingungen in Form verhaltensfördernder oder hindernder Umstände dar (vgl. Mayer, 2009, 227 f.; Rosenstiel, Molt & Rüttinger, 2005, 259). Abbildung 2 veranschaulicht diesen Zusammenhang.

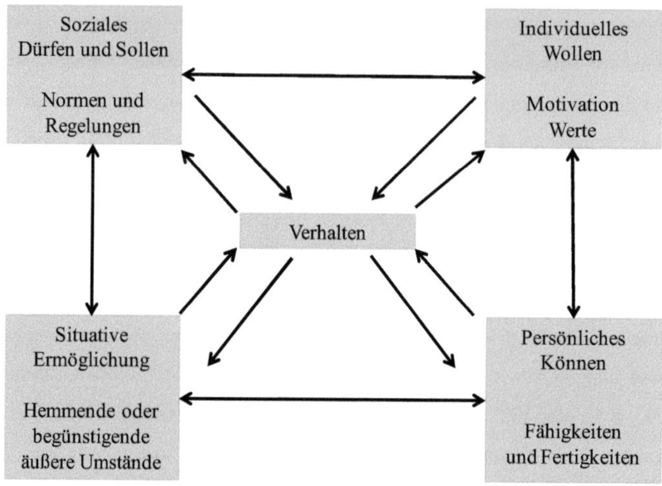


**Abbildung 2: Bedingungen des Verhaltens nach Rosenstiel et al. (2005)**
**Quelle: Rosenstiel et al. (2005, 259)**

Motivation lässt sich in den Determinanten des „individuellen Wollens" verorten, welche deshalb den Schwerpunkt der folgenden Ausführungen bilden. Nach einer kurzen Ausführung zur Erklärung menschlichen Verhaltens mit Hilfe des Stimulus-Organism-Response- (S-O-R-) Modells werden Motivation und Volition als Aspekte der Verhaltensbedingungen des „individuellen Wollens" näher erläutert.

**Motivation, Volition und Handeln**

In der Literatur existieren zahlreiche Vorstellungen zur Erklärung menschlichen Verhaltens, was u. a. in dessen Komplexität begründet liegt. So liefert z. B. das neobehavioristische S-O-R-Modell, das zahlreichen Untersuchungen zum Verhalten in Organisationen zu Grunde liegt, einen allgemeinen gedanklichen Rahmen. Demnach treffen Reize bzw. Stimuli (S) auf einen Organismus (O). Sie werden dort wahrgenommen, interpretiert und bewertet und führen je nach den ausgelösten psychischen Prozessen zu verschiedenen Reaktionen (R). Allerdings erklärt dieses Modell lediglich passives Verhalten, das sich als Reaktion auf Umweltreize interpretieren lässt. Mitarbeiter verhalten sich daneben aber auch aktiv. So unternehmen Mitarbeiter z. B. viel von sich aus, wenn sie aufsteigen wollen. Um dieses Ziel zu erreichen, ergreifen sie die Initiative, indem sie sich selbst neue Aufgaben suchen oder versuchen, ihren Vorgesetzten zu beeinflussen. Diese Verhaltensweisen zeichnen sich durch ihre Zielorientierung aus und sind deshalb als Handeln zu bezeichnen. Zur Erklärung von zielorientiertem Verhalten existieren eigene Modelle (vgl. Comelli & Rosenstiel, 2001, 51; Nerdinger, 2003a, 30-33).[17] Das Modell von Heckhausen (1989) wird im Rahmen des Kapitels 2.3.2 erläutert.

**Motivation** als Bedingung des Verhaltens ergibt sich entsprechend der vorherigen Erläuterungen aus der Interaktion individueller Charakteristika einer Person, ihren Motiven und den Merkmalen einer aktuell wirksamen Situation, welche Motive durch das Einwirken von Anreizen aktiviert. Motivation bestimmt das Verhalten in seiner Intensität, Richtung, Form und Dauer (vgl. Nerdinger, 2003b, 4; Rosenstiel, 2003, 77, 226) und bezeichnet grundlegend solche Prozesse und Effekte, nach denen ein Individuum sein Verhalten, um der subjektiv erwarteten Handlungsfolgen willen, auswählt und im Bezug auf Richtung und Energieaufwand zielgerichtet steuert (vgl. Heckhausen, 1989, 10). Sie unterscheidet sich damit vom Motiv als zeitlich überdauernde Wertungsdispositionen (vgl. Heckhausen, 1989, 3, 9). Dementsprechend stellt Motivation die Voraussetzung zielorientierten Verhaltens, das auch als **Handeln** bezeichnet wird (vgl. Nerdinger, 2003a, 33), und somit in der Betriebswirtschaft aus Managementperspektive den „Hauptansatzpunkt für leistungssteigernde Beeinflussungsstrategien" (vgl. Staehle, 1999, 218 f.), dar.[18]

Entsprechend der erwähnten Unterscheidung zwischen intrinsischen und extrinsischen Anreizen unterliegen Menschen zweierlei Formen von Motivation. Ist Verhalten intrinsisch motiviert, so erfolgt der Anreiz aus der Person selbst. Es wird somit von innen heraus motiviert. Das Individuum strebt das Handlungsergebnis um seiner selbst Willen an. Erfolgt Motivation hingegen von außen, so spricht man von extrinsisch motiviertem Verhalten, das auf Grund äußerer Anreize, wie beispielsweise Geld oder Anerkennung entsteht (vgl. Mayer, 2009, 229;

[17] Vgl. hierzu auch Nerdinger (2004).

[18] Der Ablauf motivierten Verhaltens lässt sich wie folgt beschreiben: Motive folgen der Erwartung, dass ein erfahrener Mangel, z. B. als Empfindung, Gefühl oder ggf. als Urteil, durch ein bestimmtes Verhalten beseitigt werden kann und sich daraufhin ein Zustand der Befriedigung bzw. der Sättigung einstellt. Der Mangelzustand wird nach einer gewissen Zeit erneut wahrgenommen (vgl. Graumann, 1969, 6 f.; Heckhausen, 1989, 9; Rosenstiel, 1996, 6-9).

Wiswede, 1980, 91).[19] Intrinsische Anreize tragen unmittelbar zur Bedürfnisbefriedigung bei. Bei einer intrinsisch motivierten Tätigkeit liegt die Befriedigung in der Aufgabe selbst (vgl. Frey & Osterloh, 2002, 24; Frey & Osterloh, 1997, 308): „Intrinsic motivation is defined as the doing of an activity for its inherent satisfactions rather than for some separable consequence“ (Ryan & Deci, 2000b, 56).

Es lassen sich drei Ausformungen intrinsischer Motivation unterscheiden: Erstens kann die Tätigkeit selbst, z. B. Skifahren, Musizieren, Vergnügen bereiten, also ein „freudiges Fluss-Erlebnis“ ermöglichen. In diesem Fall ist das Handlungsziel gleichthematisch mit dem Handeln. Hierbei gilt „Der Weg ist das Ziel“. Der von Csikszentmihalyi stammende Begriff “Fluss-Erlebnis” beschreibt den Zustand des reflexionsfreien, vollständigen Aufgehens in einer Tätigkeit (vgl. Csikszentmihalyi, 1985, 58 f.). Zweitens kann es sich um das Einhalten von Normen (z. B. ethische, Fairness-, Gruppenzugehörigkeits-Normen) um ihrer selbst Willen handeln. Drittens kann es darum gehen, ein selbst gesetztes Ziel zu erreichen, auch wenn der Weg zum Ziel nicht lustvoll ist. Dies wäre z. B. beim Erstellen einer Abschlussarbeit oder dem Besteigen eines Berges der Fall (vgl. Frey & Osterloh, 2002, 24).[20]

Im Gegensatz zu den intrinsischen, tragen extrinsische Anreize mittelbar zur Bedürfnisbefriedigung bei und sind somit Mittel zum Zweck. „Extrinsic motivation is a construct that pertains whenever an activity is done in order to obtain some separable outcome“ (Ryan & Deci, 2000b, 60). Eine Tätigkeit ist extrinsisch motiviert, wenn sie positive Handlungsfolgen wie Belohnungen herbeiführen oder negative Handlungsfolgen wie Bestrafungen vermeiden soll. Demnach wird ein von der Handlung unabhängiges Ziel verfolgt, dessen Erreichung als lohnend erscheint, wobei der Beweggrund des Handelns jedoch außerhalb der eigentlichen Handlung liegt und die angestrebte Handlungsfolge demnach mit dieser in keiner unmittelbaren Beziehung steht (vgl. Schiefele, 1996, 59). Extrinsische Motivation lässt sich zudem – entsprechend der Selbstbestimmungstheorie (z. B. Ryan & Deci, 2000b), die Motivation als Kontinuum auffasst – nach dem Grad der Autonomie weiter differenzieren (vgl. Gagné & Deci, 2005, 333-336; Ryan & Deci, 2000b, 60 f.). Dieses derzeit weit verbreitete

[19] Zu den unterschiedlichen Konzeptionen von intrinsischer und extrinsischer Motivation vgl. z. B. Heckhausen (1989, 455-460).

[20] Bzgl. intrinsisch motivierter Tätigkeiten lässt sich auch zwischen einer tätigkeitszentrierten und in eine gegenstandszentrierten Form unterscheiden. Bei der tätigkeitszentrierten intrinsischen Motivation (z. B. Csikszentmihalyi,1985; Csikszentmihalyi & Aebli, 2008) kann eine Person mehr durch die, mit der Handlung verbundenen Aktivität, welche auf Grund von Spaß oder Freude unternommen wird, motiviert sein. Bei der gegenstandszentrierten Form der intrinsischen Motivation (z. B. Krapp, 1992) hingegen ist eine Person eher durch die Eigenschaften eines Gegenstandes der Handlung motiviert, welche sich in einem besonderen Interesse an diesem speziellen Gegenstand äußert (vgl. Schiefele, 1996, 52 f.).

Verständnis von Deci und Ryan (z. B. Ryan & Deci, 2000b) wird in Kapitel 2.3.1 im Zusammenhang mit den Inhaltstheorien vorgestellt und diskutiert.

Verspricht entweder der Weg zum Ziel oder das Ziel selbst eine entsprechende Freude, so wird Handeln als motiviert bezeichnet (vgl. Rosenstiel et al., 2005, 278). Im beruflichen Alltag sind jedoch auch solche Handlungen erforderlich, die weder Freude bereiten, noch über ein attraktives Ziel verfügen. Damit diese dennoch ausgeführt werden, ist vielfach Wille (-nsstärke), sogenannte **Volition**, erforderlich (vgl. Rosenstiel et al., 2005, 278). Bei der Umsetzung eines Wunsches in konkretes Handeln stehen Motivation und Volition in engem Zusammenhang. Denn eine Motivationstendenz alleine führt nicht zwangsläufig zu einer Handlung. Bernard (2006, 112) veranschaulicht dies an Hand des Beispiels einer Person, die keine Schokolade isst, weil diese viele Kalorien hat, obwohl sie eigentlich Lust dazu hätte.

Nachdem nun Motiv, Bedürfnis und Anreiz sowie Motivation, Volition und Handeln als zentrale Konzepte der Motivation behandelt wurden, werden im Folgenden ausgewählte Motivationstheorien skizziert und hinsichtlich ihres Beitrags zur Erklärung der Wirksamkeit von Anreizen diskutiert.

## 2.3 Motivationstheoretische Erklärungsbeiträge zur Wirksamkeit von Anreiz- und Vergütungssystemen

Im organisationalen Kontext wird häufig die Arbeitsmotivation als spezielle Form der Motivation betrachtet. Sie steht auch im Mittelpunkt vieler Motivationstheorien (vgl. Mayer, 2009, 230). In diesem Zusammenhang spielt insbesondere das Motiv der Leistung als wesentliche Grundlage der Arbeitsmotivation eine wichtige Rolle. Rheinberg (1981, 227) definiert Leistungsmotivation als die Motivation, „... einen subjektiv verbindlichen Mengen- oder Gütegrad zu erreichen oder zu übertreffen“. Da sich die Motivation dabei auf einen Sachverhalt bezieht, der außerhalb der eigentlichen Handlung liegt oder dieser folgt, stellt Leistungsmotivation eine Form der extrinsischen Motivation dar (vgl. Schiefele, 1996, 62; Kapitel 2.2).[21]

[21] Näheres zu Motiven, Leistungsmotiv, -motivation und deren Messung findet sich beispielsweise bei Brunstein und Heckhausen (2006, 143-156), Nerdinger (1995, 28-37), Rheinberg (2002, 64-71), Rosenstiel (2003, 229 f.); Schneider und Schmalt (2000, 273-304).

Es existieren verschiedene Theorien der Arbeitsmotivation, die menschliches Verhalten erklären. Klassisch wird dabei zwischen Inhalt und Prozess unterschieden. Motivationstheorien, welche die angestrebten Ziele thematisieren, versuchen diese zu klassifizieren und zu bestimmen, nach welcher Gesetzmäßigkeit ein Individuum welche Ziele verfolgt, sind sogenannte Inhaltstheorien (Kapitel 2.3.1). Prozesstheorien hingegen befassen sich mit dem Weg, ohne dabei das Ziel inhaltlich zu thematisieren (Kapitel 2.3.2). Das Individuum strebt dabei nach der Maximierung des subjektiv erwarteten Nutzens (vgl. Büssing, 1997, 460-462; Campbell & Pritchard, 1976, 65; Rosenstiel, 2003, 227). „Derartige Theorien richten ihr Hauptaugenmerk auf die Dynamik bei der Kalkulation im Sinne subjektiver Rationalität und die daraus folgende Umsetzung in Verhaltensintention“ (Rosenstiel, 2003, 227). Darüber hinaus existieren sogenannte integrative Theorien (Kapitel 2.3.3), welche Inhalts- und Prozesstheorien vereinen (vgl. Büssing, 1997, 460-462).

Der Fokus dieses Kapitels liegt auf jenen für die Fragestellung relevanten Motivationstheorien der genannten Kategorien. Die ausgewählten Theorien werden kurz dargestellt und diskutiert, welchen Erklärungsbeitrag sie jeweils zur Wirksamkeit extrinsischer Anreize bzw. variabler Vergütung liefern können (Kapitel 2.3.1-2.3.3).

### 2.3.1 Erklärungsbeiträge ausgewählter Inhaltstheorien

Die bereits in Kapitel 2.2 angesprochene Selbstbestimmungstheorie von Deci und Ryan (z. B. Ryan & Deci, 2000b) befasst sich mit dem Zusammenhang zwischen intrinsischer und extrinsischer Motivation sowie der Wirkung extrinsischer Anreize. Sie stellt ein derzeit weit verbreitetes Verständnis dar und wird daher im Folgenden erläutert und diskutiert. Darüber hinaus werden die Erklärungsbeiträge der Theorien von Alderfer (z. B. Alderfer, 1969; Alderfer, 1972) und Herzberg (z. B. Herzberg et al., 1959) zur Wirksamkeit extrinsischer Anreize bzw. variabler Vergütung kurz dargestellt. Diese Inhaltstheorien thematisieren die Motive bzw. die angestrebten Ziele von Individuen. Sie helfen damit, zu erklären, inwiefern Geld als Motivator und somit zur Verhaltensbeeinflussung dienen kann.

Wie die bisherigen Ausführungen zeigen, kann Motivation intrinsischer oder extrinsischer Natur sein. Außerdem können motivierte Handlungen gleichzeitig aus unterschiedlichen, sowohl extrinsischen als auch intrinsischen, Beweggründen stattfinden. Die Grenzen sind also verschwommen (vgl. Frey & Osterloh, 2002, 23-25; Kapitel 2.2)[22]. Interessant ist dabei insbesondere der Zusammenhang zwischen intrinsischer und extrinsischer Motivation (vgl. Schiefele, 1996, 59 f.). Ein dazu weit verbreitetes Verständnis stützt sich auf die Selbstbestimmungstheorie von **Deci und Ryan** (z. B. Ryan & Deci, 2000b). Diese Inhaltstheorie basiert auf der Annahme, dass ein Individuum nach der Befriedigung der drei psychologischen Grundbedürfnisse Kompetenz, Autonomie und sozialer Eingebundenheit strebt, um psychisches Wohlbefinden und Leistung zu erhöhen. Diese Grundbedürfnisse lassen sich auch aus der Bedürfnishierarchie Maslows (z. B. Maslow, 1954; Maslow, 1978) ableiten (vgl. Deci & Ryan, 2008, 14 f.; 21; Ryan & Deci, 2000a, 68).

Die Selbstbestimmungstheorie (z. B. Ryan & Deci, 2000b) betrachtet Motivation als ein Kontinuum. Sie postuliert unterschiedliche Ausprägungen motivierten Handelns und unterscheidet dabei grundlegend zwischen Amotivation (Handlungen, die keiner Intention folgen) sowie intrinsischer und extrinsischer Motivation (Handlungen, die ein bestimmtes Ziel verfolgen und somit einer Intention nachgehen). Extrinsische Motivation kann dabei nach dem Grad der Selbstbestimmung verschiedene Ausprägungen annehmen: „Externale Regulation“, „introjierte Regulation“, „identifizierte Regulation“ und „integrierte Regulation“. Diese Ausprägungen nähern sich jeweils der intrinsischen Motivation an, wobei der „external perceived locus of causality“ ab- und die Autonomie bzw. Selbstbestimmung zunimmt. Externale Regulation stellt die am wenigsten autonome Form der extrinsischen Motivation dar. Frühere Studien stellen diese üblicherweise der intrinsischen Motivation gegenüber. Entsprechende Handlungen haben einen „external perceived locus of causality“. Bei der introjezierten und der identifizierten Regulation verringert sich die Externalität bzw. steigt die Internalität. Internalisierung bedeutet dabei, dass ein Individuum einen Wert oder eine Regelung übernimmt. Die integrierte Regulation als vierte Ausprägung stellt die extrinsische Motivation mit dem höchsten Grad an Selbstbestimmung dar. Integration beschreibt den Prozess, in dem das Individuum die Regulation in seine eigene umwandelt, so dass sie von seinem Selbstgefühl ausgeht (vgl. Ryan & Deci, 2000b, 60). Der Mensch ist also in der Lage, extrinsische Anreize zu internalisieren sowie in sein eigenes Selbstkonzept zu integrieren und als selbstbestimmt zu empfinden. Dabei unterstützen Selbstständigkeit fördernde Maßnahmen die intrinsische Motivation, während kontrollierende diese zerstören (vgl. Deci & Ryan, 1993, 224-230; Deci & Ryan, 2008, 15-17; Gagné & Deci, 2005, 333-340; Ryan, 1995, 403-409; Ryan & Deci, 2000b, 55-65). Da die vorliegende Arbeit extrinsische Motivation in Form von

[22] Vgl. hierzu auch die Ausführungen bei Rheinberg (2006, 332-339) und Heckhausen (1989, 455-460).

variabler Vergütung betrachtet, wäre die integrierte Regulation somit die erstrebenswerteste, wohl aber auch die am schwierigsten zu erreichende Form der extrinsischen Motivation. Insgesamt können demnach Anreize die Motivation der Mitarbeiter fördern, zum einen wenn wie bereits gezeigt, die Anreize die individuellen Bedürfnisse bzw. Motive ansprechen und zum anderen, wenn diese nicht als kontrollierend, sondern als informierend empfunden werden. Die Herausforderung besteht darin, finanzielle Anreize zu setzen, ohne Misstrauen zu signalisieren. Sie sollen als Anerkennung gemeint sein und auch so wahrgenommen werden (vgl. Niederer, 2004, 17).

**Alderfer** (z. B. Alderfer, 1969; Alderfer, 1972) unterscheidet in seiner ERG-Theorie zwischen den drei namensgebenden Motivklassen Existence (Grundbedürfnisse), Relatedness (soziale Bedürfnisse) und Growth (Entfaltungsbedürfnisse) (vgl. Rosenstiel, 2003, 395 f.; Rosenstiel et al., 2005, 267). Die variable Vergütung ist hier bei den Grund- bzw. Existenzbedürfnissen einzuordnen. Sie trägt somit zum einen dazu bei, materielle Grundbedürfnisse zu saturieren. Zum anderen ist sie ein möglicher Ersatz bei Nichtbefriedigung höherer Bedürfnisse.

Die auf das Autorenteam **Herzberg**, Mausner und Snyderman (z. B. Herzberg et al., 1959) zurückgehende Zweifaktoren-Theorie der Arbeitszufriedenheit untersucht die situativen Anreize, die zur Bedürfnisbefriedigung führen (vgl. Nerdinger, 1995, 41). Da monetäre Vergütung einen Hygienefaktor (Grund für Unzufriedenheit) statt einen Motivator (Ursache für Zufriedenheit) darstellt, wirkt sie entsprechend der Theorie nicht motivierend. Damit variable Vergütung jedoch keinen negativen Effekt hat und nicht zu Unzufriedenheit führt, muss sie bestimmte Bedingungen erfüllen. Dazu zählt beispielsweise, dass die Vergütung als gerecht wahrgenommen wird (vgl. Kapitel 2.4.3). Variable Vergütung lässt sich jedoch auch als Motivationsfaktor interpretieren, wenn sie beispielsweise dem Erreichen von Anerkennung als Motivationsbedürfnis dient. Darüber hinaus kann Geld dazu dienen, mehr Sicherheit (im Job) zu erhalten oder auch mehr über das eigene Leistungsniveau zu erfahren. Je attraktiver und wichtiger diese Punkte also für einen Mitarbeiter sind, umso relevanter ist für ihn die Vergütung (vgl. Thierry, 2002, 328).

Inhaltstheorien helfen, die Bedürfnis- bzw. Motivstruktur der Mitarbeiter zu erklären, und lassen insgesamt den Schluss zu, dass Geld als universeller Anreiz fungieren kann. Dabei kommt es u. a. darauf an, dass die Anreize informierend statt kontrollierend wahrgenommen werden. Die im Folgenden behandelten Prozesstheorien thematisieren die Entstehung von Motivation (vgl. Büssing, 1997, 460-462; Campbell & Pritchard, 1976, 65; Koestner et al., 1984, 241-245; Ryan & Deci, 2000b, 55-65; Rosenstiel, 2003, 227).

### 2.3.2 Erklärungsbeiträge ausgewählter Prozesstheorien

Prozesstheorien helfen im Arbeitskontext zu erklären, wie Motivation zu Stande kommt. Im Folgenden werden die Grundgedanken und Erklärungsbeiträge der VIE-Theorie[23] von Vroom (z. B. Vroom, 1964), der Theorie von Porter und Lawler (z. B. Porter & Lawler, 1968), des erweiterten Motivationsmodells von Heckhausen (z. B. Heckhausen, 1977), der Anreiz-Beitrags-Theorie von March und Simon (z. B. March & Simon, 1958; in deutscher Fassung 1976) und der Equity-Theorie nach Adams (z. B. Adams, 1965) kurz skizziert und diskutiert. Darüber hinaus liefern auch die sozial-kognitive Theorie von Bandura (z. B. Bandura, 1986) sowie die Zielsetzungstheorie von Locke (z. B. Locke & Latham, 1990) relevante Erklärungsbeiträge und werden daher dargestellt und diskutiert.

Die VIE-Theorie von **Vroom** (z. B. Vroom, 1964) liegt zahlreichen weiteren Theorien und Modellen zu Grunde. Daher werden ihr Grundgedanke und ihre Konsequenzen für die Wirkung von Anreiz- und Vergütungssystemen kurz skizziert.[24] Während bei fixer Vergütung Leistung und Vergütung nicht unmittelbar voneinander abhängig sind, besteht bei variabler, leistungsorientierter Vergütung ein direkter, expliziter Zusammenhang. Die VIE-Theorie impliziert, dass variable Vergütung zu mehr Leistung führt, wenn erstens der Mitarbeiter dem variablen Anteil der Vergütung entsprechenden Wert beimisst und er zweitens davon ausgeht, dass höhere Anstrengung zu mehr Leistung und diese wiederum zu höherer Vergütung führt (vgl. Aguinis, 2009, 243; Cadsby, Song & Tapon, 2007, 390). Dazu muss das Individuum also einen klaren Zusammenhang zwischen Bemühungen und Leistung sowie zwischen Leistung und Belohnung wahrnehmen. Erkennt es dies nicht, lässt sich aus der Theorie ableiten, dass die motivierende Wirkung ausbleibt. Darüber hinaus schlussfolgern Cadsby et al. (2007, 387-391) daraus, dass risikoaverse Mitarbeiter dem Lohnniveau weniger Bedeutung beimessen, dass sie der Vergütung im Sinne Vrooms (z. B. Vroom, 1964) somit geringeren

[23] Der Name der Theorie resultiert aus den Anfangsbuchstaben ihrer multiplikativ verknüpften Elemente Valenz von (V), Instrumentalität des Weges (I), Erwartung (E) diesen Weg auch gehen zu können (vgl. Beckmann & Heckhausen, 2006, 136 f.; Rosenstiel et al., 2005, 269-272).

[24] Nach Vroom (z. B. Vroom, 1964) hängt eine Handlungsentscheidung von der subjektiven Wertschätzung einer in Aussicht stehenden Belohnung, der subjektiven Erfolgswahrscheinlichkeit eines Handlungsergebnisses und der subjektiven Wahrscheinlichkeit, dass eine Handlung das gewünschte Handlungsergebnis zur Folge hat, ab (vgl. Nerdinger, 1995, 95-98; Rosenstiel, 1975, 354).

Wert zusprechen. Dies bestätigen Pappas und Flaherty (2006, 28; 30) in ihrer Studie und zeigen zudem, dass diese Personen auch geringere Erwartungen haben.

Das Rückkopplungsmodell von **Porter und Lawler** (z. B. Porter & Lawler, 1968) greift Vrooms (z. B. Vroom, 1964) Erwartungswertgedanken auf und betrachtet den Zusammenhang zwischen Motivation, Leistung und Arbeitszufriedenheit. Das Ausmaß empfundener Zufriedenheit hängt insbesondere von der wahrgenommenen Gerechtigkeit der Belohnung ab. Der Mitarbeiter muss also die Belohnung, z. B. in Form der variablen Vergütung, als gerecht, erstrebenswert und erreichbar empfinden (vgl. Staehle, 1999, 237-239; Rosenstiel, 2003, 407 f.; Kapitel 2.4.3, 2.5). So zeigen Igalens und Roussel (1999, 1014-1018), dass bei tariflichen Mitarbeitern die Erwartungen über den Zusammenhang zwischen Anstrengung und Leistung deren Arbeitsmotivation beeinflussen. Dies führt Dressler (1999, 295) auch in seiner Erklärung für die Wirksamkeit variabler Vergütung an, wonach gilt, dass je enger der Zusammenhang zwischen Arbeitseinsatz und -ergebnis (indirekte Erwartung) sowie zwischen Ergebnis und Leistungsvergütung (direkte Erwartung) wahrgenommen wird, desto stärker motiviert das Leistungsvergütungssystem.

**Heckhausen** (z. B. Heckhausen, 1977) führt in seinem erweiterten Motivationsmodell Vrooms VIE-Modell (z. B. Vroom, 1964) logisch fort und hat zum Ziel, ein Ordnungs- und Suchmodell für weitere Forschung zu konzipieren (vgl. Heckhausen, 1989, 471 f.; Kapitel 2.3.3). Die Berücksichtigung der Situation, in der eine Entscheidung getroffen wird, stellt dabei die wesentliche Erweiterung dar.

Wie in Kapitel 2.2 gezeigt wurde, hängt die Motivation eines Mitarbeiters, ein bestimmtes Ziel zu verfolgen, sowohl von der Situation, als auch der Person sowie deren Wechselwirkung ab. Dieser Zusammenhang ist in Abbildung 3 dargestellt. Situation meint dabei Gelegenheiten und mögliche Anreize. Person umfasst Bedürfnisse, Motive und Ziele. Die daraus resultierende Motivationstendenz besteht aus den verschiedenen, in Abhängigkeit des persönlichen Motivprofils gewichteten Anreizen der Tätigkeit, des Handlungsergebnisses sowie der internen und externen Folgen. Die Folgen können dabei langfristige Ziele, Fremd-, Selbstbewertung oder materielle Vorteile darstellen und verleihen dem Handlungsergebnis seinen Anreizwert (vgl. Heckhausen & Heckhausen, 2006, 3-6; Mayer, 2009, 241).[25] Rosenstiel (1975, 31-34) differenziert den Schritt zwischen Interaktion und Handlung weiter und unter-

[25] Der Prozess der situativen Anregung eines Motivs wird nach Rheinberg (2002, 72) auch als Motivierung bezeichnet.

scheidet zwischen Motivaktivierung, die über Erwartungen und Verhaltensintention zum Verhalten führt, woraus dann das Ergebnis resultiert.

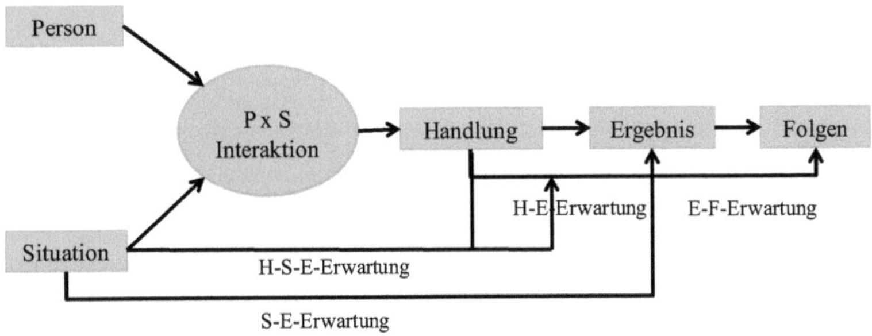


**Abbildung 3: Determinanten und Verlauf des motivierten Verhaltens nach Heckhausen und Heckhausen (2006)**
**Quelle: Darstellung in Anlehnung an Heckhausen und Heckhausen (2006, 5)**

Abbildung 3 zeigt zudem, dass Situationen danach differenziert werden können, mit welcher Ausprägung und Konstellation Situations-Ergebnis- (S-E-) Erwartungen, Handlungs-Ergebnis- (H-E-) Erwartungen, Ergebnis-Folge- (E-F-) Erwartungen (Instrumentalität) und Handlungs-bei-Situation-Ergebnis- (H-S-E-) Erwartungen vorliegen. Diese vier Erwartungen lassen sich mit den folgenden Fragen charakterisieren:

- S-E-Erwartung: Inwiefern führt eine Situation auch ohne Handeln zum Ergebnis?
- H-E-Erwartung: Inwiefern führt eine Handlung zum Ergebnis?
- E-F-Erwartung: Inwiefern führt das Ergebnis zur gewünschten Folge?
- H-S-E-Erwartung: Inwiefern erhöhen oder reduzieren äußere und variable Umstände die H-E-Erwartung?

Dabei entsprechen die E-F-Erwartungen der Instrumentalität und die H-E-Erwartung der Erwartung bei Vroom (z. B. Vroom, 1964). Aus der Berücksichtigung der Situation resultieren zudem die S-E-Erwartung, und die H-S-E-Erwartung. Letztere ist somit eine Determinante der H-E-Erwartung. Führt also beispielsweise die Situation auch ohne Handeln zum Ergebnis (hohe S-E-Erwartung) besteht wenig Anreiz zum Handeln. Dieser Anreiz wäre jedoch bei geringer S-E-Erwartung und gleichzeitig hoher H-E-Erwartung hoch, bei zusätzlichem Vorliegen günstiger E-F-Erwartungen noch höher (vgl. Heckhausen, 1989, 466-472; Heckhausen & Heckhausen, 2006, 5; Nerdinger, 1995, 99-100; Rheinberg, 2006, 133-139; 339). Die verschiedenen Elemente des Handlungsablaufs haben dabei jeweils eigenen

Anreizcharakter. Die Komponenten, die aus der Tätigkeit selbst oder dem Ergebnis resultieren, stellen intrinsische, die Folgen der Handlung und des Ergebnisses hingegen stellen extrinsische Anreize dar (vgl. Heckhausen & Heckhausen, 2006, 5). Erwartungen spielen in diesem Modell, ähnlich wie bei Vroom (z. B. Vroom, 1964) sowie Porter und Lawler (z. B. Porter & Lawler, 1968), eine wichtige Rolle und beeinflussen die Wirksamkeit der Anreize.[26]

Neben diesen erwartungstheoretischen Ansätzen, wonach es im Wesentlichen darauf ankommt, dass das Individuum eine in Aussicht gestellte Belohnung als gerecht, erstrebenswert und erreichbar wahrnimmt, zählen auch die auf dem Prinzip des Ausgleichs bzw. der Konsonanz basierenden Dissonanz-, Diskrepanz- oder Ausgleichstheorien zu den Prozesstheorien. Für diese liegt ein zentrales menschliches Bedürfnis bzw. Motiv im Erreichen eines Balancezustands, der dann zu Zufriedenheit führt. Dabei setzt die Wahrnehmung von Dissonanzen (z. B. Theorie der kognitiven Dissonanz von Festinger, z. B. Festinger, 1978) oder Ungleichheiten (z. B. Gleichheitstheorie nach Adams, z. B. Adams, 1965) motivationales Potenzial frei, das darauf gerichtet ist, diese Abweichungen abzubauen. All diesen Ansätzen liegt die Annahme zu Grunde, dass das Individuum nach Harmonie strebt und deshalb versucht, Dissonanzen und Diskrepanzen zu reduzieren. Die Höhe der Abweichung vom subjektiv idealen Gleichgewichtszustand bzw. das durch die Ungleichheit (Ungerechtigkeit) verursachte Ausmaß an Spannungen gibt Auskunft über die Stärke der Motivation (vgl. Staehle, 1999, 239). An dieser Stelle wird der Zusammenhang zwischen Gerechtigkeit und Motivation deutlich. Im Folgenden werden die Grundzüge sowie die Erklärungsbeiträge zur Wirksamkeit von Anreizen der auf Barnard (z. B. Barnard, 1937, in deutscher Fassung, 1970) basierenden und von March und Simon (z. B. March & Simon, 1958, 1976) weiterentwickelten Anreiz-Beitrags-Theorie sowie der Equity-Theorie von Adams (z. B. Adams, 1965) kurz skizziert. Die Theorie der kognitiven Dissonanz von Festinger (1978) ist Bestandteil der Ausführungen zu den Theorien zur Entstehung von Akzeptanz (Kapitel 3.4.2.2).

Entsprechend der Anreiz-Beitrags-Theorie von **March und Simon** (z. B. March & Simon, 1958, 83-111; in deutscher Fassung 1976, 81-105) müssen, damit ein Mitarbeiter sein Arbeitsverhältnis fortsetzt, die Anreize (z. B. Entgelt, Entfaltungsmöglichkeiten) zumindest so groß sein wie die Beiträge (z. B. Arbeitsleistungen, Akzeptieren hierarchischer Strukturen) oder

[26] Eine aussagenlogische Sequenz von Fragen zum Handeln, die sich aus den die vier Erwartungen charakterisierenden Fragen ergibt, ermöglicht es, Aussagen darüber zu treffen, warum ein Individuum eine Handlung weiterhin durchführt oder unterlässt. Sie ist bei Heckhausen (1989, 471) grafisch dargestellt. Dies kann Ausgangsbasis für Maßnahmen sein, die diesem Verhalten entgegenwirken (vgl. Heckhausen, 1989, 470-472; Nerdinger, 1995, 100 f.).

diese sogar übersteigen. Er bewertet dabei beides nach seinem individuellen Maßstab und bezieht die ihm offenstehenden Alternativen mit ein (vgl. March & Simon, 1976, 81; Marr & Stitzel, 1979, 45). Bezogen auf variable Vergütung lässt sich daraus schlussfolgern, dass das variable System dem betroffenen Mitarbeiter einen höheren Nutzen – im Sinne eines für ihn besseren Verhältnisses zwischen Vergütung und Arbeitseinsatz – bringen muss als das bisherige System. Der Nutzen steigt also, wenn die Spanne zwischen Anreizen und Beiträgen größer wird. Andernfalls ist das System für ihn uninteressant. Der Nutzen kann beispielsweise auch darin bestehen, wegen eines sinkenden Zeiteinsatzes, weniger verdienen zu dürfen. Neben dieser reinen Nutzenabwägung findet auch ein Vergleich, z. B. mit Kollegen, statt. Dieser Vergleichsgedanke ist Gegenstand der nachfolgend dargestellten Equity-Theorie (z. B. Adams, 1965).

„Verglichen mit dem, was ich zum Erfolg unserer Abteilung beigetragen habe und immer noch beitrage, verdient Kollege X nun aber wirklich zu viel" (Walter-Busch, 2008, 41). Derartigen Klagen kommt in Gesellschaften mit Leistungswettbewerb große Bedeutung zu. Basierend auf den austauschtheoretischen Überlegungen der Soziologen und Sozialpsychologen Blau, Homans und Thibault formuliert **Adams** (z. B. Adams, 1965) eben solche Vergleichsprozesse der eigenen Beitragsentschädigungsrelation mit der wahrgenommenen Beitragsentschädigungsrelation relevanter Bezugspersonen zum Kerngedanken seiner Equity-Theorie. Ein Individuum (i) beurteilt die Summe der Entschädigungen (Outcomes $O_i$), die es für die eigenen Beiträge (Inputs $I_i$) für die Organisation, der es angehört, erhält. Dies empfindet eine Person als „gerecht", wenn das Verhältnis $q_i$ dieser Entschädigungen und Beiträge in etwa dem Verhältnis $q_r$ einer relevanten Bezugsperson (Referenzperson) entspricht. Ungleiche Quotienten in den Input/Outcome-Relationen erzeugen Spannungen, die das Individuum zu Handlugen motivieren, um diese Ungleichheiten zu reduzieren (vgl. Formel 1).

$$\frac{\text{Summe } O_i}{\text{Summe } I_i} = \frac{\text{Summe } O_r}{\text{Summe } I_r} \quad \text{also} \quad q_i = q_r$$

**Formel 1: Equity-Theorie nach Adams (1965)**
**Quelle: Darstellung in Anlehnung an Walter-Busch (2008, 40)**

Welche Beiträge in diese Bilanz eingehen, hängt von Wahrnehmung und Gewichtung der jeweiligen Person ab. Als Vergleichspersonen dienen meist Kollegen, wobei die Theorie offen lässt, wie diese Vergleichspersonen, für die beispielsweise sowohl Kollegen der eigenen als auch anderer Abteilungen in Frage kommen, gefunden werden.[27] Die Bedeutung der Vergleichsperson sowie der Betrachtung der distributiven sowie prozeduralen Gerechtigkeit wird auch in der Untersuchung von Ambrose, Harland und Kulik (1991, 243) deutlich. Sie zeigt, dass vom Ergebnis der Vergleichsperson ein signifikanter Effekt auf die Gerechtigkeitswahrnehmung und die Zufriedenheit hinsichtlich der Verfahren ausgeht. Außerdem beeinflusst die Vorteilhaftigkeit des Ergebnisses sowohl die Zufriedenheit als auch die Beurteilung der Gerechtigkeit jeweils hinsichtlich des Ergebnisses sowie des Verfahrens. Erlebte Ungerechtigkeit und deren Konsequenzen sind insbesondere aus motivationspsychologischer Sicht interessant. Durch Gefühle der Benachteiligung ($q_r > q_i$) oder der Privilegierung ($q_r < q_i$) entstehen, ähnlich wie in Festingers (1978) Dissonanztheorie (vgl. Kapitel 3.4.2.2), sogenannte Dissonanzspannungen, die das Individuum als unangenehm empfindet (vgl. Dressler, 1999, 295; Nerdinger, 2006, 401; Staehle, 1999, 239-241; Walter-Busch, 2008, 40 f.; Wiswede, 1980, 115 f.). In Anlehnung an Adams (1965, 283-296) unterscheidet Wiswede (1980, 116) sechs Strategien zum Abbau von Ungerechtigkeit:

- Aktive Veränderung des eigenen Inputs,
- Aktive Änderung des eigenen Outputs,
- Kognitiv verzerrte Wahrnehmung eigener Inputs bzw. Outputs,
- Kognitiv verzerrte Wahrnehmung fremder Inputs bzw. Outputs,
- Aktive Intervention beider Vergleichspersonen,
- Wechsel der Vergleichspersonen (Verlassen des Feldes, z. B. durch Kündigung).

Dieser innere Spannungszustand ist dementsprechend der Auslöser für die Motivation. Variable Vergütung wirkt in diesem Zusammenhang dann motivierend, wenn sie die Möglichkeit bietet, diesen Spannungszustand zu reduzieren, indem sie dazu beiträgt, das Gleichgewicht zur Referenzperson herzustellen. Mögliche Folgen wären dann beispielsweise intensivere oder effektivere Arbeit.

Eng verbunden mit den individuellen Erwartungen, die beispielsweise bei der VIE-Theorie (z. B. Vroom, 1964) oder dem erweiterten Motivationsmodell (z. B. Heckhausen, 1977) eine wichtige Rolle spielen, ist die Selbstwirksamkeit (vgl. Vancouver & Kendall, 2006, 1146). Diese beeinflusst Ziele und Leistungsverhalten eines Menschen (vgl. Bandura, 1991, 248-250). Schreibt ein Individuum eine Leistung nicht seiner Kompetenz, sondern äußeren Um-

[27] Dabei ist auch ein sogenannter Externvergleich möglich. Hier stammt die Vergleichsperson nicht aus dem eigenen Unternehmen, sondern ist beispielsweise ein Kollege von der Konkurrenz (vgl. Dressler, 1999, 295).

ständen zu, stimuliert die Leistung nicht die Selbstwirksamkeitserwartung. Wie Individuen Barrieren interpretieren, ist somit entscheidend für ihre Selbstwirksamkeit und Leistungsfähigkeit (vgl. Schwarzer & Jerusalem, 2002, 29). Selbstwirksamkeitserwartung ist „... die subjektive Gewissheit, neue oder schwierige Anforderungssituationen auf Grund eigener Kompetenz bewältigen zu können“ (Schwarzer & Jerusalem, 2002, 35). Sie „... beschreibt den Glauben, über die Fähigkeit zur Kontrolle des Handelns und von Ereignissen, die für das eigene Leben wichtig sind, zu verfügen.... [und] umfasst die subjektive Einschätzung aller psychologischen Faktoren, die zu effektivem Leistungshandeln erforderlich sind (z. B. Anpassungsfähigkeit, Kreativität...)“ (Nerdinger, 1995, 115 f.). Dabei handelt es sich um Aufgaben, deren Schwierigkeitsgrad Handlungsprozesse der Anstrengung und der Ausdauer für die Bewältigung verlangen, statt um solche, die durch einfache Routine lösbar sind. Daraus lässt sich schlussfolgern, dass Menschen mit hoher Selbstwirksamkeit eher dazu geneigt sind, leistungsbezogene Vergütungssysteme zu akzeptieren, weil sie das Gefühl haben, den damit verbundenen Herausforderungen gewachsen zu sein. Das Konzept der Selbstwirksamkeit basiert auf der sozial-kognitiven Theorie von Bandura (z. B. Bandura, 1986), wonach subjektive Überzeugungen, v. a. Handlungs-Ergebnis-Erwartungen bzw. Konsequenz-Erwartungen und Selbstwirksamkeitserwartungen bzw. Kompetenzüberzeugungen kognitive, motivationale, emotionale und aktionale Prozesse steuern (vgl. Schwarzer & Jerusalem, 2002, 35). Selbstwirksamkeitserwartungen basieren entweder auf unmittelbar eigenen Erfahrungen oder auf Beobachtung anderer, dem sogenannten Lernen am Modell (vgl. Bandura, 1979, 25).

Nach **Banduras** Theorie (z. B. Bandura, 1986, 335-453) besteht der Selbstregulationszyklus aus drei aufeinanderfolgenden Prozessen der Selbstbeobachtung, -bewertung und -reaktion. Zunächst registriert das Individuum das eigene Verhalten im Bezug zur Situation und vergleicht dann seine Beobachtungen mit internen Standards, wie z. B. dem eigenen Anspruch oder den persönlichen Zielen. Diese bildet das Individuum direkt aus oder leitet sie aus sozialen Vergleichen mit wichtigen Bezugspersonen oder dem Lernen am Modell ab. Aus dieser Bewertung folgen die Selbstreaktionen. Das Erreichen der Standards führt zu positiven, das Verfehlen zu negativen Selbstbekräftigungen. Die selbst verabreichten Belohnungen oder Bestrafungen stellen die Selbstreaktionen dar und motivieren den Handelnden zur Beibehaltung geeigneter oder Änderung ungeeigneter Verhaltensweisen. Belohnungen motivieren für die Anstrengung bei der Umsetzung von Zielen. Derselbe Effekt geht von affektiven und kognitiven Reaktionen aus. Affektive Reaktionen sind beispielsweise das Gefühl von

Unzufriedenheit bei Nichterreichen bzw. von Erfolg und Zufriedenheit bei Erreichen der Ziele. Das Erleben von Selbstwirksamkeit stellt eine kognitive Reaktion dar. Insbesondere das Erleben von Zufriedenheit im Anschluss an erfolgreiche Handlungen kann als Anreiz für künftige Zielrealisierungen wirken. Nach der erfolgreichen Bewältigung der Aufgabe steigt das Vertrauen, auch künftige, ähnliche Aufgaben schaffen zu können. Das Individuum erlebt Selbstwirksamkeit. Diese Selbstwirksamkeit wiederum beeinflusst Selbstbeobachtung, -bewertung und die wahrgenommenen Ursachen für den Erfolg oder Misserfolg. Vertrauen in die eigene Wirksamkeit mündet demnach in effizienter Selbstregulation (vgl. Bandura, 1991, 249-275; Nerdinger, 1995, 134-141; Nerdinger, 2006, 398 f.). Schreibt das Individuum der variablen Vergütung somit Belohnungscharakter zu, kann sie dazu beitragen, dass es sich bei der Zielrealisierung mehr anstrengt. Während Bandura intrapersonale Prozesse der Selbstregulation und der Ausführungskontrolle thematisiert, befasst sich Lockes Ansatz mit fremdgesetzten Zielen und Feedback über die Zielerreichungsgrade und ihren Effekten auf verschiedene Parameter des Handelns sowie personalen Variablen zur Förderung der Wirkung von Zielsetzungen (vgl. Nerdinger, 1995, 134).

Die Zielsetzungstheorie von **Locke und Latham** (z. B. Locke & Latham, 1990) ist eine Motivationstheorie, die Aussagen darüber zulässt, wie Ziele beschaffen sein müssen, damit sie motivierend wirken und Handeln zu optimalen Leistungen führt. Gemäß dieser Theorie bestimmt sich menschliches Verhalten nicht vorrangig unbewusst durch Motive, sondern durch volitionale Eigenschaften bewusst gesetzter Ziele. Menschen streben danach, durch Erreichen von Zielen, ihre Emotionen und Wünsche zu befriedigen (vgl. Kleinbeck & Schmidt, 1996, 900; Latham & Locke, 1991, 212-233; Locke & Latham, 2002, 705-714; Weinert, 1998, 171). Zahlreiche empirische Studien bestätigen die beiden Kernaussagen dieser Theorie, wonach schwierige, herausfordernde Ziele zu besseren Leistungen führen als mittel oder leicht erreichbare Ziele. Weiterhin führen präzise und gleichzeitig spezifische Ziele zu besseren Leistungen als allgemein oder vage formulierte Ziele (im Sinne „Geben Sie ihr Bestes"). Dabei resultiert die Leistungssteigerung aus dem positiven Einfluss der Zielsetzung auf die sogenannten Moderatoren[28] und Wirkmechanismen.

[28] Eine Variable wird als moderierend bezeichnet, wenn sie die Wirkung einer unabhängigen auf die abhängige Variable verändert. Eine Moderator- wird zu einer Kontrollvariable, wenn ihre Ausprägungen bei den Untersuchungsobjekten vorsorglich erhoben werden (z. B. Alter der Person), um kontrolliert oder heraus gerechnet werden zu können oder zu einer Störvariable, wenn sie unbeachtet bleibt oder übersehen wird (vgl. Bortz & Döring, 2009, 3).

Die wesentlichen Moderatoren zwischen Zielen und Leistung sind Zielbindung, Selbstwirksamkeit, Rückmeldung und Aufgabenkomplexität. Die Wirkmechanismen umfassen die unmittelbare Wirkung der Zielsetzung auf Richtung, Intensität und Ausdauer des Handelns sowie den mittelbaren Effekt auf die Entwicklung aufgabenspezifischer Strategien (vgl. Nerdinger, 1995, 106 f., 120; Schmidt & Kleinbeck, 2004, 904-923). Die Zielbindung stellt eine Übereinstimmung zwischen zugewiesenen und persönlichen Zielen dar, unter der Annahme eines Verpflichtungsgefühls gegenüber dem Ziel. Sie lässt sich z. B. dadurch fördern, dass Mitarbeiter partizipativ an der Zielvereinbarung teilnehmen, dass vorgegebene Ziele glaubhaft sind oder anerkannte Autoritäten diese vorgeben (vgl. Nerdinger, 1995, 111, 114). Dies spielt auch bei den Zielen, die häufig der Ermittlung des variablen Vergütungsanteils zu Grunde liegen, bzw. bei ihrer Festlegung eine wichtige Rolle und sollte dementsprechend idealer Weise berücksichtigt werden.

Selbstwirksamkeit lässt sich als aufgabenbezogenes Selbstvertrauen verstehen und beeinflusst, wie bei der sozial-kognitiven Theorie von Bandura bereits erläutert, die Ziele sowie das Leistungsverhalten (vgl. Bandura, 1991, 248-250). Die Relevanz von Zielen für die Steuerung der Leistungsmotivation lässt sich durch die Verbindung der Zielsetzungstheorie (z. B. Locke & Latham, 1990) und der kognitiven Selbstregulierung erklären. Demnach beeinflussen schwierige Ziele das Selbstvertrauen positiv. Aus höherem Selbstvertrauen wiederum resultiert eine höhere innere Zielsetzung (Anspruchsniveau). Da höhere innere Zielsetzung, größere Unzufriedenheit mit dem Istzustand bedeutet, steigen die Erwartungen an die Belohnungen (intern und extern) und die Leistungsmotivation. Dies kann auch für uninteressante Aufgaben gelten (vgl. Uhl, 2000, 118). Darüber hinaus beeinflussen Rückmeldungen die Wirkung von schwierigen und spezifischen Zielsetzungen auf die Leistung (vgl. Nerdinger, 1995, 119).

Feedback, das Zielerreichung bestätigt, führt meist zur Beibehaltung des Leistungsverhaltens, während Rückmeldungen, die auf ein Defizit bzgl. der Zielerreichung hinweisen, dann zu einer Leistungssteigerung führen, wenn der Empfänger mit dem Erreichten unzufrieden ist, das Gefühl hoher Selbstwirksamkeit hat und sich vornimmt, seine Leistung zu verbessern. Schließlich beeinflusst auch die Aufgabenkomplexität erheblich den Zusammenhang zwischen Zielen und Leistung, wobei dieser mit zunehmender Komplexität sinkt (vgl. Nerdinger, 2006, 395). Durch Steuerung der Aufmerksamkeit, u. a. durch Ausblenden irrelevanter Informationen, bestimmen Ziele die Richtung des Handelns. Dies kann jedoch auch mit ungewollten Folgen verbunden sein, beispielsweise dann, wenn der Mitarbeiter sich durch die Zielsetzung nur noch auf den aktuellen Umsatz konzentriert und dabei anderes, z. B. die Kundenzufriedenheit, vernachlässigt. Ökonomen (z. B. Holmström & Milgrom, 1991) bezeichnen die Konzentration extrinsisch motivierter Mitarbeiter auf leicht messbare Ziele auch als Multi-Tasking Effekt (vgl. Rost & Osterloh, 2002, 35 f.; Weibel, 2009, 25). Deshalb ist bei der Zielsetzung in der Praxis immer sicherzustellen, dass alle Aufgaben angemessen abgebildet werden. Die Handlungsintensität resultiert aus einer automatischen Anpassung an die Aufgabenschwierigkeit (vgl. Nerdinger, 1995, 121). Ebenso steigt die Handlungsdauer entsprechend der Zielsetzung, wenn keine zeitliche Begrenzung besteht. Im Fall einer solchen Begrenzung arbeiten Individuen schneller und härter und verrechnen die Intensität mit der Dauer, um ihre Leistungsfähigkeit zu erhalten. Bei einseitigen, quantitativen Zielen geschieht die Realisierung dieser Ziele auf Kosten der Qualität (vgl. Erez, 1990, 58-62; Nerdinger, 1995, 123; Nerdinger, 2006, 396). Bei der Zielsetzung ist auch der sogenannte Fussy-Tasking Effekt zu bedenken und ihm entsprechend gegenzusteuern, wonach Mitarbeiter, die für ihre Leistung monetär belohnt werden, einfache und leicht messbare Ziele präferieren, um die Belohnungswahrscheinlichkeit zu erhöhen (vgl. Frey & Osterloh, 2002, 36).

Außerdem wirken Ziele, vermittelt durch gelernte Pläne und Strategien, auf die Leistung. Diese sind bei komplexen Aufgaben hingegen erst zu entwickeln (vgl. Nerdinger, 1995, 124 f.; Nerdinger, 2006, 396). In diesem Zusammenhang kann auch zwischen Lern- und Leistungszielen unterschieden werden. Während Lernziele dem Betroffenen helfen, Möglichkeiten zu entwickeln, um Leistungsziele erreichen zu können (z. B. „Entwicklung von drei geeigneten Strategien zur Steigerung des Umsatzes"), fokussieren Leistungsziele ein Endergebnis (z. B. „Umsatzsteigerung um 5 Prozent im nächsten Monat") und regen dazu an, vorhandenes Können einzusetzen. Bei Leistungszielen besteht, wie beschrieben, die Gefahr, dass die Betroffenen sich nur noch auf ein Ziel konzentrieren und andere vernachlässigen (vgl. Latham & Seijts, 2005, 128; Latham & Seijts, 2006, 4). Diese Theorie spielt im Zusammenhang mit variabler Vergütung deshalb eine Rolle, da das Erreichen vorher festgelegter Ziele meist die Grundlage für die Bestimmung des variablen Anteils darstellt. Die Theorie liefert wichtige Anhaltspunkte, worauf bei der Zielsetzung zu achten ist, damit diese keine negativen Effekte hat, sondern leistungsfördernd wirken kann. Die entsprechenden Anforderungen an Ziele werden im Rahmen des Kapitels 2.4.4 betrachtet.

Prozesstheorien helfen im Arbeitskontext zu erklären, wie Motivation zu Stande kommt und liefern auch Ansatzpunkte für die Wirksamkeit von Anreizen. Entsprechend der Theorie von Vroom (z. B. Vroom, 1964) muss das Individuum einen klaren Zusammenhang zwischen Bemühungen und Leistung sowie zwischen Leistung und Belohnung wahrnehmen. Außerdem ist zu erwarten, dass je enger der Zusammenhang zwischen Arbeitseinsatz und -ergebnis (indirekte Erwartung) sowie zwischen Ergebnis und Leistungsvergütung (direkte Erwartung) wahrgenommen wird, desto stärker motiviert das Leistungsvergütungssystem (vgl. Dressler, 1999, 295; Porter & Lawler, 1968). Ähnliches resultiert auch aus dem Modell von Heckhausen (z. B. Heckhausen, 1977). Aus der Anreiz-Beitrags-Theorie (z. B. March & Simon, 1958, 1976) lässt sich schlussfolgern, dass der betroffene Mitarbeiter vom variablen im Vergleich zum bisherigen Vergütungssystem für sich einen höheren Nutzen – im Sinne eines für ihn besseren Verhältnisses zwischen Vergütung und Arbeitseinsatz – erwarten muss. Außerdem sollte es ihm die Möglichkeit bieten, ein Gleichgewicht im Vergleich zur Referenzperson herzustellen (z. B. Adams, 1965). Andernfalls ist das System für ihn nicht interessant. Außerdem muss sich der Mitarbeiter zutrauen, die entsprechenden Ziele (z. B. Locke & Latham, 1990) mit Hilfe seiner eigenen Kompetenz zu erreichen (z. B. Bandura, 1986, 335-453). Beim Setzen von Zielen ist beispielsweise dem Multi-Tasking und Fussy-Tasking Effekt Rechnung zu tragen (vgl. Rost & Osterloh, 2002, 35 f.; Weibel, 2009 25) und die Zielbindung zu fördern (vgl. Nerdinger, 1995, 111, 114). Welche Anforderungen motivierende Ziele zu erfüllen haben, wird in Kapitel 2.4.4 behandelt.

### 2.3.3 Erklärungsbeiträge ausgewählter integrativer Theorien

Während die bisher beschriebenen Theorien die Bedürfnisse bzw. Motive oder den Prozess der Entstehung von Motivation gesondert voneinander betrachten, nimmt das Rubikon-Modell von Heckhausen und Gollwitzer (z. B. Gollwitzer, 1990) eine integrative Position ein (vgl. Büssing, 1997, 460-462). Es greift damit den Gedanken Heckhausens (z. B. 1977) auf, ein Ordnungs- und Suchmodell zu konzipieren (vgl. Kapitel 2.3.2) und berücksichtigt die in den Kapiteln 2.3.1 und 2.3.2 behandelten Motivationstheorien.

Das Rubikon-Modell von **Heckhausen und Gollwitzer** (z. B. Gollwitzer, 1990)[29], auch Modell der Handlungsphasen genannt, verortet die verschiedenen Funktionen volitionaler Prozesse in dem in Abbildung 3 (S. 31) gezeigten Handlungsablauf (vgl. Heckhausen

[29] Das Modell bezieht seinen Namen von dem Fluss, den Cäsar 49 v. Chr. nach langem Abwägen überschritt und dadurch den Bürgerkrieg unwiderruflich eröffnete (vgl. Rheinberg, 2002, 184).

& Heckhausen, 2006, 7). Dabei folgen, wie in Abbildung 4 dargestellt, vier Phasen von Motivations- und Volitionsprozessen aufeinander: Prädezisional, postdezisional/präaktional, aktional und postaktional. Während die motivationalen Prozesse bei der Wahl der Handlungsalternativen vorherrschend sind (prädezisional), ist die Volition bei der Konzentration auf ein Ziel (postdezisional/präaktional) und der Einleitung der Handlung (aktional) entscheidend. Die nachträgliche Bewertung der Handlung sowie ihrer Resultate ist wiederum motivational bestimmt (postaktional) (vgl. Gollwitzer, 1996, 534-538; Heckhausen & Heckhausen, 2006, 7; Rosenstiel et al., 2005, 279).

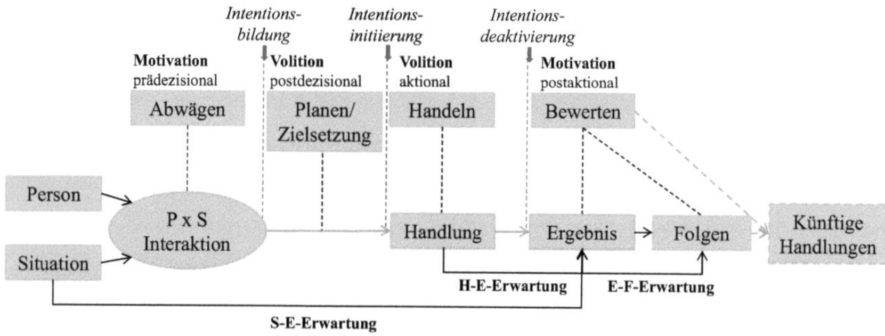


**Abbildung 4: Integration von Handlungsphasen und Überblicksmodell zu Determinanten und Verlauf motivierten Handelns mit ergebnis- und folgebezogenen Erwartungen**
**Quelle: Eigene Darstellung in Anlehnung an Heckhausen & Heckhausen (2006, 5, 7)**

Der Weg von der Motivation einer Person bis zum Handeln ist durch zwei entscheidende Übergänge geprägt. Die reine Existenz einer aus der Wechselwirkung von Person (Motiv) und Situation (Anreiz) resultierenden Motivationstendenz reicht nicht aus, um das entsprechende Handlungsziel verbindlich zu machen und dessen Erreichen anzustreben. In dieser Motivationsphase zeichnen sich Personen durch eine hohe Realitätsorientierung aus. Sie sind somit z. B. offen für alle entscheidungsrelevanten Informationen und bereit, Möglichkeiten unerwünschter Nebenfolgen zu bedenken. Das Individuum verarbeitet demnach anreiz- und erwartungsbezogene Informationen unparteilich und objektiv. Um die Leistung eines Mitarbeiters zu steigern, ist es zwar Voraussetzung, dass er den leistungsbezogenen Anteil des variablen Vergütungssystems als Anreiz wahrnimmt und eine Motivationstendenz entsteht. Jedoch genügt dies allein nicht. Denn damit aus einer solchen Tendenz eine Handlung entsteht, muss sich zunächst eine Intention, also eine konkrete Absicht zum Handeln, bilden.

Die Intentionsbildung stellt den „Schritt über den Rubikon" dar.[30] Sie löst den Umbruch zwischen dem Abwägen von Motivationstendenzen (Motivationsphase) und dem Planen und Handeln (Volitionsphase) aus, wobei sich auch die Bewusstseinslage von realitäts- hin zu realisierungsorientiert verändert. Dabei beachtet der Betroffene bevorzugt Informationen, die zur Realisierung der Absicht wichtig sind, und überschätzt dadurch optimistisch die eigenen Realisierungsfähigkeiten. Damit stellt sich Parteilichkeit für das gewählte Ziel ein (vgl. Gollwitzer, 1996, 535; Gollwitzer & Bayer, 1999, 405 f.; Heckhausen, 1989, 212; Heckhausen & Heckhausen, 2006, 7; Hiemisch, Schwabe & Schelske, 2007, 252; Rheinberg, 2002, 185). Der Mitarbeiter geht davon aus, dass er mit seinem Handeln einen möglichst hohen leistungsbezogenen Vergütungsanteil erreichen kann und strebt dies an.

Volitionen sind „... eigene regulative Prozesse, die entscheiden, welche Motivationstendenzen bei welchen Gelegenheiten und auf welche Weise realisiert werden sollen" (Heckhausen & Heckhausen, 2006, 7). Sie beruhen nach Meumann (1913, 11-14) auf einer Zielvorstellung, einem zustimmenden Urteil zu dieser sowie einem bewussten Herbeiführen der Handlung (vgl. Nerdinger, 1995, 12-15). Da jederzeit eine Vielzahl von Intentionen vorliegt und diese nicht alle zur gleichen Zeit verwirklicht werden können, muss neben der Intentionsbildung eine Handlungsinitiierung stattfinden, bei der geregelt wird, welche Intention Zugang zum Handeln erhält (vgl. Heckhausen, 1989, 12 f.). Sie findet zwischen den Phasen des Planens und Handelns statt. Das letztendliche Umsetzen einer Intention in die Tat führt zum eigentlichen Handeln und zur Handlung. Während der Handlungsphase wird die leitende Intention gegen konkurrierende Intentionen abgeschirmt. Die Stärke der Volition wird während dieser Phase automatisch den sich ändernden Erfordernissen angepasst und bestimmt Intensität sowie Ausdauer des Handelns (vgl. Heckhausen, 1989, 14, 18).

Ist die Handlung erfolgreich abgeschlossen oder erfolglos beendet, kommt es zur Deaktivierung der Intention. Diese bewirkt den zweiten Umbruch, nämlich den Übergang von der volitionalen in die motivationale Phase, in der ein handlungsbewertender Rückblick, die Erklärung der Ursachen für den Erfolg oder Misserfolg (vgl. Heckhausen & Heckhausen, 2006, 7) und ggf. auch ein handlungsplanender Vorausblick stattfindet. Dabei vergleicht und beurteilt das Individuum die erwarteten Resultate und Folgen mit dem tatsächlichen Verlauf und sei-

[30] Die Würfel waren nach dem Schritt über den Rubikon gefallen und ab diesem Zeitpunkt ging es nur noch darum, den gefassten Entschluss bestmöglich zu realisieren. Das wichtigste Merkmal dieses Modells besteht in der scharfen Zäsur zwischen der Phase des Abwägens und der Phase nach der Entscheidung für eine bestimmte Handlung (vgl. Rheinberg, 2002, 184).

nen Ergebnissen. Auf Basis dieser kritischen Rückschau bildet es Erfahrungen, die wiederum zukünftiges Verhalten beeinflussen können. Zudem findet eine Bewertung der Zielerreichung statt, die darüber entscheidet, ob die Intention erfolgreich realisiert wurde und somit die Handlung als zufriedenstellend beendet angesehen werden kann (vgl. Heckhausen, 1989, 15 f.). Nach Bandura (z. B. 1986) kann das Erleben von Zufriedenheit im Anschluss an eine erfolgreiche Handlung Anreiz für künftige Zielrealisierungen sein (vgl. Nerdinger, 2006, 399).

In dieser letzten Phase findet demnach auch eine Beurteilung der Folgen bzw. Belohnungen hinsichtlich ihrer Verteilung sowie des Verfahrens, das zu dieser Verteilung geführt hat, nach ihrer Fairness statt. Fühlt sich der Mitarbeiter ungerecht behandelt, kann dies Unzufriedenheit und damit Auswirkungen auf das künftige Leistungsverhalten nach sich ziehen. Diese Gerechtigkeitsaspekte spielen insbesondere im Zusammenhang mit Anreiz- und Vergütungssystemen eine wichtige Rolle (vgl. Dressler, 1999, 295; Nerdinger, 2006, 400-404). Sie sind deshalb Gegenstand der Kapitel 2.3.2 und 2.5.[31] Wurde ein Mitarbeiter in der Vergangenheit bereits variabel vergütet und konnte damit eigene Erfahrungen mit dieser Vergütungsform sammeln, hat dies Auswirkung auf spätere Vergütungspräferenzen bzw. -entscheidungen. Hat er schlechte Erfahrungen gemacht, da er beispielsweise das Gefühl hatte, dass das damalige System seine Leistung nicht angemessen widergespiegelt hat, ist zu erwarten, dass seine Bereitschaft, sich erneut variabel vergüten zu lassen eher geringer ist als bei jemandem, der positive Erfahrungen sammeln konnte.

Um Entscheidungen zwischen Handlungsalternativen, sprich die prädezisionale Phase des Abwägens zu erklären, werden Erwartungs-mal-Wert-Theorien herangezogen. Die VIE-Theorie von Vroom (z. B. Vroom, 1964) stellt in dieser Klasse die in der Personalwirtschaft einflussreichste Theorie dar (vgl. Nerdinger, 2006, 390). Die Theorie der Zielsetzung von Locke (z. B. Locke & Latham, 1990) beschäftigt sich damit, wie Ziele beschaffen sein müssen, damit Handeln zu optimalen Leistungen führt (vgl. Nerdinger, 2006, 393). Sie sind damit in der präaktionalen Phase verortet. In der aktionalen Phase dienen Theorien der Selbstregulation, z. B. Banduras sozial-kognitive Theorie (z. B. Bandura, 1986), dazu, zu erklären, wie Ziele über einen längeren Zeitraum und unter verschiedenen situativen Anforderungen verfolgt werden (vgl. Nerdinger, 2006, 398). Gerechtigkeitstheorien helfen, die Prozesse innerhalb der postaktionalen Bewertungsphase zu erklären. Denn in dieser Phase der Rück-

[31] Zu diesem integrativen Motivationsmodell existieren auch zahlreiche empirische Studien. Brownstein (2003) gibt einen Überblick für entsprechende Studien sowie die jeweiligen theoretischen Erklärungsansätze.

schau überlegen Mitarbeiter auch, inwiefern sich das Engagement für das Unternehmen „lohnt". Dabei betrachten sie einerseits die Verteilung, also Aufwand und Ertrag (z. B. Adams, 1965), und andererseits die Verfahren (z. B. Cropanzano & Greenberg, 1997), nach denen die Verteilung der Belohnung erfolgt ist (vgl. Nerdinger, 2006, 400 f.; Kapitel 2.5).

### 2.3.4 Zusammenfassung und Konsequenzen für die Arbeit

Die vorherigen Kapitel haben die Erklärungsbeiträge verschiedener Motivationstheorien zur Wirksamkeit von Anreizen untersucht. Dabei wurde aufgezeigt, warum Anreiz- und Vergütungssysteme motivierend wirken und wie diese Prozesse der Motivierung ablaufen können.

Basierend auf den Ausführungen zu den Inhaltstheorien lässt sich festhalten, dass nach Alderfer (z. B. Alderfer, 1969; Alderfer, 1972) die Bezahlung die Grundbedürfnisse befriedigt und sie nach Herzberg (z. B. Herzberg et al., 1959) entsprechend auch einen Hygienefaktor darstellt. Nach der Selbstbestimmungstheorie von Deci und Ryan (z. B. Ryan & Deci, 2000b) sowie den Ergebnissen von Koestner et al. (1984, 241-245) können Anreize gesetzt werden, ohne intrinsische Motivation zu verdrängen, wenn die Betroffenen diese als informierend, nicht kontrollierend wahrnehmen. Inhaltstheorien lassen den Schluss zu, dass Geld als universeller Anreiz fungieren kann. Die Ausführungen verdeutlichen, dass wichtige Kriterien zu erfüllen sind, damit extrinsische Anreize und somit auch variable Vergütung im Sinne ihrer Befürworter funktionieren können. Obwohl dies nicht unmöglich ist, wurde es bislang nur selten erreicht. Auch wenn die vorliegende Arbeit extrinsische Anreize fokussiert, darf nicht vergessen werden, dass neben geldlichen bzw. geldwerten auch nicht-geldliche Anreize, wie z. B. Freiheiten, Arbeitsinhalte, Entwicklungsmöglichkeiten und Kontakte, zur Verfügung stehen (vgl. Krönes, 2005, 12).

Prozesstheorien helfen im Arbeitskontext zu erklären, wie Motivation entsteht und Anreize wirken können. Die Theorie von Vroom (z. B. Vroom, 1964) impliziert, dass variable Vergütung zu mehr Leistung führt, wenn erstens der Mitarbeiter dem variablen Anteil der Vergütung entsprechenden Wert beimisst und er zweitens davon ausgeht, dass höhere Anstrengung zu mehr Leistung und diese wiederum zu höherer Vergütung führt. Ähnlich muss der Mitarbeiter nach Porter und Lawler (z. B. Porter & Lawler, 1968) die Belohnung gerecht, erstrebenswert und erreichbar empfinden. Das erweiterte Motivationsmodell von Heckhausen (z. B. Heckhausen, 1977) setzt unter ergänzender Berücksichtigung der Entscheidungssituation Vrooms VIE-Modell (z. B. Vroom, 1964) logisch fort. Darüber hinaus lässt sich aus der

Anreiz-Beitrags-Theorie (z. B. March & Simon, 1958, 1976) schlussfolgern, dass der Mitarbeiter vom variablen im Vergleich zum bisherigen Vergütungssystem für sich einen höheren Nutzen – im Sinne eines für ihn besseren Verhältnisses zwischen Vergütung und Arbeitseinsatz – erwarten muss. Des Weiteren sollte es ihm, wie sich aus Adams Equity-Theorie (z. B. Adams, 1965) ableiten lässt, die Möglichkeit bieten, ein Gleichgewicht in der Input/Outcome-Relation im Vergleich zur Referenzperson herzustellen. Andernfalls ist das System für ihn nicht interessant. Daneben ist es wichtig, dass sich der Mitarbeiter zutraut, die entsprechenden Ziele (z. B. Locke & Latham, 1990) mit Hilfe seiner eigenen Kompetenz erreichen zu können (z. B. Bandura, 1986, 335-453). Bei der Zielsetzung ist u. a. dem Multi-Tasking und Fussy-Tasking Effekt Rechnung zu tragen (vgl. Rost & Osterloh, 2002, 35 f.; Weibel, 2009, 25). Die Zielbindung lässt sich beispielsweise dadurch fördern, dass die Betroffenen die Ziele mit vereinbaren, die vorgegeben Ziele glaubhaft oder von anerkannten Autoritäten vorgegeben sind (vgl. Nerdinger, 1995, 111, 114).

Das Rubikon-Modell von Heckhausen und Gollwitzer (z. B. Gollwitzer, 1990) integriert verschiedene dieser Inhalts- und Prozesstheorien. Hier liefert insbesondere die letzte Phase wichtige Hinweise, in der eine Beurteilung der Folgen bzw. Belohnungen hinsichtlich ihrer Verteilung sowie des Verfahrens, das zu dieser Verteilung geführt hat, nach ihrer Fairness stattfindet. Wurde ein Mitarbeiter in der Vergangenheit bereits variabel vergütet und konnte damit eigene Erfahrungen mit dieser Vergütungsform sammeln, hat dies Auswirkung auf spätere Vergütungspräferenzen bzw. -entscheidungen. Hat er beispielsweise schlechte Erfahrungen gemacht, da er das Gefühl hatte, dass das damalige System seine Leistung nicht angemessen widergespiegelt hat, ist zu erwarten, dass seine Bereitschaft, sich erneut variabel vergüten zu lassen, eher geringer ist als bei jemandem, der positive Erfahrungen sammeln konnte.

Entscheidend für die Effizienz von variablen Vergütungssystemen im Sinne der Motivationstheorien sind also (a) die Art der Beziehung zwischen variablem Vergütungssystem und individueller Leistung,[32] (b) die subjektive Wahrnehmung dieses Zusammenhangs sowie des Input/Outcome-Verhältnisses des Individuums und seiner Vergleichsperson und (c) die unterschiedliche Bewertung (Valenz) von variablen Vergütungssystemen durch Mitarbeiter in derselben Arbeitssituation, (d) die empfundene Erreichbarkeit der Belohnung sowie (e) den

[32] Siehe hierzu auch die Ausführungen zum Kriteriums-Anreiz-Zusammenhang als eines der Basiselemente von Anreiz- und Vergütungssystemen in Kapitel 2.4.1, 2.4.4.

wahrgenommenen Informations- statt Kontrollcharakter der Anreize (vgl. z. B. Koestner et al., 1984, 241-245; Nerdinger, 2006, 393, 398; Weinert, 1998, 183; Kapitel 2.3.1-2.3.3).

Entsprechend der in Kapitel 2.1 dargestellten kontroversen Diskussion um die Wirksamkeit extrinsischer Anreize ist bislang die Frage offen, inwiefern variable Vergütung zur Motivation von Mitarbeitern und damit zur Leistungssteigerung beitragen kann. Die Erörterung motivationspsychologischer Erklärungsbeiträge liefert zwar Anhaltspunkte für eine positive Wirkung von Anreizen, gibt jedoch auch keine eindeutige Antwort. Der Einsatz variabler Vergütung in der Unternehmenspraxis basiert auf der Annahme, die zugleich Mehrheitsmeinung darstellt, dass extrinsische Anreize die Leistungsmotivation und somit auch das –verhalten beeinflussen können (vgl. Deci & Ryan, 2008, 15; Frey & Osterloh, 1997, 308 f.; Schanz, 1991, 12). Daher soll insgesamt im Rahmen dieser Arbeit von einem positiven Zusammenhang von variabler Vergütung mit Mitarbeitermotivation und -leistung ausgegangen werden. Im Folgenden (Kapitel 2.4) werden theoretische Grundlagen von Anreiz- und Vergütungssystemen näher betrachtet.

## 2.4 Theoretische Grundlagen zu Anreiz- und Vergütungssystemen

Im Rahmen der theoretischen Grundlagen zu Anreiz- und Vergütungssystemen wird zunächst definiert, was ein Anreiz- und Vergütungssystem ist (Kapitel 2.4.1) sowie welche Ziele und Funktionen es allgemein erfüllen soll (Kapitel 2.4.2). Neben den Anforderungen, die an ein variables Vergütungssystem gestellt werden (Kapitel 2.4.3), werden zudem die Möglichkeiten der Ausgestaltung dargestellt (Kapitel 2.4.4).

### 2.4.1 Definition von Anreiz- und Vergütungssystemen

Anreizsysteme umfassen „… sämtliche materiellen und immateriellen Anreize, die einem Individuum im Rahmen seiner Arbeit gewährt werden und für den Empfänger einen subjektiven Wert (Anreizwert, Befriedigungswert, Valenz, Nutzen) besitzen“ (Pleier, 2006, 6). Becker (1995, 34 f.) differenziert Anreizsysteme im weitesten, im weiteren und im engeren Sinne:

**Anreizsysteme im weitesten Sinne** lassen sich mit dem Satz „Das Unternehmen ist ein Anreizsystem“ charakterisieren.[33] Sie umfassen sämtliche unternehmensinternen Bedingungen,

[33] Vgl. auch Rosenstiel (1975, 226-347) sowie Mertins und Finke (2003, 658).

die sich durch jede strukturelle, prozessuale und operative Entscheidung sowie deren Umsetzung konstituieren, unabhängig davon, ob die damit einhergehenden Anreizwirkungen gewollt oder ungewollt bzw. bewusst oder unbewusst sind.

Die Begriffsauffassung von Wild (1973), die ein **Anreizsystem im weiteren Sinne** beschreibt, wird häufig zitiert (vgl. Becker, 1987a, 24; Berthel & Becker, 2003, 423; Dörfler, 1993, 23; Grewe, 2003, 10). Demnach ist ein Anreizsystem „... die Summe aller bewußt [sic] gestalteten Arbeitsbedingungen, die bestimmte Verhaltensweisen (durch positive Anreize, Belohnungen, etc.) verstärken, die Wahrscheinlichkeit des Auftretens anderer dagegen mindern (negative Anreize, Strafen)“ (Wild, 1973, 47). Dieses Verständnis umfasst neben den Systemelementen, welche die Verteilung und Administration der Anreize betreffen, sämtliche von Vorgesetzten und Unternehmen gewährten Anreize materieller und immaterieller Art, die für Mitarbeiter von subjektivem Wert sind. In diesem Fall „hat der Betrieb ein Anreizsystem“. Ein Anreizsystem ist somit Teil des Führungssystems eines Unternehmens und dient der Generierung sowie Umsetzung der Unternehmensziele. Anreizsysteme richten sich nach dieser Auffassung durch eine zielgerichtete Gestaltung auf die Motivation der Mitarbeiter.

**Anreizsysteme im engeren Sinne** richten sich konkret auf die einzelnen Mitarbeiter. Dazu werden die individuellen Anreizpläne für Mitarbeiter oder -gruppen zeitspezifisch aus der generellen Systemgestaltung abgeleitet. Auf dieser Ebene heißt es, „Das Unternehmen setzt individuelle Anreizsysteme ein“ (vgl. Becker, 1987a, 24 f.; 1995, 34 f.).

Die Auffassungen eines Anreizsystems im weitesten und im weiteren Sinne beinhalten das gesamte Unternehmen bzw. Führungssystem und sind deshalb für die Untersuchung der vorliegenden Problemstellung zu komplex. Da sie für eine theoretische Analyse und empirische Untersuchung hinsichtlich einer Implementierungsproblematik auf Grund von Schwierigkeiten bei der Operationalisierbarkeit nicht zielführend sind, basiert die vorliegende Arbeit auf dem Verständnis eines Anreizsystems im engeren Sinne (vgl. Grewe, 2003, 10). Winter (1996, 616) weist allerdings darauf hin, dass die Wirkung von Anreizsystemen sehr stark kontextgebunden ist. Demnach beeinflussen der soziale Kontext, Gerechtigkeitserwägungen und Einflussmöglichkeiten bzw. Mitspracherechte der Betroffenen die Akzeptanz und somit die Wirksamkeit von Anreizen.[34] Deshalb empfiehlt er, diese Kontextbedingungen bereits in der Definition zu berücksichtigen und subsumiert sie unter dem Begriff „administrativer

[34] Vgl. auch Dressler (1999, 295).

Rahmen", der beispielsweise Informations- und Mitspracheregelungen umfasst. Dementsprechend wird im Rahmen dieser Arbeit der Bedeutung von wahrgenommener Gerechtigkeit als Voraussetzung für die Akzeptanz des Anreiz- und Vergütungssystems bei den Mitarbeitern Rechnung getragen (Kapitel 2.4.3; 2.5). Außerdem wird an entsprechender Stelle, insbesondere bei der Implementierung (Kapitel 3.5), zusätzlich auf Kontextbedingungen wie z. B. Information und Kommunikation sowie Partizipation eingegangen.

Ein Anreizsystem setzt sich nach Kossbiel (1994, 78) aus den zwei Teilelementen „Menge von Anreizen" und „Menge von Kriterien" zusammen. Relationsvorschriften, die sogenannten „Kriteriums-Anreiz-Relationen", verbinden diese beiden Mengen unter Einblendung der Zeit. Folgende Abbildung veranschaulicht diese sogenannten Basiselemente, aus denen ein entsprechendes Anreizsystem im engeren Sinne besteht, und deren Zusammenhang. Dabei befinden sich im inneren des Kastens die angesprochenen, systemimmanenten Elemente, und zusätzlich außerhalb des Kastens die systemtranszendenten Einflussfaktoren eines Anreizsystems und deren Zusammenhang (vgl. Abbildung 5).

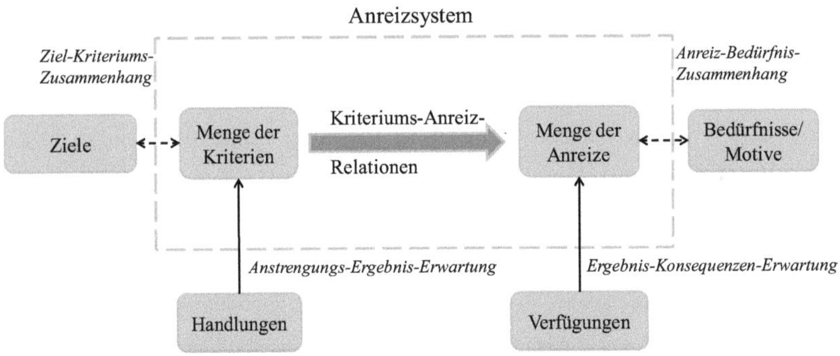


**Abbildung 5: Grundmodell eines Anreizsystems nach Kossbiel (1994)**
**Quelle: Eigene Darstellung in Anlehnung an Kossbiel (1994, 87)**

Die Effizienz von Vergütungssystemen hängt nach Kossbiel (1994, 81) sowohl von systemimmanenten als auch von -transzendenten Faktoren ab. Erstgenannte sind unabhängig vom konkreten Anwendungskontext. Sie beziehen sich auf die Ausgestaltung eines Vergütungssystems und betreffen die Kriterien, Anreize und die Kriteriums-Anreiz-Relationen. Die Systemgrenzüberschreitenden hingegen betreffen die Beziehungen zwischen einzelnen Bestandteilen des Vergütungssystems und Korrespondenzgrößen außerhalb des Vergütungssystems, wie auch Abbildung 5 veranschaulicht. Zu betrachten ist dabei zum einen der Zusammenhang zwischen den Bedürfnissen der Mitarbeiter und den durch das Unternehmen gewährten Anreizen (Anreiz-Bedürfnis-Zusammenhang) sowie die Erwartung, dass die Kriterien durch eigenes Handeln erreicht werden können (Handlungs-Kriteriums-Erwartung, im leistungsorientierten Kontext: Anstrengungs-Ergebnis-Erwartung). Zum anderen ist auf betrieblicher Seite der Zusammenhang zwischen den Zielen des Unternehmens und den Kriterien bzw. Bemessungsgrundlagen (Ziel-Kriteriums-Zusammenhang) sowie die Kriteriums-Anreiz-Erwartung (im leistungsthematischen Kontext: Ergebnis-Konsequenzen-Erwartung bzw. Ergebnis-Folge-Erwartung) zu betrachten (vgl. Kossbiel, 1994, 84-87). Entscheidend für die Förderung der zieladäquaten Kriterien und der bedürfnisadäquaten Anreize ist die Stimmigkeit der Interessen der Anreize und Kriterien. Sind die Zusammenhänge zwischen Ziel und Kriterium bzw. Anreiz und Bedürfnis nicht eng genug, bietet das Anreizsystem entweder die „richtigen" Anreize für die „falschen" Kriterien oder umgekehrt. Beides geht auf Kosten der Effizienz (vgl. Kossbiel, 1994, 86; Kapitel 2.2). Die Basiselemente werden in Kapitel 2.4.4 aufgegriffen und näher betrachtet.

Zur Erklärung der Elemente eines Anreiz- und Vergütungssystems eignet sich das in Abbildung 4 (S. 40) dargestellte Integrationsmodell zu den Handlungsphasen und dem Ablauf motivierten Verhaltens (z. B. Gollwitzer, 1990). Beim Vergleich des Integrationsmodells aus Abbildung 4 (S. 40) mit dem Grundmodell eines Anreizsystems aus Abbildung 5 (S. 47), zeigt sich, dass Person und Situation sowie die in Aussicht gestellten Belohnungen, welche die Folgen des Handelns darstellen, die Menge der Anreize repräsentieren. Inhaltstheorien der Motivation liefern Erklärungen zu diesen beiden Aspekten. Die Planung/Zielsetzung der Handlung, die Handlung selbst sowie insbesondere deren Ergebnisse lassen sich der Menge der Kriterien zuordnen, die angibt, für welches Verhalten die Entlohnung geleistet wird. Da bei Anreizsystemen, insbesondere bei variabler Vergütung, meist die Leistung der Mitarbeiter und damit Leistungsmessung, die häufig über Zielerreichung stattfindet, im Vordergrund steht, trägt hier beispielsweise die Theorie der Zielsetzung von Locke (z. B. Locke & Latham, 1990) als Prozesstheorie zum besseren Verständnis bei. Die Interaktion von Person und Situation in der Phase des Abwägens sowie das Antizipieren der Folgen verbinden die Kriterien mit den Anreizen. Sie spiegeln dementsprechend die Kriteriums-Anreiz-Relationen nach Kossbiel (1994) wider. Prozesstheoretische Konzepte der Motivation veranschaulichen diesen Zusammenhang (vgl. Kapitel 2.3.2).

In engem Zusammenhang damit stehen auch die grundlegenden Ziele und Funktionen, die mit einem Anreiz- und Vergütungssystem verfolgt werden. Diese werden im folgenden Kapitel näher beleuchtet.

### 2.4.2 Funktionen von Anreiz- und Vergütungssystemen

„Führung ist zweifellos der wichtigste Einflussfaktor auf das Verhalten in Organisationen, ..." (Nerdinger, 2003a, 138). Anreizsysteme als Führungssubsysteme (vgl. Becker, 1995, 44), im Besonderen auch variable Vergütung, dienen Organisationen als zentrales Instrument, um das Verhalten der Mitarbeiter auf die Unternehmensziele auszurichten (vgl. Hills, 1987, 12). Anreize sollen dabei das Leistungsverhalten der Mitarbeiter, genauer ihre -bereitschaft erhöhen (vgl. Frey & Benz, 2004, 21; Schanz, 1991, 8). Das Schaffen von Anreizsystemen zielt auf die Erreichung bestimmter Ziele bzw. die Verfolgung bestimmter Zwecke. Inwiefern dies gelingt, ist eine Frage der Effizienz (vgl. Kossbiel, 1994, 78). Im Mittelpunkt des Interesses befindet sich, neben den im Zusammenhang mit der Vergütungspolitik zu beachtenden Kostenzielen, verstärkt die Anreiz- und Steuerungsfunktion. Hierbei ist die Vergütung als wichtiger Bestandteil im Rahmen des gesamten betrieblichen Anreizsystems anzusehen.

Aus personalpolitischer Sicht stehen die drei Zieldimensionen Personalattraktion, -motivation und -retention im Vordergrund.[35] Diese tragen mittelbar zur Erreichung unternehmenspolitischer Ziele bei (vgl. Ellig, 1982, 19-22; Guthof, 1995, 34; Hills, 1987, 12-16; Schanz, 1991, 8-16). Neben dem Ansinnen, qualifizierte Mitarbeiter mit Hilfe zusätzlicher finanzieller Anreize an das Unternehmen zu binden, wird beispielsweise das Ziel verfolgt, die Mitarbeiter durch finanzielle Anreize zu mehr Leistung bzw. zu einem bestimmten inhaltlichen Leistungsverhalten zu motivieren (vgl. Kapitel 2.1). Auch bei der Personalsuche stellt ein attraktives Vergütungssystem einen wichtigen Faktor dar, um die richtigen Mitarbeiter für das Unternehmen zu gewinnen und diese im Unternehmen halten zu können (vgl. Femppel, Reichmann & Böhm, 2002, 14). Das Vergütungssystem spiegelt die Unternehmenskultur wider. Allerdings lässt ein kollektiver Bonus (z. B. Erfolgsbeteiligung, Teambonus) im Vergleich zum individuellen Bonus ein Unternehmen – entgegen der Erwartung – nicht attraktiver erscheinen (vgl. Kuhn, 2009, 1639 f.). Wie Anreiz- und Vergütungssysteme im Einzelnen ausgestaltet sein können, wird im folgenden Kapitel 2.4.4 betrachtet.

---

[35] Dies zeigen z. B. die Studien von Pleier (2006, 8); Salt (2007, 33) sowie Corby, White und Stanworth (2005, 11 f.).

In der Literatur werden bei Anreizsystemen die drei Funktionen Motivation, Selektion und Koordination differenziert (vgl. hierzu und zum Folgenden Aguinis, 2009, 241-243; Kruse, 2002, 26-32; Winter, 1996, 39-70; Winter, 1997, 617-621).[36] Die beschriebenen Zielsetzungen lassen sich zu diesen Funktionen zusammenfassen.

Die **Motivationsfunktion** zielt auf die Steigerung der Leistungsmotivation und bedeutet, dass Anreizsysteme durch Belohnung von guter und Sanktionierung von schlechter Leistung die Motivation und somit auch das Leistungsverhalten der Mitarbeiter beeinflussen (vgl. Deci & Ryan, 2008, 15; Frey & Osterloh, 1997, 308 f.; Schanz, 1991, 12; Kapitel 2.1-2.3). Diese Form der Motivation wird als extrinsisch bezeichnet. Handeln Personen hingegen einfach aus sich heraus, sind sie intrinsisch motiviert (vgl. Frey, 2001; Kapitel 2.2). Im Fall extrinsischer Anreize spricht man von der Gestaltung von Leistungs-Lohn-Verhältnissen. Dabei stellt der Lohn ein Instrument dar, um Mitarbeiter durch extrinsische Anreize zu motivieren. Positive oder negative Sanktionen sorgen dafür, dass durch geeignete Setzung von Anreizen die Ziele des Individuums an die Ziele des Unternehmens gekoppelt werden. Die Steuerung des Verhaltens der Mitarbeiter erfolgt demzufolge über monetäre Restriktionen (vgl. Frey & Osterloh, 1997, 308 f.; Frey & Osterloh, 2002, 24; Schanz, 1991, 15).[37] Bei Motivation durch variable Vergütung, deren Einfluss in Kapitel 2.1 dargestellt wurde, steht diese extrinsische Motivation im Vordergrund. So setzen beispielsweise Unternehmen Anreizsysteme ein, um individuelle Zielerreichung zu honorieren sowie Motivation und individuelle Leistung zu fördern (vgl. Pleier, 2006, 8). Das Engagement und die Motivation der Mitarbeiter hängen vom Grad ihrer emotionalen Bindung ab. Diese wiederum resultiert daraus, inwiefern die Mitarbeiter ihre Bedürfnisse und Erwartungen am Arbeitsplatz erfüllt sehen (vgl. Gallup, 2010, o.S). Da emotional stark gebundene Mitarbeiter erheblich zur Leistungs- und Wettbewerbsfähigkeit des Unternehmens beitragen, sollte es Ziel der Arbeitgeber sein, den Anteil dieser Mitarbeiter zu erhöhen. Der Gallup Engagement Index 2009 (vgl. Gallup, 2010) zeigt jedoch ein erhebliches Defizit in diesem Bereich auf.

---

[36] Vergleichbar differenziert auch Pleier (2006, 6) zwischen der Aktivierungs-, Steuerungs-, Informations- und Veränderungsfunktion.

[37] Die Förderung von intrinsischer Motivation durch die Implementierung geeigneter Anreizsysteme verfolgt die Intention, auf die Bedürfnisse der Mitarbeiter unmittelbar durch „Seelenmassage" Einfluss zu nehmen, um somit die Freude an der Arbeit sowie die Identifikation mit den Unternehmenszielen zu steigern oder bestimmte Normen um ihrer selbst willen zu verfolgen. In diesem Fall stellt der Gestaltungsaspekt des Anreizsystems Bezug nehmend auf Schanz (1991) einen psychologischen Vertrag dar (vgl. Frey und Osterloh, 1997, 308 f.).

Dies ist auch verbunden mit der **Selektionsfunktion**, wonach Anreizsysteme dazu beitragen sollen, erstens die richtigen Mitarbeiter für das Unternehmen zu gewinnen und zweitens diese auch im Unternehmen halten zu können. Sie dienen damit der Steigerung der Unternehmensattraktivität als Arbeitgeber. Dies geben auch die von Pleier (2006, 8) Befragten an. Außerdem zeigt die Studie von Salt (2007, 33), dass leistungsorientierte Vergütung neben bezahlter Fortbildung zu den führenden Strategien zur Bindung von Mitarbeitern, insbesondere Berufseinsteigern, bei den Unternehmen zählt. Ähnlich wirkt sich nach Ergebnissen von Sebald und Enneking (2006, 5-7) neben einem branchenüblichen Grundgehalt die Verknüpfung von Vergütung mit der individuellen Leistung positiv auf die Mitarbeitergewinnung aus. Nach StepStone Deutschland AG (2009) sind mehr als zwei Drittel der deutschen Arbeitnehmer davon überzeugt, mehr zu leisten als ihr Gehalt widerspiegle und gehen davon aus, dass sie durch variable Vergütung letztlich mehr verdienen als vorher. Diese empfundene Unangemessenheit der Vergütung ist alarmierend, vor allem vor dem Hintergrund, dass Top Performer die Vergütung am häufigsten als Grund für das Verlassen eines Unternehmens angeben (vgl. Watson Wyatt Worldwide, 2006, 6).

Die **Koordinationsfunktion** unterstützt die Erreichung der operativen und strategischen Unternehmensziele. Der Beitrag eines Anreizsystems liegt dabei in der Förderung der Kooperationsbereitschaft im Unternehmen und der Unterdrückung von Ressortegoismen. So geben beispielsweise 42 Prozent der Befragten an, dass ihr Anreizsystem die Verknüpfung von Unternehmens- und Mitarbeiterzielen anstrebt (vgl. Pleier, 2006, 8). Worauf bei der Auswahl und beim Setzen von Zielen besonders zu achten ist, wird in Kapitel 2.4.4 detaillierter erläutert.

In engem Zusammenhang mit den Zielen und Funktionen von Anreiz- und Vergütungssystemen sowie deren Erreichen, steht auch deren Effizienz. Dies veranschaulicht auch folgende Aussage von Bomhard, Vorstandsvorsitzender der Munich Re: „Wenn ich ein Bonussystem installiere, will ich, dass der Mitarbeiter sich genau an diesen Anreizen orientiert“ (Spiegel-Gespräch, 2008, 73). Bei Effizienzbetrachtungen ist zu unterscheiden, aus wessen Sicht (Begünstigte) und im Hinblick worauf ein Instrument (z. B. Anreizsystem) effizient ist (vgl. Kossbiel, 1994, 80): Die Begünstigten eines Anreizsystems können entweder die Anreizgeber, -empfänger oder beide sein. Hinsichtlich des Zielbezugs von Effizienzaussagen lässt sich inhaltlich zwischen sozialer und ökonomischer Effizienz differenzieren, wobei erstgenannte die Zufriedenheit der Mitarbeiter und zweitgenannte den Erfolg des Unternehmens meint. Bei der Umgestaltung von Vergütungssystemen zeigt sich die soziale Effizienz in der Akzeptanz und der Anreizwirkung der Systeme auf eine gelebte Leistungskultur. Die ökonomische Effizienz ist mit Blick auf Kostenstruktur und Ergebnissituation des Unternehmens zu beurteilen (vgl. Hurtmanns, 2008, 385).[38]

Diese Unterscheidung zwischen den beiden Dimensionen der Effizienz lässt sich auf den konfliktorientierten Ansatz von Marr und Stitzel (1979) zurückführen, der grundlegend davon ausgeht, dass sich personalwirtschaftliche Entscheidungen an wirtschaftlichen und sozialen Zielen orientieren. Hieraus resultieren die ökonomische Effizienz, welche im Personalbereich die Erfüllung von sachlichen Organisationszwecken darstellt, und die soziale Effizienz, welche sich in der Erfüllung der Erwartungen, Bedürfnisse und Interessen der Mitarbeiter äußert. Weiterhin liegt diesem Ansatz die Annahme einer Basiskomplementarität zu Grunde. Das bedeutet, dass diese beiden Ziele grundlegend komplementär sind, da einerseits die Organisation von motivierten und engagierten Mitarbeitern und andererseits die Mitarbeiter auch von einem gesicherten und wirtschaftlich erfolgreichen Unternehmen profitieren. Abweichend davon können jedoch Zielkonkurrenzen auftreten, wenn Maßnahmen zur Erfüllung eines dieser Ziele das andere Ziel negativ beeinträchtigen. Falls solch ein Dilemma auftritt, geht der konfliktorientierte Ansatz weiterhin davon aus, dass entgegen der Auffassung einer Dysfunktionalität von Konflikten, diese innerhalb einer Organisation unumgänglich sind und – eine interessenausgleichsorientierte Handhabung vorausgesetzt – durchaus einen funktionalen Nutzen stiften können. Dieser Interessenausgleich soll die schädigende Wirkung von Konfliktunterdrückungen oder -vermeidungen verhindern und bedeutet im Hinblick auf personalwirtschaftliche Entscheidungen, dass sowohl die sozialen als auch die ökonomischen Effizienzziele als gleichwertig betrachtet und somit gleichermaßen berücksichtigt werden. Sowohl die ökonomische als auch die soziale Effizienz sind demnach auf jeden Fall in einem befriedigenden Ausmaß sicherzustellen (vgl. Hurtmanns, 2008, 392; Marr & Stitzel, 1979, 57-102).

Voraussetzung dafür, dass die Funktionen Motivation, Selektion und Koordination erreicht werden, ist, dass die Mitarbeiter das Anreiz- und Vergütungssystem akzeptieren. Andernfalls bleibt die gewünschte Wirkung auf das Mitarbeiterverhalten aus. Worauf es ankommt, damit die Mitarbeiter es akzeptieren und somit *bereit sind, sich nach diesem System vergüten zu lassen* und *sich entsprechend der Anreize zu verhalten*, wird im folgenden Kapitel 2.4.3

[38] Für die verschiedenen Verständnisse von Effizienz aus Arbeitgeber- und Arbeitnehmersicht von Anreiz- und Vergütungssystemen sei auf Kossbiel (1994, 79 f.) bzw. Winter (1996, 19 f.) verwiesen.

behandelt. Anschließend werden Gestaltungsmöglichkeiten dieser Systeme dargestellt (Kapitel 2.4.4).

### 2.4.3 Anforderungen an Anreiz- und Vergütungssysteme

Nachdem Anreiz- und Vergütungssysteme definiert sowie deren Ziele und Funktionen erläutert wurden, widmen sich die folgenden Ausführungen den Anforderungen, die ein Anreiz- und Vergütungssystem zu erfüllen hat, damit die angestrebten Wirkungen erreicht werden.

Im vorliegenden Fall interessiert insbesondere die individuelle Akzeptanz der Mitarbeiter, da sie sich auf die Erfüllung der Funktionen auswirkt. Denn dazu müssen die Mitarbeiter *bereit sein, sich nach diesem System vergüten zu lassen* und *sich entsprechend der Anreize zu verhalten*. Die Konzentration auf die Mitarbeiterakzeptanz bedeutet jedoch nicht, dass die Akzeptanz des Vergütungssystems durch die Unternehmensleitung grundsätzlich nicht auch relevant ist.[39] Sie liegt jedoch nicht im Fokus dieser Arbeit. Der Akzeptanz kommt als Generalanforderung im Rahmen eines variablen Vergütungssystems besondere Bedeutung zu. Welche Rolle sie dabei spielt, wird im Folgenden betrachtet. Dabei wird der Zusammenhang zwischen der Akzeptanz und dem Erreichen der Funktionen von Anreiz- und Vergütungssystemen (vgl. Kapitel 2.4.2) dargestellt.

Die besondere Stellung der Akzeptanz kommt in Abbildung 6 zum Ausdruck, die zudem den Zusammenhang zwischen den Anforderungen sowie den Funktionen von Anreiz- und Vergütungssystemen veranschaulicht. Demnach beeinflusst jede Anforderung (in unterschiedlichem Maße) die Funktionen des Vergütungssystems.

Wie vielfältig Anforderungskataloge[40] sein können, zeigen sowohl theoretische als auch praxisorientierte Literatur. Kruse (2002, 24-37) entwickelte basierend auf Becker (1987)[41] den im Folgenden näher betrachteten Anforderungskatalog für variable Vergütungssysteme bestehend aus Transparenz, Flexibilität, Belohnungswirkung, Wirtschaftlichkeit, Gerech-

---

[39] Zur Veranschaulichung der Bedeutung der Akzeptanz für die Unternehmens- und Mitarbeiterseite siehe z. B. die Ausführungen bei Rinker (1997, 69 f.).

[40] Allgemein kann die Bestimmung der Anforderungen sowohl deduktiv (z. B. Ableitung aus Zielen) als auch induktiv (z. B. aus den Wünschen der Mitarbeiter) erfolgen (vgl. Becker, 1987a, 61). Nach Becker (1987a, 65) muss ein Anreizsystem wirtschaftlich, transparent, gerecht, leistungsorientiert, flexibel, belohnungswirksam, individuell und gruppenanwendbar, motivierend und ergebnisfördernd sein.

[41] Winter (1996, 71-92) liefert einen Überblick über die von verschiedenen Autoren formulierten Anforderungen an Anreizsysteme sowie eine Beschreibung der zentralen Anforderungen.

tigkeit, Individual- und Gruppenanwendbarkeit (Basisanforderungen) sowie Akzeptanz (Generalanforderung).

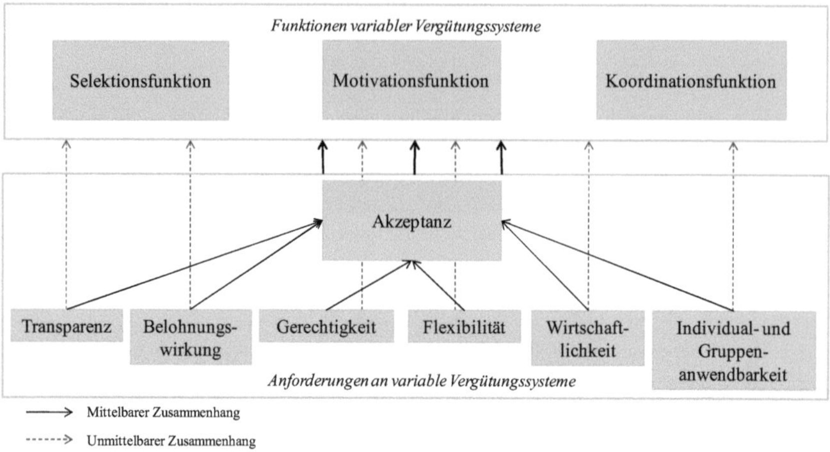


**Abbildung 6: Funktionen von und Anforderungen an variable Vergütungssysteme nach Kruse (2002)**
**Quelle: Kruse (2002, 25)**

So führt beispielsweise eine Belohnung nicht zu einer gesteigerten Leistungsmotivation, wenn der Mitarbeiter diese als ungerecht empfindet. Dies postuliert auch das Modell von Porter und Lawler (z. B. Porter & Lawler, 1968; vgl. Kruse, 2002, 36 f.; Kapitel 2.3.2; 2.5). Ferner zeigen Studien, dass Fairness ein sehr effektiver Durchsetzungsmechanismus ist, um über Motivation eine Steigerung der Arbeitsleistung zu erreichen (vgl. Niederer, 2004, 16 f.). Zudem beeinflussen die Anforderungen die Funktionen auch mittelbar über die Akzeptanz, in dem Sinne, dass aus der unzureichenden Erfüllung einzelner Anforderungen Nicht-Akzeptanz resultiert. Fehlt diese Akzeptanz, ist die Erfüllung der Funktionen schwieriger. Da die Anforderungen dabei die Akzeptanz konkretisieren, kann sie in Anlehnung an Rinker (1997, 69) als „Generalanforderung" bezeichnet werden. Kruse (2002, 34) spricht der Akzeptanz neben diesem „instrumentellen" Charakter basierend auf Rosenstiel (1995, 18) zudem einen Selbstzweck zu. Ihr Wert resultiert demnach aus einem veränderten Anspruch an das Arbeitsleben, insofern als dass die Leistung der Mitarbeiter nicht nur die Bedürfnisse der Konsumenten, sondern auch die der Mitarbeiter erfüllen soll. Inwiefern ein Vergütungssystem nun tatsächlich die Bedürfnisse der Mitarbeiter befriedigt, kommt in der Akzeptanz zum Ausdruck, die auch als soziale Effizienz bezeichnet wird (vgl. Hurtmanns, 2008, 385; Kapitel 2.4.2). Da Akzeptanz – auch zu verstehen als Ergebnis der Erfüllung der Basisanforderungen (vgl. Kopp

& Schuler, 2003, 183) – Voraussetzung zur Erreichung der Funktionen und deshalb als Anforderung besonders wichtig ist, stellt sie einen entscheidenden Erfolgsfaktor des Systems dar. Somit ist die Erzeugung möglichst hoher Akzeptanz eine wichtige Aufgabe (vgl. Kruse, 2002, 32-34; Kopp & Schuler, 2003, 183), denn ein variables Vergütungssystem, dessen Konzept die Betroffenen nicht akzeptieren, stellt keine motivationsfördernde Bedingung dar (vgl. Dressler, 1999, 295). Die Anforderungen Transparenz, Flexibilität, Belohnungswirkung, Wirtschaftlichkeit, Individual- und Gruppenanwendbarkeit sowie Gerechtigkeit konkretisieren die Akzeptanz und werden im Folgenden kurz erläutert.

**Transparenz** bezeichnet in diesem Zusammenhang die individuelle Durchschaubarkeit und Verständlichkeit des Systems und ist Voraussetzung dafür, dass es die gewünschte Motivationswirkung erreichen kann. Dies beinhaltet auch, dass die Leistungsbewertung nachvollziehbar sein muss (vgl. Winter, 1996, 74 f.) und dass die Betroffenen das Vergütungssystem verstehen, was Voraussetzung dafür ist, dass sie es als gerecht wahrnehmen (vgl. Hartan & Preißler, 1980, 13).[42] Wie in den vorherigen Kapiteln zu den Grundlagen der Motivation dargestellt, hängt die Anreizwirkung davon ab, dass das betreffende Individuum einen Zusammenhang zwischen der eigenen Handlung und den entsprechenden Folgen bzw. konkreter zwischen Leistung und Entlohnung wahrnimmt. Die Transparenz wirkt sowohl direkt auf die Motivation sowie indirekt über die Akzeptanz, da bei einem System, das nicht durchschaubar ist, die Gefahr der Nicht-Akzeptanz besteht (vgl. Kruse, 2002, 34 f.).

**Flexibilität** bezeichnet die Entwicklungs- und Anpassungsfähigkeit an verschiedene Bedingungen. Dabei erhält die permanente Anpassung eines bereits eingeführten Systems den Vorrang vor wiederholten Neukonzeptionen, da dies kostengünstiger ist und zu weniger Unsicherheiten bei den Mitarbeitern führt. Sie ist notwendig, um die unterschiedlichen Voraussetzungen im Unternehmen (z. B. Anpassungsfähigkeit an verschiedene Ziele und an Veränderungen der Ziele) berücksichtigen und auf veränderte Umweltbedingungen reagieren zu können (vgl. Hartan & Preißler, 1980, 90; Kruse, 2002, 35; Winter, 1996, 78-80).

Um eine **Belohnungswirkung** zu erzielen, muss die variable Vergütung eine gewisse Höhe aufweisen. Dies ergibt sich beispielsweise aus den Überlegungen Porter und Lawlers (z. B. Porter & Lawler, 1968), wonach sich die Mitarbeiter vor der Erbringung der Leistung überlegen, ob die verlangte Anstrengung im Verhältnis zur erwarteten Belohnung steht. Voraus-

[42] Vgl. hierzu auch Bochenek (1995, 188).

setzung ist, dass die Anreize, also die Belohnungen, zur Befriedigung der individuellen Bedürfnisse der Mitarbeiter beitragen (vgl. Kapitel 2.2; 2.3). Insgesamt gilt, je enger der Mitarbeiter den Zusammenhang zwischen Arbeitseinsatz und -ergebnis (indirekte Erwartung) und zwischen Ergebnis und Leistungsvergütung (direkte Erwartung) wahrnimmt, desto stärker kann das Leistungsvergütungssystem motivieren (vgl. Dressler, 1999, 295). Diese Wirkung hängt jedoch auch von der Höhe des variablen Anteils am Gesamtgehalt ab. Allgemeine Aussagen über die „richtige" Höhe sind allerdings nicht bzw. nur schwer möglich, da dieser von verschiedenen Faktoren wie z. B. Gehaltsniveau, Position und Rang abhängt (vgl. Kruse, 2002, 35). So ist gemäß einer Studie zu aktuellen Anreizsystemen der variable Anteil bei leitenden Angestellten mit mindestens 15 Prozent, meist jedoch zwischen 30 und 50 Prozent und in seltenen Fällen auch deutlich über 50 Prozent des Gesamteinkommens am größten. Bei den Tarifmitarbeitern profitieren zumindest 75 Prozent von variablen Gehaltsbestandteilen, die zwischen fünf und 15 Prozent des Gesamteinkommens liegen (vgl. Pleier, 2006, 8). Gemäß der Untersuchung von Beblo et al. (2002, 13) liegt bei Geschäftsführern der durchschnittlich gewünschte und der tatsächlich ausgezahlte variable Entgeltbestandteil jeweils bei etwa 26 Prozent. Bei tariflichen Mitarbeitern muss die Zulage ca. 4,5 Prozent ausmachen, um den negativen Effekt der Systemeinführung ausgleichen zu können (vgl. Wenzel & Weller, 2008, 47-53). Zudem ist zu bedenken, dass der abnehmende Grenznutzen den steuernden Effekt immer höherer Zahlungen begrenzt. Außerdem steigt die Wirkung von Anreizen lediglich degressiv, nicht proportional. Deshalb sind mögliche Steuerungsvorteile immer teurer zu erkaufen und deren Nutzen ist mit wachsenden Vergütungen auch immer schwieriger zu belegen (vgl. Thüsing, 2003, 474). Interessante Einsichten liefern auch die auf Hirsch (1976) und Frank (1986) zurückgehenden Überlegungen der Positionsökonomie. In der einfachsten Form besagt dieses Modell, dass der Nutzen, den ein Individuum aus Wohlstand zieht, gerade darin besteht, dass er anderen nicht zur Verfügung steht. In diesem Zusammenhang führt Thüsing an, dass beispielsweise viele das Interesse an einer Rolex verlieren, wenn jeder eine am Arm trägt. Auch schwindet der Reiz von Kaviar, wenn er im Fast-Food-Restaurant erhältlich ist. Dementsprechend bestimmt nicht nur die absolute Vergütungshöhe die Anreize, sondern auch die Rarität und Art der Vergütung sowie die relative Vergütung im Vergleich zu den Kollegen (vgl. Thüsing, 2003, 474 f.; z. B. Adams, 1965).

Daran schließt auch die Anforderung der **Wirtschaftlichkeit** an, die verlangt, dass die Kosten-Nutzen-Relation des Anreizsystems ausgewogen ist, sprich die verursachten Kosten geringer sind als der resultierende Nutzen. Während die Kosten des Systems, z. B. Vergütungszahlungen und Verwaltungsaufwand, noch verhältnismäßig einfach festzustellen sind, gestaltet sich dies bei der Ermittlung des Nutzens wesentlich schwieriger, der sich z. B. in der Steigerung der Unternehmensleistung niederschlägt. Dennoch sollten Kosten-Nutzen-Überlegungen nicht vernachlässigt werden (vgl. Kruse, 2002, 36; Winter, 1996, 72 f.). Die variable (erfolgsabhängige) Vergütung, ermöglicht dem Unternehmen das „Atmen", da die Personalkosten zumindest in Teilen mit der wirtschaftlichen Lage verknüpft sind: In wirtschaftlich guten Zeiten werden höhere Löhne und Gehälter gezahlt, die Mitarbeiter können am Unternehmenserfolg teilhaben. In schlechteren Zeiten hingegen kann die Variabilität der Vergütung zur Senkung der Personalkosten beitragen und Arbeitsplätze erhalten (vgl. Marr & Kötting, 1993, 218).[43] Neben dieser Betrachtung der Wirtschaftlichkeit aus Sicht des Unternehmens, ist jedoch außerdem entscheidend, dass sich das System für den Mitarbeiter lohnt. Er muss also seinen Nutzen erkennen, den ihm das Anreizsystem bietet (vgl. Kapitel 3.4.2.1; 3.4.2.3). Wirtschaftlichkeit aus Sicht der Mitarbeiter spiegelt sich somit im wahrgenommenen Nutzen wider. Aus der Anreiz-Beitrags-Theorie (z. B. March & Simon, 1958, 1976; vgl. Kapitel 2.3.2) lässt sich ableiten, dass es wichtig ist, dass das neue variable Vergütungssystem dem Betroffenen einen höheren Nutzen – im Sinne eines für ihn besseren Verhältnisses zwischen Vergütung und Arbeitseinsatz – bringt als das bisherige System.

Darüber hinaus stellt auch die **Gerechtigkeit** des Systems eine weitere, in Kapitel 2.5 ausführlicher behandelte Anforderung dar, die insbesondere aus Mitarbeitersicht für die Erfüllung der Funktionen relevant ist. Entlohnungsgerechtigkeit ist ein zentrales Ziel, da die Akzeptanz und damit der Erfolg eines Vergütungssystems davon abhängt, ob dieses als gerecht wahrgenommen wird (vgl. Andersson-Straberg, Sverke & Hellgren, 2007, 431 f., 436-452). Dabei kommt insbesondere der Leistungsgerechtigkeit eine entscheidende Rolle zu, da diese für das subjektive Gerechtigkeitsempfinden von hoher Bedeutung ist (vgl. Kruse, 2002, 36). Während die Frage nach der absoluten Lohnhöhe[44], das sogenannte materielle Lohnproblem, vorwiegend ein außerbetriebliches Marktproblem darstellt und sich auch nicht

---

[43] Mitarbeiter werden zu Mitunternehmern und tragen einen Teil des unternehmerischen Risikos. Diese Beteiligung der Mitarbeiter an der wirtschaftlichen Entwicklung ihrer Unternehmen ist auch politisch erwünscht und wird vom ehemaligen Bundespräsidenten Horst Köhler begrüßt: „Mich freut auch, dass in immer mehr betrieblichen Bündnissen die Erfolgsbeteiligung der Mitarbeiter Einzug hält. Wer in schlechten Zeiten längere Arbeitszeiten ohne Lohnausgleich hinnimmt, der sollte in guten Zeiten auch einen Anteil am wirtschaftlichen Erfolg haben, der ja durch die gemeinsame Anstrengung erzielt wurde" (Kothé, 2005, 5). Erfolgsabhängige Vergütung liegt jedoch nicht im Fokus dieser Arbeit.

[44] Die Einbringung von Arbeit und Kapital wirft das Problem der Verteilung der Erträge des Unternehmens auf Arbeits- und Kapitaleinkommen auf (vgl. Reichmann, 2004, 1115). Die absolute Lohnhöhe entzieht sich weitgehend dem einzelbetrieblichen Einfluss (vgl. Kosiol, 1962, 32).

ermitteln lässt, ist die relative Lohngerechtigkeit, die sich mit einem gerechten Verhältnis der Löhne zueinander (gerechte Lohnstruktur) befasst, in betriebswirtschaftlicher Hinsicht bedeutender (vgl. Alewell, 1993, 592; Hartan & Preißler, 1980, 13; Reichmann, 2004, 1115 f.). Die Bestimmung der Vergütungshöhe kann dabei an Hand verschiedener Kriterien oder Vergleichsdimensionen erfolgen. Die Anforderungs-, Leistungs-, Verhaltens-, Sozial-, Markt- und Qualifikationsgerechtigkeit, die sogenannten Ersatzgerechtigkeiten, bieten Hilfestellung beim Finden der relativen Lohnstruktur (vgl. Alewell, 1993, 592-594; Marr & Stitzel, 1979, 192; Reichmann, 2004, 1116-1118).[45]

Die auf dem von Kosiol (1962, 29-47) geprägten Grundsatz der Äquivalenz von Lohn und Leistung (Äquivalenzprinzip) basierende Anforderungs- und Leistungsgerechtigkeit[46] stellte schon in der Vergangenheit einen zentralen Aspekt in der Gerechtigkeitsdiskussion dar (vgl. Alewell, 1993, 592). Dieses Prinzip fordert die Übereinstimmung von individueller Lohnhöhe und individueller Leistung und wurde später um die weiteren Gesichtspunkte ergänzt. Die Einhaltung dieses Prinzips ist auch vor dem Hintergrund motivationspsychologischer Überlegungen wichtig. Dort, z. B. im Modell von Porter und Lawler (z. B. Porter & Lawler, 1968; Kapitel 2.3.2), gilt die Annahme, dass die Leistungsmotivation sinkt, wenn die Mitarbeiter die Belohnung als ungerecht wahrnehmen (vgl. Kruse, 2002, 36 f.).[47] Für ein wandlungsfähiges und effektives Unternehmen spielt das Vergütungssystem eine wichtige Rolle. Allerdings, so kritisieren Lawler und Worley (2006, 1 f.), wird noch häufig Stabilität statt Veränderung und Seniorität statt Leistung vergütet. Dennoch ist erkennbar, dass soziale Aspekte für die Bestimmung der Vergütungshöhe heutzutage eher an Bedeutung verlieren, während insbesondere die individuelle Leistung immer stärker in den Vordergrund rückt (vgl. StepStone Deutschland AG, 2009). Dies zeigt beispielsweise die Einführung leistungsorientierter Vergütung in der öffentlichen Verwaltung sowie in privatisierten und privaten Unternehmen (vgl. Lappe, Camana & Schott, 2006; Mustermann, Kleine & Ahlers, 2006, 42). So orientiert sich z. B. auch das Vergütungssystem der Deutschen Telekom an den Größen Funktion und

[45] Guthof (1995, 37) unterscheidet in diesem Zusammenhang unter Rückgriff auf Ellig (1982, 1) zwischen interner, sich auf systeminterne Gefüge der leitungs-, anforderungs- und sozialgerechten Honorierung beziehender und externer, sich auf den Vergleich mit vergleichbaren Stellen in ähnlichen Unternehmungen und ähnlichen Regionen stützende Gerechtigkeit.

[46] Dies bedeutet jeweils die Übereinstimmung von Lohn und Anforderungsgrad bzw. Lohn und Leistungsgrad.

[47] In der Psychologie gibt es drei allgemeine Prinzipien zur Bewertung der Aufteilung von Ressourcen aus der Perspektive der Gerechtigkeit: Nach dem Gleichheitsprinzip werden die Beiträge und Erträge auf alle Mitglieder eines Kollektivs gleichmäßig verteilt, ohne dabei deren Leistungen und Bedürfnisse zu beachten. Beim Bedürfnisprinzip hingegen erfolgt die Ermittlung der Beiträge und Auszahlungen nach dem Bedürfnis der einzelnen Mitglieder. Bei Aufteilungen nach dem Equity-Prinzip erfolgt die Aufteilung so, dass die Relation aus den Beiträgen einer Person und die Auszahlungen an diese möglichst der Beitrags-Auszahlungsrelation der anderen Mitglieder entsprechen (vgl. Fechtenhauer, 2009, 24).

Leistung (vgl. Welslau, 2001, 30). Geier (2007, 30) kommt zu dem Schluss, dass neben den Anforderungen des Arbeitsplatzes vor allem die individuelle Leistung zentral für die Bestimmung der Mitarbeiterbeiträge ist.[48]

Die **Individual- und Gruppenanwendbarkeit** basiert auf der im Zusammenhang mit der Gerechtigkeit angesprochenen Leistungsgerechtigkeit. Leistungsgerechtigkeit[49] liegt demnach vor, wenn die variablen Zahlungen auch tatsächlich von der Mitarbeiterleistung abhängen. Oftmals hat aber nicht ein einzelner Mitarbeiter, sondern ein Team oder Geschäftsfeld gemeinsam die Leistung erbracht. Dann ist es Aufgabe des Vergütungssystems, die daraus folgenden Zahlungen dem Individuum, Team oder Geschäftsfeld zuzuordnen, was sowohl eine Individual- als auch Gruppenanwendbarkeit erfordert (vgl. Becker, 1987b, 163; Kruse, 2002, 37; Zimmermann, Campana & Schott, 1998, 51 f.). In eine ähnliche Richtung gehen auch die Ergebnisse einer aktuellen, empirischen Studie. Diese zeigen, dass Unternehmen versuchen, eine Balance zwischen der Ausrichtung der Systeme auf einzelne Mitarbeitergruppen und dem Erhalt der internen Konsistenz zu finden (vgl. Yanadori & Kang, 2011, 246-252).

Ein Anreizsystem, das all diese Anforderungen erfüllt, ist allerdings auf Grund verschiedener Zielkonflikte nicht realisierbar. Bereits innerhalb der Gerechtigkeitsdimension können sich Widersprüche ergeben. So führt beispielsweise Scheidl (1991, 264) aus, dass einzelne Aspekte der Entgeltgerechtigkeit unterschiedliche und teilweise sich widersprechende Forderungen zum Ausdruck bringen können. Außerdem können z. B. Belohnungswirkung, Gerechtigkeit und Flexibilität in Konflikt mit der Wirtschaftlichkeit geraten. Dies wäre der Fall, wenn die Beschäftigen zwar unter erschwerten Bedingungen ausgezeichnete Arbeit leisten, die dafür eigentlich angemessene Belohnung aber wegen dieser Bedingungen nicht finanzierbar ist. Variable Vergütungssysteme, die individuelle Leistung honorieren, abzuschaffen oder in Erfolgsbeteilungsmodelle umzuwandeln, wäre jedoch meist ein Fehler. Schließlich ist es gerade in Krisenzeiten wichtig, Anreize für gute Leistung zu setzen und diese dann auch entsprechend zu vergüten. Ebenso kann es schwierig werden, wenn häufige Anpassungen not-

---

48 Für nähere Ausführungen zu den Anforderungen des Arbeitsplatzes sowie zur individuellen Leistung als Grundlage zur Bestimmung der Mitarbeiterbeiträge vgl. z. B. Geier (2007, 30-40).

49 Die Leistungsgerechtigkeit folgt dem Gedanken der Entsprechung und Äquivalenz, wobei es sich nicht um eine moralische Bewertung, sondern um den Wert einer erbrachten Leistung für andere handelt, ohne den Aufwand für die Erstellung der Leistung zu berücksichtigen. Allerdings unterscheidet sich der von Ökonomen verwendete Begriff der Leistungsgerechtigkeit von dem in Befragungen von breiten Bevölkerungsteilen geäußerten Verständnis, nämlich die Belohnung besonderer, persönlicher Leistungen. Er ist damit allerdings nicht identisch. Eine Differenzierung zwischen Erfolg und Leistung verdeutlicht dieses Missverständnis: Bei der Leistungsgerechtigkeit der originären Markteinkommen handelt es sich eher um eine durchaus von Glück, Zufall und Schicksal beeinflusste Erfolgsorientierung als um eine Bewertung individueller Leistung (vgl. Roth, 2009, 16).

wendig, diese aber jeweils mit enormen Kosten verbunden sind, die schließlich den Nutzen übersteigen (vgl. Guthof, 1995, 40; Haussmann, 2009, 40). Wie Anreiz- und Vergütungssysteme gestaltet werden können und welche Effekte aus motivationspsychologischer Sicht dabei zu berücksichtigen sind, wird im Folgenden betrachtet.

### 2.4.4 Möglichkeiten der Ausgestaltung von Anreiz- und Vergütungssystemen

Die Möglichkeiten der Ausgestaltung von Anreiz- und Vergütungssystemen soll im Folgenden an Hand der drei Basiselemente Anreize sowie der Grundstruktur von Anreizsystemen, (Leistungs-) Kriterien und Anreiz-Kriteriums-Relation aufgezeigt werden.

**Anreize und Grundstruktur von Anreizsystemen**

Anreize als immanente Einflussfaktoren müssen die Voraussetzungen der Vorstellbarkeits- und der Verfügbarkeitsprämisse erfüllen. Wichtig ist deshalb, dass sich ein Anreizempfänger diese vorstellen kann und dass sie dem Anreizgeber als tatsächlich verfügbar gelten. Andernfalls können die Adressaten die angebotenen Anreize nicht antizipieren und es wird keine Handlungsmotivation hervorgerufen. Werden die Anreize als „leere Versprechungen" wahrgenommen, verfehlen sie ebenfalls die beabsichtigte Wirkung (vgl. Kossbiel, 1994, 81 f.). Der Anreiz beeinflusst das Verhalten auch nur, wenn er die individuellen Motive aktiviert. Erst aus der Interaktion zwischen Motiv und Anreiz resultiert das gewünschte Verhalten (vgl. Heckhausen & Heckhausen, 2006, 3; Kossbiel, 1994, 85; Kapitel 2.2).

Wie bereits in Kapitel 2.2 ausgeführt, können Anreize sehr vielfältig sein, wobei im Folgenden der Differenzierung von Winter (1996, 14 f.) gefolgt wird, der zwischen finanziellen (Gesamtvergütung), monetär bewertbaren (Zusatzleistungen) und monetär nicht bewertbaren (z. B. Führungsstil und Unternehmenskultur) Anreizen unterscheidet. Entsprechend der Vielfältigkeit der Anreize existieren auch zahlreiche Möglichkeiten, Anreizsysteme auszugestalten. Die Anwendung und Ausprägung verschiedener finanzieller und nicht-finanzieller Anreize sowie die Komplexität entsprechender Systeme hängen von Unternehmensform, von -größe und auch vom -alter ab. Außerdem beeinflusst beispielsweise in Firmen innovativer Unternehmensgründer entscheidend das Bildungsniveau der Mitarbeiter ihren Einsatz (vgl. Bau & Dowling, 2007, 167-171).

Eine spezielle Form eines Anreizsystems stellt das variable Vergütungssystem dar (vgl. Kossbiel, 1994, 78), dessen Grundstruktur im Folgenden näher betrachtet wird.[50] Die Gesamtvergütung gliedert sich in feste und variable Bestandteile. Dabei besteht der fixe Anteil der Gesamtvergütung aus einem Grundgehalt bzw. einer fixen Vergütung, während flexible Vergütung bzw. ein Bonus den variablen Bestandteil ausmacht (vgl. Winter, 1996, 15). Die Grund- bzw. fixe Vergütung hängt meist von den Anforderungen der Stelle oder den Qualifikationen des Stelleninhabers ab (vgl. Jung, 2006, 563 f.).[51] Der variable Anteil hingegen kann beispielsweise auf Basis der Unternehmensleistung (Erfolgsbeteiligung/erfolgsorientierte variable Vergütung), des Unternehmenswerts oder der individuellen Leistung (leistungsorientierte variable Vergütung) bestimmt werden (vgl. Femppel et al., 2002, 23 f.; Hofbauer & Winkler, 2002, 242).[52]

Bei Erfolgsbeteiligungen[53] hängt die Höhe der Zahlungen an den Mitarbeiter vom wirtschaftlichen Erfolg des Unternehmens ab, womit den Schwankungen in der Ertragslage Rechnung getragen wird. Auch hier wird die Höhe der Zahlungen in regelmäßigen Abständen neu festgelegt, wobei sowohl positive wie negative Veränderungen im Vergleich zur Vorperiode möglich sind. Entsprechend hängt die Entlohnung bei unternehmenswertorientierter Vergütung von wertorientierten Kennzahlen des Unternehmens ab (vgl. Femppel et al., 2002, 24). Wenn die variable Vergütung ganz oder in Teilen von einer kollektiven Erfolgsgröße abhängt, ist es für eine nachhaltige Akzeptanz wichtig, dass dieser Erfolg basierend auf einer realistischen Zielgröße auch eintritt. Dabei ist es sinnvoll, zwischen der individuellen leistungsbezogenen und der kollektiv erfolgsbezogenen Komponente zu differenzieren und diese jeweils eigenständig zu gestalten (vgl. Hurtmanns, 2008, 391).

Klassische Entgeltformen wie Akkord- und Prämienlohn sowie individuelle Leistungszulagen oder Zielvereinbarungsprämien sind Möglichkeiten der Leistungsvergütung, welche im Mittelpunkt dieser Arbeit steht.[54] Die Höhe der Zahlungen an den Mitarbeiter hängt von seiner über einen festgelegten Zeitraum hinweg gezeigten Leistung ab. Diese Form rückt, im

[50] Nach Kossbiel (1994, 78) beschränken sich Vergütungssysteme als eine spezielle Form von Anreizsystemen auf positive, extrinsische Anreize materieller (z. B. Geldprämien, Sachleistungen) oder immaterieller (z. B. Auszeichnungen) Art. Der Fokus im Rahmen dieser Arbeit liegt noch enger und betrifft finanzielle als spezielle Form der materiellen Anreize.

[51] Um die Höhe der Grund- bzw. fixen Vergütung zu bestimmen, gibt es summarische und analytische Verfahren. Hierzu wird auf Jung (2006, 564-584) verwiesen.

[52] Ähnlich schlagen Igalens und Roussel (1999, 1005) innerhalb der finanziellen Anreize eine Unterscheidung zwischen den drei Formen, feste Gehaltsbestandteile, flexible Anteile und Benefits vor.

[53] Weiteres zu Erfolgsbeteiligungen, deren Formen und Auszahlungsmöglichkeiten etc. kann z. B. bei Femppel, Reichmann und Böhm (2002, 79-95) sowie Löffelholz (1993, 33-47) nachgelesen werden.

[54] Zu weiteren Ausführungen zu traditionellen Modellen vgl. z. B. Scholz (2000, 743-752).

Gegensatz zur fixen Grundvergütung, nicht die Unterschiede in den Stellenanforderungen oder Qualifikationen, sondern in der individuellen Mitarbeiterleistung in den Mittelpunkt (vgl. Femppel et al., 2002, 24). Dies bedeutet jedoch nicht, dass die Leistung keinen Einfluss auf die fixe Vergütung hat. Im Gegenteil, denn nachhaltig gute Leistung kann längerfristig gesehen auch zu einer Erhöhung der fixen Vergütung führen. Dies steht jedoch nicht im Fokus dieser Arbeit.

Da die Leistungen oft nicht eindeutig zuzuordnen oder nur schwer quantitativ messbar sind, eignen sich Akkord- und Prämienlohn[55] nicht für alle Tätigkeiten im Unternehmen, ihr Grundgedanke ist jedoch übertragbar. Leistungszulagen oder Zielboni (vgl. Femppel et al., 2002, 59-65; Femppel & Zander, 2000, 97) sind derartige Möglichkeiten, bedürfen allerdings aufwendigerer Zielsetzungs- und Leistungsbeurteilungsverfahren. Worauf bei der Auswahl der Kriterien zur Leistungsmessung sowie bei der Zielsetzung zu achten ist, wird im Folgenden betrachtet. Zuvor wird jedoch mit Hilfe eines Fragenkatalogs ein Überblick gegeben, über diejenigen Entscheidungen, die bei der Konzeption einer variablen, leistungsorientierten (vom Unternehmenserfolg unabhängigen) Vergütungskomponente zu treffen sind. Die Aufstellung erhebt jedoch keinen Anspruch auf Vollständigkeit. Mit Blick auf die empirische Studie, die im Rahmen dieser Arbeit durchgeführt werden soll, werden allerdings nicht alle Aspekte im Detail weiter verfolgt. Sie liefern lediglich den Rahmen für das für die Untersuchung konzipierte, sehr einfach gehaltene Vergütungssystem (vgl. Kapitel 5.2.2). Die Aufstellung behandelt die Grundlagen des Systems, das Volumen und die Systematik des Bonuspools, dessen Verteilungsverfahren sowie die Festlegung der Leistungskriterien. Bonuspool meint dabei die Menge des Geldes, die das Unternehmen bereitstellt, um es mit Hilfe des variablen Vergütungssystems an die Mitarbeiter zu verteilen.[56] Ein Teil der aufgeführten Fragen betrifft das Basiselement (Leistungs-) Kriterium, das nachfolgend betrachtet wird.

---

[55] Weitere Ausführungen zu Akkord- und Prämienlohn sowie jeweiligen Vor- und Nachteilen finden sich z. B. bei Jung (2006, 588-596).

[56] Die Zusammenstellung wurde literaturbasiert speziell für einen Vergütungsworkshop bei der Firma TechSAT GmbH entwickelt. Für Präzisierungen sei auf die Literatur verwiesen (z. B. Femppel & Zander, 2000, 43-48; 44-158, 161-172, 174 f.; Hofbauer & Winkler, 2002, 263 f.; Jung, 2006, 592-595).

**Grundlagen des Systems**
- Für welche Zielgruppe wird das System konzipiert?
- Wie viel Prozent vom Gesamtgehalt sollen variabel werden?
- Inwiefern ist eine systematische Unterscheidung zwischen Projekt- und Routineaufgaben erforderlich?

**Volumen des Bonuspools**
- Inwiefern soll mit keinem/einem/mehreren Bonuspools gearbeitet werden?
- Wie wird das Volumen des Bonuspools bestimmt?

*Im Falle eines statischen oder dynamischen Pools:*
- Was ist die Bezugsgröße und wie hoch ist der Faktor?

**Systematik zur Verteilung des Bonuspools**
- Soll es ein absolutes oder relatives System sein?

*Ermittlung einer gerechten Zielhöhe:*
- Was ist die Normalleistung eines Mitarbeiters?
- Wie viel bekommt ein Mitarbeiter bei 100 % Zielerreichung?
- Wie viel erhält ein Mitarbeiter bei Zielüber- und Zielunterschreitung?

**Kriterien/Ziele der variablen Vergütung**
- Welche Ziele sollen in den einzelnen Funktionsgruppen incentiviert werden?
- Zu welchen Zielen, die incentiviert werden sollen, sind Unterziele zu bilden?
- Welche dieser Ziele sollen durch das variable Vergütungssystem incentiviert werden?
- Wie sind die Ziele zueinander gewichtet?
- Welche Bemessungsgrundlagen gibt es für die ausgewählten Ziele?
- Welche der alternativen Bemessungsgrundlagen wird ausgewählt?
- Handelt es sich jeweils um individuelle oder Teamziele?

**Verfahren zur Verteilung des Bonuspools**
- Mit Hilfe welcher Methode soll die Leistungsmessung erfolgen?
- Wie oft erfolgt die Beurteilung?
- In welchem Zyklus erfolgt die Auszahlung des Bonus?

**Abbildung 7: Überblick zu konzeptionellen Aspekten variabler Vergütung**
**Quelle: Eigene Darstellung in Anlehnung an Schuster und Schloderer (2007, 35-37)**

## Kriterien für die Beurteilung der Leistung

Die Menge der Kriterien, auch Bezugsobjekte genannt, umfasst die Bemessungsgrundlagen, die der späteren Zuteilung von Anreizen dienen. Sie gibt an, wofür das Entgelt bezahlt wird. Anreize können positiver, belohnender oder negativer, bestrafender Art sein. Nach Kossbiel (1994, 78 f.) jedoch erfolgt die Bemessung im sehr allgemeinen Sinne auf Basis der Merkmalsausprägungen der menschlichen Erwerbsarbeit. Dies kann der Input, z. B. Arbeitsvermögen, Arbeitseinsatz, oder auch der Output, z. B. Arbeitsergebnis, Erfolgsbeitrag der Mitarbeiter sein. Die Kriterien sind vergleichbar mit den Anreizen systemimmanenter Einflussfaktoren. Sie müssen durch Handlungen des (potenziellen) Anreizempfängers maßgeblich beeinflussbar sowie zuverlässig feststellbar sein. Andernfalls gehen von den in Aussicht gestellten Anreizen keine nennenswerten Wirkungen auf die Kriteriumsausprägungen aus (vgl. Kossbiel, 1994, 81 f.). Dem Anreiz-Bedürfnis-Zusammenhang als systemtranszendente Einflussgröße auf Mitarbeiterseite entspricht der Ziel-Kriteriums-Zusammenhang auf Unternehmensseite (vgl. Abbildung 5, S. 47).[57] Dabei geht es darum, inwiefern sich die Kriterien des Vergütungssystems mit den Zielen des Unternehmens decken (vgl. Kossbiel, 1994, 86).[58] Die Leistungskriterien, also die Bemessungsgrundlagen für die Beurteilung der Leistung, sind ex ante festzulegen und können eher qualitativ oder quantitativ sein. Der Zielerreichungsgrad dient dann entsprechend als Bemessungsgrundlage im Rahmen eines Anreizsystems (vgl. Geier, 2007, 37). Die beiden genannten Bedingungen lassen sich noch ergänzen.

Bei der Zielorientierung ist zwischen der Mitarbeiter- und der Unternehmensperspektive zu unterscheiden. Aus Unternehmenssicht sind die Leistungskriterien die zentralen Parameter zur Verhaltenssteuerung des Mitarbeiters und sollten sich aus der übergeordneten Strategie ableiten sowie zu deren Umsetzung beitragen. Steht also beispielsweise die Akquirierung von Neukunden im Fokus, könnte der akquirierte Umsatz mit Neukunden als Bemessungsgrundlage dienen. Welche Leistungskriterien im Einzelnen geeignet sind, hängt von den übergeordneten Unternehmenszielen sowie den speziellen Begebenheiten ab.[59] Aus Mitarbeitersicht entsprechen die Leistungskriterien seinen persönlichen Zielen. Idealerweise akzeptiert der Mitarbeiter die durch das Unternehmen gesetzten Ziele und internalisiert diese, was bedeutet, dass er sie als persönliche Ziele annimmt (vgl. Kapitel 2.3.1; 2.3.2). Dafür muss der Mitarbeiter die Ziele verstehen, akzeptieren und durch sein Verhalten beeinflussen können. Deshalb sollten Leistungskriterien nicht aus kompliziert berechneten und abstrakten Kennzahlen bestehen, sondern einfach und nachvollziehbar sein. Allgemeingültige Regeln für Leistungskriterien existieren nicht. Generell sollten diese objektiv, reliabel und valide sein (vgl. Bernard, 2006, 69 f., 73; Winter, 1996, 108). Aus der Zieltheorie nach Locke (vgl. Locke, 1968, 161-183; Kapitel 2.3.2) lassen sich zusätzlich spezifische Anforderungen ableiten. Folgende Abbildung 8 fasst verschiedene, in der Literatur genannte Kriterien zusammen, die Ziele erfüllen sollten, damit sie motivierend wirken.

---

[57] Sie sind jeweils Gradmesser der Orientierung eines Anreizsystems an den Interessen der Anreizgeber und -empfänger (vgl. Kossbiel, 1994, 86).

[58] Für weitere Aspekte bezogen auf Ziele und Zielsetzung sowie zu der Wahl geeigneter Bemessungsgrundlagen sei z. B. auf Fersch, 2002 sowie Aguinis, 2009 verwiesen.

[59] Für eine Typologie von Leistungskriterien siehe die Zusammenstellung von Bernard (2006, 71 f.).

- präzise und spezifisch
- messbar
- bei Zielsystemen einander nicht widersprechend
- repräsentativ für das Aufgabengebiet
- schwierig aber erreichbar
- als Leistungskriterium glaubhaft (keine ersatzweise „verdeckten" Ziele)
- als Leistungskriterium akzeptiert
- nicht zu detailliert im Sinne eines zu dirigistischen Zwischenzielsystems
- durch den Mitarbeiter beeinflussbar
- durch den Mitarbeiter nicht manipulierbar

**Abbildung 8: Kriterien für motivierende Ziele**
**Quelle: Rosenstiel (2003, 85)**

Weisen Leistungskriterien diese Eigenschaften auf, akzeptieren die Mitarbeiter sie besser. Außerdem unterstützen sie in der Folge die Zielorientierungsfunktion von Leistungsvergütung besser (vgl. Bernard, 2006, 73) und sollten dementsprechend bei der Konzeption des variablen Vergütungssystems und dem damit verbundenen Zielvereinbarungsprozess berücksichtigt werden. Darüber hinaus sind folgende Voraussetzungen für motivierende Ziele wichtig, damit variabler Leistungslohn die Leistung der Mitarbeiter, wenn auch nur unter eingeschränkten Bedingungen, steigern kann: Die Mitarbeiter müssen eine Motivation aufweisen, bei der extrinsische Anreize auch tatsächlich zu mehr Leistung veranlassen, wie dies z. B. bei Einkommensmaximierern und Statusorientierten der Fall ist. Bei den Loyalen hingegen kann eine variable Leistungsentlohnung die intrinsische Motivation untergraben. Zudem darf die Entlohnung als von außen kommender Eingriff nicht als kontrollierend, also die Selbstbestimmung und -achtung bedrohend, empfunden werden (vgl. Frey, 2002, 104 f.; Frey & Osterloh, 2000, 68 f.).[60] Der Königsweg besteht darin, Anreizsysteme so zu gestalten, dass sie die Eigennützigen motivieren, ohne dabei die intrinsisch Motivierten zu demotivieren (vgl. Niederer, 2004, 17).

### Zusammenhang zwischen Leistungskriterien und Anreizen

Die Kriteriums-Anreiz-Relationen dienen der Zuordnung der Kriterien und Anreize und beschreiben die Abhängigkeitsbeziehungen zwischen den jeweiligen Ausprägungen. Sie koppeln damit unter Berücksichtigung der Zeit bestimmte Kriterien, also konkrete Verhaltensweisen der Mitarbeiter, mit bestimmten Anreizen, also damit verbundener Belohnung oder Bestrafung (vgl. Kossbiel, 1994, 78, Marr & Stitzel, 1979, 416-418). Dabei geht die den An-

---

[60] Zu den unterschiedlichen Menschentypen, den extrinsisch motivierten Einkommensmaximierern und Statusorientierten und den intrinsisch motivierten Loyalen, Formalisten und Selbstbestimmten vgl. z. B. Frey (2002, 91-94).

reizsystemen zu Grunde liegende Idee davon aus, dass die Anreize die Ausprägungen der Kriterien beeinflussen sollen. Diese Grundidee wird dann verwirklicht, „... wenn die (potenziellen) Anreizempfänger in Erwartung der angebotenen Anreize Handlungen vollziehen, die die Ausprägung (Erfüllung) der Kriterien bewirken, an die die Anreizgewährung gekoppelt ist“ (Kossbiel, 1994, 81). Systemimmanente Faktoren beeinflussen diesen Zusammenhang zwischen den bereits beschriebenen Elementen Kriterien und Anreize. Diese werden durch folgende Perspektiven dargestellt (vgl. Kossbiel, 1994, 82). Die Größenperspektive stellt die Verlaufsform der Kriteriums-Anreiz-Relation dar, während die Zeitperspektive den temporalen Zusammenhang abbildet, z. B. die Zeitverzögerung zwischen Kriteriumserfüllung und Anreizverfügung. Als drittes umfasst die Wahrscheinlichkeitsperspektive den Grad der Festgelegtheit der Kriteriums-Anreiz-Relation. So steht z. B. jeder Ausprägung eines Kriteriums bzw. einer Kriteriumskonstellation ein (zeitlich, mengen- und artmäßiges) fixiertes – expost nicht veränderbares – Anreizangebot gegenüber.

Da also angenommen wird, dass der monetäre Anreiz einer ausgelobten Belohnung antizipatorisch auf das Verhalten des Mitarbeiters wirkt, ist sowohl dessen Wahrnehmung als auch dessen Bewertung von Bedeutung. Voraussetzung für eine Verhaltensänderung mit Blick auf den Anreiz ist, dass der Mitarbeiter einen für ihn logischen, beeinflussbaren Zusammenhang zwischen Anreiz und Belohnung erkennt. Kognitive Prozesse beeinflussen demnach die Verbindung zwischen Anreizen und Verhalten (Kriterien). Dabei liefern Prozesstheorien der Motivation wichtige Hinweise, wie Leistungsverhalten durch monetäre Anreize beeinflusst werden kann (vgl. Geier, 2007, 40 f.; Kapitel 2.3.2).

### 2.4.5 Zusammenfassung und Konsequenzen für die Arbeit

In Kapitel 2.4.1 wurden verschiedene Definitionen von Anreizsystemen vorgestellt und eine Fokussierung auf Anreizsysteme im engeren Sinne vorgenommen, wonach ein Unternehmen individuelle Anreizsysteme einsetzt (vgl. Becker, 1987a, 24 f., 1995, 34 f.). Diese Sicht wurde um Kontextbedingungen („administrativer Rahmen“) ergänzt, wodurch auch Gerechtigkeitsabwägungen sowie Informations- und Mitsprachemöglichkeiten an Bedeutung gewinnen (vgl. Winter, 1996, 616). Insgesamt setzt sich ein Anreizsystem aus den Anreizen, den Kriterien sowie den entsprechenden Relationen zusammen. Entscheidend für die Förderung der zieladäquaten Kriterien und der bedürfnisadäquaten Anreize ist die Stimmigkeit der Anreize und Kriterien. Sind die Zusammenhänge jeweils zu gering bietet das Anreizsystem entweder die „richtigen“ Anreize für die „falschen“ Kriterien oder umgekehrt. Beides geht auf Kosten der Effizienz (vgl. Kossbiel, 1994, 86; Kapitel 2.2). Im Zusammenhang mit der Effizienz, bei der zwischen sozialer und ökonomischer Dimension zu unterscheiden ist (vgl. Hurtmanns, 2008, 392; Marr & Stitzel, 1979, 57-102), stehen die angestrebten Ziele, die das Anreiz- und Vergütungssystem erfüllen soll. Diese lassen sich mit den drei Funktionen Motivation, Selektion und Koordination zusammenfassen, wobei der Motivation sehr große Bedeutung zukommt (vgl. Aguinis, 2009, 241-243; Kruse, 2002, 26-32; Winter, 1996, 39-70; Winter, 1997, 617-621). Um diese Funktionen zu erfüllen, muss das variable Vergütungssystem transparent, flexibel, belohnungswirksam, wirtschaftlich, gerecht, individual- und gruppenanwendbar sowie akzeptiert sein. Dabei kommt der Akzeptanz als Generalanforderung besondere Bedeutung zu (vgl. Kruse, 2002, 24-37). Denn lediglich wenn die Mitarbeiter das System akzeptieren, sind sie zum einen dazu *bereit, sich danach vergüten zu lassen* und *sich entsprechend der Anreize zu verhalten,* und verhalten sich zum zweiten auch entsprechend der Anreize.

Ein variables Vergütungssystem setzt basierend auf dem Verständnis von Winter (1996, 14 f.), finanzielle (Gesamtvergütung) Anreize. Die darüber hinaus existierenden monetär bewertbaren (Zusatzleistungen) und monetär nicht bewertbaren (z. B. Führungsstil und Unternehmenskultur) Anreize liegen somit nicht im Fokus der Arbeit. Bei einem variablen Vergütungssystem gliedert sich die Gesamtvergütung in fixe und variable Bestandteile, wobei der variable Anteil grundsätzlich von der individuellen, der Unternehmensleistung oder dem Unternehmenswert abhängen kann (vgl. Femppel et al., 2002, 23 f.; Hofbauer & Winkler, 2002, 242). Es empfiehlt sich, zwischen der individuellen leistungsbezogenen und der kollektiv erfolgsbezogenen Komponente zu differenzieren und diese jeweils eigenständig zu gestalten (vgl. Hurtmanns, 2008, 391). Der variable Anteil einer individuellen leistungsbezogenen Vergütungskomponente kann beispielsweise in Form von Leistungszulagen oder Zielboni erfolgen (vgl. Femppel et al., 2002, 59-65).

Notwendige Entscheidungen bei der Konzeption eines variablen Vergütungssystems betreffen u. a. die Grundlagen des Systems, das Volumen und die Systematik des Bonuspools (Menge des Geldes, die es mit Hilfe des variablen Vergütungssystems an die Mitarbeiter zu verteilen gilt), dessen Verteilungsverfahren sowie die Festlegung der Leistungskriterien (vgl. Schuster & Schloderer, 2007, 35-37). Dafür sind entsprechende Zielsetzungs- und Leistungsbeurteilungsverfahren notwendig, bei denen wichtige Punkte zu berücksichtigen sind. Nach Kossbiel (1994, 78 f., 81 f.) erfolgt die Leistungsmessung im sehr allgemeinen Sinne auf

Basis der Merkmalsausprägungen der menschlichen Erwerbsarbeit. Dies kann der Input, z. B. Arbeitsvermögen, Arbeitseinsatz, oder auch der Output, z. B. Arbeitsergebnis, Erfolgsbeitrag, der Mitarbeiter sein. Allgemein sollten die gewählten Bemessungsgrundlagen, um die gewünschte Verhaltenswirkung zu erzielen, objektiv, reliabel und valide sein (vgl. Bernard, 2006, 69 f., 73; Winter, 1996, 108). Aus der Zieltheorie nach Locke (vgl. Locke, 1968, 161-183; Kapitel 2.3.2) lassen sich spezifische Anforderungen an Ziele ableiten, damit sie motivierend wirken. Ziele sollten präzise und spezifisch, messbar, bei Zielsystemen einander nicht widersprechend, repräsentativ für das Aufgabengebiet, schwierig aber erreichbar, als Leistungskriterium glaubhaft und akzeptiert, nicht zu detailliert sowie durch den Mitarbeiter beeinflussbar und nicht manipulierbar sein (vgl. Rosenstiel, 2003, 85). Die Grundidee eines variablen Vergütungssystems ist dann verwirklicht, „... wenn die (potenziellen) Anreizempfänger in Erwartung der angebotenen Anreize Handlungen vollziehen, die die Ausprägung (Erfüllung) der Kriterien bewirken, an die die Anreizgewährung gekoppelt ist“ (Kossbiel, 1994, 81).

Vor allem die motivationstheoretischen Ausführungen zeigen, dass Anreize insbesondere dann wirken, wenn sie vom Mitarbeiter wahrgenommen werden, für ihn einen hohen Wert haben bzw. mit dessen Bedürfnissen/Motiven übereinstimmen, wenn eine enge Verbindung zur eigenen Leistung vorhanden ist und wenn der Zusammenhang zwischen den Kriterien und den Anreizen logisch und beeinflussbar ist (vgl. z. B. Geier, 2007, 40; Weinert, 1998, 183; Kapitel 2.3; 2.4.4). Zusätzlich resultiert aus der Selbstbestimmungstheorie von Deci und Ryan (z. B. Ryan & Deci, 2000b), dass es wichtig ist, dass die Betroffenen diese nicht als kontrollierend, sondern als informierend empfinden. Andernfalls besteht die Gefahr, dass extrinsische Anreize in Form von Belohnungen die intrinsische Motivation verdrängen. Dieser Effekt kann sowohl direkt als auch indirekt sein. Führt ein Anreiz nicht zu direkter oder indirekter Verdrängung der Motivation, kann er auch einen neutralen, aktivierenden oder Selektionseffekt ausüben (vgl. Krönes, 2005, 12).

Kernprinzip bei der Gestaltung von Anreiz- und Vergütungssystemen ist der Versuch, Gerechtigkeit walten zu lassen. Sie ist zugleich Voraussetzung dafür, dass die betroffenen Mitarbeiter das entwickelte und zu implementierende variable Vergütungssystem akzeptieren. Akzeptanz zeigt sich dabei zum einen in der *Bereitschaft der Mitarbeiter, auf das variable Vergütungssystem umzusteigen* und *sich im Sinne der Anreize zu verhalten,* und zum zweiten in deren tatsächlichen Verhalten. Um diesem Prinzip Rechnung tragen zu können, ist es zum einen wichtig zu verstehen, was Gerechtigkeit und deren Wahrnehmung bedeutet und zum anderen, wie Gerechtigkeitseinschätzungen zu Stande kommen. Damit befasst sich das folgende Kapitel 2.5.

## 2.5 Wahrgenommene Gerechtigkeit als Voraussetzung für Akzeptanz

Zunächst gilt es zu erklären, was wahrgenommene Gerechtigkeit allgemein und im Vergütungskontext speziell bedeutet. Dazu werden im Folgenden grundsätzliche Überlegungen zur wahrgenommenen Gerechtigkeit mit ihrer Verteilungs- und Verfahrenskomponente (Kapitel 2.5.1) sowie deren Bedeutung im organisationalen Kontext basierend auf empirischen Erkenntnissen (Kapitel 2.5.2) vorgestellt. Wie bereits das Sprichwort „Der Ton macht die Musik" (vgl. Fischer & Wiswede, 1997, 419) allgemein verdeutlicht, spielt übertragen auf den Vergütungskontext nicht nur das Verteilungsergebnis (distributive Komponente der Gerechtigkeit), sondern auch das Verfahren zu dessen Ermittlung (prozedurale Komponente der Gerechtigkeit) eine wesentliche Rolle. Deshalb stehen die distributive (Verteilung), die prozedurale (Verfahren) Komponente der Gerechtigkeit sowie deren Zusammenhang im Mittelpunkt der Kapitel 2.5.3 und 2.5.4. Dabei werden jeweils relevante Theorien und Ansätze, die dazu beitragen, die Komponenten zu erklären, vorgestellt und diskutiert sowie um aktuelle, empirische Ergebnisse ergänzt. Diese Erkenntnisse liefern die Basis dafür, ein variables Vergütungssystem unter dem Gerechtigkeitsaspekt so gestalten und implementieren zu können, dass die Mitarbeiter dieses akzeptieren und somit zum ersten *bereit sind, auf das variable Vergütungssystem umzusteigen* sowie *sich entsprechend der Anreize zu verhalten,* und zum zweiten sich tatsächlich entsprechend der Anreize verhalten, u. a. dadurch dass sie helfen zu erklären, wie Gerechtigkeitseinschätzungen entstehen. Anschließend werden die Erkenntnisse dieser Ausführungen zusammengefasst und ihre Konsequenzen für die vorliegende Arbeit aufgezeigt (Kapitel 2.5.5).

### 2.5.1 Grundlagen zur wahrgenommenen Gerechtigkeit

Im Zusammenhang mit der Konzeption eines variablen Vergütungssystems und Gerechtigkeit verwenden Marr und Stitzel (1979, 192) sowie beispielsweise auch Reichmann (2004, 1116-1118) und Jung (2006, 563 f.) die Aspekte der Anforderungs-, Leistungs-, Verhaltens-, Sozial-, Markt- und Qualifikationsgerechtigkeit. Diese sogenannten Ersatzgerechtigkeiten bieten Hilfestellung beim Finden der relativen Lohnstruktur. Dabei steht also das Verteilungsergebnis und somit die Verteilungsgerechtigkeit („Ist das Ergebnis der Verteilung gerecht?") im Vordergrund. Es sollte allerdings nicht unberücksichtigt bleiben, dass auch die Verfahren, welche zur Ermittlung des Verteilungsergebnisses dienen, beachtlichen Einfluss ausüben. Die Verfahrensgerechtigkeit gibt an, ob das Verfahren zur Ermittlung des Verteilungsergebnisses gerecht ist. Die Aussage „The reward system ... is an unequivocal statement of the corporation's values and beliefs" von Kerr und Solcum (1987, 99) ergänzen Folger und Konovsky (1989, 128) wie folgt: Demnach besteht der Kern eines Belohnungs- bzw. Vergütungssystems nicht nur aus dem durch die Equity-Theorie betonten Ergebnis, dem „Was", sondern auch aus dem „Wie". So zeigt beispielsweise das Rubikon-Modell von Heckhausen und Gollwitzer (z. B. Gollwitzer, 1990; vgl. Kapitel 2.3.2; 2.3.3), dass neben der Verteilungsgerechtigkeit auch die Verfahrensgerechtigkeit eine zentrale Rolle spielt: Die Gerechtigkeitseinschätzung der Mitarbeiter, die in der Phase der Rückschau stattfindet, beeinflusst deren zukünftiges Verhalten. In dieser Phase überlegen die Mitarbeiter, inwiefern sich ihr Engagement für das Unternehmen „lohnt". Dabei betrachten sie einerseits die Verteilung, also Aufwand und Ertrag (Adams, 1965), und andererseits die Verfahren (Cropanzano & Greenberg, 1997), nach denen die Verteilung der Belohnung erfolgt (vgl. Nerdinger, 2006, 400 f.). Empfindet dabei ein Mitarbeiter entweder die Höhe seiner Belohnung oder auch das Verfahren zu deren Ermittlung als nicht fair, so kann dies zu Unzufriedenheit führen und dadurch Auswirkungen auf das künftige Leistungsverhalten nach sich ziehen (vgl. Nerdinger, 2006, 404), da versucht wird, Gerechtigkeit herzustellen bzw. Ungerechtigkeit auszugleichen.

Zurückgehend auf Greenberg (z. B. Greenberg, 1996, 3-22) beinhaltet die Taxonomie organisationaler Gerechtigkeitskonzepte vier verschiedene Typen von Gerechtigkeitstheorien auf den beiden Dimensionen „Inhalt versus Prozess", sprich Konzepte distributiver und prozeduraler Gerechtigkeit sowie „reaktiv versus proaktiv". Reaktiv bedeutet dabei die Reaktion auf als ungerecht wahrgenommene Verhältnisse (Reagieren auf und Beseitigen von Ungerechtigkeit), während proaktiv für das Streben nach Gerechtigkeit (Einsatz zur Verwirklichung gerechter Verhältnisse) steht (vgl. Walter-Busch, 2008, 40 f.).

Wie die bisherigen Ausführungen zeigen, ist organisationale Gerechtigkeit kein homogenes Konstrukt. Vielmehr lassen sich verschiedene Facetten unterscheiden. Nach Folger und Cropanzano (1998, xxi-xxv; 26 f.) fokussiert die Gerechtigkeitsforschung typischer Weise die beiden Komponenten Distribution und Prozess. Diese Dichotomie bezeichnen sie als zentral für das moderne Verständnis von sozialer Gerechtigkeit. Dabei setzt sich die Prozessgerechtigkeit aus den formalen Prozeduren und der interaktionalen Gerechtigkeit zusammen. Die interaktionale Gerechtigkeit wiederum ist relational und spiegelt den Fairnessgrad der Behandlung eines Individuums durch ein anderes wider. Diese Facette ist wichtig, da sich Organisationen und psychologische Verträge wandeln und Individuen diese Veränderungen auf Basis der Auswirkungen auf die menschliche Würde beurteilen (vgl. Folger & Skarlicki, 1999, 45; Marr & Fliaster, 2003b, 278, 288-295; Thibaut & Walker, 1975; Tyler & Bies, 1990). Ihr Status wird bislang allerdings noch diskutiert.

Während manche Forscher sie als Teil der prozeduralen Gerechtigkeit behandeln, sehen andere sie als eigenständige Komponente (vgl. Brockner & Siegel, 1996, 391; Folger & Cropanzano, 1998, xxiv; Müller, 1998, 58). Es gibt Bestrebungen, diese Dichotomie in zwei Richtungen aufzulösen. Einige Forscher streben eine weitere Differenzierung von Gerechtigkeit an. So unterscheiden Colquitt, Conlon, Wesson, Porter und Ng (2001) in ihrer Metaanalyse die vier Formen distributive, prozedurale, interpersonale und informationale Gerechtigkeit, wobei sie die letzten beiden auch unter dem Begriff interaktional zusammenfassen.[61] Cropanzano und Ambrose (2001, 125, 131-133, 143 f.) hingegen sind der Ansicht, dass die Gemeinsamkeiten prozeduraler und distributiver Gerechtigkeit größer sind als ihre Unterschiede. Dies führt sie zu einer monistischen Sicht von organisationaler Gerechtigkeit, welche die theoretische und empirische Zusammenfassung der beiden Konzepte impliziert, was jedoch nicht bedeutet, dass ein Aspekt weniger wichtig ist als der andere. Sie sehen die Ursache dafür, dass Forscher diese beiden Aspekte unterschiedlicher sehen als es tatsächlich der Fall ist, in der lockeren Gleichsetzung distributiver Gerechtigkeit mit ökonomischem und prozeduraler mit sozioemotionalem Benefit. Hauenstein, McGonigle und Flinder (2001, 45) beispielsweise bestätigen in ihrer Metaanalyse die starke, positive Korrelation zwischen prozeduraler und distributiver Gerechtigkeit, wobei ein erheblicher Varianzanteil in der Verteilung der Korrelationen unerklärt ist.

Es bleibt abzuwarten, welchen Ausgang diese Diskussion nimmt (vgl. Alberternst, 2003, 33). Mitchell und Daniels (2003, 243) bezeichnen die Differenzierung zwischen distributiver und prozeduraler Gerechtigkeit als zentral: „The major organizing framework in the justice literature is the distinction between distributive and procedural justice." Dementsprechend liegt diese Unterscheidung der vorliegenden Arbeit, wie auch zahlreichen anderen Studien (z. B. Alberternst, 2003, 31-40; Pillai, Wiliams & Tan, 2001; Tyler & Blader, 2003), zu

[61] Vgl. hierzu auch Colquitt (2001); Cohen-Charash und Spector (2001).

Grunde. Die beiden Komponenten werden im Folgenden näher beleuchtet. Eine detaillierte Betrachtung der interaktionalen und informationalen Gerechtigkeit erfolgt somit im Rahmen dieser Arbeit nicht.[62] Bei der Frage nach der Gerechtigkeit des Systems gilt es zwischen dem Verteilungs- und dem Verfahrensaspekt zu differenzieren.

Die Frage, wann eine Handlung gerecht ist, beantworten Philosophen anders als Sozialwissenschaftler. Während Philosophen über allgemeingültige, Gerechtigkeit ausmachende Kriterien nachdenken, interessieren sich Sozialwissenschaftler für die Wahrnehmung von Gerechtigkeit (vgl. Alberternst, 2003, 31). So betrachtet die Organisationsforschung Gerechtigkeit als sozial definiertes Konstrukt, wonach etwas dann als gerecht oder fair gilt, wenn es so wahrgenommen wird (vgl. Cropanzano & Greenberg, 1997, 317). „Fairness is a perception. We are all entitled to our judgments about what we think is fair" (Bazerman, 1993, 189). Gerechtigkeitswahrnehmungen basieren auf den Dingen, die eine Person im Organisationskontext aufnimmt. Das betrifft sowohl materielle als auch weniger greifbare, interpersonale Faktoren (vgl. Mitchell & Daniels, 2003, 2412). Diese subjektive, auf der Wahrnehmung basierende Form der Gerechtigkeit ist von der objektiven, auf faktischer Gerechtigkeit beruhenden Form zu unterscheiden. Außerdem ist zu beachten, dass sich Urteile darüber, was Individuen als fair und darüber, was sie als gerecht oder moralisch einschätzen, wesentlich unterscheiden (vgl. van den Bos & Lind, 2002, 8). Gerechtigkeit und Moral werden in diesem Zusammenhang meist eher als formale Begriffe mit Recht und Ethik verbunden. Dies ist jedoch nicht das, was im Fokus der psychologischen Forschung steht. Die meisten Untersuchungen erheben, wie die vorliegende auch, die subjektive Gerechtigkeit, da diese letztendlich das Verhalten beeinflusst (vgl. Alberternst, 2003, 31 f.; Konovsky, 2000, 492; van den Bos & Lind, 2002, 7 f.).[63] Die Stabilität von Gesellschaften, und somit auch die eines Unternehmens, sind bedroht, wenn ihre Mitglieder diese als ungerecht empfinden. Fairness genießt in allen menschlichen Kulturen einen hohen emotionalen Wert (vgl. Sigmund et al., 2002, 54). Zahlreiche psychologische Studien zeigen, dass das ‚Streben nach Gerechtigkeit' ein menschliches Motiv darstellt (vgl. Fechtenhauer, 2009, 24, 26). Dieses auch als zentrales Element des menschlichen Charakters angesehene Streben ist darauf gerichtet, jedem das zukommen zu lassen, worauf er ein legitimes Anrecht hat (vgl. Lerner, 2003, 388, 396-398; Suchanek &

[62] Für nähere Ausführungen zur interaktionale Gerechtigkeit vgl. z. B. Bies und Moag (1986) und Geier (2007, 83-90).

[63] Der Begriff Fairness bringt eher als Gerechtigkeit die Wahrnehmung der Mitarbeiter zum Ausdruck (vgl. Alberternst, 2003, 32). In der vorliegenden Arbeit werden die Begriffe Fairness und Gerechtigkeit trotz des Unterschieds wie auch in anderen deutschsprachigen Arbeiten (z. B. Winkler, 2007; Geier, 2007) synonym verwendet. Zum Ausdruck der Subjektivität wird deshalb von wahrgenommener Gerechtigkeit gesprochen.

Lin-Hi, 2010, o. S.). Erlebte Ungerechtigkeit ist auch nicht nur eine vorgeschobene, sondern eine tatsächliche psychische Belastung. Voraussetzung für dauerhafte Stabilität ist somit, dass die Mitglieder der Gesellschaft bzw. des Unternehmens Gerechtigkeit zumindest in gewissem Maße verwirklicht sehen (vgl. Fechtenhauer, 2009, 26).

Fairnessbeurteilungen sowie damit einhergehende Vergleiche basieren auf mehr als nur der Realität. Sie beeinflussen Emotionen und Verhalten und durchdringen das organisationale Leben (vgl. Bazerman, 1993, 198). Vor diesem Hintergrund interessiert insbesondere, welche Bedeutung Gerechtigkeit im Unternehmen hat und wozu empfundene (Un)Gerechtigkeit führen kann. Die Frage, wie Menschen kognitiv, emotional und verhaltensmäßig auf Unfairness reagieren, stellt ein aktuelles Forschungsthema dar (vgl. Skitka & Crosby, 2003, 283). Neue Erkenntnisse hierzu sind im Folgenden zusammengefasst. Anschließend stehen die distributive und prozedurale Komponente sowie deren Zusammenhang im Vordergrund. Es werden geeignete Theorien bzw. Ansätze zur Erklärung der jeweiligen Gerechtigkeitskomponente sowie entsprechende empirische Erkenntnisse vorgestellt und diskutiert, was sie dazu beitragen können, um die *Bereitschaft der Mitarbeiter, auf ein variables Vergütungssystem umzusteigen* und *sich im Sinne der Anreize zu verhalten,* sowie das tatsächlichen Verhalten im Sinne der Anreize erklären zu können.

### 2.5.2 Bedeutung von Gerechtigkeit im organisationalen Kontext

**Bedeutung von Gerechtigkeit für Mitarbeiter und Organisation**

Gerechtigkeit spielt in der Gesellschaft und dementsprechend auch im Unternehmen eine wichtige Rolle (vgl. Fechtenhauer, 2009, 26; Sigmund et al., 2002, 54). Das Fairness-Impact-Modell von Gilliland und Langdon (1998, 217) beschreibt den Zusammenhang zwischen Ursachen organisationaler Gerechtigkeit, der Gerechtigkeitswahrnehmung sowie den Mitarbeiterreaktionen (Einstellungen und Verhalten). Faire Performancemanagementpraktiken (z. B. Selbstbeurteilung der Mitarbeiter) beeinflussen demnach die Fairnesswahrnehmung und diese wiederum die Ergebnisse (z. B. Commitment gegenüber dem Unternehmen). Nach Winkler (2007, 126) bedarf es noch weiterer Untersuchungen, um die Gültigkeit des Modells zu prüfen und zu verstehen, welche Mitarbeiterreaktionen tatsächlich aus den Beurteilungspraktiken und den damit verbundenen Fairnesswahrnehmungen resultieren. Zu den möglichen Mitarbeiterreaktionen auf faire Performancemanagementsysteme zählen entsprechend den bisherigen Forschungen von Gilliland und Langdon (1998, 213) jeweils verbesserte Mitarbeitereinstellungen und -reaktionen auf Beurteilungen, erhöhte Mitarbeitermotivation und Leistung, positivere Einstellungen zur Organisation sowie eine verbesserte Position der Firma bei Rechtsstreitigkeiten im Zusammenhang mit Beschäftigungsfragen (vgl. Winkler, 2007, 125-127).

Zahlreiche empirische Studien bestätigen den Zusammenhang zwischen organisationaler Gerechtigkeit und verschiedenen Arbeitseinstellungen und Verhaltensweisen. In ihrer Metaanalyse stellen Fassina, Jones und Uggerslev (2008, 178) heraus, dass allgemeine Arbeitszufriedenheit und Gerechtigkeit (mit wenigen Ausnahmen) unabhängige Einflussfaktoren auf organizational citizenship behaviour sind. Auch weisen Mitarbeiter, die sich fair behandelt fühlen, insgesamt eine höhere Arbeitszufriedenheit auf (vgl. Ohyl & Strabac, 2008, 48-50). Insbesondere Mitarbeiter mit einer hohen Ausprägung der Dimension Gewissenhaftigkeit sind mit der Arbeit zufriedener, wenn sie ihre Arbeitsumgebung als wenig extrinsisch belohnend aber prozedural gerecht wahrnehmen. Mitarbeiter mit hoher Ausprägung auf der Dimension Extraversion hingegen berichten eine stärkere Absicht im Unternehmen zu bleiben, wenn sie ihre Arbeitsumgebung als sozial belohnend aber als weniger prozedural gerecht wahrnehmen (vgl. Burnett, Williamson & Bartol, 2009, 476-480). Auch wenn die Mitarbeiter ihre fixe Vergütung als intern (z. B. eigene Leistung, Fähigkeiten) und als extern (im Vergleich mit den Kollegen) gerechtfertigt empfinden, sie mit der Erhöhung der Vergütung sowie der flexiblen Vergütung zufrieden sind, wirkt dies positiv auf die Arbeitszufriedenheit (vgl. Igalens & Roussel, 1999, 1014-1018). Die Ergebnisse weiterer Studien (vgl. Grubb III, 2006, 521-526; Kwon, Kom, Kang & Kim, 2008, 764-770; Simons & Roberson, 2003, 437-440) Metaanalysen (vgl. Cohen-Charash & Spector, 2001, 292-301; Colquitt et al., 2001, 432-435) zeigen einen Zusammenhang zwischen Gerechtigkeitswahrnehmungen und Arbeitseinstellungen (z. B. Fluktuationsabsichten, (Kunden-) Zufriedenheit, Commitment) sowie funktionalem (z. B. Arbeitsleistung, organizational citizenship behaviour) und dysfunktionalem Verhalten.[64] Lavelle, Brockner, Konovsky, Price, Henley, Taneja und Vinekar (2009, 345-351) bestätigen dem Commitment in ihren Studien eine mediierende[65] Wirkung im

[64] Chang und Dubisky (2005, 45-48) liefern in ihrem Literaturreview einen tabellarischen Überblick bzgl. des Zusammenhangs der Komponenten der Gerechtigkeit und diesen bzw. ähnlichen Outcome-Variablen. Zu den Determinanten und Konsequenzen des Gerechtigkeitsempfindens siehe z. B. auch die Untersuchung von Fischer, Jacobus und Hauser (2008). Zum Zusammenhang zwischen organisationaler Gerechtigkeit und organizational citizenship behaviour, deren Moderatoren und Mediatoren siehe z. B. Moorman und Byrne (2005). Zum Zusammenhang zwischen Gerechtigkeit, Leistung, Rückzug, und kontraproduktivem Verhalten siehe z. B. Conlon, Meyer & Nowakowski (2005).

[65] Eine Variable wird als mediierend bezeichnet, wenn sie nicht direkt, sondern mittelbar über eine dritte Variable die abhängige Variable beeinflusst (vgl. Bortz & Döring, 2009, 3). Mediation kann dabei vollständig oder teilweise erfolgen. Bei vollständiger Mediation verschwindet bei Berücksichtigung/Kontrolle der Mediatorvariable der scheinbare Einfluss einer Variablen auf eine andere.

Zusammenhang zwischen prozeduraler Gerechtigkeit und organizational citizenship behaviour. Vergleichbare Zusammenhänge bestätigen auch andere Studien, wonach z. B. prozedurale Gerechtigkeit unmittelbar vor und nach der Verteilungsentscheidung am einflussreichsten ist (vgl. Ambrose & Cropanzano, 2003, 269-272) und vier Formen von Gerechtigkeitsklima mit verschiedenen Ergebnisvariablen zusammenhängen (vgl. Liao & Rupp, 2005, 246-249). Eine Studie aus dem Bereich der Marktforschung zeigt, dass Zufriedenheit den Zusammenhang zwischen Gerechtigkeit und der Absicht zur positiven Mund-Propaganda bzw. Kaufabsicht teilweise mediiert (vgl. Maxham III & Netemeyer, 2002, 244-247). Ergänzend zeigen Kwon et al. (2008, 764-770), dass Gewinnbeteiligung indirekt (über distributive und interaktionale Gerechtigkeit) dazu beiträgt, die Arbeitseinstellung der Mitarbeiter zu verbessern. Neben dem direkten Effekt prozeduraler Gerechtigkeit auf die individuelle Leistung weisen Zapata-Phelan, Colquit, Scott und Livingston (2009, 97-102) nach, dass intrinsische Motivation diesen Zusammenhang teilweise mediiert, während interpersonale Gerechtigkeit von beiden Größen unabhängig ist. Siegel, Post, Brockner, Fishman und Garden (2005, 16-21) zeigen in drei Studien, dass der Zusammenhang zwischen der Tendenz zu größerem Work-Life Konflikt und geringerem Commitment bei höherer prozeduraler Gerechtigkeit schwächer ist. Sie bestätigen damit die moderierende Wirkung prozeduraler Gerechtigkeit auf den Zusammenhang zwischen Work-Life Konflikt und organisationalem Commitment. Werte stellen einen weiteren Moderator zwischen organisationaler Gerechtigkeit und Arbeitsverhalten dar (vgl. Fischer & Smith, 2006, 550-555).

Bemessungsgrundlagen und Verfahren, auf deren Basis die Bonushöhe ermittelt wird, entscheiden über die Wahrnehmung der Gerechtigkeit: Insgesamt beeinflussen distributive, prozedurale und interaktionale Gerechtigkeitskomponenten, wie fair Mitarbeiter ihre Beurteilungen empfinden (vgl. Narcisse & Harcourt, 2008, 1159-1166). Landry, Schiehll und Fallu (2009, 26-33) zeigen, dass Beurteilungssysteme, die hinsichtlich der Gewichtung verschiedener Leistungsbemessungsgrundlagen flexibel sind und den Vorgesetzten Ermessensspielraum bei der Zuteilung von variabler Vergütung einräumen, sich negativ auf die wahrgenommene Richtigkeit (*accuracy*) und (prozedurale) Fairness auswirken. Kontextfaktoren, wie die Möglichkeit der Mitsprache und die Qualität der Beziehung zwischen Mitarbeiter und Vorgesetztem, moderieren diesen Effekt. Nach Ergebnissen von Johnson, Holladay und Quinones (2009, 412-415), welche die distributive Gerechtigkeit fokussieren, wird die Verwendung von organizational citizenship behaviour als Beurteilungskriterium gerecht

---

Bei der teilweisen (partiellen) Mediation hingegen reduziert die Berücksichtigung der Mediatorvariable den Zusammenhang zwischen zwei Variablen (vgl. Baron & Kenny, 1986, 1176; Urban & Mayerl, 2011, 304).

wahrgenommen, wobei allerdings geschlechterspezifische Unterschiede hinsichtlich des Gewichts dieses Kriteriums bestehen: Während Männer 20-30 Prozent als gerecht empfinden, liegt dieser Wert bei den Frauen bei 25-50 Prozent. Mitarbeiter, die eine Gewinnbeteiligung erhalten, nehmen höhere distributive und interaktionale (nicht jedoch prozedurale) Gerechtigkeit wahr als Mitarbeiter, deren Bonihöhe lediglich auf der Seniorität basiert (vgl. Kwon et al., 2008, 764-770). Zudem werden absolute Bewertungen als fairer wahrgenommen als relative. Allerdings betrachten die Betroffenen nicht alle absoluten und relativen Verfahren als gleich fair. Die Art der Bewertung beeinflusst also die Einschätzung der prozeduralen Gerechtigkeit, die wiederum vom Level der distributiven Gerechtigkeit abhängig ist (vgl. Roch, Sternburgh & Caputo Pat M., 2007, 305-312).

Die organisationale Gerechtigkeit ist in verschiedenen Kulturkreisen ein Prädiktor des Konstrukts Vertrauen (vgl. Pillai et al., 2001, 320-325). Vertrauen wiederum ist entscheidend für die Akzeptanz von Entgeltkomponenten, da Mitarbeiter mit hohem Vertrauen gegenüber dem Vorgesetzten eine höhere Akzeptanz der auf der Beurteilung der Führungskraft basierenden Entgeltkomponenten (quantitative bzw. qualitative Zielvereinbarung) aufweisen als Mitarbeiter mit geringem Vertrauen in die Führungskraft (vgl. Kopp & Schuler, 2003, 187-190). Betroffene, die das Vorgehen des Unternehmens für gerecht halten, zeigen höheres Vertrauen und Commitment, was wiederum zu aktiver Zusammenarbeit führt (vgl. Kim & Mauborgne, 2003, 131). Mitarbeiter, die das Gefühl haben, sich auf die Vorgesetzten und deren Entscheidungen verlassen zu können und die Beurteilungen daher entspannter erwarten, erleben ein höheres Maß an Gerechtigkeit (vgl. Andersson-Straberg et al., 2007, 437). Diese Ergebnisse unterstreichen die Bedeutung des Vertrauens als Erfolgsfaktor für die Implementierung einer Veränderung bzw. eines Entgeltsystems mit subjektiven Einflussmöglichkeiten der Führungskraft. Die Beziehungsqualität (Leader-Member-Exchange, LMX) als Ergebnisgröße wiederum wird positiv von der distributiven und prozeduralen Gerechtigkeit beeinflusst, wobei positive und negative Affekte diesen Effekt teilweise mediieren (vgl. Streicher, Maier, Jonas & Reisch, 2008, 59 f.). Nach Erdogan, Liden und Kraimer (2006, 400-403) vermindert Teamorientierung und erhöhen gegenseitiger Respekt bzw. Aggressivität als Dimensionen der Unternehmenskultur den Zusammenhang zwischen interaktionaler bzw. distributiver Gerechtigkeit und LMX.

Darüber hinaus ist auch die Wirkung der Gerechtigkeit für potenzielle Bewerber zu berücksichtigen. So zeigen beispielsweise Cropanzano, Slaughter und Bachiochi (2005, 1174-1178), dass sowohl die distributive, als auch die prozedurale und die interaktionale Gerechtigkeit signifikant mit der Attraktivität der Organisation und der Bewerbungsabsicht zusammenhängen. Dabei ist der Zusammenhang zwischen der Ergebnisvariable und distributiver Gerechtigkeit bei geringer Ausprägung der prozeduralen und interaktionalen Komponente am stärksten.

Wie die dargestellten Ergebnisse zeigen, wirken sich Gerechtigkeitswahrnehmungen auf Einstellung und Verhalten aus. Bezogen auf Vergütung sind Gerechtigkeitseinschätzungen zentral, da der Erfolg eines Vergütungssystems davon abhängt, ob das System selbst sowie die damit verbundenen (Beurteilungs-) Verfahren als gerecht wahrgenommen werden (vgl. Andersson-Straberg et al., 2007, 431 f., 436-452; Kapitel 2.4.3). Die Gerechtigkeitswahrnehmung wiederum hängt, wie auch Besley (2010, 269-271) empirisch zeigt, mit der Akzeptanz zusammen. Die Ergebnisse von Andersson-Straberg et al. (2007, 458) verdeutlichen, wie wichtig es ist, dass Arbeitgeber ihre Mitarbeiter gleich behandeln und sorgfältig über die Beurteilungsprinzipien im Zusammenhang mit der Vergütung informieren. Wenn die Mitarbeiter diese akzeptieren und die der Vergütung zu Grunde liegenden Entscheidungen für geeignet und fundiert halten, trägt dies zu positiverer Wahrnehmung der Vergütungsgerechtigkeit und damit zu einem besseren Arbeitsklima bei. Auch hängt eine gerechte Wahrnehmung des Ergebnisses positiv mit dessen Vorteilhaftigkeit zusammen (vgl. Besley, 2010, 269-271).

**Auswirkungen von (Un)Gerechtigkeit in der Organisation**

Wahrgenommene Ungerechtigkeit ist der häufigste Grund für sabotierendes Verhalten: Im Fall erlebter Ungerechtigkeit im persönlichen Umgang neigen Individuen zu Vergeltung. Liegt der Grund jedoch in der Ressourcenverteilung streben, sie eher eine Wiederherstellung des Gleichgewichts an, z. B. durch Diebstahl am Arbeitsplatz (vgl. Ambrose, Seabright & Schminke, 2002, 947, 953, 959). Ähnliches bestätigen auch Skarlicki und Folger (1997, 437 f.), wonach empfundene Ungerechtigkeit zu Vergeltung, z. B. in Form von geringerem Commitment, geringerer Bereitschaft zur Mehrarbeit, Diebstahl und kurzen Krankheitsphasen führen kann. Skarlicki, Folger und Tesluk (1999, 103-105) berichten zudem, dass die Persönlichkeitsfaktoren das Auftreten von Verhalten, das auf Vergeltung zielt, beeinflussen. Demnach ist der Zusammenhang zwischen Unfairness und Vergeltung für Personen mit hoher negativer Affektivität und Personen mit geringen Verträglichkeitswerten stärker als für Personen mit geringer negativer Affektivität und hoher Verträglichkeit. Bringen Mitarbeiter dem Management auf Grund einer als unfair empfundenen Behandlung nicht mehr ausreichend Vertrauen entgegen, führt dies häufig zu (Forderungen seitens der Mitarbeiter von) sehr detaillierten, unflexiblen und oft administrativ behindernden Regelungen und Verfahrensweisen in Organisationen. Damit wollen die Mitarbeiter sicherstellen, dass die Manager nicht mehr die Möglichkeit haben, erneut unfair zu handeln. Darüber hinaus versuchen sie häufig, die von den Managern getroffenen Entscheidungen rückgängig zu machen, auch wenn damit enorme Nachteile verbunden wären. Dies verdeutlicht die emotionale Kraft, die unfaire Prozesse hervorrufen können und den „Preis der Unfairness" (vgl. Kim & Mauborgne, 2003, 132).

Diese Ergebnisse verdeutlichen den engen Zusammenhang zwischen Anreiz(-system), Bemessungsgrundlage (Kriterium), Beurteilung(-sprozess) sowie der empfundenen Gerechtigkeit, die wiederum für verschiedene Ergebnisvariablen, z. B. die individuelle Leistung, ausschlaggebend ist. Da diese Arbeit zwischen der distributiven (Verteilungs-) und prozeduralen (Verfahrens-) Gerechtigkeit unterscheidet, stehen diese beiden Komponenten sowie deren Zusammenhang mit geeigneten Theorien und Ansätzen zu deren Erklärung, ergänzt um aktuelle empirische Erkenntnisse, im Mittelpunkt der folgenden Kapitel. Sie liefern damit die Grundlage für die Gestaltung und Implementierung eines variablen Vergütungssystems, das die Mitarbeiter aus Gerechtigkeitsüberlegungen heraus akzeptieren können.

### 2.5.3 Distributive und prozedurale Gerechtigkeit als Formen organisationaler Gerechtigkeit

Im Fokus der folgenden Ausführungen stehen die distributive und prozedurale Komponente der Gerechtigkeit. Nach einer kurzen Definition werden jeweils geeignete Theorien und Ansätze, ergänzt um aktuelle empirische Erkenntnisse, vorgestellt, die helfen, das Entstehen von Gerechtigkeit(-swahrnehmungen) zu erklären. Daran anschließend wird im folgenden Kapitel 2.5.4 der Zusammenhang dieser beiden Komponenten betrachtet.

**Distributive Gerechtigkeit**

Menschen zeichnen sich dadurch aus, dass sie Beziehungen auf ihre Gerechtigkeit oder Fairness hin beurteilen. Dabei bewerten sie, ob die Belohnungen in der Beziehung gerecht verteilt sind. Das betrifft auch die Beziehung zwischen Mitarbeiter und Unternehmen, in der die Beteiligten u. a. Arbeitskraft und Gesundheit gegen beispielsweise Bezahlung und Statussymbole „tauschen" (vgl. Schanz, 1991, 5). An dieser Stelle interessiert nun die Frage, unter welchen Bedingungen dieser Austausch als (un)gerecht wahrgenommen wird (vgl. Nerdinger,

2006, 401). Distributive Gerechtigkeit bezieht sich auf die wahrgenommene Fairness des Verteilungsergebnisses (vgl. z. B. Folger & Cropanzano, 1998, xxi). Dass diese Bewertung nicht objektiv ist oder auf absoluten Werten basiert, sondern in Relation zu einer Bezugsgröße stattfindet, resultiert aus den Equity- bzw. Ausgleichs- und Vergleichstheorien (z. B. Adams, 1965; Festinger, 1978; Kapitel 2.3.2; 3.4.2.2). Eine Person erlebt es als ungerecht, wenn sie das Verhältnis der eigenen Erträge und Einsätze im Vergleich zum Verhältnis der Erträge und Einsätze einer Vergleichsperson als ungleich wahrnimmt (vgl. Andersson-Straberg et al., 2007, 433; Nerdinger, 2006, 401; Kapitel 2.3.2). Daraus lässt sich folgern, dass Mitarbeiter, die ihren Arbeitsaufwand hoch einschätzen, aber nicht das Gefühl haben, dass die Vergütung diesen entsprechend widerspiegelt oder die sich im Vergleich zu Kollegen unfair behandelt fühlen, die distributive Gerechtigkeit geringer einschätzen (vgl. Andersson-Straberg et al., 2007, 433). Die Beurteilung der Verteilungsgerechtigkeit hängt auch davon ab, inwiefern das aktuelle Ergebnis mit dem erwarteten bzw. antizipierten übereinstimmt. Diese Erwartungen wiederum basieren einerseits auf bisherigen Erfahrungen und andererseits auf den bereits angesprochenen Vergleichen mit anderen. Stimmen das tatsächliche Ergebnis und die Erwartungen überein oder übersteigt es diese sogar, wird das Ergebnis als fair wahrgenommen, andernfalls als unfair (vgl. Gilliland & Langdon, 1998, 220 f.). Erwartet der Mitarbeiter entweder, dass das variable Vergütungssystem ihm dabei helfen kann, das wahrgenommene Ungleichgewicht zu reduzieren oder dass es seine Arbeitsleistung angemessen widerspiegelt, ist zu erwarten, dass er erstens eher *bereit ist, umzusteigen* sowie *sich im Sinne der Anreize des Systems zu verhalten,* und sich zweitens tatsächlich eher im Sinne der Anreize verhält.

Neben der bei Adams (z. B. Adams, 1965) thematisierten Verteilungsgerechtigkeit beeinflusst auch die Fairness des Verteilungsverfahrens die Reaktion der Mitarbeiter. In den späten 1970er und den 80er Jahren beginnen die Forscher den exklusiven, auf die distributive Gerechtigkeit gerichteten Fokus zu ändern und betrachten verstärkt die prozedurale Gerechtigkeit (vgl. Skitka & Crosby, 2003, 282). Die Arbeiten von Thibaut und Walker (z. B. Thibaut & Walker, 1975), in denen sie über erste Studien zu Bedingungen und Merkmalen von Prozessgerechtigkeit berichten, geben wichtige Impulse für weitere Forschung (vgl. Müller, 1998, 57; Skitka & Crosby, 2003, 282). So formuliert beispielsweise auch Greenberg (1986, 350): „Given the highly sensitive nature of the performance evaluation *process* [H.d.V.], it is quite likely to be a substantial part of expressions of organizational dissatisfaction based on claims of injustice." Narcisse und Harcourt (2008, 1166) identifizieren insgesamt vier, bisher in der Literatur nicht bestätigte Gerechtigkeitsfaktoren, wobei die Konsistenz der Vergütungsverteilung dem distributiven Faktor zuzuordnen ist, während die Beurteilungshäufigkeit, die Jobrelevanz der Kriterien und das Training von Beurteiler und Beurteiltem Teile der prozeduralen Faktoren sind.

Die Ausführungen zur distributiven Gerechtigkeit zeigen, dass Wahrnehmungen der Verteilungsgerechtigkeit meist auf Ergebniserwartungen basieren, die wiederum von bisherigen Erfahrungen und Vergleichen mit anderen Personen abhängen. So resultiert aus der Equity bzw. den Ausgleichs- und Vergleichstheorien (z. B. Adams, 1965; Festinger, 1978), dass Bewertungen subjektiv sind und in Relation zu einer Bezugsgröße stattfinden. Demnach erlebt es ein Mitarbeiter als ungerecht, zum einen wenn seine Beiträge nicht mit dem Nutzen übereinstimmen, sprich z. B. die Vergütung seinen Arbeitseinsatz nicht widerspiegelt und zum anderen, wenn er sein Input-Outputverhältnis ungleich dem Input-Outputverhältnis seiner Vergleichsperson (z. B. Kollege) empfindet (vgl. Andersson-Straberg et al., 2007, 433; Gilliland & Langdon, 1998, 220 f.; Nerdinger, 2006, 401; Kapitel 2.3.2). In diesen Fällen wäre zu erwarten, dass er erstens eher weniger *bereit ist, auf das variable Vergütungssystem umzusteigen* sowie *sich im Sinne der Anreize zu verhalten,* und sich zweitens auch tatsächlich weniger/nicht im Sinne der Anreize verhält. Ergänzend zu diesen Erkenntnissen zur distributiven Gerechtigkeit wird im Folgenden die prozedurale Gerechtigkeit betrachtet.

**Prozedurale Gerechtigkeit**

Um distributive Gerechtigkeit umsetzen zu können, ist es erforderlich, ein Verteilungsverfahren festzulegen. Dieses Dispositionsproblem ist zugleich ein Herrschaftsproblem (vgl. Scholl, 1995, 410). Thibaut und Walker (1975) zeigen, dass bei der Bewertung von Gerechtigkeit neben der Fairness des Endergebnisses auch die Fairness der Prozesse, die zu diesem Ergebnis führen, entscheidend die Reaktionen der Betroffenen beeinflussen. Wie die empirischen Erkenntnisse in Kapitel 2.5.2 zeigen, sind beide Formen der Gerechtigkeit in Organisationen wichtig. Analog zu kommunikativen Konflikten, bei denen es häufig nicht nur darauf ankommt was, sondern vielmehr wie etwas gesagt wird, kann bei jedem Verteilungsvorhaben das Verfahren eine eigenständige Rolle spielen (vgl. Fischer & Wiswede, 1997, 418 f.): "Voice positively influences judgments of procedural justice independent of outcome favourability" (Lind & Tyler, 1988 zit. nach Ambrose & Arnaud, 2005, 66). Die prozedurale Gerechtigkeit ist in der sozialpsychologischen Literatur als die wahrgenommene Fairness der zur Entscheidungsbildung benutzten Verfahren definiert (vgl. Folger & Greenberg, 1985, 143). Ein Verfahren ist ein Set feststehender, impliziter oder expliziter Regeln oder Normen, die vorgeben, wie ein Disput gelöst wird (vgl. Sheppard, 1984, 149). Im Folgenden werden das Self-Interest Modell von Thibaut und Walker (z. B. Thibaut & Walker, 1975) sowie das Group-Value-Modell von Lind und Tyler (z. B. Lind & Tyler, 1988) als zwei der wichtigsten Theorien zur prozeduralen Gerechtigkeit und darüber hinaus Kennzeichen gerechter Verfahren (z. B. Leventhal, 1980) vorgestellt.

**Thibaut und Walker** erklären in ihrer Self-Interest Theorie (z. B. Thibaut & Walker, 1975) die Bedeutung der prozeduralen Gerechtigkeit mit Hilfe der instrumentellen Hypothese bzw. der des Eigeninteresses. Da hierbei der Fokus auf der Fairness der Ergebnisse, nicht auf deren Vorteilhaftigkeit liegt, ist die Bezeichnung als instrumentelles Modell angemessener (vgl. van den Bos & Lind, 2002, 44). Dieses sich auf die Theorie des sozialen Austauschs (vgl. Thibaut & Kelley, 1959) beziehende Modell besagt, dass Individuen Situationen, in denen sie Gerechtigkeit erleben, positiv beurteilen und in diesen Engagement zeigen. Es basiert auf der Annahme, dass Personen motiviert sind, ihre persönlichen Gewinne zu maximieren. Dabei irritieren bei längerfristig positiver Perspektive kurzfristige negative Ergebnisse nicht. Dieser Optimismus für die Zukunft resultiert aus der erwarteten Höhe des zukünftigen Ergebnisses sowie der wahrgenommenen Sicherheit dieser Erwartung. Da Verfahrensweisen als relativ stabil gelten, liefern sie Anhaltspunkte für die zukünftige Behandlung (vgl. Cropanzano & Greenberg, 1997, 333 f.; Geier, 2007, 73). So vermitteln nach Jones (1998, 477, 479) beispielsweise auch Vergütungsverfahren die Absicht eines Unternehmens, ihre Mitarbeiter in einer gewissen Weise zu behandeln. Darüber hinaus bieten sie einen stabilen Bezugsrahmen für Zukunftserwartungen. Somit ermöglicht prozedurale Gerechtigkeit eine positive, vom aktuellen Ergebnis verhältnismäßig unabhängige Aussicht. Individuen bewerten die Gerechtigkeit eines Entscheidungsprozesses in Abhängigkeit davon, wie sehr dieser den Betroffenen ermöglicht, für sich günstige Ergebnisse herbeizuführen. Die Prozessgerechtigkeit hängt demnach von der wahrgenommenen Kontrolle ab, wobei zwischen Prozess- (Beisteuerung von Meinungen und Beiträgen in den Entscheidungsprozess) und Entscheidungskontrolle (Einfluss auf die endgültige Entscheidung) zu differenzieren ist (vgl. Folger & Cropanzano, 1998, xxiii; Geier, 2007, 73; van den Bos, 2005, 283 f.; Winkler, 2007, 59). Diese wahrgenommene Kontrolle kann bei einem variablen Vergütungssystem beispielsweise in Mitsprachemöglichkeiten bei der Zielfestsetzung und der abschließenden Beurteilung der Zielerreichung bzw. Leistung zum Ausdruck kommen. Nimmt ein Mitarbeiter diese Möglichkeiten wahr und schätzt sie als gerecht ein, ist zu erwarten, dass er erstens eher *bereit ist, umzu-*

*steigen* sowie *sich im Sinne der Anreize des Systems zu verhalten,* und sich zweitens auch tatsächlich eher im Sinne der Anreize verhält.

Während das Self-Interest Modell (z. B. Thibaut & Walker, 1975) die Bedeutung von Kontrolle als Instrument zur Durchsetzung eigener Interessen fokussiert, suchen **Lind und Tyler** weitere Erklärungsmöglichkeiten für die Wirkung prozeduraler Gerechtigkeit und entwickeln das Group-Value Modell (z. B. Lind & Tyler, 1988, 230-241). Dieses basiert auf der Annahme, dass Menschen die Mitgliedschaft in einer Gruppe nicht nur zur Maximierung der eigenen Gewinne anstreben, sondern vielmehr aus sozialen und psychologischen Gründen. Wie Gruppenmitglieder mit dem Einzelnen und miteinander umgehen, liefert dem Individuum wichtige Informationen für ihre Identität und das eigene Selbstbild. Faire Prozesse erlauben den Schluss, dass die Gruppe ihre Mitglieder wertschätzt. Diese Wertschätzung wiederum befriedigt das Bedürfnis der Mitglieder nach einem positiven Selbstbild. Behandelt einen ein Gruppenmitglied fair, dadurch dass man Wahl- oder Mitsprachemöglichkeiten erhält oder respektvoll behandelt wird, so baut man diese positiven Informationen in sein Selbstbild ein. Faire Gruppenprozesse zeigen zudem, dass die sozialen Normen dieser Gruppe „gut" und ethisch gerechtfertigt sind. Die Zugehörigkeit zu so einer Gruppe beeinflusst das Selbstbild positiv (vgl. Cropanzano & Greenberg, 1997, 334-336; Geier, 2007, 73 f.; Tyler & Lind, 1992, 139-143; Winkler, 2007, 60 f.). Cremer und Dedikides (2005, 161-169) weisen in ihrer Studie für selbstunsichere Personen deutlich stärkere Reaktionen auf Variationen der prozeduralen Gerechtigkeit nach und führen dies darauf zurück, dass für Selbstunsichere diese Informationen wesentlich bedeutender sind als für Selbstsichere, um die Akzeptanz ihrer Person im Unternehmen zu definieren. Tyler und Lind (1992, 137-166) betonen dabei, dass die Bewertung der Beziehung zu den Gruppenmitgliedern und Autoritäten eher von der Wahrnehmung der Prozesse als der Ergebnisse abhängen. Grund dafür sei, dass die Beurteilung von Ergebnissen eine Reaktion auf ein einzelnes Ergebnis ist. Prozesse hingegen drücken prinzipielle Vorgehensweisen aus. Nur weil ein Ergebnis unfair ist, heißt dies noch nicht, dass künftig alle unfair sein werden. Ein unfairer Prozess ließe jedoch eher auf die Unfairness aller zukünftigen Prozesse schließen (vgl. Alberternst, 2003, 37 f.). Aus den mit der variablen Vergütung verbundenen Prozessen, wie z. B. der Zielfestsetzung und Beurteilung der Zielerreichung bzw. Leistung, können die Mitarbeiter demnach die Wertschätzung, die das Unternehmen ihnen entgegenbringt, ableiten. Geht ein Mitarbeiter davon aus, dass ihm das variable Vergütungssystem diese Wertschätzung vermitteln kann, u. a. da es die damit verbundenen Prozesse als fair beurteilt, ist zu erwarten, dass er erstens eher *bereit ist, umzusteigen* sowie *sich im Sinne der Anreize des Systems zu verhalten,* und sich zweitens auch tatsächlich eher im Sinne der Anreize verhält.

Entsprechend der Theorien zur prozeduralen Gerechtigkeit hängt das Commitment der Mitarbeiter in großem Maße davon ab, wie sehr sie sich fair behandelt fühlen, weil gerechte Verfahren den Mitarbeitern das Gefühl vermitteln, dass ihre Interessen langfristig gesichert sind, die Entscheidungsträger sie schätzen und sie ihren Status in der Organisation gefestigt sehen (vgl. Lines, 2004, 197 f.). Ähnlich zeigt auch Jones (1998, 479), dass Mitarbeiter, die vergütungsbezogene Verfahren als fair beurteilen, eher im Unternehmen bleiben als andere.

Interessant ist in diesem Zusammenhang insbesondere, wodurch sich gerechte Verfahren auszeichnen. Inwiefern Verfahren als fair beurteilt werden, hängt, wie in den bisherigen Ausführungen gezeigt, in großem Maße davon ab, ob die Betroffenen die Möglichkeit erhalten, sich zu beteiligen bzw. ihre Meinung zu äußern (vgl. Gilliland & Langdon, 1998, 220). So stellen Thibaut und Walker (1975) fest, dass Mitarbeiter solche Verfahren, in denen sie sich beteiligen (z. B. ihre Sicht äußern dürfen) als fair beurteilten (vgl. Nerdinger, 2006, 402). Leventhal (1980, 39-46) liefert mit den sechs Regeln der prozeduralen Fairness eine gute Übersicht über Merkmale, welche die wahrgenommene Legitimität einer Entscheidung beeinflussen.[66] Folgende Abbildung 9 zeigt die Prinzipien der Verfahrensgerechtigkeit im Überblick.

Die genannten Punkte spielen insbesondere bei der Anwendung der variablen Vergütung eine wichtige Rolle, die entsprechenden Grundsteine sind jedoch bereits bei der Konzeption des Systems zu legen. Je unvoreingenommener, konsistenter, genauer, korrigierbarer, repräsentativer und ethisch gerechtfertigter die Mitarbeiter das Vergütungssystem wahrnehmen, umso eher ist zu erwarten, dass die Mitarbeiter dieses auch als gerecht beurteilen und dementsprechend erstens eher *bereit sind, umzusteigen* sowie *sich im Sinne der Anreize des Systems zu verhalten,* und sich zweitens auch tatsächlich eher im Sinne der Anreize verhalten.[67]

---

[66] Dabei nimmt er an, dass Individuen die verschiedenen Regeln selektiv anwenden, und deshalb verschiedene Regeln zu verschiedenen Zeitpunkten bzw. in verschiedenen Situationen anwenden (vgl. Leventhal, 1980, 46). Diese Regeln werden bis heute häufig zitiert (vgl. z. B. Bierhoff, 1992, 164; Geier, 2007, 75; Nerdinger, 2006, 402;).

[67] Vgl. z. B. auch Andersson-Straberg, Sverke und Hellgren (2007, 434).

- **Konsistenz**: Einheitliche Handhabung der Zuteilungen sowohl über die Zeit als auch die Personen hinweg
- **Unvoreingenommenheit**: Anwendung der Verfahren unabhängig vom persönlichen Eigeninteresse derer, die es durchführen
- **Genauigkeit**: Ausschöpfung aller für die Verteilung relevanten Informationsquellen und Vermeidung fehlerhafter Annahmen
- **Korrigierbarkeit**: Möglichkeit der Revision der Entscheidung zu verschiedenen Zeitpunkten des Verteilungsprozesses, im Sinne eines Einspruchsrechtes
- **Repräsentativität/Partizipation**: Berücksichtigung der Interessen aller Beteiligten bei Entscheidungsprozessen, z.B. durch partizipative Entscheidungsfindung
- **Ethische Rechtfertigung**: Einklang zwischen Verfahren und bestehenden Vorschriften sowie allgemeingültigen Standards

**Abbildung 9: Kennzeichen gerechter Verfahren nach Leventhal (1980)**
**Quelle: Nerdinger (2006, 402)**

Zusammenfassend lässt sich festhalten, dass Individuen nach der Self-Interest Theory (z. B. Thibaut & Walker, 1975) Situationen positiv beurteilen, in denen sie Gerechtigkeit erleben und entsprechend positives Engagement zeigen. Da Verfahrensweisen als verhältnismäßig stabil gelten, liefern sie Anhaltspunkte für zukünftige Behandlung und bilden einen Bezugsrahmen für Zukunftserwartungen. Die Beurteilung der Entscheidungsgerechtigkeit hängt von den Möglichkeiten der Betroffenen ab, das Ergebnis zu beeinflussen. Dies kann z. B. bei der Zielfestlegung (Art und Höhe der Ziele) sowie der abschließenden Bewertung erfolgen (vgl. Cropanzano & Greenberg, 1997, 333 f.; Folger & Cropanzano, 1998, xxiii; Geier, 2007, 73; van den Bos, 2005, 283 f.; Winkler, 2007, 59). Entsprechend des Group-Value Modells (z. B. Lind & Tyler, 1988) drücken faire Prozesse die Wertschätzung der Gruppe gegenüber ihren Mitgliedern aus, welche das Bedürfnis der Mitglieder nach einem positiven Selbstbild befriedigt. Wahrgenommene Prozessgerechtigkeit beeinflusst also das Verhalten der Mitarbeiter, wobei nach Leventhal (1980) konsistente, unvoreingenommene, genaue, korrigierbare, repräsentative und ethisch gerechtfertigte Verfahren als gerecht wahrgenommenen werden (vgl. Cropanzano & Greenberg, 1997, 334-336; Geier, 2007, 73 f.; Winkler, 2007, 60 f.). Geht ein Mitarbeiter davon aus, dass das variable Vergütungssystem ihm Wahl- oder Mitsprachemöglichkeiten einräumen, Wertschätzung vermitteln kann und Leventhals (1980) Kriterien erfüllt sind, ist zu erwarten, dass er eher erstens *bereit ist, umzusteigen* sowie *sich im Sinne der Anreize des Systems zu verhalten,* und sich zweitens auch tatsächlich eher im Sinne der Anreize verhält.

Neben den beschriebenen Haupteffekten der distributiven und prozeduralen Gerechtigkeit erhielt später auch der Interaktionseffekt mehr Aufmerksamkeit (vgl. z. B. Brockner & Wiesenfeld, 1996; Brockner & Siegel, 1996). Verteilungsergebnis und -verfahren wirken zusammen und schaffen ein (Un)Gerechtigkeitsgefühl. Um Gerechtigkeit vollständig zu verstehen, reicht es nicht, die beiden Komponenten separat zu betrachten, stattdessen ist ihre Wechselwirkung zu berücksichtigen (vgl. Cropanzano & Folger, 1991, 136).

### 2.5.4 Zusammenhang distributiver und prozeduraler Gerechtigkeit

Zwar betrachten viele Gerechtigkeitsforscher die (beiden) Dimensionen als unterschiedlich und behandeln diese als unabhängig. Ambrose und Arnaud (2005, 67) sehen ein Problem darin, dass sie zwar unterschiedlich, aber nicht unabhängig sind. Im Gegenteil, Ergebnisse der Gerechtigkeitsforschung bestätigen den Zusammenhang der beiden Konstrukte (vgl. Brockner, 2010, 3; Cohen-Charash & Spector, 2001, 292 f.; Colquitt et al., 2001, 393, 396; Hauenstein et al., 2001, 45). Cohen-Charash und Spector (2001, 292 f.) zeigen z. B. in ihrer distributive, prozedurale und interaktionale Gerechtigkeit unterscheidenden Metaanalyse, dass die drei Konstrukte zwar stark korrelieren, sich aber unterscheiden. Sie identifizieren allerdings keine klaren Zusammenhänge zwischen den Variablen. Die Literatur liefert nach Ambrose und Arnaud (2005, 67-70) zwei Erklärungsansätze für die Korrelation. Demnach sind distributive und prozedurale Gerechtigkeit entweder (a) funktional betrachtet gleich oder aber (b) sie sind funktional unterschiedlich und substituieren sich gegenseitig. So geht Leventhal bereits 1980 (S. 46 f.) davon aus, dass ein Individuum, das die bestehenden Verteilungsergebnisse als fair beurteilt, wahrscheinlich die existierenden Verfahren, welche zur Ermittlung des Ergebnisses geführt haben, unterstützt. Schätzt jemand hingegen die Verteilungsergebnisse als unfair ein, misst er den Verfahrensregeln, die Zweifel an der Fairness der existierenden Verfahren zulassen, größeres Gewicht bei und unterstützt deren Veränderung. Den Zusammenhang zwischen distributiver und prozeduraler Gerechtigkeit erklärt beispielsweise Folger's Referent Cognitions Theorie (z. B. Folger, 1986b, 160). Auch Thibaut und Walkers Self-Interest Theorie (z. B. Thibaut & Walker, 1975) sowie Lind und Tylers Group-Value Hypothese (z. B. Lind & Tyler, 1988) liefern Anhaltspunkte zur Erklärung dieses Zusammenhangs (vgl. Kapitel 2.5.3).

Gemäß **Folger's** Referent Cognitions Theorie (z. B. Folger, 1986b, 160) reagieren Individuen besonders negativ verglichen mit allen anderen Kombinationen, wenn wahrgenommene niedrige prozedurale Gerechtigkeit nachteilige Ergebnisse begleitet (vgl. Brockner

& Wiesenfeld, 1996, 191; Folger, 1986b, 160). So zeigt beispielsweise auch Libby (2001, 99-101) in ihrem Experiment, dass die Leistung bei unfairen Budgetzielen, die auf Basis eines unfairen Budgetierungsprozesses zu Stande kommen, am niedrigsten ist. Bei fairen Budgetzielen bleibt die Leistung unbeeinflusst von der (Un) Fairness des Budgetierungsprozesses. Bei einem fairen Budgetierungsprozess bleibt die Leistung unbeeinflusst von der (Un) Fairness der Budgetierungsziele. Die Referent Cognitions Theorie (z. B. Folger, 1986b; Folger, 1986a; Folger, 1993) besagt, dass ein Gefühl des Unmutes das Brechen einer wichtigen Verteilungsregel begleitet, wenn das Individuum das Gefühl hat, etwas nicht zu bekommen, obwohl es glaubt, dieses zu verdienen. Dadurch dass ein Individuum vergleicht, wie eine bessere Alternative hätte aussehen können, entwickelt es alternative, vergleichende Vorstellungen zu einem besseren Prozess, sogenannte „referent cognitions". Entsprechend dieser Theorie resultieren aus den Vergleichen mit unterschiedlichen Alternativen verschiedene Referenzwerte, die ein Individuum zur Bewertung einer gegebenen Situation heranzieht. Das Individuum bewertet eine gegebene Situation an Hand möglicher Alternativen. Kann es sich überwiegend Besseres vorstellen, beurteilt es die aktuelle Situation eher negativ, fallen ihm jedoch überwiegend schlechtere Alternativen ein, so ist es eher zufrieden. Die Bewertung der Prozeduren, aus denen das entsprechende Ergebnis resultiert, erfolgt an Hand alternativer Prozeduren. Fallen einem hauptsächlich gerechtere Verfahren ein, so fällt das Urteil über die tatsächliche Prozedur schlecht aus. Außerdem werden Zukunftserwartungen gebildet. Ist eine Verbesserung zu erwarten, bedeutet dies eher eine Akzeptanz ungünstiger aktueller Situationen. Sind jedoch keine Verbesserungsmöglichkeiten, sondern lediglich Stillstand oder Verschlechterung zu erwarten, bewirkt das ein Gefühl der Benachteiligung. Auch die Gründe für die Entscheidung spielen dabei eine wichtige Rolle, da die Beurteilung davon abhängt, inwiefern diese als gerechtfertigt erscheinen (vgl. Folger, 1986a, 39-45; Folger, 1986b, 147-152; Geier, 2007, 92 f.; Kessler & Harth, 2008, 251; Winkler, 2007, 66). Allen, Griffeth, Vardaman, Aquino, Gaertner und Lee (2009, 718-721) zeigen in ihrer Studie, dass Mitarbeiter, die erwarten, dass sich ihre aktuelle Situation künftig verbessert, zufriedener mit den aktuellen Ergebnissen sowie ihren Vorgesetzten sind. Auch ist bei ihnen die Kündigungswahrscheinlichkeit geringer, obwohl sie mit der aktuellen Situation unzufrieden sind. Zudem beeinflussen Veränderungen des Verfahrens die Wahrnehmung der Individuen stärker, wenn diese sich nahen anstatt entfernteren Referenzpunkten gegenüber sehen. Dieser Effekt ist umso stärker, wenn die Betroffenen keine Gelegenheit zur Meinungsäußerung haben (vgl. van den Bos & van Prooijen, 2001, 620, 622). Die Laborstudie von Cropanzano und Folger (1989, 296) zeigt, dass Probanden, die in der ersten von zwei Runden gute Ergebnisse (hohe Referenzbedingungen) mitgeteilt bekommen, sich im Vergleich zu Probanden, mit schlechten Ergebnissen (niedrige Referenzbedingungen) in der ersten Runde, weniger fair behandelt fühlen.

Sowohl nach der Equity-Theorie (z. B. Adams, 1965) als auch nach der Referent Cognitions Theorie (z. B. Folger, 1986b) sind die Mitarbeiter aufgefordert, für den gleichen oder sogar geringeren Output, mehr zu leisten als unter den bisherigen Arbeitsbedingungen. Diese bisherigen Bedingungen liefern ihnen einen kognitiven Standard, um die Gerechtigkeit der Veränderung zu bewerten. Auch die relative Sicherheit und Klarheit über den Status-Quo gegenüber der Unsicherheit, welche die Veränderung mit sich bringt, kann ein möglicher kognitiver Standard sein (vgl. Folger & Skarlicki, 1999, 39).

Obwohl Thibaut und Walker die Self-Interest Theorie (z. B. Thibaut & Walker, 1975; Kapitel 2.5.3) ursprünglich entwickelten, um die prozedurale Gerechtigkeit zu erklären, liefert sie nach Brockner und Wiesenfeld (1996, 193, 199) auch Hinweise zur Interaktion prozeduraler und distributiver Gerechtigkeit: Da Verfahren als relativ stabil gelten, nutzen Personen Informationen über diese Verfahren, um künftige Ergebnisse zu prognostizieren. Unfaire Verfahren erschweren dementsprechend die Vorhersage günstiger Ergebnisse, faire verbessern diese. Optimistische Erwartungen hinsichtlich der langfristigen Ergebnisse reduzieren die Bedeutung der aktuellen, weniger günstigen Ergebnisse.

Auch Lind und Tylers Group Value Hypothese (z. B. Lind & Tyler, 1988; Kapitel 2.5.3) kann zum Verständnis der Interaktionen beitragen. Demnach drückt geringe Verfahrensgerechtigkeit geringe Wertschätzung aus, die wiederum den Selbstwert der Betroffenen in Frage stellt. Diese bewerten daraufhin ihre bisher persönliche Beziehung zur Organisation und deren Vertretern in eine rein geschäftliche um. Damit steigt die Bedeutung von materiellen Resultaten und somit von Vergütungsergebnissen (vgl. Geier, 2007, 93). Eine hohe Verfahrensgerechtigkeit hingegen fördert das Vertrauen in die Organisation und deren Vertreter (vgl. Pillai, Schriesmheim & Williams, 1999, 913-921, 923). Ist solches Vertrauen vorhanden, spielen ökonomische Aspekte eine geringere Rolle (vgl. Brockner, Chen, Mannix, Leung & Skarlicki, 2000, 148-152; 156; Brockner, Siegel, Daly, Martin & Tyler, 1997, 563-566; 570-572; 575-578). So kann nach Müller (1998, 65 f.) ein Betroffener aus dem Verfahren einen gewissen Ersatznutzen erzielen. Denn wenn es Fairness fördernd ist, können von ihm immaterielle Belohnungswirkungen wie z. B. Anerkennung, Zuwendung oder Verständnis ausgehen (vgl. Geier, 2007, 93).

Je nach Ansatz moderiert demnach die distributive Variable die Effekte der prozeduralen Gerechtigkeit (z. B. Shapiro, 1991) oder umgekehrt (z. B. Brockner, Konovsky, Cooper-Schneider, Folger, Martin & Bies, 1994) (vgl. Brockner & Wiesenfeld, 1996, 190). Hervorzuheben ist die Variante, wenn unvorteilhafte Ergebnisse und unfaire Prozesse gemeinsam auftreten und so zu besonders negativen Reaktionen führen. Folger's Referent Cognitions Theorie (z. B. Folger, 1986b) beispielsweise bildet diesen Interaktionseffekt durch die Annahme ab, dass Individuen negativer reagieren, wenn sie unvorteilhafte Ergebnisse durch unfaire Prozesse erhalten, als wenn die Ergebnisse vorteilhaft, die Verfahren fair sind oder beides. Alternativ kann auch die distributive (Ergebnisvorteilhaftigkeit) die prozedurale Komponente moderieren oder umgekehrt. Im ersten Fall reagieren Personen umso positiver, je fairer sie einen Entscheidungsprozess beurteilen. Allerdings ist dieser sogenannte „fair process effect" bei vorteilhaften Ergebnissen deutlich geringer, getreu dem Motto „Der Zweck heiligt die Mittel". Im Umkehrschluss bedeutet dies, dass dieser Effekt eher bei unvorteilhaften Ergebnissen zu erwarten ist. Im Fall der Verfahrensgerechtigkeit als Moderator hingegen rechtfertigen die Mittel die Ergebnisse (vgl. Brockner, 2010, 5 f.). „Eine annehmbare Prozedur vermag demnach den subjektiven Stellenwert eines nachteiligen Ergebnisses zu verändern" (Müller, 1998, 57). Hohe Prozessgerechtigkeit verringert den Einfluss der distributiven Gerechtigkeit auf das Verhalten der Mitarbeiter. Betroffene sind dabei eher bereit, wie auch immer geartete Ergebnisse zu akzeptieren, solange die Prozesse fair ablaufen. Bei unfairen Prozessen allerdings sinkt die Akzeptanzbereitschaft (vgl. Brockner, 2010, 5 f.). Bzgl. prozeduraler Gerechtigkeit im Zusammenhang mit Vergütung zeigt die bisherige Forschung, dass Mitarbeiter üblicher Weise weniger negativ auf Nullrunden reagieren, wenn diese auf gerechte, statt auf ungerechte Weise implementiert werden (vgl. Schaubroeck, May & Brown, 1994, 457). Die Verfahrensgerechtigkeit beeinflusst also die Reaktionen der Mitarbeiter, v. a. dann, wenn die Ergebnisse für unfair gehalten werden. Für diesen „Ausgleich" darf allerdings die distributive Gerechtigkeit einen bestimmten Level nicht unterschreiten. Umgekehrt wächst die Bedeutung der distributiven Komponente, wenn das Verfahren als ungerecht wahrgenommen wird (vgl. Geier, 2007, 91). Mit gerechten Verfahren sind die negativen Reaktionen auf ungünstige Ergebnisse unwahrscheinlicher (vgl. Cropanzano & Folger, 1991, 142; Kim & Mauborgne, 2003, 131). Untersuchungsergebnisse von Lansberg (1984, 130-132) zeigen allerdings, dass Individuen im Zweifel das Verfahren bevorzugen, von dem sie persönlich am meisten profitieren. Demnach scheint ein vorteilhaftes Ergebnis die Effekte des Verfahrens, das es hervorgebracht hat, zu überlagern (vgl. Müller, 1998, 63).

Nach den Ergebnissen der Metaanalyse von Brockner und Wiesenfeld (1996, 191) tritt der folgende Interaktionseffekt am häufigsten auf. Wenn Ergebnisse unfair sind oder eine negative Valenz aufweisen, hängen die prozedurale Gerechtigkeit und die Reaktionen des Individuums stärker positiv zusammen. Bei relativ geringer Verfahrensgerechtigkeit korreliert die Vorteilhaftigkeit des Ergebnisses stärker mit den individuellen Reaktionen. Sind beide hingegen gering, erzeugt dies besonders negative Reaktionen (vgl. Brockner & Wiesenfeld, 1996, 191). Die empirisch nennenswerteste Entwicklung besteht seitdem in der Erkenntnis, dass hohe prozedurale Fairness im Vergleich zu geringer die Bedeutung der distributiven Fairness nicht nur verringern, sondern auch erhöhen kann (vgl. Brockner, 2002, 61-68; Brockner, 2010, 6, 10). Ergänzend zeigt beispielsweise Tata (2000, 266), dass Perspektive und Rolle der Betroffenen die relative Bedeutung der Gerechtigkeitskomponenten beeinflussen. In der Rolle als Mitarbeiter betrachten die Teilnehmer am Experiment die distributive im Vergleich zur prozeduralen Komponente als wichtiger, während dies in der Rolle des Vorgesetzten umgekehrt ist. Zudem orientieren sich Männer im Vergleich zu Frauen bei der Zuteilung und der Bewertung von Entscheidungen zu Gehaltssteigerungen mehr an distributiven Gerechtigkeitsprinzipien.[68]

Die Ausführungen dieses Kapitels zeigen, dass neben den Faktoren distributive und prozedurale Gerechtigkeit auch eine Interaktion zu beachten ist. Hervorzuheben ist dabei die durch die Referent Cognitions Theorie (z. B. Folger, 1986b) abgebildete Variante, wenn unvorteilhafte Ergebnisse und unfaire Prozesse gemeinsam auftreten und so zu besonders negativen Reaktionen führen. Beim Bruch einer wichtigen Verteilungsregel entsteht ein Gefühl des Unmutes, wenn der Betroffene glaubt, etwas nicht zu bekommen, was ihm seiner Meinung nach zusteht. Ebenso ist der Mitarbeiter auch nach der Equity-Theorie (z. B. Adams, 1965) dazu aufgefordert für den gleichen oder gar geringeren Output mehr zu leisten als unter den bisherigen Arbeitsbedingungen. Nach der Self-Interest Theorie (z. B. Thibaut & Walker, 1975) erschweren ungünstige Verfahren die Prognose günstiger Ergebnisse, während faire Verfahren diese verbessern. Außerdem reduzieren optimistische Erwartungen bzgl. künftiger Ergebnisse die Bedeutung aktueller, weniger günstige Ergebnisse. Die Group-Value Hypothese (z. B. Lind & Tyler, 1988) argumentiert über die geringere Wertschätzung, die durch

[68] Neben der distributiven und der prozeduralen wurde eingangs ebenfalls die interaktionale Komponente erwähnt, die hier kurz angesprochen werden soll. Folger und Skarlicki (1999, 41) schlussfolgern, dass prozedurale und interaktionale Gerechtigkeit einander substituieren können. Wenn Vorgesetzte den Mitarbeitern angemessen sensibel begegnen (interaktionale Gerechtigkeit), sind diese meist bereit, eine Kombination unfairer Verteilungsergebnisse und Verfahren zu tolerieren, die andernfalls zu Vergeltung führen würden.

unfaire Verfahren zum Ausdruck kommt sowie deren Selbstwert verringernden Effekt. Hohe Verfahrensgerechtigkeit hingegen fördert demnach das Vertrauen in den Partner und lässt ökonomische Elemente zu Gunsten von immateriellen Belohnungswirkungen an Bedeutung verlieren. Damit die Verfahrensgerechtigkeit die Reaktionen der Mitarbeiter auch dann beeinflusst, wenn sie die Ergebnisse für unfair halten, darf die distributive Komponente jedoch einen bestimmten Level nicht unterschreiten. Ebenso steigt die Bedeutung der distributiven Komponente, wenn das Verfahren als ungerecht empfunden wird (vgl. Brockner et al., 2000, 148-152; 156; Brockner et al., 1997, 563-566; 570-572; 575-578; Geier, 2007, 93; Müller, 1998, 65 f.; Pillai et al., 1999, 913-921, 923).

### 2.5.5 Zusammenfassung und Konsequenzen für die Arbeit

In den 1970er, 80er und 90er Jahren befassten sich einige Forscher mit den Gründen für die Bedeutung prozeduraler Gerechtigkeit, andere hingegen mit der relativen Bedeutung von distributiver und prozeduraler Gerechtigkeit (vgl. Skitka & Crosby, 2003, 282). Zahlreiche Studien konzentrieren sich darauf, die Haupteffekte der beiden Formen von Gerechtigkeit auf Einstellungen und Verhalten in Organisationen zu untersuchen. Dabei zeigen z. B. Folger und Konovsky (1989, 122-124) sowie Sweeney und McFarlin (1993, 29-34), dass Auswirkungen prozeduraler Gerechtigkeit häufig mit der Bewertung von Institutionen und ihren Entscheidungsträgern in Zusammenhang stehen, während sie für distributive Gerechtigkeit eher kurzfristige Wirkungen auf die Zufriedenheit mit speziellen Entscheidungen nachwiesen (vgl. Alberternst, 2003, 38).

Die bisherigen Ausführungen verdeutlichen, dass die Wahrnehmungen der Verteilungsgerechtigkeit meist auf Ergebniserwartungen basieren. Diese wiederum hängen ab von bisherigen Erfahrungen und Vergleichen mit anderen Personen. Außerdem sind Bewertungen subjektiv und finden in Relation zu einer Bezugsgröße statt, wie Ausgleichs- und Vergleichstheorien (z. B. Adams, 1965; Festinger, 1978) postulieren. Demnach empfindet es ein Mitarbeiter als ungerecht, wenn seine Beiträge nicht mit dem Nutzen übereinstimmen, folglich z. B. die Vergütung seinen Arbeitseinsatz nicht angemessen widerspiegelt. Außerdem erlebt er es als ungerecht, wenn er das Verhältnis aus seinem Arbeitseinsatz und -output ungleich dem Input-Outputverhältnis seines Kollegen wahrnimmt (vgl. z. B. Andersson-Straberg et al., 2007, 433; Gilliland & Langdon, 1998, 220 f.; Nerdinger, 2006, 401; Kapitel 2.3.2). Geht ein Mitarbeiter davon aus, dass das variable Vergütungssystem ihm dabei behilflich sein kein, das empfundene Ungleichgewicht zu verringern oder dass es seine Arbeitsleistung besser widerspiegelt, ist davon auszugehen, dass er erstens eher *bereit ist, umzusteigen* sowie *sich im Sinne der Anreize des Systems zu verhalten,* und sich zweitens tatsächlich eher im Sinne der Anreize verhält.

Darüber hinaus beeinflusst auch die wahrgenommene Gerechtigkeit der Verfahren das individuelle Verhalten. Leventhal (1980, 39-46) arbeitet sechs Kriterien heraus, die ein Verfahren zu erfüllen hat, damit die Betroffenen dieses als gerecht wahrnehmen: Es muss konsistent, unvoreingenommen, genau, korrigierbar, repräsentativ und ethisch gerechtfertigt sein. Die Self-Interest Theorie (z. B. Thibaut & Walker, 1975) besagt, dass Individuen Situationen positiv beurteilen, in denen sie Gerechtigkeit erleben und daraus entsprechend positives Engagement resultiert. Individuen nutzen Verfahrensweisen, um Schlussfolgerungen für die zukünftige Behandlung abzuleiten und verwenden sie als Bezugsrahmen für Zukunftserwartungen, da sie als verhältnismäßig stabil gelten. Die Beurteilung der Prozessgerechtigkeit hängt von den Möglichkeiten der Betroffenen ab, das Ergebnis zu beeinflussen. Diese Möglichkeiten können bezogen auf eine variable Vergütung z. B. im Rahmen der Zielfestlegung (Art und Höhe der Ziele) sowie der abschließenden Bewertung bestehen (vgl. z. B. Cropanzano & Greenberg, 1997, 333 f.; Folger & Cropanzano, 1998, xxiii; Geier, 2007, 73; van den Bos, 2005, 283 f.; Winkler, 2007, 59). Entsprechend des Group-Value Modells (z. B. Lind & Tyler, 1988) drücken faire Prozesse die Wertschätzung der Gruppe gegenüber ihren Mitgliedern aus. Diese Wertschätzung befriedigt das Bedürfnis der Mitglieder nach einem positiven Selbstbild (vgl. z. B. Cropanzano & Greenberg, 1997, 334-336; Geier, 2007, 73 f.). Geht ein Mitarbeiter davon aus, dass das variable Vergütungssystem ihm Wahl- oder Mitsprachemöglichkeiten einräumen, Wertschätzung vermitteln kann und Leventhals (1980) Kriterien erfüllt sind, ist zu erwarten, dass er erstens eher *bereit ist, umzusteigen* sowie *sich im Sinne der Anreize des Systems zu verhalten,* und sich zweitens auch tatsächlich eher im Sinne der Anreize verhält.

Die Self-Interest Theorie (z. B. Thibaut & Walker, 1975) und die Group-Value Hypothese (z. B. Lind & Tyler, 1988) liefern auch Anhaltspunkte für den Interaktionseffekt distributiver und prozeduraler Gerechtigkeit. So erschweren nach der Self-Interest Theorie (z. B. Thibaut & Walker, 1975) ungünstige Verfahren die Prognose günstiger Ergebnisse, während faire Verfahren diese verbessern. Außerdem reduzieren optimistische Erwartungen bzgl. künftiger Ergebnisse die Bedeutung aktueller, weniger günstiger Ergebnisse (vgl. Brockner & Wiesenfeld, 1996, 193, 199). Nach der Group-Value Hypothese (z. B. Lind & Tyler, 1988) fördert hohe Verfahrensgerechtigkeit das Vertrauen in den Partner durch positive Wertschätzung und deren Wirkung auf das Selbstbild. Sie lässt dadurch ökonomische Elemente zu Gunsten von immateriellen Belohnungswirkungen an Bedeutung verlieren (vgl. z. B. Brockner et al., 2000, 148-152; 156; Brockner et al., 1997, 563-566; 570-572; 575-578; Geier, 2007, 93; Pillai et al., 1999, 913-321, 923). Einen weiteren Erklärungsansatz liefert die Referent Cognitions Theorie (z. B. Folger, 1986b), wonach Individuen besonders negativ reagieren, verglichen mit allen anderen Kombinationen, wenn unfaire Prozesse mit unvorteilhaften Ergebnissen einhergehen. Glaubt der Betroffene, etwas nicht zu bekommen, was ihm seiner Einschätzung nach zusteht, resultiert aus dem Bruch einer wichtigen Verteilungsregel ein Gefühl des Unmutes. Insgesamt darf die distributive Komponente einen bestimmten Level jedoch nicht unterschreiten, damit die Verfahrensgerechtigkeit die Reaktionen der Mitarbeiter auch dann beeinflusst, wenn sie die Ergebnisse für unfair halten. Im umgekehrten Fall steigt die Bedeutung der distributiven Komponente, wenn das Verfahren als ungerecht empfunden wird (vgl. z. B. Brockner, 2010, 5 f.; Folger, 1986a, 39-45; Folger, 1986b, 147-152; Geier, 2007, 92 f.; Kessler & Harth, 2008, 251; Winkler, 2007, 66).

Die dargestellten Theorien und Erkenntnisse helfen zu erklären, wie Gerechtigkeitseinschätzungen zu Stande kommen. Bezogen auf die Motivierung von Mitarbeitern können sie zudem dazu beitragen, die Führungskräfte für die Reaktionen der Mitarbeiter zu sensibilisieren (vgl. Nerdinger, 2006, 403). Damit liefern sie erste Anhaltspunkte dafür, wie ein variables Vergütungssystem zu gestalten und zu implementieren ist, damit es von den Mitarbeitern als gerecht wahrgenommen wird und sie damit zum einen eher *bereit sind, auf das variable Vergütungssystem umzusteigen* und *sich im Sinne der Anreize zu verhalten,* und zum anderen sich auch tatsächlich eher im Sinne der Anreize verhalten. Diese Ableitungen sind jedoch empirisch noch zu prüfen.

Nachdem bei der bisherigen Forschung insbesondere die verschiedenen Komponenten der Gerechtigkeit (distributiv, prozedural, informational, interaktional) im Vordergrund stehen, wird die Bedeutung der Gerechtigkeit im Vergleich zu anderen Konstrukten vernachlässigt. Die Gerechtigkeitsforschung könnte daher von einem Perspektivenwechsel profitieren. Es wäre viel gewonnen, wenn der Fokus weniger auf den Differenzen zwischen den Formen der Gerechtigkeit liegen würde, sondern mehr darauf, wie diese Formen zum allgemeinen Verständnis der organisationalen Gerechtigkeit beitragen und wie dieses wiederum auf andere motivationale Faktoren der Organisation wirkt (vgl. Ambrose & Arnaud, 2005, 78 f.). Dazu soll diese Arbeit einen Beitrag leisten, indem sie Gerechtigkeit im Zusammenhang mit anderen organisationalen und psychologischen Größen untersucht.

Einen interessanten Faktor, mit dem die wahrgenommene Gerechtigkeit im Zusammenhang betrachtet werden kann, stellt dabei der im Rahmen dieser Arbeit bereits angesprochene wahrgenommene Nutzen dar, welcher in späteren Kapitel ausführlicher thematisiert wird (vgl. Kapitel 2.4.3; 3.4.2.1). Dieser spielt wie die wahrgenommene Gerechtigkeit auch, eine wichtige Rolle für die Akzeptanz eines variablen Vergütungssystems und somit erstens für die *Bereitschaft der Mitarbeiter, auf das variable Vergütungssystem umzusteigen* und *sich im Sinne der Anreize zu verhalten,* sowie zweitens für das daraus resultierende tatsächliche Verhalten. Die Reaktionen auf Veränderungen können sehr vielfältig sein und hängen von verschiedenen Einflussgrößen ab, wobei Akzeptanz von großer Bedeutung für den Erfolg ist und deshalb angestrebt wird.

Entsprechendes Wissen über Episoden, Objekte und Formen des Wandels (Kapitel 3.2) sowie die Implementierung als Phase des organisationalen Veränderungsprozesses (Kapitel 3.3) liefert die Grundlage, um die Implementierung eines variablen Vergütungssystems als Beispiel für eine organisationale Veränderung theoretisch einordnen zu können. Darauf aufbauend behandelt das Kapitel 3.4 die Reaktionen auf Veränderungen und liefert damit die Basis zur Förderung der Akzeptanz im Implementierungsprozess (Kapitel 3.5).

# 3 Akzeptanz organisationaler Veränderungen und ihre Bedeutung für die Implementierung variabler Vergütung

Im Fokus der Arbeit steht die erfolgreiche Implementierung eines variablen Vergütungssystems. Akzeptanz stellt insgesamt bei organisationalen Veränderungen einen entscheidenden Erfolgsfaktor dar und spielt auch, wie bereits gezeigt, im Zusammenhang mit variablen Vergütungssystemen als Generalanforderung eine zentrale Rolle (vgl. 2.4.3). So verdeutlicht auch die Zusammenfassung aktueller, empirischer Erkenntnisse neben den Aussagen entsprechender Theorien die Relevanz der Akzeptanz bei organisationalen Veränderungen (Kapitel 3.1). Um zum Erfolg der Veränderung beizutragen, gilt es, Akzeptanz zu fördern, fehlende Akzeptanz zu vermeiden oder geeignet mit fehlender Akzeptanz umzugehen. Entsprechendes Wissen über Episoden, Objekte und Formen des Wandels (Kapitel 3.2) sowie die Implementierung als Phase des organisationalen Veränderungsprozesses (Kapitel 3.3) bildet die Grundlage dafür, die Implementierung eines variablen Vergütungssystems als Beispiel für eine organisationale Veränderung theoretisch einordnen zu können. Die in diesem Zusammenhang stattfindende, detailliertere Betrachtung der Implementierungsphase liefert die Definition des Begriffs „Implementierung“ und arbeitet Akzeptanz als Ziel des Implementierungsprozesses sowie deren Faktoren und Barrieren als Basis für eine mitarbeiterorientierte Implementierung heraus. Akzeptanz stellt zwar die angestrebte, jedoch nicht die einzig mögliche Reaktion auf Veränderungen dar. Im Gegenteil: Die Reaktionen auf Veränderungen können sehr vielfältig sein. Deshalb widmet sich das Kapitel 3.4 zunächst definitorischen und strukturellen Grundlagen der Akzeptanz und der Verortung der Akzeptanz im Spektrum der Reaktionen (Kapitel 3.4.1) sowie ausgewählten Theorien und Modellen zur Erklärung von Akzeptanz (Kapitel 3.4.2) und schließt mit den interindividuellen Unterschieden im Umgang mit Veränderungen (Kapitel 3.4.3). Daraus lassen sich entsprechende Gestaltungsaspekte für die Förderung der Akzeptanz im Implementierungsprozess (Kapitel 3.5) ableiten, welche die Veränderung unterstützen können. Dieses Kapitel liefert damit die Basis, um Akzeptanz geeignet fördern zu können. Außerdem liefert es Hinweise, wie vermieden werden kann, dass es zu mangelnder Akzeptanz kommt oder falls dies nicht gelingen sollte, wie geeignet mit fehlender Akzeptanz umzugehen ist.

## 3.1 Bedeutung von Akzeptanz bei organisationalen Veränderungen

Akzeptanz von organisationalen Veränderungen wirkt sich auf verschiedene Arbeitseinstellungen und Verhaltensweisen aus, wie empirische Studien zeigen. So stellen beispielsweise Wanberg und Banas (2000, 136-138) fest, dass geringe Akzeptanz von Veränderungen die Arbeitszufriedenheit negativ und die Verärgerung über die Arbeit sowie die Kündigungsabsichten positiv beeinflusst. Change-Projekte sind generell durch das Auftreten von Widerständen gekennzeichnet (vgl. Bovey & Hede, 2001b, 534-546; Frey et al., 2008, 281-284; Pardo del Val & Fuentes, 2003, 148-154; Stock-Homburg, 2007, 796). Fehlende Akzeptanz ist meist die Ursache für Widerstand. Dabei unterscheiden Hauschildt und Salomo (2007, 181-183) zwischen destruktivem und konstruktivem Widerstand. Während der destruktive Widerstand auf die Verhinderung, Verzögerung oder Verformung der Veränderung abzielt, trägt der konstruktive zu deren Verbesserung bei. Auch Ford, Ford und D'Amelio (2008, 368-372) betonen, dass Widerstand nicht immer dysfunktionaler Natur ist, sondern auch funktional sein und eine Form des Engagements ausdrücken kann.

Akzeptanz kann sowohl eine Einstellung, ein Verhalten oder auch eine Kombination sein (vgl. Kapitel 3.4.1.2). Insbesondere die Einstellung gegenüber einer Neuerung, die in einer positiven Wertschätzung zum Ausdruck kommen kann, ermöglicht es, den Nutzen veränderter Situationen zu erhöhen. Zustimmung führt im günstigsten Fall zu Begeisterung (vgl. Helmreich, 1980) oder Enthusiasmus (vgl. Pongratz & Trinczek, 2005) und kann somit treibende Kraft eines Veränderungsvorhabens sein. Andernfalls kann sich Ablehnung im Äußersten in Widerstand oder auch Sabotage zeigen (vgl. Kapitel 3.4.1.1). So reichen die Reaktionen des Individuums beispielsweise entsprechend des Modells von Dienstbach (1972) von voller über beschränkte Anpassungsbereitschaft, Indifferenz, passiven und aktiven Widerstand und Opposition bis hin zum Ausscheiden. Vergleichbar sind auch die Verhaltensentwürfe des Modells von Böhnisch (1975, 1979). Krüger (Krüger, 1994a, 406 f.; Krüger, 1994b, 206) differenziert in Abhängigkeit der Einstellung (freiwillige, duldende, erzwungene und negative Akzeptanz) zwischen Promotoren, potenziellen Opponenten und Opponenten (vgl. Kapitel 3.4.1.2). Nach Lines (2005, 19-21) sind Widerstand, Sabotage, Spott oder sogar das Verlassen des Unternehmens Verhaltensweisen, die aus starken, negativen Einstellungen resultieren. Mitarbeiter können derartige Einstellungen bilden, wenn Veränderungen inhaltlich oder prozessual völlig mit Werten disharmonieren, die ihnen wichtig sind. Entsprechend resultieren aus starken, positiven Einstellungen solche Verhaltensweisen, die eine insgesamt positive Beurteilung der Veränderung widerspiegeln. Dazu zählt beispielsweise die aktive Mitarbeit bei der Realisierung der Veränderung. Schwach positive oder negative Einstellungen zeugen davon, dass die Organisationsmitglieder die Veränderung und deren Konsequenzen nicht für persönlich relevant einschätzen und führen beispielsweise zu bloßen Lippenbekenntnissen, Schweigen oder Verzögerungstaktiken. Die Konsequenzen von Einstellungen gegenüber organisationalem Wandel sind also hinsichtlich der beiden Dimensionen Einstellungsstärke (stark versus schwach) und -valenz (positiv versus negativ) zu unterscheiden (vgl. Lines, 2005, 19-21). Eine stark positive Einstellung lässt demnach positives Verhalten erwarten und ist entsprechend erstrebenswert. Die Ergebnisse von Giangreco und Peccei (2005, 1821-1824) zeigen, dass Manager der mittleren Hierarchieebene ihre Veränderungsresistenz durch Unterlassen von Pro-Change Verhalten (z. B. enthusiastisches Vorantreiben der Veränderung, aktive Mitarbeit bei der Realisierung der Veränderung), nicht durch Ausführen von Anti-Change Verhalten (z. B. Protest, aktive Unterstützung der Change-Gegner) ausdrücken.

Anreiz- und Vergütungssysteme als Führungssubsysteme dienen der Erreichung unternehmerischer Ziele und haben somit instrumentellen Charakter. Deshalb können, wenn das System akzeptiert wird, u. a. positive Auswirkungen auf die Kooperationsbereitschaft im Unternehmen und die Unterdrückung von Ressortegoismen (Koordinationsfunktion), auf die Leistungsbereitschaft und -motivation (Motivationsfunktion) sowie auf die Attraktivität des Unternehmens als Arbeitgeber (Selektionsfunktion) erwartet werden (vgl. Kapitel 2.4.2). Akzeptanzsicherung besitzt als wichtige Zielgröße einen hohen Stellenwert im Implementierungsprozess (vgl. Grewe, 2003, 40) und ist als Erfolgsfaktor anzusehen (vgl. Kapitel 2.4.3). Denn inwiefern ein Veränderungsvorhaben, im Speziellen die Einführung von variabler Vergütung erfolgreich ist, und inwiefern die angestrebten Ziele erreicht werden, steht und fällt mit der ihr entgegengebrachten Akzeptanz. In ihr spiegelt sich wider, inwieweit das variable Vergütungssystem die Mitarbeiterbedürfnisse erfüllt. Akzeptanz ist folglich als ein Kriterium humaner Arbeit anzusehen und trägt zur Arbeitszufriedenheit bei (vgl. Kruse, 2002, 34). Besonderes Engagement derjenigen, die von der Einführung eines variablen Vergütungssystems betroffen sind, kann nur durch deren Zustimmung zum Entgeltsystem oder durch ständig steigende Vergütung erreicht werden. Letzteres streben Unternehmen jedoch nicht an (vgl. Beblo et al., 2002, 17). Die Akzeptanz spielt also eine ganz entscheidende Rolle. Bevor allerdings deren Einordnung in die Bandbreite möglicher Reaktionen auf Veränderungen erfolgen kann (Kapitel 3.4.1), gilt es zunächst, die Implementierung eines variablen

Vergütungssystems in den Episoden, Objekten und Formen der Veränderung zu verorten (Kapitel 3.2) und diese Implementierung als Phase des organisationalen Veränderungsprozesses näher zu betrachten (Kapitel 3.3).

## 3.2 Episoden, Objekte und Formen organisationaler Veränderungen

Organisationale Veränderungen können zu ganz unterschiedlichen Zeitpunkten in der Entwicklung einer Organisation stattfinden, verschiedene Objekte (z. B. Strukturen, Systeme, Fähigkeiten, Einstellungen) betreffen und je nach Tiefe verschiedene Formen annehmen. In Abhängigkeit davon, wo die Implementierung eines variablen Vergütungssystems einzuordnen ist, unterscheiden sich beispielsweise die Reaktionen auf die Veränderung und dementsprechend auch die Auswahl geeigneter Maßnahmen zur Förderung von Akzeptanz sowie zur Vermeidung von bzw. zum Umgang mit fehlender Akzeptanz. Deshalb werden im Folgenden die Episoden, Objekte und Formen organisationaler Veränderungen betrachtet.

Unternehmen wandeln sich permanent. Inkrementelle, aber auch radikale Veränderungsprozesse erfolgen häufig zufällig und bleiben lange unbemerkt (vgl. Staehle, 1999, 587). Demgegenüber stehen, „change activities that are proactive and purposeful“ (Robbins & Judge, 2007, 646), also geplanter Wandel, der bewusst bestimmt und absichtlich initiiert ist (vgl. Bennis, Benne & Chin, 1975, 43 f.). Organisatorischer geplanter Wandel umfasst dabei jegliche Anstrengungen, welche die Funktionsweise einer Organisation (gesamt oder in Teilen) mit dem Ziel der Verbesserung der Effizienz ändern (vgl. Staehle, 1999, 587). Nach Ergebnissen von Bresnen, Goussevskaia und Swan (2005, 33-37) hängen Natur und Umfang des Wandels insbesondere von dem Ausmaß ab, zu dem die neuen Management-Initiativen Auswirkungen auf bestehende haben, und zu dem sie die Balance zwischen Macht und Wissen innerhalb der Organisation stören. Management des Wandels (Change Management) als Querschnittsaufgabe bedeutet „... die aktive Handhabung von Wandlungsprozessen und umschließt alle Aufgaben, Prozesse, Träger und Instrumente unternehmensbezogener Veränderung und Entwicklung“ (Krüger, 2004, 1605). Es bewegt sich auf der Schnittstelle klassischer Bereiche, wie z. B. Strategisches Management, Organisation, Human Resource Management und Führung (vgl. Krüger, 2004, 1605).

Ein bekanntes Modell zu revolutionären und evolutionären, intern begründeten Veränderungsphasen stammt von Greiner (1972). Demnach durchläuft jede Organisation Phasen der

Evolution und der Revolution, wobei diese jeweils mehr oder weniger deutlich identifizierbar sein können.[69] Das jeweils dominierende Managementkonzept charakterisiert dabei die etwa alle vier bis acht Jahre auftretenden evolutionären Perioden, während das jeweils typische Managementproblem die verhältnismäßig kurzen revolutionären Phasen prägt. Greiner (1972, 40-44) unterscheidet zwischen fünf Episoden. Jede Periode ist dabei einerseits Folge der vorausgegangenen und andererseits Ursache der nachfolgenden Wachstumsphase. So ist beispielsweise Koordination die Folge der Forderung nach mehr Kontrolle und zugleich Ursache für die darauf folgende Bürokratiekrise, auf die wiederum Wachstum durch mehr Teamgeist folgt. Abbildung 10 zeigt diese Abfolge in Abhängigkeit des Alters (x-Achse) und der Größe der Organisation (y-Achse) (vgl. Kirsch & Börsing, 1980, 2031; Sackmann, 2007, 54 f.; Staehle, 1999, 584).

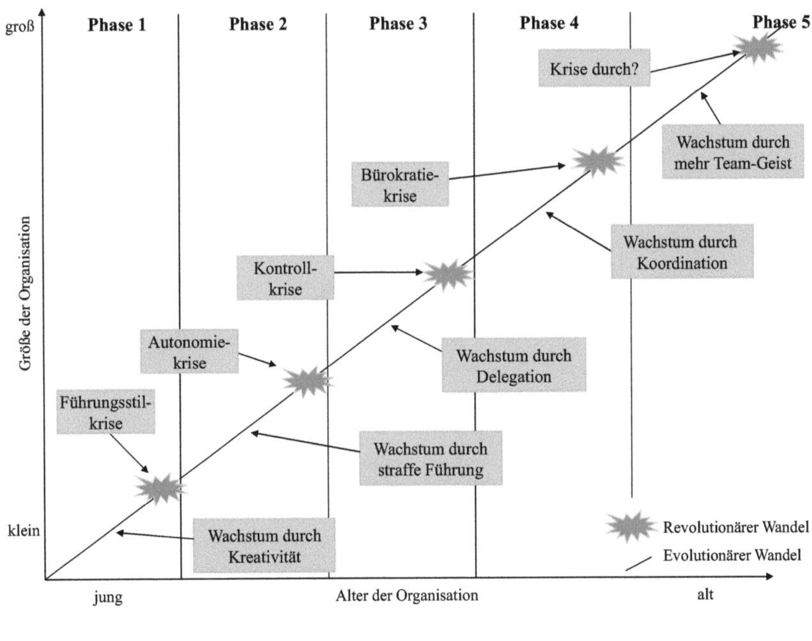


**Abbildung 10: Revolutionäre und evolutionäre Phasen nach Greiner (1972)**
**Quelle: Staehle (1999, 585)**

[69] Zur Gegenüberstellung revolutionären und evolutionären Wandels sei z. B. auf Krüger (2006, 25-27) und Krüger (1994, 218), zum Vergleich der Kernaussagen des Umbruchs- und Evolutionsmodells auf Krüger (1994b, 204) verwiesen.

Kirsch, Esser und Gabele (1978) forschten in einer empirischen Studie in deutschen Großunternehmen u. a. nach den Anlässen für Reorganisationsvorhaben. Sie erhoben dazu die Bedeutung von 32 internen und externen Anlässen für die Initiierung relevanter Reorganisationsvorhaben, wie beispielsweise die Einführung von Planungs- oder Informationssystemen. Mit Hilfe einer Faktorenanalyse identifizierten sie die vier voneinander unabhängigen und mit den in der Literatur gefundenen Anlässen weitgehend übereinstimmenden Initiierungsfaktoren Struktur, Umwelt, Wachstum und Führung (vgl. Staehle, 1999, 586). Die von Robbins (2001, 628 f.) aufgeführten Auslöser organisatorischen Wandels (vgl. Abbildung 11) lassen sich als Präzisierung dieser Initiierungsfaktoren ansehen.

**Abbildung 11: Auslöser organisatorischen Wandels**
**Quelle: Eigene Darstellung in Anlehnung an Robbins (2001, 629)**

Die Ursachen und Auslöser von Veränderungen sind also sehr unterschiedlich. Gleiches gilt auch für die Objekte des Wandels: Unternehmenswandel kann sowohl „harte“ Faktoren (z. B. Systeme und Strukturen) als auch „weiche“ Faktoren (z. B. Fähigkeiten und Einstellungen) betreffen. Wandelvorhaben lassen sich anhand ihrer Objekte systematisieren. Darauf aufbauend unterscheidet man die vier Formen Restrukturierung, Reorientierung, Revitalisierung und Remodellierung.

Nach Krüger (1994a, 358 f.) ist eine Veränderung von Strukturen, Prozessen, Systemen und materiellen Potenzialen eine **Restrukturierung** (oder **Reorganisation**), welche eine notwendige Folge bzw. Begleiterscheinung von tief greifendem Wandel darstellt. Sie ist allerdings auch als isolierte Veränderung anzutreffen, dann zumeist in eingeschränktem Umfang. Die Implementierung eines gedanklichen Konzeptes bzw. eines organisatorischen Modells äußert sich in der Veränderung der Merkmale von Strukturen, Prozessen, Systemen und materiellen Potenzialen. Bei jeglichen Veränderungen in den organisatorischen Objektbereichen, von denen eine größere Mitarbeiterzahl betroffen ist, so beispielsweise auch bei der Einführung neuer Anreizsysteme, tritt die Implementierungsproblematik auf. Dies bedeutet, dass die Schwierigkeit nicht nur in der Konzeption eines solchen Anreizsystems, sondern auch in dessen Implementierung liegt (vgl. Marr & Kötting, 1992, 827 f.). Auf dieser Ebene bleiben Erfolgspositionen bzw. -potenziale sowie die strategische Ausrichtung weitgehend unverändert. Der Wandel ist eher oberflächlich und wird als reproduktiv bezeichnet (vgl. Krüger und Petry, 2005, 11). Von der sich auf einen einzigen Zeitpunkt beziehenden geplanten Reorganisation ist der deutlich offenere und langfristig angelegte Prozess der Organisationsentwicklung[70] abzugrenzen (vgl. Staehle, 1999, 588).

Findet ein Strategiewechsel beispielsweise in Form von Aufgeben alter und Aufbauen neuer Geschäftsfelder oder Eingehen strategischer Partnerschaften statt, liegt eine **Reorientierung** vor. Diese ist tief greifender als die Restrukturierung und Bedingung für einen transformativen Wandel. Von diesen beiden eher oberflächlichen Veränderungen sind die tiefer gehenden zu unterscheiden.

Sind personelle Fähigkeiten oder auch das Führungs- und Kooperationsverhalten betroffen, handelt es sich um eine sogenannte **Revitalisierung**. Hier sind beispielsweise Verstärkung von Partizipation und Delegation oder auch die Förderung von Kreativität und Eigenverantwortung einzuordnen.

**Remodellierung** umfasst die Änderung von unternehmensweiten Werten und Überzeugungen, die den Kern der Unternehmenskultur bilden (vgl. Krüger, 1994a, 358-361).

---

[70] Organisationsentwicklung stellt eine Form des geplanten Wandels dar, bei dem verhaltenswissenschaftliche Erkenntnisse angewendet werden, um einen die ganze Organisation betreffenden Entwicklungs- und Veränderungsprozess zu initiieren und zu fördern (vgl. Cummings & Worley, 1993, 1-3; Staehle, 1999, 588).

Das Schichtmodell in Abbildung 12 veranschaulicht die unterschiedliche Tiefe dieser vier Formen des Wandels, wobei die Tiefe tendenziell von ‚oben' nach ‚unten' zunimmt (vgl. Krüger, 1994a, 358-361; Krüger, 1994b, 199; Krüger, 2006, 53-55). Zwischen der Tiefe und der Gestaltbarkeit des Wandels besteht ein Trade-off: Mit der Tiefe des Wandels steigt dessen Nachhaltigkeit, während sich seine Gestaltbarkeit verringert und umgekehrt (vgl. Abbildung 12).[71]

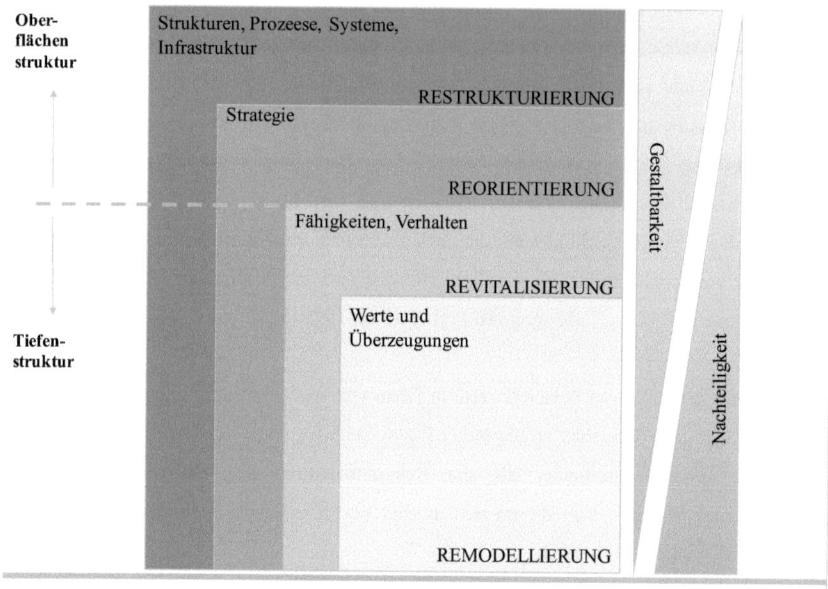


**Abbildung 12: Objekte und Formen des Wandels**
**Quelle: Eigene Darstellung in Anlehnung an Krüger (1994a, 359)**

Die Implementierung eines variablen Vergütungssystems stellt die im Rahmen dieser Arbeit betrachtete organisationale Veränderung dar. Die Einführung eines Anreiz- bzw. Vergütungssystems, das zentrales Element bei der Ausgestaltung zukünftiger Beschäftigungsbeziehungen ist (vgl. Marr & Fliaster, 2003b, 292; Kapitel 2.1) und somit ein personalwirtschaftliches System bzw. Instrument darstellt (Objekt des Wandels), ist entsprechend den bisherigen

[71] Diesen Objekten und Formen des Wandels lassen sich drei verschiedene Aktivitätsdimensionen bzw. Prozesskategorien zuordnen. Dementsprechend lässt sich, vereinfacht betrachtet, die Restrukturierung weitgehend noch als sachrationaler Prozess begreifen, der sich mit dem Management von Sachfragen befasst. Die Reorientierung lässt sich am ehesten der politisch-verhaltensorientierten Dimension zuordnen, die erfordert, beispielsweise verschiedene Interessenlagen und Widerstände einzubeziehen und zu behandeln (Einflussmanagement). Revitalisierung und Remodellierung verlangen darüber hinaus die Beachtung der wertmäßig-kulturellen Dimension (Management von Bewusstseinslagen) (vgl. Krüger, 1994a, 359).

Ausführungen der Reorganisation zuzuordnen. Diese kann die Folge bzw. Begleiterscheinung tief greifenden Wandels, wie z. B. des Wertewandels und des Wandels von Beschäftigungsbeziehungen, sein und ist somit als eher oberflächlicher Wandel mit tendenziell hoher Gestaltbarkeit und geringer Nachhaltigkeit einzuordnen (vgl. Krüger, 1994a, 358 f.). Da von dieser Veränderung in der Regel eine hohe Zahl von Mitarbeitern betroffen ist, sollte der von Marr und Kötting (1992, 827 f.) angesprochenen Implementierungsproblematik Rechnung getragen werden. Dies bedeutet, dass die Schwierigkeit nicht nur in der Konzeption eines Anreiz- und Vergütungssystem liegt, sondern auch in dessen Implementierung. Der Gestaltung des Implementierungsprozesses kommt dementsprechend große Bedeutung zu (vgl. Kapitel 3.5).

Während sich dieses Kapitel mit Abfolge, Ursachen und Charakterisierung verschiedener Veränderungsprozesse befasst hat, betrachtet das folgende Kapitel 3.3 die Phasen eines einzelnen organisationalen Veränderungsprozesses (Kapitel 3.3.1) sowie den Begriff und das Verständnis der Implementierung (Kapitel 3.3.2) genauer und stellt die Akzeptanz des Objekts des Wandels als Ziel des Veränderungsprozesses dar (Kapitel 3.3.3). Darauf aufbauend liefert die Betrachtung möglicher Akzeptanzfaktoren und -barrieren erste Anhaltspunkte für die Förderung der Akzeptanz im Implementierungsprozess (Kapitel 3.3.4), die auch den Ausgangspunkt für das Akzeptanzkonzept (Kapitel 3.5) darstellen. Anschließend werden die Erkenntnisse dieser Ausführungen zusammengefasst und ihre Konsequenzen für die vorliegende Arbeit aufgezeigt (Kapitel 3.3.5).

## 3.3 Implementierung als Phase des organisationalen Veränderungsprozesses

Organisationale Veränderungsprozesse lassen sich an Hand verschiedener Kriterien charakterisieren. So stellen sowohl die Episoden, in denen sie stattfinden, als auch die Objekte, die sie betreffen, sowie die Formen in Abhängigkeit von der Wandlungstiefe relevante Merkmale dar (vgl. Kapitel 3.2). Ein weiteres wichtiges Element ist der bereits angesprochene Veränderungsprozess, in den es die Phase der Implementierung im Folgenden einzuordnen gilt. Im Rahmen der näheren Betrachtung der Implementierungsphase wird der Begriff „Implementierung" definiert, Akzeptanz als Ziel des Implementierungsprozesses sowie deren Faktoren und Barrieren herausgearbeitet. Diese Ausführungen bilden die Basis, um die Reaktionen auf Veränderungen, z. B. Akzeptanz, im nachfolgenden Kapitel 3.4 ausführlich zu betrachten.

### 3.3.1 Die Phasen eines organisationalen Veränderungsprozesses

Der organisatorische Änderungsprozess wird insgesamt in der Literatur recht unterschiedlich beschrieben. Kanter, Stein und Jick (1992, 375 f.), Kirsch und Börsig (1980, 2037 f.) oder beispielsweise auch Greif, Runde und Seeberg (2004, 141) liefern einen Überblick über Modelle bzw. Phasenschemata von Veränderungsprozessen. Ein bekanntes, häufig zitiertes und in abgewandelter Form verbreitetes Modell (vgl. Greif et al., 2004, 140), auf das sich letztlich die verschiedenen Schemata zurückführen lassen (vgl. Böhnisch, 1975, 1047), stammt von Lewin (1947, 34 f.), in dem er zwischen den drei Phasen des „Auftauens“ (*Unfreezing*), „Veränderns“ (*Changing*) und „Wiedereinfrierens“ (*Refreezing*) unterscheidet (vgl. Abbildung 13). Dabei stellt die Ausgangssituation vor Veränderungen eine Art Balance-Zustand konkurrierender Stabilitäts- und Veränderungskräfte dar, der durch individuelle Gewohnheiten und Strukturen gefestigt wird. In der ersten Phase werden diese stabilisierenden Strukturen und Prozesse zunächst „aufgetaut“, damit daraufhin in der zweiten Phase die eigentlichen Veränderungen stattfinden können. In der dritten Phase sollen die erfolgreichen Veränderungen wieder gefestigt bzw. „eingefroren“ werden (vgl. Greif et al., 2004, 56 f.).

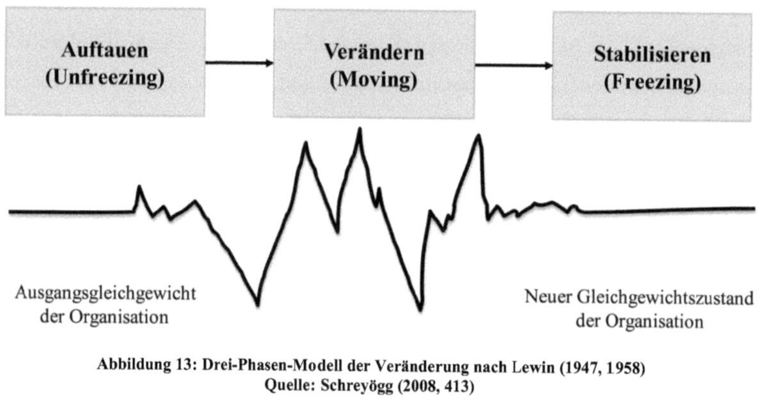


**Abbildung 13: Drei-Phasen-Modell der Veränderung nach Lewin (1947, 1958)**
**Quelle: Schreyögg (2008, 413)**

Lewin (1947) und seine Nachfolger nehmen an, dass Veränderungsvorhaben durch das Stören der stabilisierten Gewohnheiten, Strukturen und Prozesse in der Regel Widerstände auslösen. Diese Barrieren oder verhindernden Kräfte müssen, beispielsweise durch Personen, die der Veränderung gegenüber offen sind, überwunden werden. Konflikte oder Widerstände stellen jedoch auch Chancen für die Veränderung dar. Kritisch zu bedenken gilt es bei diesem Modell allerdings, dass es zwar weit verbreitet ist, eingängig und sehr plausibel erscheint, jedoch nicht empirisch nachgewiesen ist. Die Annahme, dass organisationale Veränderungen auf einem einzelnen, Wochen oder Monate dauernden Veränderungszyklus basieren, ist unrealistisch. Das Modell von Lewin (1947) bietet daher die Möglichkeit der Betrachtung auf der Makroebene. Viele kurzzyklische Veränderungsprozesse auf Gruppen- und Individualebene bestimmen diesen Prozess dann auf der Mikroebene (vgl. Greif et al., 2004, 57 f.).

Auf der Individualebene lässt sich der Veränderungsprozess von Lewin (1947) weiter differenziert mit sieben kritischen Phasen beschreiben, die jedes betroffene Organisationsmitglied durchlaufen muss (vgl. Sackmann, 2007, 164-166; Streich, 1997, 242-247): (1) Überraschung, (2) Verneinung, (3) Einsicht, (4) Akzeptanz der Veränderung, (5) Ausprobieren, (6) Reflexion und (7) Integration. Nach dem Durchleben der ersten drei Phasen, in denen die subjektiv wahrgenommene Kompetenz stetig abnimmt, stellt dabei die vierte Phase, die „Akzeptanz der Veränderung", eine Art Wendepunkt dar, an dem die subjektiv wahrgenommene Kompetenz ihren Tiefpunkt erreicht und die Unsicherheit am größten ist. Erst die Einsicht und die Akzeptanz, dass die neue Situation neues Denken und Verhalten erfordert, ermöglicht tatsächlich eine Veränderung. Diese Phase bedeutet das Loslassen alter Gewohnheiten, in der allerdings die Gefahr groß ist, zu den alten Verhaltensweisen zurückzukehren. Doch nur das Aushalten und Akzeptieren dieser Unsicherheiten sowie das Durchleben und -laufen bis hin zur Phase des Ausprobierens bringt ein Individuum im Veränderungsprozess weiter.

Die beschriebenen Modelle zeigen, dass Veränderungen nicht von einem Moment zum nächsten passieren, sondern dass es sich um einen längeren Prozess handelt, bei dem das betroffene Individuum eine entscheidende Rolle einnimmt. Insbesondere die differenzierte Betrachtung veranschaulicht die Bedeutung der Akzeptanz, indem sie als eine Art Wendepunkt und Voraussetzung für eine wirkliche Veränderung dargestellt ist. Der tatsächliche Ablauf eines Change-Prozesses hängt entscheidend vom Verhalten der an der Veränderung beteiligten Personen ab (vgl. Böhnisch, 1975, 1047), wobei Schlüsselakteure verschiedene Rollen einnehmen können. Neben Marr und Kötting (1992, 827 f.) betonen auch Kanter et al. (1992, 16 f.; 375-382) in ihrem Modell zu den Rollen im Implementierungsprozess von Change-Vorhaben die Bedeutung der Betroffenen. Insgesamt unterscheiden sie zwischen den Change-Strategen, den -Implementatoren/Agenten und den -Betroffenen.[72]

[72] Auch Gomez und Müller-Stewens (1994, 173) und Böhnisch (1975, 1047) nehmen eine ähnliche Differenzierung vor.

Demnach entwickeln **Strategen** die leitende Vision, arbeiten an den Voraussetzungen für die Umsetzung der Veränderung und überwachen die Schnittstellen zwischen dem Unternehmen und seiner Umwelt. Die **Implementatoren** als zweite Akteursgruppe sind im Gegensatz dazu dafür zuständig, die notwendigen Schritte zu entwickeln und zu veranlassen, um den Betroffenen die Vision der Strategen zu vermitteln und diese in die Praxis umzusetzen. Gomez und Müller-Stewens (1994, 173) bezeichnen diese auch als „Gate-Keeper", die als Trainer, Projektleiter oder Stabsangehörige mit Vermittleraufgaben konfrontiert sind. Diesen aktiv an der Veränderung beteiligten und deshalb als Change Agents[73] bezeichneten Akteuren (Promotoren, Katalysatoren, Prozessberater und Projektleiter) steht die passive Gruppe der **Betroffenen** gegenüber (vgl. Reiß, 1997a, 24). Diese stellen die größte Gruppe im Unternehmen dar. Sie nehmen die Veränderung an und akzeptieren diese (oder nicht). Reiß (1997a, 24) unterscheidet innerhalb dieser Gruppe weiter zwischen Gegnern, Befürwortern und Unentschlossenen bzw. zwischen Gewinnern und Verlierern. Ihre Aufgabe besteht darin, die neuen Vorstellungen und Sichtweisen sowie Handlungsprinzipien im eigenen Umfeld zu leben und damit zu realisieren (vgl. Gomez & Müller-Stewens, 1994, 173). Strategen und Implementatoren sollten diesen Aspekt keinesfalls vernachlässigen und den Betroffenen ausreichend Aufmerksamkeit widmen.

Im Zusammenhang mit der Implementierung von Anreizsystemen bzw. variabler Vergütung sind die Strategen dementsprechend diejenigen, die meist am Anfang eines Veränderungsprozesses stehen. Von ihnen stammt somit die Idee der variablen Vergütung. Sie prägen die Strategie und damit die „Richtung" des Systems und beeinflussen maßgeblich das Konzept. Die Implementatoren bzw. Change Agents sind hingegen diejenigen, die im Wesentlichen für die Einführung des Systems verantwortlich sind, jedoch nur noch geringen bis keinen Einfluss auf die Konzeption haben (vgl. Wahl, 2001, 47). Die Betroffenen stellen die für diese Arbeit relevanteste Gruppe dar, da sie von der Implementierung der variablen Vergütung betroffen sind, diese akzeptieren sollen und somit zum ersten *bereit sein sollen, auf das variable Vergütungssystem umzusteigen,* sowie *bereit sein sollen, sich entsprechend der Anreize zu verhalten,* und zweitens sich auch tatsächlich im Sine der Anreize verhalten sollen. Was unter dem häufig verwendeten Begriff „Implementierung" zu verstehen ist, wird im Folgenden näher betrachtet.

[73] Als Change Agent wird eine Person, Gruppe oder Organisation bezeichnet, „die im Rahmen von ablaufenden Änderungen Prozesse bewußt [sic] und gezielt auslöst bzw. steuert. Der Change Agent hilft, die Ziele der Organisation zu identifizieren und Veränderungsstrategien zu erarbeiten. Während der Umsetzung wird Kontakt zu den beteiligten Parteien gehalten" (Reiß, Rosenstiel und Lanz, 1997, 431).

### 3.3.2 Begriff und Verständnis der Implementierung

Veränderungsprozesse lassen sich, wie vorab beschrieben, an Hand aufeinander folgender Phasen darstellen. Eine phasenspezifische Abgrenzung des „Implementierungsgeschehens" bietet darüber hinaus einen Ansatzpunkt zur näheren Bestimmung des Begriffs „Implementierung" (vgl. Grewe, 2003, 28), der ursprünglich aus den Ingenieurswissenschaften stammt. Dort bezeichnet er entweder eine Phase bzw. einen Abschnitt im Prozess der Systementwicklung[74] oder den Prozess bzw. die Aktivitäten zur Anpassung bzw. Einbettung des Systems oder den gesamten Prozess der Systementwicklung (vgl. Seibt, 1980, 853 f.). Im organisationalen Kontext bezeichnet Implementierung den Prozess der Verwirklichung bzw. Umsetzung eines gestaltenden organisatorischen Konzepts und meint somit die Einführung eines neuen Systems, Verfahrens oder einer neuen Idee (vgl. Marr & Kötting, 1992, 827; Wahl, 2001, 46). Implementierung ist nach diesem engen Verständnis eine Phase des Reorganisationsprozesses, der aus Planung, Implementierung, Kontrolle und Konsolidierung besteht. Das etwas weitere Begriffsverständnis grenzt die vorgelagerte Planungsphase zwar grundsätzlich von der Implementierungsphase ab, beinhaltet aber in Abhängigkeit von situationsspezifischen Begebenheiten Plananpassungen.[75] Ein weites Begriffsverständnis bezieht sich hingegen auf den gesamten Veränderungsprozess (vgl. Bauermann, 1988, 33 f.; Grewe, 2003, 28; Kirsch & Börsing, 1980, 2037 f.; Seibt, 1980, 853-858; Wahl, 2001, 46).[76] Sehr hilfreich zum weiteren Verständnis der Implementierung ist auch das von Winkler und Mandl (2004) in Anlehnung an Tarlatt (2001) vorgeschlagene Vorgehensmodell mit drei Hauptphasen (vgl. Tarlatt, 2001, 94 f.; Winkler & Mandl, 2004, 209-214).[77]

---

[74] Die tatsächliche Einführung des Systems ist diesem Prozess nachgelagert.

[75] Bauermann (1988, S. 34) integriert in seine Definition nach dem engen Begriffsverständnis die Möglichkeit der Planänderung und versteht entsprechend unter Implementierung sämtliche Gestaltungs- und Steuerungsmaßnahmen, „die zur Anpassung einer Lösung an ihre Umgebung (oder umgekehrt) sowie ihrer Einführung und Ineinsatznahme führen".

[76] Die Sichtweise von Implementierung als Koordinationsprozess lässt sich als Einpassung eines neuen Konzeptes in einen vorhandenen Kontext beschreiben, bei der eine wechselseitige Anpassung stattfindet. In ihrem Kern entspricht sie also einem Abstimmungsprozess von problem- und kontextgerechter Lösung (vgl. Pongratz und Trinczek, 2005, 7 f.; Reiß, 1997a, 25 f.). Da diese Auffassung die Möglichkeit der Anpassung des Konzeptes vorsieht und somit über das dieser Arbeit zu Grunde liegende Verständnis hinausgeht, wird sie nicht näher ausgeführt. Der Fokus dieser Arbeit liegt, entsprechend der Problemstellung, nicht auf der inhaltlichen Ausgestaltung und somit der Konzeption der variablen Vergütungskomponente, sondern vielmehr auf dem Prozess der Einführung. Es wird vereinfachend davon ausgegangen, dass inhaltliche Anpassungen in der vorherigen Phase der Konzeption, die u. a. eine Abstimmung mit dem Betriebsrat bedeutet, vorgenommen werden oder nach der Implementierung stattfinden, um Verbesserungen zu erreichen.

[77] Einen vergleichbaren Prozessablauf beschreiben auch Mandl, Winkler, Heuser und Weber (2007, 167-177) und bestätigen dessen Erfolg im Sinne der erfolgreichen Einführung von E-Learning im Rahmen ihrer Evaluationsstudie.

Dabei umfasst die **erste Phase** der Änderungsanalyse, in der die Verantwortlichen das Implementierungsvorhaben definieren, die Initialisierung sowie die Bedarfsermittlung. Die darauffolgende **zweite Phase** der Implementierungsrealisation gliedert sich in die Teilbereiche *Konzeption* und *Realisierung* (tatsächliche Umsetzung). Im Rahmen der Konzeption findet dabei die Ausarbeitung eines Maßnahmen- (Beschreibung der einzelnen Aspekte der Neuerung), Projektmanagement- (klassische Projektmanagementaspekte), und Akzeptanzkonzeptes (Erarbeitung konkreter Maßnahmen zur Akzeptanzsicherung) statt, wobei sich Organisation, Technik, Partizipation und Qualifikation als vier Ebenen herauskristallisieren, die als Ansatzpunkte zur Sicherung der Akzeptanz dienen können. Entsprechende Akzeptanz fördernde Maßnahmen begleiten die Schritte der Realisierung: Pilotierung, formative Evaluation, Rollout (Implementierung der Maßnahme in allen gewünschten Organisationsbereichen) und Lessons Learned. Um Unsicherheiten bei den Beteiligten zu vermeiden, ist zu diesem Zeitpunkt die Kommunikation durch die Geschäftsleitung unabdingbar. Die **dritte Phase**, in der die Implementierungskontrolle stattfindet, beinhaltet eine Qualitäts-, Wirkungs- und Kosten-Nutzen-Analyse. Für eine kontinuierliche Prozessverbesserung und Anpassung an die Bedürfnisse der Betroffenen, ist eine summative Evaluation der Projekte wesentlich (vgl. Mandl, Winkler, Heuser & Weber, 2007, 167-177; Winkler & Mandl, 2004, 209-214).

Die folgenden Ausführungen basieren in Anlehnung an Wahl (2001, 47) auf einer engen Begriffsauffassung, die zwar die Plananpassung beinhaltet, aber z. B. die Problemidentifizierungs- und Ideengenerierungsphase ausschließt. Dies dürfte einer der in der Praxis am häufigsten anzutreffenden Fälle sein: Die Implementierung einer Veränderung findet erst nach der Entscheidung für ein bestimmtes Konzept statt. Der Implementator hat oft nicht die Möglichkeit, gravierende Änderungen im Nachhinein zu veranlassen bzw. vorzunehmen. Die grundsätzliche Entscheidung für die Einführung eines variablen Vergütungssystems wird im Rahmen dieser Arbeit vorausgesetzt. Sie gehört somit lediglich als Kontextfaktor der Implementierung zum Untersuchungsgegenstand. Außerdem soll auch die Plananpassung zunächst ausgeklammert werden. Sie stellt eine im nächsten Schritt zu vollziehende Möglichkeit zur Verbesserung dar, um die Akzeptanz der Veränderung zu beeinflussen. Demzufolge entspricht das hiesige Begriffsverständnis dem Teilbereich *Realisierung* der zweiten Phase des beschriebenen Vorgehensmodells von Winkler und Mandl (2004, 209-214). In dieser Phase kommt das während der Konzeption entwickelte Akzeptanzkonzept zur Förderung der Akzeptanz im Implementierungsprozess zur Anwendung, das im Fokus des Kapitels 3.5 steht.

Die Frage, welche Rolle die Akzeptanz im Implementierungsprozess einnimmt, ist Gegenstand des folgenden Kapitels.

### 3.3.3 Akzeptanz als Ziel des Implementierungsprozesses

Ziel eines organisatorischen Implementierungsprozesses ist „... die vollständige und reibungsfreie Umsetzung eines auf Effizienzsteigerung oder -erhaltung gerichteten Gestaltungskonzeptes in die bestehende Organisation“ (Marr & Kötting, 1992, 829). Nach Reiß (1997b, 92) zielen sämtliche Implementierungsbemühungen darauf ab, „ein neues Konzept mit dem vorhandenen Kontext in Einklang zu bringen“. Gelingt dies, ist der Implementierungsprozess effizient bzw. erfolgreich. In den Leistungsmerkmalen zum Ausdruck kommende ökonomische Effizienz und die sich z. B. in der Mitarbeiterzufriedenheit widerspiegelnde soziale Effizienz sind zentrale Effizienzkriterien für die Implementierung (vgl. Marr & Kötting, 1992, 829; Marr & Stitzel, 1979, 57; Kapitel 2.4.2). Die Leistungsmerkmale sind aus den jeweiligen verfolgten Zielsetzungen abzuleiten. Die Erfüllung der sozialen Effizienzkriterien ist notwendig, da jede organisatorische Veränderung mit personaler Betroffenheit einhergeht. Die Mitarbeiter akzeptieren diesen Wandel nur dann, wenn durch die wahrgenommene Veränderung der Arbeitssituation die Befriedigung ihrer arbeitsbezogenen Bedürfnisse (bzw. deren Anreiz-Beitragsbewertung, z. B. Adams, 1965) sichergestellt ist. Sie kann verbessert, darf aber nicht beeinträchtigt werden. Diese Akzeptanz zeigt sich aus Sicht der Organisation im Ausmaß von aktivem oder passivem Widerstand (vgl. Dienstbach, 1972, 106-108). Sie ist das wichtigste Ziel der Implementierung, das häufig zu kurz kommt, da das strategische Zieldreieck „Kosten, Zeit und Qualität (bzw. Kundennutzen)“ das gegenwärtige Denken beherrscht (vgl. Krüger, 1994b, 217). Sie ist somit ein weiteres Merkmal für die Effizienz eines Implementierungsprozesses. Entscheidender Einfluss auf das erreichbare Ergebnis kann dabei von der Beurteilung des Prozessablaufs und dem daraus resultierenden Verhalten ausgehen. Bei der Implementierungsarbeit zählen in erster Linie Kompatibilität mit dem Umfeld und insbesondere Akzeptanz, nicht Optimalität der Neuerung (vgl. Marr & Kötting, 1992, 829; Reiß, 1993, 551; Reiß, 1997b, 92).

Implementierungsarbeit ist ein Erfolgsfaktor von Veränderungsprojekten. Wie Judge, Thoresen, Pucik und Welbourne (1999, 113-117) empirisch zeigen, hängt der individuelle, erfolgreiche Umgang mit organisationalen Veränderungen positiv mit Arbeitszufriedenheit, organisationalem Commitment und Leistung zusammen. Verzettelung, Verzögerung oder Verpuffung hingegen zählen zu den harmlosen Konsequenzen einer misslungenen Einführung. In schlimmeren Fällen kann daraus auch eine effektive Verschlechterung statt der erhofften Verbesserung der Wettbewerbsposition resultieren. Grund dafür ist nicht zuletzt die Verunsicherung der Belegschaft, für die hauptsächlich fehlerhafte Implementierungsarbeit, z. B. in Form mangelhafter Aufklärungs- und Überzeugungsarbeit, verantwortlich ist (vgl. Hauschildt & Salomo, 2007, 181-183; Reiß, 1993, 551). „Erfolgreiche Implementation folgt einem durchdachten mitarbeiterorientierten Implementationsvorgehen" (Winkler & Mandl, 2004, 218). Daraus ergeben sich die weiterführenden Fragen, worauf es bei einer mitarbeiterorientierten Implementierung ankommt, wo diese idealer Weise ansetzen sollte und somit wie die Akzeptanz im Implementierungsprozess gefördert werden kann. Deshalb widmet sich das folgende Kapitel den Akzeptanzfaktoren und -barrieren, welche die Basis für eine mitarbeiterorientierte Implementierung und somit für die Förderung der Akzeptanz im Einführungsprozess liefern.

### 3.3.4 Akzeptanzfaktoren und -barrieren

Akzeptanz der Veränderung stellt, wie das vorherige Kapitel zeigt, das Ziel des Implementierungsprozesses dar. Allerdings sind Veränderungsvorhaben generell durch das Auftreten von Widerständen gekennzeichnet (vgl. Bovey & Hede, 2001b, 534-546; Frey et al., 2008, 281-284; Pardo del Val & Fuentes, 2003, 148-154; Stock-Homburg, 2007, 796). Deshalb stehen Unternehmen, die ein Change-Projekt durchführen wollen, vor der grundlegenden Frage, welche Bedingungen den Wandel begünstigen und mit welchen Widerständen zu rechnen ist. Denn diese stellen die wesentlichen Ansatzpunkte dar, um Akzeptanz zu fördern, fehlende Akzeptanz zu verhindern bzw. mit fehlender Akzeptanz umzugehen. Unterschiedliche, jedoch nicht voneinander unabhängige Ursachen sind für das Auftreten von Widerständen und Barrieren verantwortlich (vgl. Reiß, 1997a, 17). Dabei bezeichnet der Begriff „Barriere" „... den gemeinten Tatbestand insofern gut, als er das hemmende, aber eben überwindbare Hindernis ausdrückt. ... [Es handelt sich dabei um] einen graduellen Widerstand, der auch graduell, also mehr oder weniger überwunden werden kann" (Witte, 1973, 6). Jeder Umstand, der bei der Implementierung eines Anreizsystems bei den Betroffenen eine Verhaltenstendenz zum Widerstand oder gar Widerstand bewirkt, stellt dementsprechend eine Ursache für Widerstand dar. Die Gesamtheit der größtenteils interdependenten Widerstandsursachen, die ein Individuum handlungsbereit machen oder zum

Handeln veranlassen, beinhaltet viele in Anzahl und Intensität unterschiedliche Widerstandsformen (vgl. Dörfler, 1993, 212; Suffel, 1981, 210).[78]

In der Literatur finden sich verschiedene Kategorisierungen zu den Ursachen ablehnender Verhaltensweisen. Dienstbach (1972, 104 f.) unterscheidet bezogen auf Veränderungen, zwischen Anpassungsfähigkeit und -bereitschaft als Ursachen für mangelnde Akzeptanz. Witte (1973, 5-9) differenziert bezogen auf Innovationen zwischen Wissens- und Willensbarrieren. Hauschildt und Salomo (2007, 191) fassen die Wissensbarrieren treffend zusammen: „Widerstand gegen Innovationen wächst daraus, dass das betroffene Individuum tatsächlich oder vermeintlich nicht in der Lage ist, diese intellektuellen Anforderungen zu bewältigen." Sie beschreiben die Barrieren des Nicht-Wollens prägnant mit der Aussage „Wer nicht will, findet auch immer einen Grund für seinen Widerstand" (Hauschildt & Salomo, 2007, 191).

Diese Differenzierung findet sich beispielsweise ergänzt bei Rosenstiel (z. B. Rosenstiel et al., 2005, 259) wieder, der zwischen personalen (Können und Wollen) und situationalen bzw. organisationalen (soziale Normen und materielle Rahmenbedingungen) Determinanten des Verhaltens unterscheidet (vgl. Rosenstiel et al., 2005, 259; Kapitel2.2).[79] Akzeptanzfaktoren stellen das positive Pendant zu diesen Barrieren dar. Bei den Akzeptanzfaktoren unterscheidet Reiß (1997b, 93), ähnlich wie Witte (1973) und Rosenstiel (z. B. Rosenstiel et al., 2005), zwischen Änderungsfähigkeit (Kennen und Können) und -bereitschaft (Wollen und Sollen). Defizite bei diesen Einflussgrößen können den Erfolg der Veränderung beeinträchtigen (vgl. Mertins & Finke, 2003, 657 f.; Reiß, 1997a, 17; Reiß, 1997b, 93; Rosenstiel et al., 2005, 259; Wahl, 2001, 76 f.). Bezogen auf die Implementierung variabler Vergütung lassen sich die Akzeptanzfaktoren der Änderungsfähigkeit (Kennen und Können) und -bereitschaft (Wollen und Sollen) wie folgt präzisieren (vgl. Reiß, 1997b, 93; Rosenstiel et al., 2005, 259):

Der wahrgenommene Nutzen beeinflusst u. a. das persönliche Wollen (Nicht-Wollen bzw. Willensbarriere), denn bei einer erwarteten Schlechterstellung wird der Mitarbeiter die Veränderung nicht akzeptieren. Stellt er sich durch die Veränderung tatsächlich schlechter,

---

[78] Caruth, Middlebrook und Rachel (1985, 25 f.) unterscheiden bei den Arten von Widerstand zwischen offenen/direkten Angriffen, versteckten/indirekten Angriffen und passivem Verhalten/dropping out. Zum Erscheinungsbild des Widerstandes vgl. auch Hauschildt und Salomo (2007, 181). Ein Überblick zu Gründen für Widerstand und Strategien zu deren Überwindung findet sich zusammenfassend bei Dent und Goldberg (1999, 26).

[79] Für Näheres siehe Rosenstiel (1997, 201 f.); Wahl (2001, 72-76).

liegt ein **Motivationsdefizit** vor, dem beispielsweise mit entsprechenden Anreizen (z. B. Ausgleichszahlungen) begegnet werden kann.

Erwartet der Mitarbeiter im Gegensatz dazu nur eine Schlechterstellung, von der jedoch gar nicht auszugehen ist, basiert die Nicht-Akzeptanz auf mangelnder Kenntnis der Konsequenzen der Veränderung (Nicht-Kennen bzw. Wissensbarriere). Hierbei handelt es sich um ein **Informationsdefizit**, das sich beispielsweise durch geeignete Information bzw. Kommunikation (z. B. Mitarbeiterzeitschrift, Beratung) reduzieren lässt. Vergleichbar gelten diese Argumente auch für die wahrgenommene Gerechtigkeit.

Sieht sich der betroffene Mitarbeiter nicht in der Lage, die Anforderungen der neuen Situation auf Grund seiner Fähigkeiten erfüllen zu können und fühlt sich überfordert (vgl. Kapitel 3.3.1), liegt ein sogenanntes **Qualifikationsdefizit** (Nicht-Können bzw. Wissensbarriere) vor. Diesem kann man beispielsweise mit entsprechenden Qualifizierungsmaßnahmen zur Förderung von z. B. Fach-, Methoden- und Sozialkompetenz entgegentreten.

Neben diesen Faktoren der Kategorien Wollen, Kennen und Können spielt auch das soziale Dürfen, also **Normen** und Regelungen, eine wichtige Rolle. Normen bringen Gruppenziele zum Ausdruck und sind verbindliche Verhaltensanforderungen, deren Einhaltung eine Gruppe von ihren Mitgliedern erwartet. So beeinflussen beispielsweise Ansichten von Personen aus dem Umfeld des Betroffenen (innerhalb sowie außerhalb der Organisation) auch seine Einstellung gegenüber Veränderung bzw. seine Entscheidung (vgl. Dienstbach, 1972, 116-119; Reiß, 1997a, 17; Reiß, 1997b, 93; Wahl, 2001, 72-77; Kapitel 3.5).

Von welchen Größen Akzeptanz bzw. ihr Fehlen abhängt, ist auch Gegenstand zahlreicher empirischer Untersuchungen. Die folgende Tabelle 1 fasst aktuelle empirische Erkenntnisse zusammen. Diese betreffen zum einen die Einflussgrößen auf und die Gründen für (fehlende) Akzeptanz bei organisationalen Veränderungen und entsprechenden Verhaltensweisen. Zum anderen beinhaltet die Zusammenstellung Hinweise zum adäquaten Umgang mit Widerstand. Sie präzisiert dadurch die vier übergeordneten Akzeptanzfaktoren der Änderungsfähigkeit (Kennen und Können) und -bereitschaft (Wollen und Sollen).

| Autoren | Forschungsmethode / Befragte | Zentrale Erkenntnisse zu Ursachen von (fehlender) Akzeptanz und geeigneten Maßnahmen (*) |
|---|---|---|
| Besley, 2010 | Telefoninterviewbasierte Panel-Studie mit drei Erhebungszeitpunkten<br><br>Bürger | Die Erwartung, ein faires Ergebnis zu erhalten, hängt mit der Vorteilhaftigkeit der Entscheidung zusammen, während alle Formen der Gerechtigkeitswahrnehmung mit der Akzeptanz zusammenhängen. |
| * Bititci, Mendibil, Nudurupati & Garengo, 2004 | Fünf unabhängige Fallstudien | Ein autoritärer Managementstil eignet sich für die Einführung, ein Beratender eher für die Anwendungsphase eines Performance-Management-Systems. |
| Bovey & Hede, 2001a | Fragebogenbasierte Erhebung<br><br>Mitarbeiter | Der Widerstand ist umso höher, je größer bei den Befragten die irrationalen Überzeugungen (z. B. Schuld, Inaktivität und Passivität, Nicht-Kontrolle des Schicksals) sind.<br>Die Emotionen moderieren diesen Zusammenhang. |
| Caldwell, Herold & Fedor (2004) | Fragebogenbasierte Erhebung<br><br>Mitarbeiter | Der Zusammenhang zwischen organisationaler Veränderung und wahrgenommener Änderung im Fit lassen sich am besten als Interaktion zwischen Eigenschaften des Change-Prozesses, dem Ausmaß der Veränderung und individuellen Unterschieden erklären. |
| (*) Caruth, Middlebrook & Rachel, 1985 | Theoretischer Artikel | Hauptursachen für Widerstand sind die Natur des Menschen und Angst oder befürchtete Bedrohungen (z. B. Angst vor dem Unbekannten, vor geringerer Jobsicherheit, ökonomischen Verlusten, Reduzierung des Status oder vor Veränderung der sozialen Beziehungen).<br><br>Schritte zum Umgang mit Widerstand:<br>- die richtige Einstellung schaffen,<br>- kommunizieren,<br>- mit gutem Beispiel voran gehen,<br>- Mitarbeitermeinungen einholen und<br>- Akzeptanz belohnen. |
| Cheng, Dainty & Moore, 2007 | Fallstudie, longitudinal mit Interviews, Dokumentenanalyse, Beobachtung, Workshops<br><br>Mitarbeitervertreter und Manager | Identifizierte Akzeptanzbarrieren:<br>- fehlende Unterstützung des Senior Managements,<br>- fehlendes Commitment des Senior Managements,<br>- tief verwurzelte Arbeitsweisen und<br>- fehlende bzw. ungeeignete Qualifizierungsmaßnahmen. |

| Autoren | Forschungsmethode / Befragte | Zentrale Erkenntnisse zu Ursachen von (fehlender) Akzeptanz und geeigneten Maßnahmen* |
|---|---|---|
| Chrusciel & Field, 2006 | Literaturanalyse<br><br>Kombination aus quantitativer (Fragebogen) und qualitativer (Dokumentenanalyse und anschließende Diskussionen) Forschung , Fallstudie<br><br>Mitarbeiter | Identifizierte, kritische Faktoren für den Implementierungserfolg:<br>- Planung und Analyse (Evaluation der Diskrepanz zwischen Ist- und Soll-Situation),<br>- Bewertung der Wirksamkeit,<br>- umfassende Kommunikation,<br>- Wahrnehmung der organisationalen Bereitschaft zum Umgang mit Veränderungen,<br>- Unterstützung des Topmanagements,<br>- kritische Masse der Mitarbeiter, die die Veränderung unterstützt,<br>- Qualifikation der Betroffenen sowie<br>- wahrgenommener Nutzen (=> ähnlich zu Kotter und Schlesinger, 2008).<br>Sie ergänzen diese kritischen Faktoren auf Fallstudienbasis um die Faktoren<br>- flexibles Curriculum sowie<br>- Wahrnehmung der persönlichen Vorteilhaftigkeit.<br><br>Als wichtig identifizieren die Autoren auf Basis der Literatur zudem die Einbindung der Mitarbeiter, die Informationsquellen, die Ebene der unterstützten Managementaktivitäten, die Zufriedenheit der Mitarbeiter mit den Informationen, die relative Nutzung, die Zielerreichung, die Nutzungsfähigkeit und die Vorreiter. |
| Cunningham, Woodward, Shannon, Maclontosh, Lendrum & Rosenbloom, 2002 | Fragebogenbasierte Erhebung<br><br>Mitarbeiter | Mitarbeiter mit einem aktiven Problemlösungsansatz und hoher Selbstwirksamkeit bei Veränderungen im Job weisen eine höhere Veränderungsbereitschaft auf und tragen auch mehr zum Wandel bei. Daneben beeinflusst auch der Aktivitätsgrad im Job die Veränderungsbereitschaft positiv.<br>Der Aktivitätsgrad im Job besteht in diesem Zusammenhang aus dem Entscheidungsspielraum und den Anforderungen.<br><br>Individuelle Werte bzgl. Veränderungsbereitschaft und aktivem Problemlösungsansatz im Job sagen die Beteiligung am Veränderungsvorhaben am besten vorher. |
| Davis, 1989 | Feldstudie, Laborstudie<br><br>Mitarbeiter (Nutzer des Systems), MBA Studenten (repräsentative Nutzer) | Zwischen der wahrgenommenen Nützlichkeit sowie der einfachen Bedienbarkeit der Neuerung und deren Nutzung besteht ein positiver Zusammenhang, wobei der Effekt der wahrgenommenen Nützlichkeit größer ist. |
| Eby, Adams, Russell & Gaby, 2000 | Fragebogenbasierte Erhebung<br><br>Mitarbeiter und Manager | Die Veränderungsbereitschaft ist allgemein abhängig von<br>- der Partizipation der Betroffenen,<br>- der wahrgenommenen Flexibilität der Regeln und Verfahren des Unternehmens sowie<br>- veränderungsspezifischen Größen (hier: Vorliebe für Teamarbeit und Vertrauen in die Kollegen). |
| Furst & Cable, 2008 | Fragebogenbasierte Erhebung<br><br>Mitarbeiter und Manager | Setzt ein Vorgesetzter Sanktionen ein oder verwendet er Legitimierungstaktiken, hängt dies bei Mitarbeitern mit geringem Leader-Member-Exchange (LMX) positiv mit deren Widerstand zusammen, während diese Relationen für Mitarbeiter mit hohem LMX nicht bestätigt wurden.<br>Einschmeicheln bewirkt bei niedrigem LMX höheren, bei hohem LMX geringeren Widerstand. |

| Autoren | Forschungsmethode / Befragte | Zentrale Erkenntnisse zu Ursachen von (fehlender) Akzeptanz und geeigneten Maßnahmen* (Fortsetzung) |
|---|---|---|
| Gagné, Koestner & Zuckerman, 2000 | Fragebogenbasierte Erhebung zu zwei Zeitpunkten<br><br>Mitarbeiter und Manager | Drei Faktoren, sogenannte Change Facilitatoren, erklären die individuelle Akzeptanz von Unternehmensveränderungen.<br>Dabei hängt die Akzeptanz von Unternehmensveränderungen zum zweiten Messzeitpunkt von den Change Facilitatoren im ersten Messzeitpunkt ab.<br><br>Change Facilitatoren:<br>- Verständnis der Gründe für die Veränderung,<br>- Kontroll-/Wahlmöglichkeiten im Veränderungsprozess und<br>- Gefühl, dass die eigenen Ideen und Bedenken während der Veränderung berücksichtigt werden. |
| Giangreco & Peccei, 2005 | Fragebogenbasierte Erhebung<br><br>Manager der mittleren Ebene | Der wahrgenommene Nutzen und die Beteiligung wirken positiv auf die Einstellungen der Betroffenen gegenüber der Veränderung.<br>Diese Einstellung wiederum beeinflusst den Widerstand negativ.<br>Der wahrgenommene Nutzen hat zudem einen direkten, negativen Effekt auf den Widerstand bzw. im Umkehrschluss eine positive Wirkung auf die Akzeptanz. |
| Hanpachern, Morgan & Griego, 1998 | Fragebogenbasierte Erhebung<br><br>Mitarbeiter und Manager | Manager verfügen über eine höhere Veränderungsbereitschaft als (ausführende) Mitarbeiter.<br>Diese ist in Funktionsbereichen (Personal) höher ausgeprägt als in anderen Bereichen (Fertigung) und bei neuen Mitarbeitern höher als bei langjährigen Mitarbeitern. |
| Herold, Fedor & Caldwell, 2007, Herold, Fedor, Caldwell & Liu, 2008 | Fragebogenbasierte Erhebungen<br><br>Mitarbeiter | Neben dem positiven Einfluss der Selbstwirksamkeit auf das Commitment und dem moderierenden Effekt der Änderungsturbulenzen (vgl. Herold et al., 2007) wirkt transformationale Führung stärker als Change spezifische Führungspraktiken auf das Commitment der Mitarbeiter, insbesondere dann, wenn die Veränderung mit Konsequenzen für die Mitarbeiter verbunden ist (vgl. Herold et al., 2008). |
| Higgs & Rowland, 2005 | Interviewbasierte Erhebung<br><br>Führungskräfte (privatwirtschaftliche + öffentlich) | - Die Vorgabe eines Veränderungsrahmens und<br>- der Aufbau von Fähigkeiten<br>sind Faktoren des Führungsverhaltens, die förderlich für Veränderungen sind.<br>Formende Verhaltensweisen sind hinderlich. |
| Holt, Armenakis, Feild & Harriy, 2007 | Fragebogenbasierte Erhebung<br><br>Mitarbeiter | Für wie vorteilhaft Mitarbeiter eine Veränderung halten, beeinflusst deren Veränderungsbereitschaft. Je höher diese ist, desto geringer ist der Widerstand.<br>Darüber hinaus hängt die Veränderungsbereitschaft als mehrdimensionales Konstrukt von der Überzeugung der Mitarbeiter ab, inwiefern<br>- sie sich in der Lage fühlen, eine Veränderung umzusetzen,<br>- sie die Veränderung für die Organisation für angemessen halten und<br>- die Führungskräfte Commitment für die Veränderung zeigen (Management-Support). |

| Autoren | Forschungsmethode / Befragte | Zentrale Erkenntnisse zu Ursachen von (fehlender) Akzeptanz und geeigneten Maßnahmen* (Fortsetzung) |
|---|---|---|
| Iverson, 1996 | Fragebogenbasierte Erhebung<br><br>Mitarbeiter | Die Akzeptanz der Veränderung wird positiv beeinflusst von<br>- Organisationalem Commitment,<br>- Bildung,<br>- Arbeitsmotivation, -zufriedenheit und -sicherheit und<br>- positiver Affektivität<br>und negativ von<br>- Mitgliedschaften in einer Gewerkschaft,<br>- Rollenkonflikten,<br>- Beschäftigungsdauer und<br>- Jobalternativen. |
| Jermias, 2001 | Laborexperiment<br><br>Studenten | Die Beurteilung der Nützlichkeit hängt vom Commitment der Betroffenen gegenüber dem System ab. Personen mit hohem Commitment weigern sich, das gewählte System zu wechseln, auch wenn sie sich negativem Feedback gegenüber sehen.<br>Auch wenn Personen wissen, dass sie objektiv sein sollten, treffen sie unbewusst dennoch Entscheidungen entsprechend ihres Commitments. |
| Jones, Jimmieson & Griffiths, 2005 | Fragebogenbasierte Erhebung zu zwei Zeitpunkten<br><br>Mitarbeiter | Mitarbeiter mit stärkeren Beziehungen zu ihren Kollegen weisen vor der Implementierung eine höhere Veränderungsbereitschaft auf.<br>Die Veränderungsbereitschaft beeinflusst sowohl die Systemnutzung (= Verhaltensakzeptanz) als auch die Zufriedenheit der Mitarbeiter mit dem System nach der Implementierung und mediiert zudem den Zusammenhang zwischen den Fähigkeiten zur Neugestaltung und der Systemnutzung. |
| Judge, Thoresen, Pucik und Welbourne (1999) | Fragebogenbasierte Erhebung<br><br>Mitarbeiter (privatwirtschaftlich + öffentlich) | Die Reaktionen auf Veränderung hängen von Selbstkonzept und Risikotoleranz ab, die die Bewältigung von Veränderungen durch die Betroffenen vorhersagen.<br>Der Umgang mit Veränderungen hängt mit extrinsischen (z. B. Gehalt) und intrinsischen (z. B. Commitment) Karriereaspekten zusammen und mediiert zu rund 50 Prozent die Relation zwischen den dispositionalen Faktoren und diesen Karriereaspekten. |
| Kim, Hornung & Rousseau, 2010 | Fragebogenbasierte Erhebung zu zwei Zeitpunkten<br><br>Mitarbeiter | Sowohl der Effekt des wahrgenommenen Nutzens als auch der Effekt der Qualität der Beschäftigungsbeziehung auf das veränderungsunterstützende Verhalten der Mitarbeiter werden durch die Zeit moderiert: Mit Voranschreiten der Veränderung wird erstes unwichtiger und zweites wichtiger. |

| Autoren | Forschungsmethode / Befragte | Zentrale Erkenntnisse zu Ursachen von (fehlender) Akzeptanz und geeigneten Maßnahmen* (Fortsetzung) |
|---|---|---|
| Kotter & Schlesinger, 2008 | Analyse erfolgreicher und erfolgloser organisationaler Änderungen<br><br>Manager | Ursachen für Widerstand sind, dass<br>- die Betroffenen befürchten, nach der Veränderung schlechter da zu stehen,<br>- Missverständnisse hinsichtlich der Veränderung und deren Konsequenzen (in diesem Zusammenhang kommt auch häufig fehlendes Vertrauen zum Tragen) bestehen,<br>- die Mitarbeiter den Nutzen der Veränderung weder für sich, noch für die Organisation erkennen und<br>- die Mitarbeiter häufig eine geringe Veränderungstoleranz besitzen, da sie fürchten, dem Wandel nicht gewachsen zu sein. |
| * Kotter & Schlesinger, 2008 | Analyse erfolgreicher und erfolgloser organisationaler Änderungen<br><br>Manager | Maßnahmen zum Umgang mit Widerstand:<br>- Aufklärung und Kommunikation,<br>- Partizipation und Einbindung,<br>- Förderung und Unterstützung,<br>- Verhandlung und Einigung,<br>- Beeinflussung und Kooption und<br>- expliziter und impliziter Zwang.<br>Die Autoren zeigen zudem die Anwendungsbereiche der Maßnahmen sowie deren Vor- und Nachteile auf. |
| Lau & Woodman, 1995 | Fragebogen- und interviewbasierte Erhebungen<br><br>Studenten und Universitätsangestellte | Das organisationale Commitment und die allgemeine Wandeleinstellung beeinflussen die Einstellung gegenüber spezifischem Wandel.<br>Zusätzlich wirken das Commitment sowie die Selbstkontrolle (locus of control) über die mediierende Variable Change Schema auf die Einstellung gegenüber spezifischem Wandel. |
| Lines, 2004 | Fragebogenbasierte Erhebung<br><br>Manager | Partizipation reduziert Widerstand gegenüber der Veränderung.<br>Das Ausmaß der Kompatibilität der Neuerung mit der Unternehmenskultur sowie den persönlichen Zielen der Betroffenen moderieren diesen Zusammenhang. |
| Meyer, Srinivas, Lal & Topolnytsky, 2007 | Zwei fragebogenbasierte Studien<br>Mitarbeiter und Manager | Die Autoren bestätigen den Zusammenhang zwischen Commitment und Unterstützung des organisationalen Wandels. |
| Nippa, 1997 | Expertenbefragung<br><br>Führungskräfte verschiedener Ebenen | Barrieren organisationaler Veränderungsprozesse:<br>- Gewohnheiten/Besitzstände/Ängste,<br>- die existierende Organisation,<br>- soziale Faktoren/Mensch und<br>- Defizite des Implementierungsprojekts.<br>Motoren organisationaler Veränderungsprozesse:<br>- externer Handlungs-/Leistungsdruck,<br>- Beteiligung des Top Managements,<br>- Mitarbeiter aller Unternehmensebenen sowie<br>- Projektziele und -besetzung. |

| Autoren | Forschungsmethode / Befragte | Zentrale Erkenntnisse zu Ursachen von (fehlender) Akzeptanz und geeigneten Maßnahmen* (Fortsetzung) |
|---|---|---|
| Peach, Jimmieson & White, 2005 | Fragebogenbasierte Erhebung<br><br>Mitarbeiter | Mitarbeiter mit für den Wandel förderlichen Verhaltensweisen schätzen im Vergleich zu denjenigen mit moderaten Verhaltensweisen die Auftretenswahrscheinlichkeit des Nutzens der Veränderung sowie die damit verbundenen Annehmlichkeiten höher ein, wobei sich beide Mitarbeitergruppen nicht hinsichtlich ihrer Kosteneinschätzung der Veränderung unterschieden. |
| Reichers, Wanous & Austin, 1997 , Wanous, Reichers & Austin, 2000 | Daten empirischer Studien(Interviews, Fragebögen) sowie bereits veröffentlichter Forschung<br><br>Manager und Gewerkschaftsmitglieder, Mitarbeiter | Zynismus gegenüber Veränderungen beeinflusst entsprechende Motivation, Commitment und Zufriedenheit der Mitarbeiter negativ.<br>Dieser Zynismus wiederum resultiert aus<br>- dem Misserfolg vergangener Change-Projekte,<br>- einer geringen Anzahl vergangener Unternehmensveränderungen,<br>- ineffektiver Führung,<br>- fehlender Information und Partizipation der Beteiligten sowie<br>- der individuellen Disposition zum Zynismus. |
| Vakola, Tsaousis und Nikolaou (2004) | Fragebogenbasierte Erhebung<br><br>Angestellte (privatwirtschaftlich + öffentlich) | Die Autoren bestätigen in ihrer Untersuchung Zusammenhänge zwischen der Persönlichkeit bzw. emotionaler Intelligenz und der Einstellung gegenüber organisationalen Veränderungen.<br>Demnach hängen Extraversion, Selbstvertrauen, Verträglichkeit, Offenheit für Erfahrungen sowie Einstellungen gegenüber Veränderungen positiv zusammen. Die negative Beziehung zu Neurotizismus ist nicht signifikant.<br>Emotionale Intelligenz erklärt über die Persönlichkeitseffekte hinausgehend positive Einstellungen gegenüber Veränderungen.<br>Den Ergebnissen zu Folge differieren Männer und Frauen unterschiedlicher Betriebszugehörigkeit nicht hinsichtlich ihrer Einstellung gegenüber Unternehmensveränderungen. |
| van Dam, Oreg & Schyns, 2008 | Fragebogenbasierte Erhebung<br><br>Mitarbeiter | Information, Partizipation und Vertrauen in das Management als drei Charakteristika eines Change-Prozesses mediieren vollständig die Beziehung zwischen LMX und wahrgenommenem Veränderungsklima mit dem Widerstand.<br>Offenheit für Veränderungen im Job hängt positiv, Betriebszugehörigkeit negativ mit Widerstand zusammen. |
| Wanous, Reichers & Austin, 2004 | Fragebogenbasierte Erhebung<br><br>Manager und Angestellte (privatwirtschaftlich + öffentlich) | Führungskräfte sollten Zynismus bzgl. organisationaler Veränderungen dadurch verringern, dass sie Pessimismus und Attribution der Mitarbeiter beeinflussen. |

**Tabelle 1: Zusammenfassung empirischer Ergebnisse zu Ursachen (fehlender) Akzeptanz und geeigneten Maßnahmen**
**Quelle: Eigene Darstellung**

Die dargestellten Studien untersuchen eine Vielzahl von Einflussgrößen auf die Akzeptanz von Veränderungen. Folgende Abbildung 14 fasst diese überblicksartig zusammen.

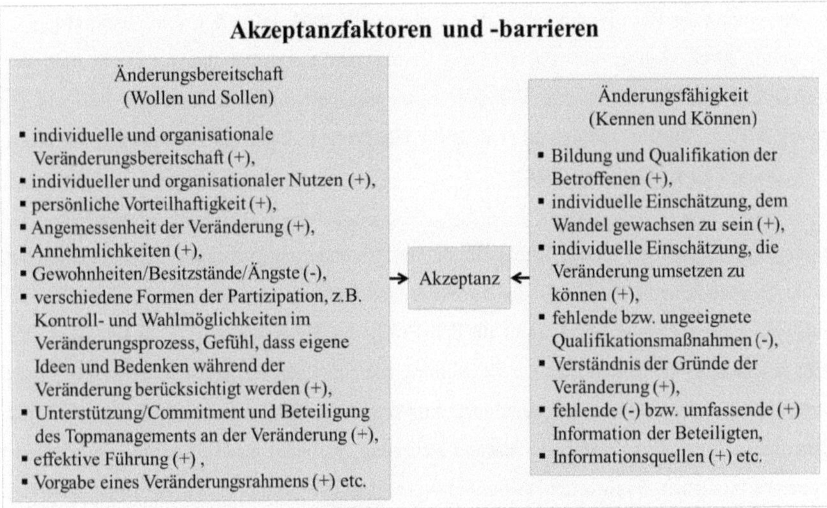


**Abbildung 14: Zusammenstellung möglicher Akzeptanzfaktoren und -barrieren**
**Quelle: Eigene Darstellung**

Als zentrale Akzeptanzfaktoren im Change-Prozess, welche die Motivationsdimension präzisieren, kristallisieren sich u. a. der individuelle Nutzen, der organisationale Nutzen, die persönliche Vorteilhaftigkeit, Angemessenheit der Veränderung, Annehmlichkeiten und Gewohnheiten/Besitzstände/Ängste heraus (z. B. Besley, 2010; Chrusciel & Field, 2006; Davis, 1989; Giangrecco & Peccei, 2005; Holt et al., 2007; Jeremias, 2001; Kim et al., 2010; Nippa, 1997; Kotter & Schlesinger, 2008; Peach et al., 2005). Auch verschiedene Formen der Partizipation beeinflussen die Akzeptanz, z. B. Kontroll- und Wahlmöglichkeiten im Veränderungsprozess und das Gefühl, dass eigene Ideen und Bedenken während der Veränderung berücksichtigt werden (z. B. Eby et al., 2000; Gagné et al., 2005; Kotter & Schlesinger, 2008; van Dam et al., 2008; Wanous et al., 2000). Variablen wie z. B. Verständnis der Gründe der Veränderung, fehlende bzw. umfassende Information der Beteiligten und Informationsquellen sind der Informationsdimension zuzuordnen (z. B. Chrusciel & Field, 2006; Gagné et al., 2005; Reichers et al., 1997). Die Bildung und Qualifikation der Betroffenen, individuelle Einschätzung, dem Wandel gewachsen zu sein sowie die Veränderung umsetzen zu können und auch fehlende bzw. ungeeignete Qualifikationsmaßnahmen, etc., bestimmen als mögliche

Einflussgrößen die Akzeptanz von Veränderungen (z. B. Holt et al., 2007; Iverson, 1996). Unterstützung/Commitment und Beteiligung des Topmanagements an der Veränderung, aber auch effektive Führung und die Vorgabe eines Veränderungsrahmens wirken sich positiv auf die Akzeptanz der Betroffenen aus (z. B. Cheng et al., 2007; Furst & Cable, 2008; Higgs & Rowland, 2005; Holt et al., 2007; Meyer et al., 2007). Darüber hinaus spielt auch die individuelle und organisationale Veränderungsbereitschaft eine entscheidende Rolle (z. B. Bovey & Hede, 2001a; Cunnigham et al, 2002; Hanpachern et al., 1998; Iverson, 1996; Jones et al., 2005; Lau & Woodman, 1995).

Implementierungsarbeit ist ein Erfolgsfaktor von Veränderungsprojekten und beinhaltet die direkt beeinflussbaren Parameter des Einführungsprozesses. Sie sind entscheidend für die Entstehung der Akzeptanz und somit für den Erfolg der Veränderung (vgl. Wahl, 2001, 45; Witt & Klaus, 1997, 23-28). Aus der Darstellung der einzelnen Defizite sowie den jeweiligen Maßnahmen zu deren Behebung resultiert, dass man bei erfolgreicher Umsetzungsarbeit die Betroffenen über die zu implementierende Neuerung (Kennen) informiert, die mit der Neuerung verbundenen Fähigkeiten (Können) vermittelt, die Bereitschaft zu einer passiven Verhaltensänderung (Wollen) erzeugt und die Bereitschaft zur aktiven Übernahme einer Rolle im Implementierungsprozess (Sollen) fördert (vgl. Reiß, 1993, 551-553). Kommunikations-, Organisations-, Motivations- und Unterstützungsmaßnahmen sind nach Tarlatt (2001, 219-290) wesentlich[80], um die Akzeptanz eines variablen Vergütungssystems zu fördern.[81] Die empirischen Erkenntnisse zeigen, wie vielfältig die Einflussgrößen auf mögliche Einstellungen gegenüber Veränderungen und Reaktionen auf Veränderungen sein können. Sie verdeutlichen, dass sowohl die Umstände, die Maßnahmen, die beteiligten Personen sowie Merkmale und Einstellungen der Betroffenen sowie deren Erfahrungen dabei jeweils entscheidend sind. Um die Ausführungen zur Implementierung als Phase des organisationalen Veränderungsprozesses abzuschließen, fasst das folgende Kapitel die wesentlichen Punkte und die Konsequenzen für die vorliegende Arbeit kurz zusammen.

---

[80] Diese Implementierungsmaßnahmen basieren auf den Maßnahmengruppen Information, Qualifikation, Motivation und Organisation von Reiß (vgl. Reiß, 1993, 552 f.). Vergleichbar damit sind auch die von Streich (1997, 247) genannten phasenorientierten Aktionen Information, Kommunikation, Training, Coaching und Mentoring, die das Unternehmen zur Unterstützung in den einzelnen Phasen des Veränderungsprozesses (vgl. Kapitel 3.3.1) einsetzen kann.

[81] Vgl. auch Reiß (1993, 552 f.) sowie Hinkofer und Mandl (2003, 14 f.).

### 3.3.5 Zusammenfassung und Konsequenzen für die Arbeit

Organisationale Veränderungsprozesse lassen sich an Hand verschiedener Kriterien charakterisieren. So stellen sowohl die Episoden, in denen sie stattfinden, als auch die Objekte, die sie betreffen sowie die Formen in Abhängigkeit der Wandlungstiefe relevante Merkmale dar (vgl. z. B. Greiner, 1972, 40-44; Krüger, 1994a, 358-361). Ein weiteres wichtiges Element ist der Veränderungsprozess, in den die Phase der Implementierung eingeordnet wurde. Dabei zeigen verschiedene Modelle, dass es sich bei Veränderungen um einen längeren Prozess handelt, bei dem das betroffene Individuum eine entscheidende Rolle einnimmt, anstatt dass sie von einem Moment zum nächsten passieren. Insbesondere die differenzierte Betrachtung veranschaulicht die Bedeutung der Akzeptanz, indem sie diese als eine Art Wendepunkt und Voraussetzung für eine tatsächliche Veränderung deutlich macht (vgl. Lewin, 1947; Sackmann, 2007, 164-166; Streich, 1997, 242-247). Der tatsächliche Ablauf eines Change-Prozesses hängt entscheidend vom Verhalten der an der Veränderung beteiligten Personen ab (vgl. Böhnisch, 1975, 1047), wobei Schlüsselakteure verschiedene Rollen einnehmen können. Während im Zusammenhang mit der Implementierung von Anreizsystemen bzw. variabler Vergütung, Strategen diejenigen sind, die meist am Anfang eines Veränderungsprozesses stehen und maßgeblich das Konzept beeinflussen, sind die Implementatoren und Change-Agents diejenigen, die im Wesentlichen für die Einführung des Systems verantwortlich sind, jedoch nur geringen bis keinen Einfluss auf die Konzeption haben (vgl. z. B. Kanter et al., 1992, 16 f.; 375-382; Marr & Kötting, 1992, 827 f.; Reiß, 1997a, 24; Wahl, 2001, 47). Die Betroffenen stellen die für diese Arbeit relevanteste Gruppe dar, da sie von der Implementierung der variablen Vergütung betroffen sind, und zum ersten *bereit sein sollen, sich variabel vergüten zu lassen* sowie *sich im Sinne der Anreize des Systems zu verhalten,* und sich zum zweiten auch tatsächlich im Sinne der Anreize verhalten sollen.

In diesem Zusammenhang stellt sich die Frage, was mit dem Begriff der Implementierung gemeint ist. In Anlehnung an Wahl (2001, 47) basiert die vorliegende Arbeit auf dem engen Begriffsverständnis, das die in der Praxis am häufigsten anzutreffenden Fälle widerspiegeln dürfte: Die Implementierung einer Veränderung findet erst nach der Entscheidung für ein Konzept statt, wobei Änderungsmöglichkeiten nicht vorgesehen sind. Die grundsätzliche Entscheidung für die Einführung eines variablen Vergütungssystems wird somit als Kontextfaktor der Implementierung im Rahmen dieser Arbeit vorausgesetzt.[82] Die Implementierung entspricht hier dem Teilbereich *Realisierung*, also der Phase, in der auch das in der vorherigen Phase entwickelte Akzeptanzkonzept (Kapitel 3.5) zur Anwendung kommt (vgl. z. B. Mandl et al., 2007, 167-177; Tarlatt, 2001, 94 f.; Winkler & Mandl, 2004, 209-214). Die Ausführungen zeigen zudem die Bedeutung der Akzeptanz (soziale Effizienz) als Ziel des Implementierungsprozesses, das neben Kosten, Zeit und Qualität bzw. Kundennutzen (ökonomische Effizienz) von entscheidender Bedeutung ist. Aus Organisationssicht zeigt sich Akzeptanz im Ausmaß von Widerstand (vgl. z. B. Krüger, 1994b, 217; Dienstbach, 1972, 106-108; Marr & Kötting, 1992, 829; Marr & Stitzel, 1979, 57; Kapitel 2.4.2). Akzeptanz gilt es zu fördern und zu sichern. Fehlende Akzeptanz hingegen soll vermieden werden, fehlt sie dennoch, ist geeignet mit ihr umzugehen. Die Maßnahmen der Implementierung, welche die direkt beeinflussbaren Ansatzpunkte des Einführungsprozesses beinhalten, sind entscheidend für die Entstehung der Akzeptanz und somit für den Erfolg von Veränderungsprojekten. Die Implementierungsarbeit wird deshalb auch als Erfolgsfaktor bezeichnet (vgl. z. B. Wahl, 2001, 45; Witt & Klaus, 1997, 23-28). Der Überblick über Ergebnisse empirischer Studien zu den Ursachen (fehlender) Akzeptanz und geeigneten Maßnahmen verdeutlicht die Vielzahl möglicher Akzeptanzfaktoren. Die Ausführungen zeigen, dass man idealer Weise bei der Umsetzungsarbeit die Betroffenen über die zu implementierende Neuerung informiert, die mit der Neuerung verbundenen Fähigkeiten vermittelt, die Bereitschaft zu einer passiven Verhaltensänderung erzeugt und die Bereitschaft zur aktiven Übernahme einer Rolle im Implementierungsprozess fördert (vgl. Reiß, 1993, 551-553). Kommunikations-, Organisations-, Motivations- und Unterstützungsmaßnahmen sind dementsprechend wesentliche Implementierungsmaßnahmen, die sich eignen, um die Akzeptanz eines variablen Vergütungssystems zu fördern (vgl. Tarlatt, 2001, 219-290).

Wie ein geeignetes Konzept zur Förderung der Akzeptanz eines variablen Vergütungssystems im Implementierungsprozess gestaltet sein kann, wird in Kapitel 3.5 behandelt. Um dieses zielführend entwickeln zu können, ist es zunächst jedoch erforderlich, mögliche Reaktionen auf Veränderungen näher zu betrachten und Akzeptanz in das gesamte Spektrum möglicher Reaktionen einzuordnen. Neben diesen in Kapitel 3.4.1 behandelten, definitorischen und strukturellen Überlegungen ist es für den Erfolg von organisationalen Veränderungen zudem hilfreich, das Zustandekommen von Akzeptanz zu verstehen, relevante Einflussgrößen zu

[82] Auch die Plananpassung wird zunächst ausgeklammert. Sie stellt eine nach dem Pilotprojekt bereits durchgeführte und ggf. erneut im nächsten Schritt zu vollziehende Möglichkeit dar, um die Akzeptanz der Veränderung zu beeinflussen (vgl. Kapitel 3.3.2).

kennen und insbesondere sich der Rolle der Persönlichkeit bewusst zu sein. Dementsprechend thematisieren das Kapitel 3.4.2 Theorien und Modelle zur Erklärung von Akzeptanz und Kapitel 3.4.3 interindividuelle Unterschiede im Umgang mit Veränderungen. Anschließend werden die Erkenntnisse dieser Ausführungen zusammengefasst und ihre Konsequenzen für die vorliegende Arbeit aufgezeigt (Kapitel 3.4.4) Das dritte Kapitel schließt dann mit Gestaltungsaspekten für ein Akzeptanzkonzept für eine mitarbeiterorientierte Implementierung (Kapitel 3.5).

## 3.4 Reaktionen auf Veränderungen

Nichts gilt als so beständig wie die Veränderung. Und obwohl diese allgegenwärtig ist, bereitet sie den Menschen häufig Schwierigkeiten (vgl. Sackmann, 2007, 166). Welche Faktoren die Akzeptanz von Veränderungen fördern können und worin mögliche Barrieren bestehen, war Gegenstand des vorherigen Kapitels. Neben der Akzeptanz, deren bestmöglicher Erreichungsgrad Ziel eines Implementierungsprozesses ist, sind jedoch weitere Reaktionen seitens der Betroffenen denkbar, da die Resonanz der Mitarbeiter auf Veränderungen grundsätzlich sehr unterschiedlich ausfallen kann. Denn während die einen dem Wandel positiv gegenüber stehen und ihn als Chance zum Lernen und Wachsen ansehen, reagieren andere schon auf kleinste Veränderungen negativ (vgl. Wanberg & Banas, 2000, 132). Individuen unterscheiden sich hinsichtlich ihrer Fähigkeiten, Veränderungen zu veranlassen und auch wirksam damit umzugehen. Persönlichkeitsmerkmale, aber auch frühere Erfahrungen, bilden die Basis für diese interindividuellen Unterschiede (vgl. Sackmann, 2007, 167-168; Kapitel 3.4.3). Mögliche Reaktionen auf Veränderungen, die sowohl positiv (Akzeptanz, Annahme, Zustimmung, ...) als auch negativ (Reaktanz, Widerstand, Ablehnung, ...) ausfallen können, sind Bestandteil dieses Kapitels. Der Fokus liegt dabei insbesondere auf der Akzeptanz von Veränderungen. Um das Phänomen der Akzeptanz begreifbar zu machen und darauf basierend ein für diese Arbeit einheitliches Verständnis zu schaffen, werden zunächst definitorische und strukturelle Grundlagen betrachtet (Kapitel 3.4.1).

### 3.4.1 Definitorische und strukturelle Grundlagen der Akzeptanz

Da Akzeptanz nur eine der möglichen Reaktionen darstellt, die Veränderungen auslösen können, wird im Folgenden die mögliche Bandbreite der Reaktionen dargestellt, Akzeptanz dort eingeordnet und notwendige Begriffsabgrenzungen vorgenommen (Kapitel 3.4.1.1), bevor die Ebenen der Akzeptanz und ihr Zusammenspiel in den Mittelpunkt der Betrachtung rücken (Kapitel 3.4.1.2, 3.4.1.3). Daraus resultiert das dieser Arbeit zu Grunde liegende Akzeptanzverständnis. Darauf aufbauend liefern die nachfolgenden Kapitel theoretische Erklärungsbeiträge zum Zustandekommen von Akzeptanz (Kapitel 3.4.2) und gehen auf die interindividuellen Unterschiede im Umgang mit Veränderungen ein (Kapitel 3.4.3). Abschließend werden die Erkenntnisse dieser Ausführungen zusammengefasst und ihre Konsequenzen für die vorliegende Arbeit aufgezeigt (Kapitel 3.4.4).

#### *3.4.1.1 Definitorische Inhalte und Begriffsabgrenzungen*

Die Definitionen in der Literatur erweisen sich als äußerst heterogen, was zum Teil in der Verschiedenheit der Kontexte (z. B. Informationstechnologie, Marketingforschung, Organisationsentwicklung) begründet ist (vgl. Wahl, 2001, 31). Forschungen mit Akzeptanz als Untersuchungsgegenstand haben zum Ziel, „... technische Fehlentwicklungen zu vermeiden, die an den Bedürfnissen der Benutzer vorbeigehen; dazu gehört auch, ungewollte Folgen im ökonomischen und sozialen Bereich zu verhindern" (Helmreich, 1980, 21 f.).
Nach Wiendieck (1992, 91) ist Akzeptanz „... zunächst nur die positive Annahme oder Übernahme einer Idee, eines Sachverhalts, eines Gegenstandes oder einer Person und zwar im Sinne von aktiver Bereitwilligkeit, nicht lediglich im Sinne reaktiver Duldung oder Toleranz." Er unterscheidet, wie in Abbildung 15 dargestellt, die drei Konstrukte „Akzeptanz", „Toleranz" und „Reaktanz" an Hand der beiden Dimensionen positive Wertschätzung (evaluativ) und Aktivität (konativ, also handlungsbezogen).[83] Im Unterschied zur Toleranz zeichnet sich Akzeptanz durch Wertschätzung bei gleichzeitiger Handlungsbereitschaft aus. Der in dieser Definition verwendete Begriff „Bereitschaft" bezeichnet eine Verhaltensdisposition, die konkretes Verhalten entweder steuert oder aber zumindest beeinflusst.[84] Den Gegenpol dazu bildet die Reaktanz bzw. Resistenz (vgl. Krüger, 1994b, 205), die entsprechend jeweils eine negative Ausprägung der beiden Dimensionen vorweist (vgl. Wiendieck, 1992, 91). Änderungsakzeptanz bedeutet allgemein, die „aktive Bereitwilligkeit der Betroffenen, Wandlungsprozesse mitzutragen" (Krüger, 1994b, 205).

[83] Zur Unterscheidung zwischen verschiedenen Komponenten von (Einstellungs-)Akzeptanz vgl. Kapitel 3.4.1.2 dieser Arbeit.
[84] Vgl. auch Helmreich (1980, 22).

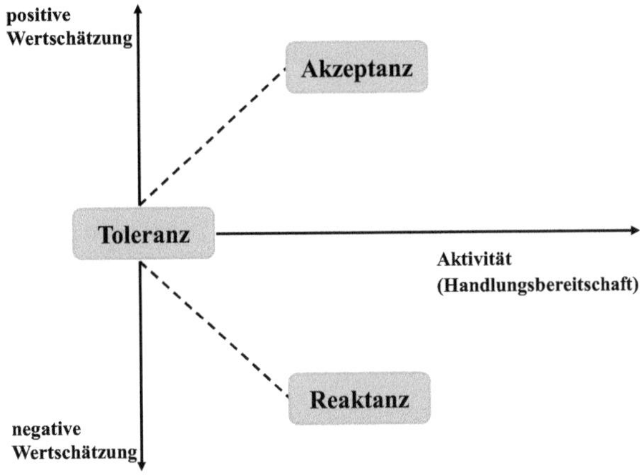


**Abbildung 15: Merkmale der Akzeptanz nach Wiendieck (1992)**
**Quelle: Wiendieck (1992, 91)**

Aufbauend auf der grundlegenden Feststellung, dass Akzeptanz in etwa Zustimmung ausdrückt, gewinnt der Akzeptanzbegriff durch die Unterscheidung zwischen Akzeptanzsubjekt, -objekt und -kontext einen ersten Bezugsrahmen (vgl. Lucke, 1995, 88). Akzeptanz als transitiver Begriff bezieht sich auf ein oder mehrere Objekte und ist somit in mehrfacher Hinsicht relational und relativ (vgl. Lucke, 1995, 89). Dementsprechend bezieht sich Akzeptanz auf ein Akzeptanzobjekt, wie beispielsweise Verhaltensweisen, Handlungen, Handlungsmuster und Lebensstile sowie auf die dahinterliegenden Werte und Normen. Personen oder -gruppen, die das Akzeptanzobjekt akzeptieren sollen, sind die Akzeptanzsubjekte, während die Umgebung, in der sich Akzeptanzsubjekt und -objekt befinden, als -kontext bezeichnet wird. Dabei stellen im Wesentlichen maßgebliche Bezugsgruppen und das soziale Umfeld (Politik, Technik, Recht, Alltag) den Kontext dar (vgl. Lucke, 1995, 89 f.). Im organisatorischen Kontext interessieren insbesondere diejenigen Objekte, bei denen die Akzeptanz durch die Mitarbeiter wichtig für die Aufgabenerfüllung bzw. Zielerreichung des Unternehmens ist, wie beispielsweise (Führungs-) Personen, Organisationsformen, -strukturen oder, wie in der vorliegenden Arbeit, Anreiz- bzw. variable Vergütungssysteme (vgl. Wahl, 2001, 34).

Akzeptanz zeichnet sich im Gegensatz zum passiven Dulden, das durch den Begriff Toleranz ausgedrückt wird, durch eine aktive Komponente aus (vgl. Wiendieck, 1992, 91). Auch ist Akzeptanz weder gleich verteilt, noch konstant bleibend, sondern lässt sich graduieren (vgl. Lucke, 1995, 90). Es existieren verschiedene Ansätze zur Definition und Bezeichnung der Abstufungen zwischen den Ausprägungen. So reicht beispielsweise die elfstufige Akzeptanzskala von Helmreich (1980, 22), die Einstellungs- und Verhaltenskomponenten mischt und Akzeptanz somit als Zusammenspiel von Einstellung und Verhalten betrachtet, von Begeisterung auf der Zustimmungsseite über Gleichgültigkeit bis hin zu Sabotage auf der Ablehnungsseite (vgl. Kühlmann, 1988, 45; Müller-Böling & Müller, 1986, 22).[85] Ähnlich wie Helmreich (1980, 22), der Akzeptanz als Kontinuum sieht, womit das Verständnis über eine bloße Ja/Nein- Eigenschaft hinausgeht (vgl. Wahl, 2001, 35), betrachtet auch Coetsee (1999, 206-219) Commitment – das er mit Akzeptanz gleichsetzt – und Widerstand als Kontinuum, woraus verschiedene Verhaltensweisen gegenüber Veränderungen resultieren, die von unterstützend bis zerstörend reichen.

Auch Pongratz und Trinczek (2005, 9) nehmen eine ähnliche Differenzierung vor, indem sie zwischen Enthusiasmus, Commitment und Akzeptanz als zustimmende, Indifferenz als neutrale und Skepsis, Verweigerung und Widerstand als ablehnende Haltungen gegenüber Veränderungen unterscheiden (vgl. Abbildung 16).

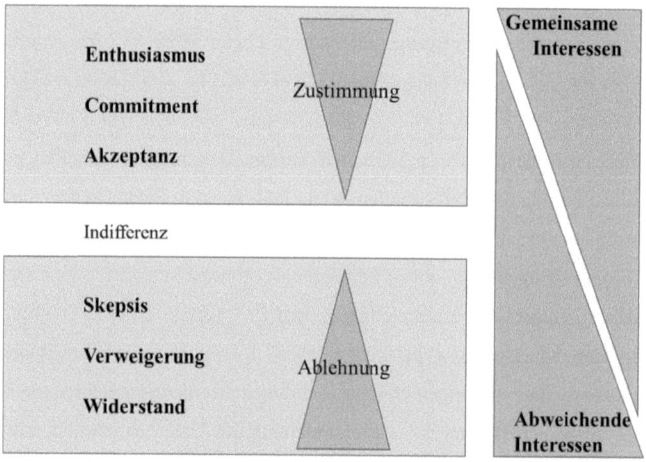


**Abbildung 16: Haltungen zum Change-Prozess**
**Quelle: Pongratz und Trinczek (2005, 9)**

Die Haltung hängt dabei von der Übereinstimmung der Interessen ab. Die Zustimmung (Ablehnung) ist demnach umso größer (kleiner), je mehr gemeinsame (abweichende) Interessen vorliegen. In den Interessen finden sich auch die im zweiten Kapitel betrachteten

[85] Akzeptanzskala nach Helmreich (1980, 22): Begeisterung, aktive Mitarbeit, Bereitwilligkeit, Mitarbeit unter Druck, dulden, Gleichgültigkeit, fehlende Lernbereitschaft, Ausweichen, Protest, Missbrauch, Sabotage.

motivationspsychologischen und anreizsystemrelevanten Aspekte wieder. Demnach ist wichtig, dass die vom Unternehmen gesetzten Anreize die Motive der Mitarbeiter aktivieren (vgl. Rosenstiel, 2003, 77, 226). Diesem sogenannten Anreiz-Bedürfnis-Zusammenhang auf Mitarbeiterseite entspricht auf Unternehmensseite der Ziel-Kriteriums-Zusammenhang, der beschreibt, inwiefern sich die Kriterien des Vergütungssystems, also die vom Mitarbeiter zu verfolgenden Ziele, mit den Zielen des Unternehmens decken (vgl. Kossbiel, 1994, 86).

Der Begriff „Reaktanz" findet meist in einem negativen Kontext Verwendung. Diese negative Sichtweise erschwert es jedoch, die nützlichen Funktionen von Reaktanz, welche die Ursache von Widerstand darstellt, zu erkennen. Widerstand tritt bei einem ausreichend hohen Reaktanzniveau auf und soll das Reaktanzgefühl kompensieren. Dabei hängt die Stärke des Widerstands von der Stärke des Reaktanzgefühls ab (vgl. Tarlatt, 2001, 60 f., 66). Während destruktiver Widerstand dysfunktional ist und die Veränderung verhindern, verzögern oder verformen soll, zielt der konstruktive Widerstand auf ihre Verbesserung ab und ist somit funktional (vgl. Ford et al., 2008, 368-372; Hauschildt & Salomo, 2007, 181-183).

In der Literatur finden sich neben Akzeptanz weitere Begriffe mit gleicher oder ähnlicher Bedeutung. So besteht beispielsweise nach Reiß (1997b, 92) zwischen Akzeptanz und Commitment, also Selbstverpflichtung, eine gewisse Verwandtschaft, manche setzen diese sogar gleich (z. B. Coetsee, 1999, 210). Meyer et al. (2007, 191-206) wie auch Herscovitch und Meyer (2002, 479-483) weisen in ihren Untersuchungen einen Zusammenhang zwischen Commitment der Mitarbeiter und Unterstützung des organisationalen Wandels nach. Betrachtet man die Operationalisierung des Konstrukts Unterstützung in den Untersuchungen, lässt sich diese auch als Akzeptanz bezeichnen.[86] Akzeptanz und Enthusiasmus gleichzusetzen ist nach Reiß (1997b, 92) allerdings nicht korrekt. Ähnlich kommen beispielsweise auch Pongratz und Trinczek (2005, 2) zu dem Schluss, dass Manager bei Change-Projekten die Betroffenen häufig durch zu hohe Commitment-Erwartungen unnötig unter Druck setzen. Dabei entscheidet nicht Enthusiasmus über den Erfolg, sondern Akzeptanz, die besteht, wenn die meisten Betroffenen ein Veränderungsvorhaben unterstützen, obwohl ihre Interessen abweichend sind (vgl. Pongratz & Trinczek, 2005, 2; Abbildung 16).

---

[86] Unterstützung des organisationalen Wandels ist jeweils operationalisiert als Kontinuum mit den Ankerpunkten „*active resistance, passive resistance, compliance, cooperation, championing*" (vgl. Herscovitch & Meyer, 2002, 478; Meyer, Srinivas, Lal & Topolnytsky, 2007, 191, 194).

Die vorgestellten Definitionen und Abstufungen von Akzeptanz zeigen, dass diese sowohl Einstellungs- als auch Verhaltensaspekte umfassen kann. Will man nun die Akzeptanz von organisationalen Veränderungen bzw. der Implementierung variabler Vergütung im Unternehmen untersuchen, impliziert dies die Frage, wie ein Verhalten auf Grund von Einstellungen zu Stande kommt und welche Faktoren die Einstellungen und das Verhalten beeinflussen (vgl. Bürg & Mandl, 2004, 5). Auf diesen Zusammenhang geht das Kapitel 3.4.1.3 zur Verhaltensrelevanz der Einstellung im Speziellen ein und schließt mit der Akzeptanzdefinition, welche dieser Arbeit zu Grunde liegt. Daher setzt sich das folgende Kapitel zunächst mit der Struktur der Akzeptanz als Einstellung und/oder Verhalten auseinander.

#### *3.4.1.2 Struktur der Akzeptanz als Einstellung und/oder Verhalten*

Ein Blick auf die Struktur der Akzeptanz zeigt verschiedene Akzeptanzebenen (vgl. Lucke, 1995, 82 f.): Akzeptanz kann als eine bestimmte Einstellung oder als ein bestimmtes Verhalten betrachtet werden (vgl. Krüger, 1994b, 207; Müller-Böling & Müller, 1986, 25). Diese Unterscheidung resultiert nach Müller-Böling & Müller (1986, 27) aus den unterschiedlichen Ansätzen in der Literatur und ist auf die verschiedenen Möglichkeiten der empirischen Erfassung zurückzuführen.

Die **Einstellungsebene** umfasst dabei eine latente Akzeptanzbereitschaft, die zwar erfragt und gegebenenfalls überprüft, auf die ansonsten allerdings höchstens indirekt geschlossen werden kann. Auf der **Handlungsebene** spricht man hingegen von tatsächlicher Akzeptanz, die beobachtbar ist und sich in Verhaltenskonformität oder in der Selbstverständlichkeit des Umgangs mit Dingen, Personen oder Situationen zeigt (vgl. Lucke, 1995, 82 f.).[87] Da die Handlungsbereitschaft dabei unter das Konstrukt der Einstellung fällt, stellt Akzeptanz ein zweidimensionales Konstrukt dar (vgl. Müller-Böling & Müller, 1986, 25).

Dieses mehrdimensionale Verständnis, das sowohl die Einstellungs- als auch die Verhaltensakzeptanz umfasst, hat sich in der Akzeptanzforschung weitgehend durchgesetzt. Dies erlaubt auch die Differenzierung zwischen ‚innerer Akzeptanz' (überzeugungsbezogen) und ‚äußerer

---

[87] Verschiedene Autoren ergänzen diese Ebenen. So erweitert beispielsweise Kollmann (2000, 71) diese beiden Ebenen noch um die Nutzungsebene. Lucke (1995, 83) wiederum unterscheiden von der Handlungs- und der Einstellungsebene zudem die Wert- und Zielebene. Diese umfasst die an Hand bestimmter Maßstabskriterien (z. B. übergeordnete Werte oder Ziele) objektiv festgelegte Akzeptierbarkeit von Handlungen, Maßnahmen und Entscheidungen.

Akzeptanz‘ (verhaltensmäßig) (vgl. Wiendieck, 1992, 91).[88] Widerstand (äußere Nicht-Akzeptanz) stellt somit eine Folge von Reaktanz (innere Nicht-Akzeptanz) dar.[89]

Da sich die Differenzierung zwischen Einstellungs- und Verhaltensakzeptanz in der Forschung durchgesetzt hat, befassen sich die folgenden Ausführungen ausführlicher mit der Unterscheidung zwischen (1) verhaltens- und (2) einstellungsorientierter sowie (3) kombinierter Sichtweise (vgl. Kühlmann, 1988, 44 f.).

(1) Entsprechend einer getrennten Betrachtungsweise zeichnet sich die erste Variante, die **verhaltensorientierte Verwendung** des Akzeptanzbegriffs, durch das Gleichsetzen von Akzeptanz und offenem Verhalten aus und verwendet diese Termini synonym. Dieser Sichtweise liegt zumindest implizit die Annahme zu Grunde, dass ein positives, offenes Verhalten auf eine entsprechende Einstellung schließen lässt. In der Realität ist dies jedoch nicht immer zutreffend. So kann der Grund dafür, dass sich ein dem System gegenüber negativ eingestellter Mitarbeiter im Sinne des Vergütungssystems verhält, beispielsweise an angedrohten, formalen Sanktionen liegen, anstatt aus seiner Einstellung zu resultieren (vgl. Herkner, 1992, 792; Kühlmann, 1988, 44; Müller-Böling & Müller, 1986, 26 f.; Vetter, 1987, 1160).

(2) Die **einstellungsorientierte Sichtweise** als zweite Variante betrachtet Akzeptanz als positive Einstellung im Rahmen des gedanklichen Konstrukts „Einstellung“ (vgl. Kruse, 2002, 44). Die Einstellung eines Individuums beeinflusst in bestimmten Situationen dessen Verhalten gegenüber Sachen oder Personen. Sie können als ein individuelles, in sich geschlossenes und relativ stabiles System von Gedanken, Gefühlen und Handlungsprädispositionen beschrieben werden (vgl. Staehle, 1999, 176). Diesem Verständnis von Akzeptanz liegt also die Annahme zu Grunde, dass Einstellungen das offene Verhalten gegenüber dem Einstellungsobjekt beeinflussen (vgl. Kruse, 2002, 45; Kapitel 3.4.1.3). Ivancevich und Matteson (1996, 126) definieren die Einstellung als „... a mental state of readiness learned and organized through experience, exerting a specific influence on a person’s response to people, objects or situations with which it is related.“ Einstellung ist eine psychische Tendenz, die dadurch zum Ausdruck kommt, dass ein Individuum ein bestimmtes Objekt mit einem

[88] Lucke (1995, 83) bezeichnet die Ausprägungen dieser Unterscheidung als Oberflächenphänomene äußerer Zustimmung und Tiefenphänomene innerer Akzeptanz. Demnach kann man „eine Handlung (zumindest nach außen hin) akzeptieren, indem man sie nicht ausdrücklich verurteilt, aber auch nicht ausgesprochen gut heißt. Beides sagt für sich genommen noch nichts über die innere Einstellung zu ihr und gleicht darin dem begrenzten „Wahrheitswert“ von verbalen Zustimmungsäußerungen“ (Lucke, 1995, 83).

[89] Vgl. auch Tarlatt (2001, 61).

gewissen Grad an Zu- oder Abneigung beurteilt. Während sich die psychologische Tendenz dabei auf die innere Haltung einer Person bezieht, bezieht sich die Bewertung auf alle evaluativen Reaktionen. Diese können sowohl offen als auch verdeckt, kognitiv, affektiv oder auch verhaltensbezogen sein (vgl. Eagly & Chaiken, 1993, 1 f.). Daraus lassen sich drei wesentliche Merkmale des Konstrukts Einstellung ableiten. Aufschluss darüber gibt das Modell von Rosenberg und Hovland (1969), das zwischen kognitiver, affektiver und konativer (vgl. Krech, Crutchfield & Ballachey, 1962, 140; McGuire, 1969, 155 f.; Rosenberg & Hovland, 1969, 3; Staehle, 1999, 176 f.) Komponente unterscheidet.

- Die **kognitive (gedankliche)** Komponente beinhaltet das Wissen des Individuums über das Einstellungs- bzw. Akzeptanzobjekt, das aus der bewussten Wahrnehmung der Gestalt oder von Details des Objektes (oder der Person oder Situation) resultiert (vgl. Staehle, 1999, 176) sowie die Gegenüberstellung von Kosten und Nutzen (vgl. Krech et al., 1962, 140; Quiring, 2006, 4) des Akzeptanzobjektes. Kognitionen, auch Meinungen genannt (vgl. Schiefele, 1990, 4), zeigen sich beispielsweise durch Wahrnehmungsreaktionen oder verbale Ansichtsäußerungen (vgl. Kiessler-Hauschildt & Scholl, 1972, 57).

- Die **affektive (gefühlsmäßige)** Komponente, der Kern einer Einstellung, drückt die Gefühle bzw. die emotionale Bewertung, die das Akzeptanzobjekt im Individuum hervorruft, aus und kann sich in physiologischen Reaktionen (z. B. Pulsschlag, Hautwiderstand) und verbalen Affektäußerungen zeigen (vgl. Kiessler-Hauschildt & Scholl, 1972, 57; Schiefele, 1990, 4; Staehle, 1999, 176).

- Die **konative (handlungsorientierte)** Komponente umfasst die Anreizwirkungen auf individuelles Handeln und Verhalten, das durch die Wahrnehmung des Akzeptanzobjektes veranlasst wird und sich in Aktionen und verbalen Verhaltensäußerungen zeigt (vgl. Kiessler-Hauschildt & Scholl, 1972, 57; Staehle, 1999, 176). Ist ein Individuum einem Objekt gegenüber positiv eingestellt, wird es bereit sein, dieses zu unterstützen oder zu fördern. Ist die Einstellung jedoch negativ, wird das Individuum gewillt sein, ihm zu schaden (vgl. Krech et al., 1962, 140).

Während eindimensionale Ansätze eine dieser Komponenten herausgreifen, gehen mehrdimensionale Ansätze davon aus, dass Einstellungen, im vorliegenden Fall Akzeptanz, aus mehreren Komponenten bestehen. Oppermann (1975, 53) erachtet es als unmöglich, Affekt und Kognition als Komponenten der Einstellung in getrennten Messwerten zu repräsentieren und sie damit zu differenzieren. Er unterscheidet aber die Einstellung als Bewertung eines Objektes (Affekt und Kognition) in der sozialen Umwelt des Individuums von der Verhaltensintention (Konation) diesem Objekt gegenüber (vgl. Oppermann, 1976, 127).[90] Somit ist bei der Einstellungsakzeptanz zwischen Einstellung als Bewertung (bestehend aus affektiven und kognitiven Aspekten) gegenüber dem Akzeptanzobjekt und der Verhaltensintention zu unterscheiden.

Die beschriebene, konzeptionelle Trennung zwischen Einstellungs- und Verhaltensebene verdeutlicht, dass sich hinsichtlich Akzeptanz bzw. Nicht-Akzeptanz von variablen Vergütungssystemen, wie in Tabelle 2 dargestellt, vier Benutzertypen differenzieren lassen (vgl. Müller-Böling & Müller, 1986, 27).

| | | Verhaltensakzeptanz | |
|---|---|---|---|
| | | Ja | Nein |
| Einstellungsakzeptanz | Ja | (1)<br>Überzeugter Benutzer/Umsteiger<br>➡ Promotor | (2)<br>Verhinderter Benutzer/Umsteiger<br>➡ Potenzieller Promoter |
| | Nein | (3)<br>Gezwungener Benutzer/Umsteiger<br>➡ Verdeckter Opponent | (4)<br>Überzeugter Nicht-Benutzer/Umsteiger<br>➡ Opponent |

**Tabelle 2: Benutzertypen entsprechend Verhaltens- und Einstellungsakzeptanz nach Müller-Böling (1986)**
**Quelle: Darstellung in Anlehnung an Bach (2006, 184); Müller-Böling und Müller (1986, 28)**

Der erste Fall beschreibt **Promotoren**, die den Idealfall darstellen, da Einstellung und Verhalten übereinstimmen und die Neuerung somit in jeder Hinsicht Akzeptanz genießt. Diese Personen gelten als neugierig, lernwillig, aufgeschlossen, sachorientiert, begeisterungsfähig und ansteckend und zeichnen sich durch Energie, Arbeitseinsatz und Leistungswillen aus.

Der zweite Benutzertyp, der **potenzielle Promotor**, verfügt zwar über eine positive Einstellung, kann oder darf die Neuerung jedoch nicht nutzen. Der Begriff ist zwar positiv assoziiert, die Personen sind allerdings die für das Wandlungsmanagement am schwierigsten zu

---

[90] Oppermann (1975, 52 f.) hält die Unterscheidung zwischen affektiven und kognitiven Einstellungskomponenten für unangebracht, da die Einstellung die Bewertung eines Objektes ist und demnach einen affektiven Aspekt einer Beziehung der Person zu einem Objekt erfasst. Diese wird über kognitive Verknüpfungen mit anderen Objekten gebildet und kann darüber auch indirekt ermittelt werden.

beeinflussende Gruppe. Ihre negative Verhaltensakzeptanz bremst den Veränderungsfortschritt. Sie gelten als Perfektionisten, Experten, ruhige Zeitgenossen und als jemand, der für seine Überzeugungen kämpft. Aus deren Streben nach 100 Prozent-Lösungen, welche durch die im Wandel getroffenen Kompromisse jedoch nahezu unerreichbar bleiben, resultiert ihr hinderliches Verhalten.

Die **verdeckten Opponenten** als dritter Typ lehnen im Gegensatz dazu die Neuerung einstellungsmäßig ab, sind aber etwa durch Druck von Vorgesetzten oder Kollegen zu deren Nutzung gezwungen. Charakteristika dieser Personengruppe sind Sicherheitsdenken, Nicht-Auffallen-Wollen, Mitläufer, Opportunismus, Pragmatiker und fehlende Alternativen.

Der vierte Fall, die **Opponenten**, beschreibt den überzeugten Nicht-Benutzer und stellt das Gegenstück zum Promotor dar. Sie lassen sich durch Begriffe wie Enttäuschung, Resignation, Querulantentum und Besitzstandwahrung charakterisieren.

Insbesondere die potenziellen Promotoren und die verdeckten Opponenten sind dadurch, dass Einstellung und Verhalten nicht übereinstimmen, problematisch (vgl. Bach, 2006, 183-186; Müller-Böling & Müller, 1986, 27 f.). Es zeigt sich auch, dass Akzeptanz auf Freiwilligkeit beruht (vgl. Kiefer, 1967, 4), sofern sie auf Einstellungs- und Verhaltensebene vorliegen soll. Erklärungsansätze für die Problematik fehlender Übereinstimmung zwischen Einstellung und Verhalten liefern beispielsweise die dissonanztheoretischen Überlegungen von Festinger (1978), wonach ein Individuum nach kognitiver Harmonie und somit dem Abbau von Dissonanzen strebt (vgl. Kapitel 3.4.2.2).

(3) Entsprechend der dritten Variante in Form der **kombinierten Sichtweise** wäre Akzeptanz nur dann vollständig erfassbar, wenn beide Aspekte berücksichtigt werden (vgl. Müller-Böling & Müller, 1986, 25 f.). Damit Akzeptanz vorhanden ist, muss folglich sowohl eine positive Einstellung als auch ein dementsprechendes, offenes Verhalten (anstatt bloß einer verdeckten Verhaltensbereitschaft) vorliegen (vgl. Kruse, 2002, 46). Suffel (1981, 165 f.) vertritt für den Gegenpol Widerstand eine ähnliche Auffassung: Verhaltensweisen, die dem Veränderungsziel entgegen gerichtet sind, müssen bewusst ausgewählt sein, um den unerwünschten Wirkungen der aktuellen Situation aktiv entgegenzutreten. Nur dann bezeichnet er sie als Widerstand. Nicht-Können oder Gleichgültigkeit gegenüber einer Veränderung reichen hinge-

gen nicht aus, um eine oder mehrere Verhaltensweisen als Widerstand einzustufen. Vielmehr muss der Wille dazukommen, die Veränderung nicht hinzunehmen.

Insgesamt ist festzuhalten, dass sich die Unterscheidung zwischen Einstellungs- und Verhaltensakzeptanz in der Akzeptanzforschung durchgesetzt hat (vgl. Wiendieck, 1992, 91). Akzeptanz beinhaltet somit die Einstellung gegenüber einem Akzeptanzobjekt (z. B. einem Verhalten) und das Verhalten selbst (vgl. Bach, 2006, 181 f.; Müller-Böling & Müller, 1986, 25 f.). Dies stützt die dieser Arbeit zu Grunde liegende Auffassung, wonach sich Akzeptanz erstens in der *Bereitschaft, auf das variable Vergütungssystem umzusteigen* sowie *sich im Sinne der Anreize des Systems zu verhalten,* und zweitens im tatsächliche Verhalten im Sinne der Anreize zeigt. Möchte man vor der Einführung des variablen Vergütungssystems die Akzeptanz bei den Betroffenen feststellen, beispielsweise um den Erfolg der Einführung prognostizieren oder auch um die Implementierungsmaßnahmen entsprechend auswählen und gestalten zu können, ist es nicht möglich, deren tatsächliches Verhalten im Sinne der Anreize des Systems zu beobachten. Stattdessen ist es möglich, deren Einstellung zum variablen Vergütungssystem zu erfragen und daraus auf ihr tatsächliches Verhalten zu schließen. Da der Zusammenhang zwischen Einstellung und Verhalten in der Literatur allerdings stark diskutiert wird, befasst sich das folgende Kapitel mit der Frage, inwiefern die Einstellung für das Verhalten relevant ist. Ausgangspunkt bilden dabei die zusammengefassten empirischen Erkenntnisse zur Verhaltensrelevanz der Einstellung. Anschließend werden die Theorie des geplanten Verhaltens (z. B. Ajzen, 1991) als möglicher theoretischer Erklärungsansatz für den beobachteten Zusammenhang zwischen Einstellung und Verhalten und ausgewählte Akzeptanzmodelle behandelt.

#### *3.4.1.3 Verhaltensrelevanz der Einstellung*

**Empirische Erkenntnisse zur Verhaltensrelevanz der Einstellung**

Zum Zusammenhang zwischen Einstellung und Verhalten gibt es zahlreiche Untersuchungen. Bezogen auf ihre Ergebnisse lassen sie sich in drei Kategorien einteilen. Demnach gibt es zum einen Studien, die keinen eindeutigen bzw. nur einen unzureichenden Zusammenhang zwischen Einstellung und Verhalten feststellen. Andere Studien hingegen unterstützen die Annahme, dass das Verhalten die Einstellung beeinflusst, während die dritte Kategorie hingegen zeigt, dass Einstellungen das Verhalten beeinflussen.

Lines (2005, 19) geht davon aus, dass aus positiven Einstellungen gegenüber Veränderungen und einer starken Beziehung zwischen Einstellung und Verhalten Verhaltensweisen resultieren, die fokussierte, ausdauernde und aufwendige Versuche darstellen, um die Implementierung einer Veränderung zu unterstützen und zu erleichtern. Inwieweit jedoch auf Grund der Kenntnis von bestimmten Einstellungen das Auftreten von damit in Zusammenhang stehenden Verhaltensweisen vorhergesagt werden kann, ist eine in der Psychologie häufig diskutierte und untersuchte Frage (vgl. Rosch & Frey, 1997, 302). So merkt z. B. Fishbein (1967, 477) kritisch an, dass eben diese Vorhersage nur ungenügend empirisch nachgewiesen ist. Auch zahlreiche aktuellere psychologische Studien stellen zunächst einen unzureichenden bzw. schwachen Zusammenhang zwischen Einstellung und Verhalten fest (vgl. Bürg & Mandl, 2005, 78; Eberl, 2006, 39 f.; Kroeber-Riel, Weinberg & Gröppel-Klein, 2009, 217 f.).[91] Herrmann (1999, 195) weist auf eine nicht selten vorzufindende Diskrepanz zwischen erhobener Einstellungs- und beobachteter Verhaltensakzeptanz hin. Die handlungsorientierte Komponente der Einstellung einer Person mag in diesem Fall eine andere sein, als das tatsächlich gezeigte Verhalten vermuten lässt. Diese Diskrepanz bzw. Inkonsistenz zwischen Einstellung und Verhalten wird als kognitive Dissonanz bezeichnet (vgl. Festinger, 1978; Ivancevich & Matteson, 1996, 127; Kapitel 3.4.2.2). Auch mediierende und moderierende Faktoren, die häufig den Zusammenhang zwischen Einstellung und Verhalten beeinflussen, können Ursache für deren geringe Korrespondenz sein (vgl. Ajzen & Fishbein, 1980, 25 f.).

Grundsätzlich gilt jedoch die Vermutung, dass Individuen verhältnismäßig rational im Einklang mit ihren Einstellungen handeln. Diese Annahme manifestiert sich in der E-V-Hypothese, der zur Folge Einstellungen (E) das Verhalten (V) determinieren, wobei aber auch der umgekehrte Zusammenhang möglich ist (vgl. Bierbrauer, 2005, 144; Kroeber-Riel et al., 2009, 217 f.; Roth, 1967, 102; Trommsdorff, 2009, 152-154). So liegt auch dem Modell Rosenstiel (1975, 32-34, 353, 356) zur Erklärung des motivierten Verhaltens in Organisationen die Annahme zu Grunde, dass die Verhaltensintention das tatsächliche Verhalten (Leistung) bestimmt. Die Ergebnisse verschiedener Studien stützen diese Hypothese. So analysieren Six und Eckes (1996, 7-16) verschiedene Metaanalysen zur Relation von Einstellung und Verhalten und kommen zu dem Ergebnis, dass der traditionelle Stereotyp einer nur schwachen Korrelation zwischen Einstellung und Verhalten revidiert werden sollte. Ebenso kommen Aronson, Wilson und Akert (2008, 214) nach der Literaturdurchsicht (z. B. Bono &

---

[91] Ein entsprechender Überblick findet sich z. B. bei Aronson, Wilson und Akert (2008, 214) und Wahl (2001, 69 f.).

Synder, 1995; Fazio, 1990; Zanna & Fazio, 1982) zu dem Schluss, dass Verhalten unter bestimmten Bedingungen an Hand der Einstellung vorhersagbar ist. Nach Ajzen (2001, 37) gelten starke Einstellungen als relativ stabil über die Zeit, resistent gegenüber Überzeugungsversuchen und eignen sich zur Vorhersage von Verhalten. Auch nach der Befundlage der Akzeptanzforschung ist die Einstellungsakzeptanz Hauptprädiktor und Mediator der Verhaltensakzeptanz (vgl. Bürg, Kronburger & Mandl, 2004, 6). Venkatesh und Bala (2008, 291) beispielsweise bestätigen die Verhaltensintention als signifikanten Prädiktor für das tatsächliche Verhalten. Bürg et al. (2004, 15) sowie Bürg (2005, 108 f.; 131) bestätigen in ihrer empirischen Untersuchung zur Akzeptanz von E-Learning ebenfalls den positiven Zusammenhang zwischen Einstellungs- und Verhaltensakzeptanz und kommen nach der Analyse der bivariaten Korrelationen zu dem Schluss, dass die erhobenen personalen, organisationalen und technischen Aspekte nicht direkt, sondern lediglich indirekt über die Einstellungs- mit der Verhaltensakzeptanz zusammenhängen. Gleiches gilt für die Aspekte des Individuums und der Lernumgebung.

Auch wenn der Zusammenhang zwischen Einstellung und Verhalten bislang nicht eindeutig geklärt ist, folgt diese Arbeit der gängigen Auffassung, dass Einstellungen dazu geeignet sind, das tatsächliche Verhalten vorherzusagen. Somit wird die *Bereitschaft, auf das variable Vergütungssystem umzusteigen* sowie *sich im Sinne der Anreize des Systems zu verhalten,* als Prädiktor für das tatsächliche Verhalten im Sinne der Anreize betrachtet. Diese Relation wird im Rahmen der empirischen Studie überprüft.

**Theoretischer Erklärungsansatz zum Zusammenhang zwischen Einstellung und Verhalten**

Einen Ansatz zur Erklärung des Zusammenhangs zwischen Einstellung und Verhalten liefert die Theorie des geplanten Verhaltens (vgl. Abbildung 17) von Ajzen (z. B. Ajzen, 1991). Im Mittelpunkt dieser Theorie steht die Identifikation der Determinanten einer individuellen Verhaltensentscheidung. Sie stellt eine Weiterentwicklung der Theorie der überlegten Handlung (z. B. Ajzen & Fishbein, 1980; Fishbein & Ajzen, 1975) dar, indem sie diese um den Aspekt der wahrgenommenen Verhaltenskontrolle ergänzt (vgl. Ajzen, 1991, 199; Conner & Armitage, 1998, 1432).[92] Die meisten Studien, die sich mit der Vorhersage von Verhalten auf

[92] Die Theorie des überlegten Handelns, die den Aspekt der Verhaltenskontrolle noch unberücksichtigt lässt, kann als Spezialfall der Theorie des geplanten Verhaltens verstanden werden, nämlich dann wenn das Ausmaß der Verhaltenskontrolle einen maximalen Wert annimmt und die subjektive Erfolgswahrscheinlichkeit der Handlungsausführung gegen 1 strebt (vgl. Frey, Stahlberg & Gollwitzer, 1993, 384). Für einen Vergleich der beiden Theorien siehe z. B. Madden und Ellen (1992).

Basis von Einstellungsvariablen befassen, beziehen sich dabei auf die Theorie des geplanten Verhaltens und weniger auf die Theorie der überlegten Handlung (vgl. Ajzen, 2001, 43). Ajzen und Fishbein (1980, 5) heben hervor, dass die Theorie auf der Annahme basiert, dass die meisten Handlungen der volitionalen Kontrolle unterliegen, und betrachten entsprechend die Absicht einer Person, etwas zu tun bzw. nicht zu tun, als unmittelbare Determinante der Handlung.

Sie folgern zudem, dass es nicht sonderlich schwierig ist, Verhalten vorherzusagen. Um beispielsweise herauszufinden, ob jemand ein Computerspiel kaufen wird, so besteht der einfachste und vermutlich der effizienteste Weg darin, diese Person zu fragen, ob sie die Absicht hat, dies zu tun. Absicht und Verhalten korrespondieren zwar nicht immer perfekt, aber abgesehen von unvorhergesehenen Ereignissen, handeln Personen normaler Weise im Einklang mit ihren Intentionen. Dass diese gängige Auffassung stark diskutiert ist, zeigen die empirischen Ergebnisse zur Verhaltensrelevanz der Einstellung. Erklärungsansätze liefern beispielsweise auch die dissonanztheoretischen Überlegungen von Festinger (1978), wonach ein Individuum nach kognitiver Harmonie und somit dem Abbau von Dissonanzen und eben auch nach Harmonie von Einstellung und Verhalten strebt (vgl. Kapitel 3.4.2.2). Allerdings liefert die nicht sonderlich aufschlussreiche Auffassung, dass Intentionen Verhalten vorhersagen, wenige Informationen über die Gründe des Verhaltens. Das Ziel, das Verhalten zu verstehen, statt dieses lediglich vorherzusagen, erfordert die Identifikation der Determinanten der Intentionen (vgl. Ajzen & Fishbein, 1980, 5 f.).

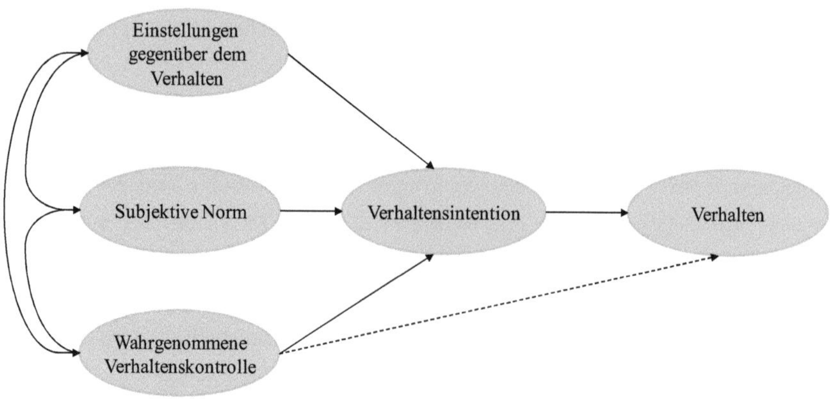


**Abbildung 17: Theorie des geplanten Verhaltens nach Ajzen (1991)**
**Quelle: Ajzen (1991, 182)**

Entsprechend der Theorie des geplanten Verhaltens erfordert die Vorhersage des Verhaltens eines Individuums die Messung seiner Verhaltensabsicht, welche wiederum von drei unabhängigen Größen determiniert wird (vgl. Ajzen, 1991, 181, 188; Ajzen & Fishbein, 1980, 7-9, 51 f.). Ähnlich resultiert nach Rosenstiel – im Zusammenhang mit dem Modell zu Determinanten und Verlauf des motivierten Verhaltens – das Handlungsergebnis aus der Motivaktivierung, die über Erwartungen und Verhaltensintention zum Verhalten führt (vgl. Rosenstiel, 1975, 31-34; Kapitel 2.3.2).

Die Intentionen – der Versuch einer Verhaltensausführung – umfassen nach der Theorie des geplanten Verhaltens (z. B. Ajzen, 1991) die das Verhalten beeinflussenden motivationalen Faktoren. Die spezifische Einstellung gegenüber dem Verhalten als erster und persönlicher Einflussfaktor resultiert aus den Überzeugungen eines Individuums, dass ein Verhalten zu einem bestimmten Ergebnis führt, sowie der Ergebnisbewertung. Die subjektive Norm stellt den zweiten, von Mitmenschen ausgehenden und somit von außen auf das Individuum einwirkenden Faktor dar. Er bezieht sich auf den wahrgenommenen sozialen Druck, das entsprechende Verhalten zu zeigen oder auch nicht zu zeigen, ob also für das Individuum bedeutsame Personen die Ausführung dieses Verhaltens in gleicher Weise beurteilen würden wie es selbst. Die wahrgenommene Verhaltenskontrolle, die das von Bandura (1986) entwickelte Konzept des Selbstvertrauens (*self efficacy;* Kapitel 2.3.2)[93] abbildet, beeinflusst entsprechend des Modells einerseits ebenfalls die Verhaltensabsichten sowie andererseits das Verhalten direkt. Sie meint die wahrgenommene Einfachheit bzw. Schwierigkeit, ein bestimmtes Verhalten auszuführen. Mangelnde Fähigkeiten, fehlende Ressourcen oder externe Hindernisse sind Beispiele für derartige verhaltensrelevante Einflüsse. Gollwitzer und Bayer (1999, 406) weisen im Zusammenhang mit dem Modell der Handlungsphasen darauf hin, dass die Betroffenen während der volitionalen Phase dazu tendieren, die eigenen Realisierungsfähigkeiten zu überschätzen (vgl. Kapitel 2.3.3). Kim et al. (2010, 8-10) beispielsweise interpretieren die sozialen Normen als Qualität der Beschäftigungsbeziehung und die wahrgenommene Verhaltenskontrolle als formale Beteiligung an der Veränderung. Die drei Prädiktoren Einstellung gegenüber dem Verhalten, soziale Norm und wahrgenommene Verhaltenskontrolle wirken zudem wechselseitig aufeinander (vgl. Ajzen, 1991, 181, 188; Ajzen & Fishbein, 1980, 5-9; Ajzen & Madden, 1986, 456 f.; Frey, Stahlberg & Gollwitzer, 1993, 367 f., 380 f.; Kroeber-Riel et al., 2009, 212 f.).

---

[93] Einige Forscher verwenden Selbstwirksamkeit und wahrgenommene Verhaltenskontrolle – entsprechend der Argumentation von Ajzen (1991, 184) – synonym (vgl. Conner & Armitage, 1998, 1439).

Obwohl zahlreiche empirische Studien die Hypothesen der Theorie des geplanten Verhaltens (z. B. Ajzen, 1991) stützen (z. B. Jimmieson, Peach & White, 2008, 250-254; Kim et al., 2010, 17-22), zweifelt Ajzen selbst die Vollständigkeit seines Ansatzes an. Er vermutet eine bessere Erklärungskraft durch die Berücksichtigung weiterer Variablen, wie z. B. der Einstellung zum Objekt (vgl. Ajzen, 1991, 198 f.; Ajzen & Fishbein, 1980, 82-91; Braunstein, Huber & Herrmann, 2005, 190) und regt die Hinzunahme weiterer Einflussgrößen an (vgl. Ajzen, 2001, 45, 48). Zahlreiche Primärstudien und Metaanalysen basieren auf der Theorie des geplanten Verhaltens (z. B. Ajzen, 1991) zur Erklärung des menschlichen Verhaltens. Auch wenn die Prognosekraft der Theorie des geplanten Verhaltens (z. B. Ajzen, 1991) im Vergleich zur Theorie der überlegten Handlung (z. B. Ajzen & Fishbein, 1980) höher ist, vernachlässigt sie dennoch, genauso wie die Theorie der überlegten Handlung (z. B. Ajzen & Fishbein, 1980), die affektiven Prozesse. Stattdessen stehen die kognitiven Prozesse im Vordergrund. Dies schränkt letztlich die Prognosekraft bzw. die Modelle in ihrem Gültigkeitsbereich ein (vgl. Kroeber-Riel et al., 2009, 213).

Gemäß dieser Ansätze (überlegte Handlung und geplantes Verhalten) stellt die Einstellung durchaus ein handlungsrelevantes Konstrukt dar, wobei sich dieses als zweidimensional betrachten lässt: Es wird nicht zwischen affektiver und kognitiver Komponente unterschieden (vgl. Langdridge, Sheeran & Connolly, 2007, 1906 f.; Oppermann, 1976, 127)[94], vielmehr liegt der Fokus auf den kognitiven Prozessen. Allerdings wird die konative Komponente der Einstellung als Verhaltensabsicht separat betrachtet. Einstellung besteht demnach aus der Einstellung gegenüber dem Verhalten bzw. Akzeptanzobjekt, wobei nicht zwischen affektiv und kognitiv differenziert wird, und der konativen Komponente Verhaltensintention. In dieser Arbeit fallen sowohl die Einstellung gegenüber dem Verhalten bzw. Akzeptanzobjekt als auch die Verhaltensintention unter den Begriff der Einstellung. Daher wird, um zwischen beiden Elementen differenzieren zu können, zwischen affektiver und kognitiver Komponente (als eine Einheit) einerseits und konativer Komponente andererseits unterschieden (vgl. Kapitel 3.4.1.2). Diese zusätzliche bzw. die gesonderte Betrachtung der Verhaltensabsicht verspricht bezogen auf das tatsächliche Verhalten einen größeren Erkenntnisgewinn, da sie von externen Faktoren noch weniger beeinträchtigt ist (vgl. Eberl, 2006, 39). Daraus resultiert das häufige Vorgehen, die Verhaltensabsicht als Zielgröße von (Kauf-) Verhaltensmodellen zu verwenden

[94] Nach Fishbein und Ajzen (1975, 11-18) stellt die Einstellung ein eindimensionales Konstrukt dar. Langdridge, Sheeran und Connolly (2007, 1887, 1906 f.) kommen jedoch nach ihrer Literaturdurchsicht zwar zu dem Ergebnis, dass einige Beweise die Idee unterstützen, dass Einstellungen sowohl aus affektiven als auch aus kognitiven Komponenten besteht. Sie können dies allerdings in ihrer Studie nicht bestätigen. Vergleichbares ergibt auch die empirische Studie von Oppermann (1976, 127).

(vgl. Nieschlag, Dichtl & Hörschgen, 2002, 599). Eine ausschließliche Betrachtung der Verhaltensintention allerdings wäre ein Rückschritt in Richtung einfacher Stimulus-Response Modelle, welche Verhaltensdeterminanten bewusst ausblenden. Insofern sollen in einem praktikablen und doch hinreichend genauen Modell zur Akzeptanz variabler Vergütung sowohl kognitive und affektive Einstellungen als auch Verhaltensabsichten als Prädiktoren für das tatsächliche Verhalten Berücksichtigung finden (vgl. Eberl, 2006, 39).

Auch wenn der Einfluss von Einstellung auf Verhalten – wie die bisherigen Ausführungen verdeutlichen – stark diskutiert wird, stellt sie dennoch eine nachweisbare Verhaltensdeterminante dar und ist wegen ihrer Beeinflussbarkeit (z. B. durch Marketingmaßnahmen) häufig eine Zielvariable (vgl. Eberl, 2006, 39 f.; Trommsdorff, 2009, 154 f.). Dementsprechend gilt es, kognitive und affektive Aspekte der Einstellung (zum variablen Vergütungssystem), deren Wechselwirkungen und die Verhaltensabsicht als Konstrukte zu berücksichtigen, um das tatsächliche Verhalten vorhersagen zu können. Diese gilt es dementsprechend im Modell zur Akzeptanz variabler Vergütung zu integrieren.

**Akzeptanzmodelle zu Einstellungen und daraus resultierendem Verhalten**

Die Theorie des geplanten Verhaltens (z. B. Ajzen, 1991) beschreibt allgemein den Zusammenhang zwischen Einstellung und Verhalten. Diese Verhaltensrelevanz der Einstellung bilden auch verschiedene Akzeptanzmodelle durch die Präzisierung der Einstellungen und der daraus resultierenden Verhaltensmuster ab. Die im Folgenden beschriebenen Akzeptanzmodelle von Dienstbach (1972), Böhnisch (1975, 1979) und Krüger (Krüger, 1994a, 406 f.; Krüger, 1994b, 206) sowie Pankow (1986) basieren zudem auf der Anreiz-Beitrags-Theorie (z. B. March & Simon, 1958, 1976). Sie fokussieren die subjektive Wahrnehmung von Veränderungsprozessen sowie die Prognose und Bewertung von deren Konsequenzen. Während es sich bei den ersten drei Modellen im Wesentlichen um „Zwischenschritte zur Akzeptanzbildung“ handelt, befasst sich Pankow (1986) bei der Beschreibung der Entstehungsprozesse höherer bzw. niedriger Akzeptanzgrade darüber hinaus mit den dafür relevanten Einflussfaktoren in ihrer Beziehung zueinander (vgl. Böhnisch, 1975, 1050-1052; Wahl, 2001, 89).[95]

Das Modell von **Dienstbach** (1972) (vgl. Abbildung 18) beschreibt, wie ein Individuum bei der Entscheidung über die Anpassungsbereitschaft vorgeht. Nach dem Kennenlernen der

[95] Zu den Einflussgrößen auf die Akzeptanz siehe Kapitel 3.4.2.3.

Veränderung versucht das Individuum zu beurteilen, wie es selbst davon betroffen ist. Dabei ist zu unterscheiden, ob es dem Individuum gelingt, eindeutige Erwartungen über die Konsequenzen der Veränderung zu bilden oder nicht. Dabei geht es in erster Linie nicht um die Richtigkeit dieser Erwartungen. Vielmehr reicht es aus, wenn das Individuum überhaupt glaubt, auf Basis von Informationen oder Erfahrungen die Wirkungen der Veränderung antizipieren zu können. Dabei sind sieben Reaktionen möglich, die von voller über beschränkte Anpassungsbereitschaft über Indifferenz, passiven, aktiven Widerstand, Opposition bis zum Ausscheiden reichen (vgl. Dienstbach, 1972, 106).

Die Reaktion hängt zum einen davon ab, ob die Bewertung der Konsequenzen möglich ist und falls ja, wie diese Bewertung ausfällt. Für den Fall, dass eine Bewertung der Konsequenzen nicht möglich ist, bleibt eine Reaktion zunächst aus. Das Individuum muss in einem Suchprozess neue Informationen sammeln, um dann eine Entscheidung treffen zu können. Diese abwartende Haltung stellt eine besondere Form des Widerstands dar. Die Kontrolle über den Anpassungsprozess sowie das Vertrauen in den Change-Agent bestimmen dabei die Intensität des Suchverhaltens (vgl. Dienstbach, 1972, 108). Für den Fall, dass das Individuum die Wirkungen der Veränderung antizipieren kann, beurteilt es im nächsten Schritt die erwarteten Konsequenzen. Das Bewertungsergebnis wiederum bestimmt dann die Reaktion (vgl. Dienstbach, 1972, 106). Besteht nun Anpassungsbereitschaft seitens des Individuums, so steht der Veränderung nichts im Wege. Andernfalls, also bei Auftreten von Widerstand oder Opposition, ist eine Veränderung nur erfolgreich, wenn die Ursachen für die mangelnde Anpassungsbereitschaft aufgedeckt und mit Hilfe geeigneter Instrumente überwunden werden (Dienstbach, 1972, 108; Kapitel 3.3.4, 3.5).

Gemäß der Struktur dieses Modells resultiert das Verhalten also aus der Prognose der erwarteten Konsequenzen der Veränderung und deren Bewertung, wobei sich erst Genanntes als kognitive und zweit Genanntes als affektive Komponente (vgl. Kapitel 3.4.1.2) interpretieren lässt. Wahl (2001, 91) sieht diesen Zusammenhang vor dem Hintergrund der Determinanten des Verhaltens allerdings als fraglich. Die Modelle von Böhnisch (1975, 1979) und Krüger (z. B. Krüger, 1994a; Krüger, 1994b) stellen Weiterentwicklungen des Modells von Dienstbach (1972) dar und setzen an eben jenen Schwachstellen an, indem sie den Schritt von Bewertung zum Verhalten um weitere Zwischenschritte ergänzen bzw. präzisieren.

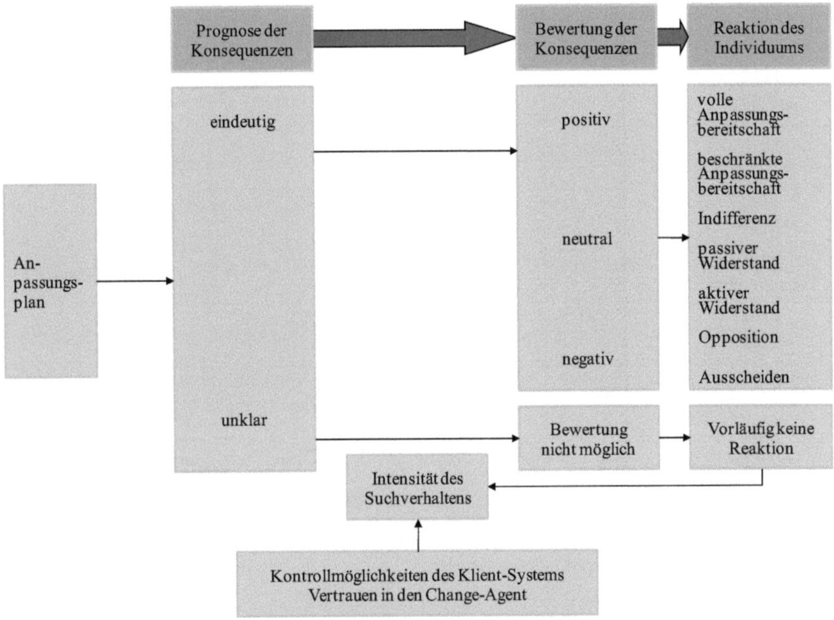


**Abbildung 18: Akzeptanzentstehung nach dem Modell von Dienstbach (1972)**
**Quelle: Dienstbach (1972, 107)**

Ausgangspunkt bildet bei den Modellen von **Böhnisch und Krüger** (z. B. Böhnisch, 1975, 1051 f.; Böhnisch, 1979, 86-100; Krüger, 1994a, 406 f.; Krüger, 1994b, 206) anders als bei Dienstbach (1972), der subjektive Informationsgrad. Auf seiner Basis prognostiziert das Individuum die Konsequenzen der Veränderung, wobei auch hier wieder der subjektiv als ausreichend erachtete, nicht der objektiv richtige Informationsstand entscheidend ist. Beurteilt das Individuum die Konsequenzen als ungewiss, so bleibt eine Reaktion nicht wie bei Dienstbach (1972) vorläufig aus. Vielmehr entsteht Angst als subjektives Empfinden, aus der ein entsprechender Verhaltensentwurf in Form von aktivem oder passivem Widerstand oder Ausscheiden resultiert. Während das Modell von Böhnisch (1975, 1979) vorsieht, den individuellen Informationsstand durch aktives, von der Bewertung der Konsequenzen unabhängiges Suchverhalten zu verbessern, verzichtet das Modell von Krüger (1994a, 1994b) auf einen derartigen Rückkopplungsprozess (vgl. Abbildung 19, Abbildung 20).

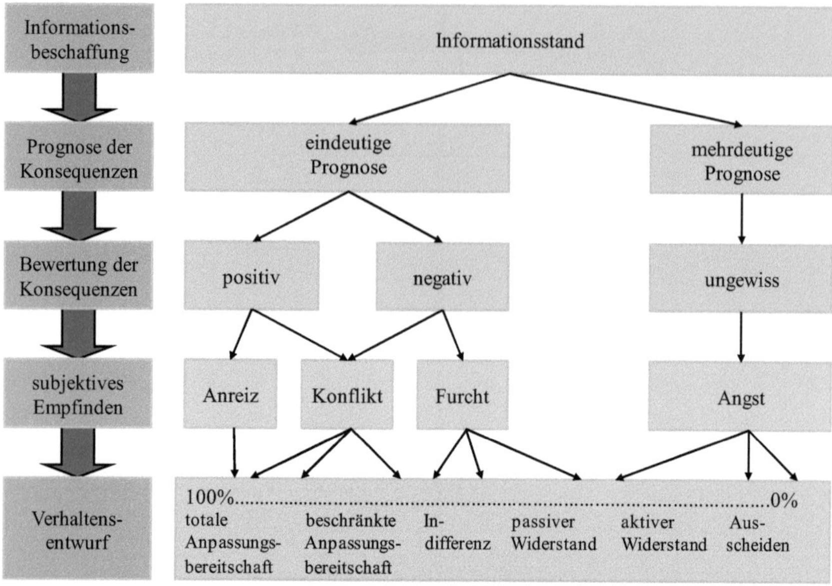


**Abbildung 19: Akzeptanzentstehung nach dem Modell von Böhnisch (1975, 1979)**
**Quelle: Böhnisch (1975, 1051 f.; 1979, 86)**

Der wichtigste Punkt der Weiterentwicklung gegenüber dem Modell von Dienstbach (1972) liegt in der detaillierten Modellierung des Zusammenhangs zwischen der Bewertung der Konsequenzen und der Verhaltenskomponente. Böhnisch (1975, 1979) ergänzt den Zwischenschritt des subjektiven Empfindens mit den Ausprägungen Anreiz, Konflikt, Furcht und Angst, der dann zum entsprechenden Verhaltensentwurf führt. Offen bleibt dabei allerdings, warum Ungewissheit, also mehrdeutige eher als eindeutige, negative Prognosen, zu einem drastischeren Verhalten führen.[96]

**Krüger** (1994b, 206) präzisiert das Modell noch weiter, indem er zwischen der Bewertung der Konsequenzen und dem möglichen Verhalten neben dem subjektiven Empfinden zusätzlich die Einstellung ergänzt. Die Ausprägungen des möglichen Verhaltens sind dabei weit weniger differenziert, da er nur noch zwischen Promotoren und (potenziellen) Opponenten statt wie Böhnisch (1975, 1979) zwischen totaler, beschränkter Anpassungsbereitschaft, Indifferenz, passivem, aktivem Widerstand und Ausscheiden unterscheidet. Allerdings finden sich bei Krüger (1994b) in der Stufe der Einstellung einzelne Verhaltenskomponenten von Böhnisch (1975) wieder. Begeisterung und Indifferenz stellen eher tatsächliche Einstellungen

[96] Vgl. auch Wahl (2001, 91-93).

dar, aktive Mitarbeit und aktiver Widerstand hingegen eindeutige Verhaltensausprägungen.[97] Die zweite Schicht fasst diese Formen zu den verschiedenen Akzeptanzausprägungen freiwillige, duldende, erzwungene sowie negative Akzeptanz zusammen und schafft dadurch begriffliche Konsistenz (vgl. Böhnisch, 1975, 1047-1056; Krüger, 1994b, 206; Wahl, 2001, 91-93). Folgende Abbildung 20 zeigt das Entstehen von Akzeptanz und Resistenz und darauf aufbauend von Promotoren und Opponenten nach Krüger (1994b, 206).

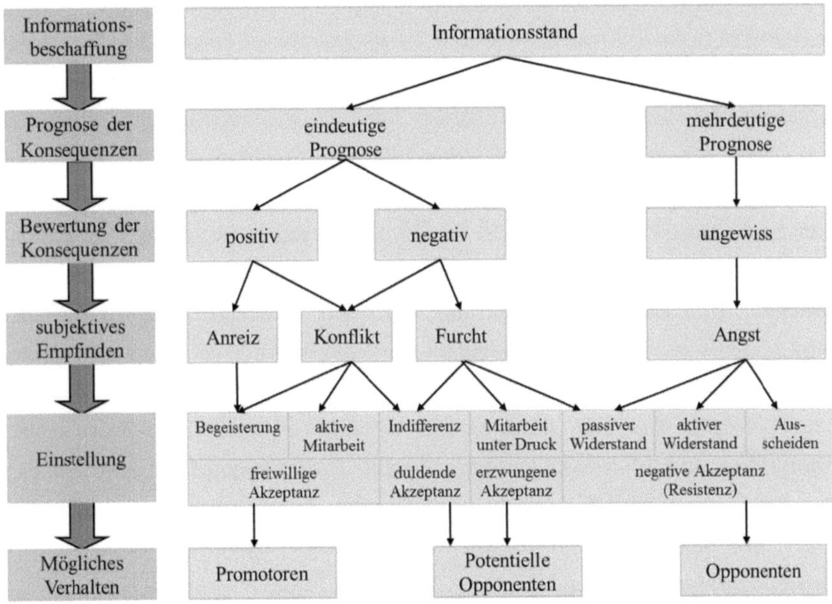


**Abbildung 20: Akzeptanzentstehung nach dem Modell von Krüger (1994b)**
**Quelle: Krüger (1994b, 206)**

Diese Ansätze erklären allerdings keine individuellen Unterschiede innerhalb desselben Veränderungsprojekts. Sie verdeutlichen zwar, dass verschiedene Einstellungen bzw. Verhaltenskomponenten entweder aus unterschiedlichen Informationsständen, Bewertungen oder subjektiven Empfindungen resultieren, ohne jedoch die jeweiligen Einflussgrößen dieser Modellstufen zu benennen. Mögliche Gründe für Unterschiede können beispielsweise in den individuellen Zielsystemen der Betroffenen, aber darüber hinaus auch in verschiedenen Kontextfaktoren und deren zu berücksichtigenden Wirkungen liegen (vgl. Wahl, 2001, 94 f.). In diesem Zusammenhang spielt die Wahrnehmung der Betroffenen eine zentrale Rolle, da sie

[97] Siehe hierzu z. B. die Akzeptanzskala von Helmreich (1980, 22) sowie die Ausführungen zu Einstellungs- und Verhaltenskomponenten der Akzeptanz in Kapitel 3.4.1.2.

die Informationsbasis und damit über die Prognose der Konsequenzen, deren Bewertung und das subjektive Empfinden die Reaktion/Einstellung/Verhaltensentwurf beeinflusst (vgl. Wahl, 2001, 94 f.; Kapitel 3.3.4; 3.5).

Auch das Modell von **Pankow** (vgl. Pankow, 1986, 77-80) geht, ähnlich wie die Anreiz-Beitrags-Theorie (z. B. March & Simon, 1958, 1976), davon aus, dass die Arbeitssituation bereits beobachtbar ist, wenn es zur Akzeptanzbildung kommt. Dadurch beinhaltet das Modell im Gegensatz zu den anderen Modellen keine Zwischenschritte wie Prognose und Bewertung der Konsequenzen (vgl. Wahl, 2001, 95 f.). Das Modell stellt die für das Akzeptanzverständnis relevanten Einflussfaktoren in ihrer Beziehung zueinander dar und verdeutlicht insbesondere, wie die Prozesse, durch welche höhere oder niedrigere (die Arbeitssituation betreffende) Akzeptanzgrade entstehen, ablaufen. Der Akzeptanzentstehungs- und Veränderungsprozess umfasst dabei vier Schritte. Um die personenbezogenen Unterschiede zu erklären, fokussiert Pankow (1986) die individuellen Persönlichkeitsmerkmale der Mitarbeiter. Demnach wirken in erster Linie Bedürfnisse, Erwartungen und Wünsche, die selbst wiederum von gesellschaftlich-externen Einflüssen abhängen, auf dessen individuelle Arbeitsmotivstruktur. Daraus resultiert ein Sollzustand, den das Individuum mit dem Ist-Zustand abgleicht. Dieser auf subjektiver Wahrnehmung beruhende Vergleichswert ergibt sich aus den betrieblich-internen Einflüssen, die über ihre Wirkung auf die generellen, die speziellen Merkmale der Arbeitssituation prägen, die dann der subjektiven Wahrnehmung des Mitarbeiters unterliegen. Aus diesem Soll-Ist-Abgleich resultiert der individuelle Akzeptanzgrad (vgl. Abbildung 21).

Neben dem in den dargestellten Modellen von Dienstbach (1972), Böhnisch (1975, 1979), Krüger (1994a, 1994b) und Pankow (1986) beschriebenen Prozess der Akzeptanzentstehung, mit Blick auf die Verhaltensrelevanz der Einstellung, interessieren allerdings auch diejenigen Faktoren, welche die Akzeptanz beeinflussen. Pankow (1986) fokussiert in seiner Darstellung zwar bereits die Einflussfaktoren, bleibt dabei jedoch noch relativ allgemein.

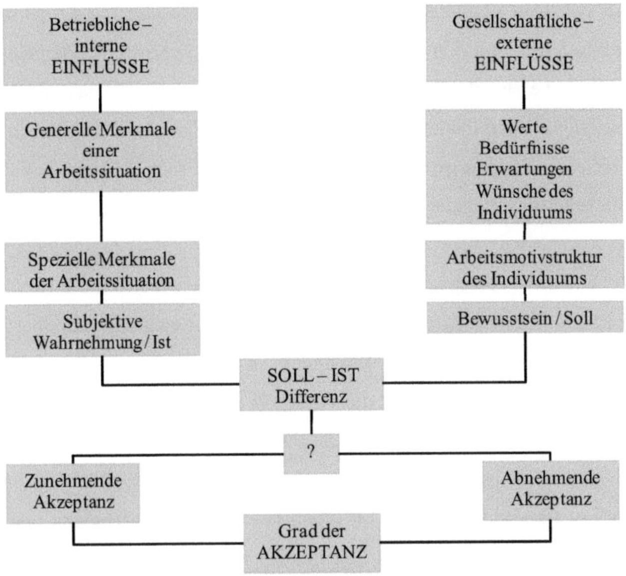


**Abbildung 21: Entstehung unterschiedlicher Akzeptanzgrade nach dem Modell von Pankow (1968)**
**Quelle: Pankow (1986, 78)**

Aufbauend auf den Erkenntnissen zu Definition und Struktur von Akzeptanz sowie zur Verhaltensrelevanz der Einstellung lässt sich im Folgenden das dieser Arbeit zu Grunde liegende Akzeptanzverständnis, bezogen auf variable Vergütung, herleiten. Da die Einstellung als „Assoziation mit einer Bewertung" (vgl. Bach, 2006, 181; Herkner, 1992, 793) entscheidend für das Verhalten ist, resultiert aus dieser Bewertung eines Objekts, wie beispielsweise der organisationalen Neuerung in Form eines variablen Vergütungssystems, das entsprechend positive oder negative (fördernde oder hindernde) Verhalten eines Mitarbeiters. Für die tatsächliche Verhaltensakzeptanz ist also eine positive Einstellungsakzeptanz Voraussetzung. Dabei spielt insbesondere die Handlungsabsicht (Konation) als Komponente der Einstellungsakzeptanz eine wichtige Rolle. Diese wiederum wird, wie beispielsweise in der Theorie des geplanten Verhaltens (z. B. Ajzen, 1991), von der Einstellung (Affekt und Kognition) gegenüber dem Akzeptanzobjekt beeinflusst.

Zusammenfassend lässt sich Akzeptanz im Rahmen dieser Arbeit in Anlehnung an Wahl (2001, 35) definieren als die *Bereitschaft eines Mitarbeiters zur Annahme des variablen Vergütungssystems auf Grund einer positiven Einstellung diesem Objekt gegenüber und die Umsetzung dieser Verhaltensintention in tatsächliches Verhalten.* Akzeptanz kann sich dabei erstens in einer positiven Verhaltensintention durch die *Bereitschaft, auf das variable Vergütungssystem umzusteigen* und *sich im Sinne der Anreize des Systems zu verhalten,* zeigen und meint damit die aktive Handlungsbereitschaft/ Verhaltensintention (Handlungsakzeptanz als Teil der Einstellungsebene). Inwiefern sich die Mitarbeiter dann zweitens aber tatsächlich *im Sinne der Anreize des Systems verhalten*[98], zeigt sich erst im späteren Verhalten (Verhaltensebene). Die Verhaltensintention ist dabei Prädiktor des Verhaltens.

Mit der Frage, wie diese Akzeptanz zu Stande kommt, befassen sich die folgenden Kapitel. Als theoretische Erklärungsansätze betrachten sie dazu diffusions- und adaptionstheoretische (Kapitel 3.4.2.1) sowie verhaltenswissenschaftliche Ansätze (Kapitel 3.4.2.2) und ausgewählte Modelle zu den Einflussgrößen auf die Akzeptanz (Kapitel 3.4.2.3) und gehen zudem speziell auf die interindividuellen Unterschiede im Umgang mit Veränderungen ein (Kapitel 3.4.3). Sowohl die theoretischen Ausführungen als auch die empirischen Ergebnisse liefern wichtige Hinweise für die Akzeptanz von organisationalen Veränderungen und beinhalten damit Anhaltspunkte zur Förderung der Akzeptanz, Vermeidung fehlender Akzeptanz und zum Umgang mit fehlender Akzeptanz. Sie bilden deshalb auch die Grundlage für die Entwicklung eines Konzepts zur Förderung der Akzeptanz im Implementierungsprozess (Kapitel 3.5).

### 3.4.2 Theorien und Modelle zur Erklärung von Akzeptanz

Die Ausführungen zu definitorischen und strukturellen Grundlagen der Akzeptanz sowie zur Verhaltensrelevanz der Einstellung haben gezeigt, dass zwischen Einstellungs- und Verhaltensakzeptanz zu unterscheiden ist und das Verhalten von der Einstellung und diese wiederum von verschiedenen Determinanten abhängen. Die empirischen Erkenntnisse verdeutlichen die Vielzahl der möglichen Ursachen für (fehlende) Akzeptanz (vgl. Kapitel 3.3.4, Tabelle 1, S. 118). Im Folgenden gilt es auf Basis von Theorien und Modellen aufzuzeigen, wie Akzeptanz organisationaler Veränderungen entsteht und von welchen Größen sie abhängt. In diesem Zusammenhang liefern sowohl die Diffusions- und Adoptionstheorie als auch verhaltenswissenschaftliche Ansätze wichtige Erklärungsmöglichkeiten und Hinweise.

---

[98] Nach Reiß (1997b, 92) stellt das Verhalten „im Sinne der neuen Ordnung“ (als Akzeptanzindikator) einen recht überzeugenden Hinweis auf die Akzeptanz und Verweigerungs- oder Rückzugsverhalten einen Hinweis auf Nicht-Akzeptanz dar.

#### 3.4.2.1 *Diffusions- und adoptionstheoretische Ansätze*

Diffusions- und adaptionstheoretische Ansätze helfen dabei, das Zustandekommen von Akzeptanz zu erklären. Dabei besteht zwischen der Diffusion und der Adoption ein definitorischer Zusammenhang, indem jegliche Diffusion einer vorangegangenen Adoption bedarf (vgl. Baumberger, Gmür & Käser, 1973, 28 f.). Sie befassen sich allerdings auf verschiedenen Ebenen mit der Verbreitung von Innovationen. Während die Adoptionstheorie Einflussfaktoren auf den Adoptions(entscheidungs)prozess untersucht und auf die Erklärung des Übernahmeverhaltens einer Innovation durch ein Individuum zielt (Mikroebene), betrachtet die Diffusionstheorie auf diesen Erkenntnissen aufbauend, die zeitliche Ausbreitung einer Innovation innerhalb eines sozialen Systems (Makroebene) (vgl. Baumberger et al., 1973, 28; Kittl, 2009, 35, 47; Pfeiffer, 1981, 34 f.; Weiber, 1992, 3, 13).

Ansätze der auf Rogers (1983) zurückzuführenden Diffusionsforschung betrachten, neben der reinen Übernahme einer Innovation, hauptsächlich deren Adoptionsrate, also die relative Geschwindigkeit, mit der die Mitglieder eines sozialen Systems eine Innovation adoptieren (vgl. Rogers, 1983, 20). Die Diffusionstheorie beinhaltet somit auch eine gesamtgesellschaftliche Prognoseperspektive (vgl. Quiring, 2006, 5). Die häufig zitierte, der Makroebene zuzuordnende Diffusionskurve bildet den kumulierten Bestand von Personen, die eine Innovation übernommen haben, ab (vgl. Rogers, 1983, 95).

Rogers (2003, 20) bezeichnet den als fünfstufige Sequenz im Zeitablauf zu beschreibenden Innovations-Entscheidungsprozess als den Prozess, den ein Individuum (oder eine Entscheidungseinheit) von der ersten Kenntnis der Innovation, über die Bildung einer Einstellung dieser gegenüber, der Annahme- oder Ablehnungsentscheidung, die Umsetzung der neuen Idee bis hin zur Bestätigung der getroffenen Entscheidung durchläuft (vgl. Abbildung 22). Bei Änderungsprozessen, die ein Unternehmen zum ersten Mal durchführt, handelt es sich um eine Innovation, die sich auch als kollektiver Entscheidungsprozess interpretieren lässt (vgl. Böhnisch, 1975, 1046 f.). Insgesamt zielt die Adoptionsforschung auf die Untersuchung der Faktoren, die den Adoptionsprozess beeinflussen, die sich zusammenfassend nach produkt-, adopter- und umweltspezifischen Einflussgrößen unterscheiden lassen, wobei erstgenannte eine besondere Rolle spielen, da sie maßgeblich Art und Ausmaß der Verhaltensänderung bei den Adoptern beeinflussen (vgl. Kittl, 2009, 38; Weiber, 1992, 5). Dementsprechend besteht ein Innovations-Entscheidungsprozess aus den folgenden fünf Sequenzen:

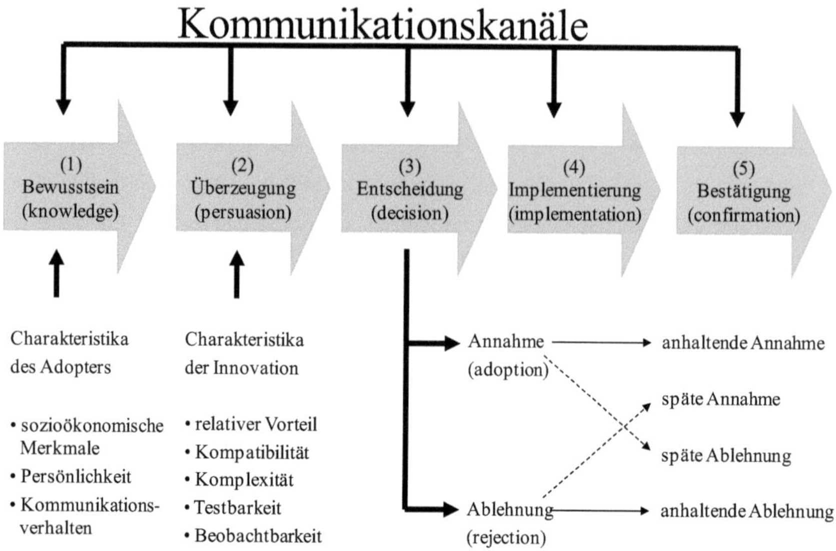


**Abbildung 22: Phasen im Innovations-Entscheidungsprozess nach Rogers (1983, 2003)**
**Quelle: Eigene Darstellung in Anlehnung an Rogers (1983, 165; 2003, 170); Mann (2009, 105)**[99]

(1) Zu Beginn des Wandelprozesses sind die Betroffenen unwissend. Deshalb besteht die erste Aufgabe der Change-Agents darin, diese dabei zu unterstützen, die bei Rogers (1983, 2003) als Bewusstsein *(knowledge)* bezeichnete Stufe zu erreichen. In dieser Bewusstseinsphase nimmt das Individuum die Existenz und die Funktion einer Veränderung wahr. Die Charakteristika des potenziellen Adopters[100]sind in dieser Phase von Bedeutung (vgl. Mann, 2009, 105). Die interindividuellen Unterschiede im Umgang mit Veränderungen sind Bestandteil des Kapitels 3.4.3.

(2) In der darauffolgenden Überzeugungsphase *(persuasion)*, in der das Individuum zusätzliche Informationen sucht und eine positive oder negative Einstellung gegenüber der Veränderung bildet, spielen die Charakteristika der Innovation/Veränderung eine wichtige Rolle. Sie sind Voraussetzung für die Entscheidung zur Annahme der Veränderung und daraus resultierend für die Erreichung der Implementierungsphase, sprich die Anwendung. Dies bedeutet, dass die Innovation adoptionsrelevante Eigenschaften aufweist (vgl. Mann, 2009, 105). Dazu

[99] Vgl. auch Weiber (1992, 8)
[100] Einen Zusammenfassung verschiedener Studien zu den Charakteristika der Adopter sowie deren Wirkungsrichtung liefert Rogers (1983, 260 f.)

zählen neben einem hohen relativen Vorteil, einer geringen Komplexität und einer hohen Kompatibilität auch eine hohe Erprobbarkeit sowie eine hohe Beobachtbarkeit (vgl. Rogers, 2003, 168-189; 219-266). Diese werden im Folgenden näher beschrieben.

- Die **relative Vorteilhaftigkeit** (*relative advantage*) gibt den Grad an, zu dem die Innovation als besser wahrgenommen wird als die Vorläufer und umfasst beispielsweise die technische oder wirtschaftliche Überlegenheit der Neuerung. Schmalen (1996) bezeichnet sie auch als „Sammelposten“, der zahlreiche innovationsspezifische Merkmale umfasst. Neben der Art der Innovation beeinflussen auch die Eigenschaften des Betroffenen, welche Art von relativem Vorteil (ökonomisch, sozial) für diesen von Bedeutung ist (vgl. Rogers, 2003, 229; Schmalen & Pechtl, 1996, 19).

- Die **Kompatibilität** (*compatibility*) drückt aus, zu welchem Grad eine Innovation mit den bestehenden Werten, bisherigen Erfahrungen und den Bedürfnissen der Betroffenen übereinstimmt. Je kompatibler ein Betroffener die Idee einschätzt, desto weniger unsicher nimmt er diese wahr (vgl. Rogers, 2003, 240).

- **Komplexität** (*complexity*) entspricht dem Grad, zu dem eine Innovation als verhältnismäßig schwierig zu verstehen und anzuwenden ist. Einfachheit hinsichtlich Verständnis und Anwendung erhöht die Akzeptanz einer Veränderung (vgl. Rogers, 2003, 257).

- **Beobachtbarkeit** (*observability*) gibt an, zu welchem Grad die Ergebnisse der Veränderung für andere sichtbar sind (vgl. Rogers, 2003, 258 f.).

- Die **Testbarkeit** (*triability*) gibt an, inwiefern eine Innovation innerhalb gewisser Grenzen ausprobiert werden kann. Ein höherer Grad der Testbarkeit geht dabei mit höherer Akzeptanz einher, da die Betroffenen die Innovation als weniger unsicher wahrnehmen (vgl. Rogers, 2003, 258). Die Testbarkeit kann dabei zum einen gedanklich durch Prognose der Konsequenzen erfolgen und zum anderen beispielsweise auch im Rahmen einer Pilotphase eines Projektes oder durch das Beobachten der Wirkungen bei Kollegen, die sich bereits für die Neuerung entschieden haben (vgl. Kiefer, 1967, 40; Schmalen & Pechtl, 1996, 21).

Je größer also der relative Vorteil der Veränderung, z. B. in Form der Einführung variabler Vergütung, im Vergleich zu den Alternativen ist, je mehr sie mit bestehenden Meinungen und

Wertvorstellungen vereinbar ist, je weniger komplex sie ist, je besser sie auf kleiner Basis getestet werden kann und je leichter die übrigen Teilnehmer des sozialen Systems die mit der Neuerung gemachten (positiven) Erfahrungen beobachten können, desto mehr ist nach Rogers, 2003 (219-266) ein positiver Einfluss auf die Adoptionsentscheidung anzunehmen.

Unter diesen adoptionsrelevanten Innovationseigenschaften nimmt der relative Vorteil eine herausragende Stellung ein (vgl. Schmalen & Pechtl, 1996, 19). Relative Vorteilhaftigkeit kommt meist durch Größen wie Profitabilität, Status oder Vergleichbares zum Ausdruck (vgl. Rogers, 2003, 229). Ihre Bedeutung zeigt sich auch in den bisherigen Ausführungen. So spiegelt sie sich im Fall der Implementierung variabler Vergütung im wahrgenommenen Nutzen wider, den ein Individuum von der Veränderung erwartet (vgl. Kapitel 3.4.2.3). Entsprechend den Anforderungen an ein Anreizsystem muss dieses wirtschaftlich sein. Der wahrgenommene Nutzen bildet diesen Wirtschaftlichkeitsaspekt aus Sicht der Mitarbeiter ab (vgl. Kapitel 2.4.3). Auch aus der Anreiz-Beitrag-Theorie (z. B. March & Simon, 1958, 1976; Kapitel 2.3.2) lässt sich für ein neues variables Vergütungssystem schlussfolgern, dass diesen dem Betroffenen einen höheren Nutzen – im Sinne eines für ihn besseren Verhältnisses zwischen Vergütung und Arbeitseinsatz – bringen muss als das bisherige System, damit es sich durchsetzt und akzeptiert wird.[101]

(3) In der dritten Phase, der Entscheidung (*decision*), entscheidet sich das Individuum für (Annahme, *adoption*) oder gegen (Ablehnung, *rejection*) die Veränderung. Eine Ablehnung der Veränderung zu diesem Zeitpunkt kann immer noch von einer positiven Adoptionsentscheidung zu einem späteren Zeitpunkt abgelöst werden. Auch im umgekehrten Fall, bei der Annahme einer Veränderung, kann die Entscheidung entweder beibehalten oder revidiert werden. Dies wird auch als Reversibilität der Adoptionsentscheidung bezeichnet (vgl. Mann, 2009, 105; Rogers, 2003, 169-194).

(4) Die Implementierung *(impelmentation)* stellt die vierte Stufe dieses Prozesses dar, in der ein Individuum eine Innovation „in Betrieb nimmt“, also z. B. mit einem neuen System arbeitet (vgl. Rogers, 2003, 20). Die bislang rein mental abgelaufenen Wissens- und Entscheidungsprozesse setzt das Individuum dabei in beobachtbare Handlungen um.

[101] Vgl. dazu auch Giangreco und Peccei (2005, 1823 f.).

(5) Um die getroffene Entscheidung überprüfen und mögliche Dissonanzen mit seinen Erwartungen vermeiden, erkennen und ggf. revidieren zu können, sucht das Individuum in der anschließenden Bestätigungsphase nach weiteren Informationen über die Veränderung.

Dabei beeinflussen aktiv oder auch passiv erhaltene Informationen aus Kommunikationskanälen (*communication channel*) während aller fünf Phasen deren jeweiliges Ergebnis (vgl. Mann, 2009, 105; Rogers, 2003, 169-194). Denn über das Vorhandensein der verschiedenen Merkmale hinaus ist es erforderlich, dass die Betroffenen diese wahrnehmen und über entsprechende Informationen verfügen oder diese erhalten, da sie der Bildung bzw. Veränderung der Wahrnehmung dieser Eigenschaften dienen (vgl. Schmalen & Pechtl, 1996, 17). Wenn die Informationen fehlen oder nur unzureichend vorhanden sind, stellen sie eine mögliche Widerstandsursache dar (vgl. Suffel, 1981, 270-274; Kapitel 3.3.4; Tabelle 1, S. 118), wie beispielsweise auch die Modelle von Böhnisch (1975, 1979) und Krüger (1994b) verdeutlichen.

Die Betroffenen müssen verstanden haben, was die Veränderung konkret für sie selbst bedeutet und welchen Nutzen sie ihnen stiftet (vgl. Caruth et al., 1985, 26). Dazu gilt es also, materielle und immaterielle Individualvorteile deutlich zu machen und eine Situation, in der Mitarbeiter und Unternehmen jeweils einen Nutzen erzielen zum einen zu gestalten und zum anderen auch entsprechend zu kommunizieren (vgl. Cacaci, 2006, 181). Nach Mast (2004, 598) bezeichnet der Kommunikationsprozess[102] das Wechselspiel der Übermittlung von Bedeutungen zwischen den Kommunikationspartnern. Kommunikation ist demnach ein Prozess, in dem sich mindestens zwei Personen gegenseitig wahrnehmen und dabei mit Hilfe verbaler und non-verbaler Mittel Botschaften, Gefühle und Intentionen austauschen. Kommunikation ist nach Rogers (2003, 18) „... the process by which participants create and share information with one another in order to reach a mutual understanding." Diffusion ist somit eine besondere Art der Kommunikation. Die dabei ausgetauschten Nachrichten enthalten Informationen über eine neue Idee (vgl. Mann, 2009, 102; Rogers, 2003, 18). Wie Kommunikation eigentlich abläuft, lässt sich mit dem als Lasswell-Formel (Lasswell, 1948) bekannten Zitat „Who says What to Whom in What Channel with What Effect?" zusammenfassen (vgl. Mann, 2009, 102).

[102] Kommunikation bezeichnet allgemein den Austausch von Informationen, wobei bislang kein einheitlicher Kommunikationsbegriff existiert (vgl. Seiwert, 1992, 1126). Sperka (1996, 16-19) liefert einen Überblick zu Kommunikationsdefinitionen.

Die darin enthaltenen Aspekte Sender, Empfänger, Medium, Nachricht und Resultat korrespondieren mit den Elementen des Innovations-Entscheidungsprozesses. Dabei entspricht der Sender bzw. die Quelle der Information beispielsweise dem Erfinder oder dem Meinungsführer und im vorliegenden Fall den Implementatoren innerhalb der Organisation. Der Inhalt der Information korrespondiert mit den wahrgenommenen Eigenschaften der Innovation und das Medium mit den Kommunikationskanälen. Die Betroffenen stellen die Empfänger dar und die Resultate spiegeln sich u. a. in der Einstellungsänderung (Persuasion) und der Verhaltensänderung (Adoption oder Zurückweisung) wider (vgl. Rogers & Shoemaker, 1971, 20). Die Entscheidung eines Individuums zur Adoption bzw. Nicht-Adoption einer Innovation stellt die Folge der Kommunikation dar und ist dementsprechend das Resultat, das im Bereich der Diffusionsforschung von Interesse ist (vgl. Mann, 2009, 102). Kommunikation nimmt eine zentrale Rolle ein, wobei insbesondere die Kanäle der Kommunikation (Medien) und die Eigenschaften der Neuerung (Inhalt der Information) sowie Merkmale der Betroffenen interessant für die hier untersuchte Fragestellung sind. Entsprechend des Modells von Rogers (1983, 2003) hängt die Adoptionsentscheidung von den Charakteristika der Innovation (Konzeption der Neuerung), des Individuums sowie von den Kommunikationskanälen (Maßnahmen zur Akzeptanzförderung) ab.

Im gesamten Innovations-Entscheidungsprozess ist es möglich, einzelne Phasen entweder zu überspringen, mehrmals zu durchlaufen oder den Prozess sogar abzubrechen (vgl. Pfeiffer, 1981, 43; Weiber, 1992, 5). Ausschlag geben dabei die Einflussfaktoren, die jeweils von der Innovation und dem Individuum abhängen, sehr unterschiedlich und zudem äußerst zahlreich sind (vgl. Kittl, 2009, 37 f.; Schoder, 1995, 42). Bol und Moers (in Vorbereitung) zeigen in ihrer Untersuchung zur Adoption und Diffusion von Anreizsystemen bei Banken, dass Übertragungswirkungen von umfangreichem Erfahrungslernen und intensivem späteren Anwenden des Gelernten zu einer verhältnismäßig schnellen Verbreitung führen. Außerdem stellen sie fest, dass die Wahrscheinlichkeit, mit der ein Nicht-Adopter das neue Anreizsystem in der nächsten Periode annimmt, vom sozialen Netzwerk der lokalen Bank abhängt.

Im Modell zum Innovations-Entscheidungsprozess (z. B. Rogers, 1983, 2003)) lassen sich auch die zwei angesprochenen Akzeptanzebenen verorten (vgl. Kapitel 3.4.1.2). Bei der ersten Ebene, bei der sich die Mitarbeiter für oder gegen den Umstieg auf die variable Vergütung entscheiden, besteht die Akzeptanz für die Mitarbeiter in der *Bereitschaft, sich nach dem variablen System vergüten zu lassen*. Diese Bereitschaft (konativ) kommt durch die individuelle Entscheidung für oder gegen das System zum Ausdruck und hängt von der Einstellungsakzeptanz (affektiv und kognitiv) ab. Akzeptanz der Mitarbeiter zeigt erstens in der *Bereitschaft der Mitarbeiter, auf das variable Vergütungssystem umzusteigen,* und der *Bereitschaft, sich im Sinne der Anreize des Systems zu verhalten,* und zweitens darin, inwiefern sie sich verstärkt im Sinne der Anreize des neuen Systems verhalten. Während die erste Ebene dem Ende der Entscheidungs-Phase (Bereitschaft) entspricht und die Implementierung und somit die Anwendung einleitet, kommt die Ebene 2 der Implementierung in Form der Anwendung (Verhaltensakzeptanz) gleich.

Neben diesen diffusions- und adoptionstheoretischen Ansätzen existieren auch zahlreiche verhaltenswissenschaftliche Ansätze zur Erklärung von Akzeptanz. Diese werden im Folgenden näher dargestellt, da sie helfen, zu verstehen, was im Einzelnen vorgeht, wenn er sich Veränderungen gegenüber sieht. Sie liefern damit Anhaltspunkte zur Förderung von Akzeptanz sowie zur Vermeidung von bzw. zum Umgang mit fehlender Akzeptanz.

#### 3.4.2.2 Verhaltenswissenschaftliche Ansätze

Zu den sogenannten verhaltenswissenschaftlichen Ansätzen, die sich eignen, um das Entstehen von Akzeptanz zu erklären, zählen die Anreiz-Beitrags- (z. B. March & Simon, 1958, 1976), die Dissonanz- (z. B. Festinger, 1978) und die Reaktanztheorie (z. B. Brehm, 1966). Während die Darstellung der Anreiz-Beitrags-Theorie (z. B. March & Simon, 1958, 1976) bereits im Zusammenhang mit Motivation und Gerechtigkeit erfolgte (Kapitel 2.3.2, 2.5.3), behandelt dieses Kapitel die anderen beiden Theorien und zieht aus allen dreien jeweils Schlussfolgerungen für die Akzeptanz von organisationalen Veränderungen.

So veranschaulicht beispielsweise die Anreiz-Beitrags-Theorie von **March und Simon** (z. B. March & Simon, 1958, 1976, Kapitel 2.3.2) – wonach Mitarbeiter (unter der Voraussetzung der freien Wahl des Arbeitsplatzes) ein Arbeitsverhältnis eingehen und ihr leistungsorientiertes Verhalten beibehalten bzw. steigern, wenn und solange ihr Anreiz- den Beitragsnutzen übersteigt bzw. ihm entspricht[103] – einen interessanten Aspekt des Change-Managements, da organisatorische Veränderungen die Erwartungen an die Mitarbeiter ändern, woraus eine Änderung der Anreiz-Beitragssituation resultiert. Da die im Modell beschriebenen Ausprägungen einzelner Faktoren in der Einführungsphase jedoch nicht direkt

[103] Der Anreiznutzen umfasst sämtliche erwarteten Belohnungen; Der Beitragsnutzen meint Kosten für die Beiträge bzw. den maximalen Anreizwert der Belohnungen, bei einer anderen oder weniger intensiven Tätigkeit.

beobachtbar oder erfahrbar sind, sondern für einen Zeitpunkt nach der Implementierung vorhergesagt werden müssen, ist eine Neubewertung schwierig und erfolgt zudem auf Basis individueller Präferenzen. Dies kann die Betroffenen verunsichern oder auch zu faktisch falschen Erwartungen, bezogen auf die Veränderung, führen. Diese Quelle potenzieller Störfaktoren während der Implementierungsphase sollte nicht vernachlässigt werden (vgl. Kapitel 3.4.1.3). Die Versorgung, Nachfrage und Verarbeitungskapazität von Informationen seitens der Mitarbeiter entscheidet letztendlich darüber, wie groß die Unsicherheit bzw. der Fehler bei der Prognose ist (vgl. Wahl, 2001, 86), weshalb sich Kapitel 3.5.1 unter anderem ausführlich mit der Kommunikation im Rahmen der Implementierung befasst. Die Einführung des variablen Vergütungssystems wirkt zunächst einmal störend im Gleichgewicht des vorhandenen Vergütungssystems, das gemäß der Anreiz-Beitrags-Theorie (z. B. March & Simon, 1958, 1976) den Anreiz darstellt, und der durch den Mitarbeiter geleisteten Beiträge. Der Mitarbeiter wägt (nach ausreichender Informationssuche) nun zwischen der neu einzuführenden variablen und der bestehenden fixen Vergütung ab. Damit sich das neue variable Vergütungssystem durchsetzen und somit akzeptiert werden kann, muss es dem Betroffenen einen höheren Nutzen – im Sinne eines für ihn besseren Verhältnisses zwischen Vergütung und Arbeitseinsatz – bringen als das bisherige System.[104]

Die Dissonanztheorie von **Festinger** (1978), die den Prozesstheorien der Motivation (vgl. Kapitel 2.3.2) zugeordnet wird, geht von einem strukturellen (Kognition) und einem dynamischen (Dissonanz) Konstrukt aus. Die Kognition als Strukturelement des mentalen Systems des Menschen umfasst Überzeugungen, Meinungen und Kenntnisse über die Umwelt, sich selbst und das eigene Verhalten. Dissonanz bezieht sich auf den Zustand der Beziehungen der Kognitionen zueinander, die auf Beseitigung drängen. Dabei unterscheidet Festinger (1978, 26 f.) zwischen den vier Arten von Dissonanz: Logische Inkonsistenz, Inkonsistenz des eigenen Verhaltens mit kulturellen Normen, Inkonsistenz zwischen Kognition und einer allgemeineren, umfassenderen Kognition und Inkonsistenz zwischen vergangenen und neuen Erfahrungstatbeständen. Später ersetzt er dabei seine ursprünglich verwendeten Begriffe „Konsistenz" und „Inkonsistenz" durch „Konsonanz" und „Dissonanz", da ihm diese neutraler erscheinen (vgl. Festinger, 1978, 16). Die Theorie basiert auf der Annahme, dass der Mensch nach kognitiver Harmonie strebt. Wahrgenommene Dissonanzen empfindet er als unangenehm und versucht diese deshalb abzubauen, was z. B. durch eine Änderung von Verhalten, Meinungen und Kenntnissen gelingen kann. Falls nicht, bleibt der

[104] Hierzu vgl. auch Dent und Goldberg (1999, 26).

Druck, das Ungleichgewicht zu reduzieren, bestehen. Festinger (1978) illustriert dies an dem Beispiel einer Person, die unter der Dissonanz von dem Wissen, dass Rauchen ungesund ist, und der Wahrnehmung ihres Verhaltens, dass sie raucht, leidet. Der Betroffene kann entweder mit dem Rauchen aufhören, also sein Verhalten ändern oder sein Wissen modifizieren und zur Erkenntnis gelangen, dass Rauchen wesentlich weniger ungesund ist, als immer behauptet wird (vgl. Festinger, 1978, 16-19; Staehle, 1999, 247-250; Wahl, 2001, 87 f.).

Eine Dissonanzreduktion kann zu verschiedenen Zeitpunkten des im vorherigen Kapitel dargestellten Innovations-Entscheidungsprozesses stattfinden. In der ersten Phase (Bewusstsein) stellt das Individuum einen Bedarf fest und sucht Informationen über eine Neuerung, die diesen befriedigen kann. Das Bewusstsein über die Notwendigkeit einer Neuerung kann das Individuum zur Informationssuche veranlassen. Dissonanz in den Phasen der Entscheidung und Implementierung tritt auf, wenn das Individuum über die Neuerung Bescheid weiß und eine positive Einstellung dieser gegenüber hat, ohne sie jedoch bisher angenommen zu haben. Es kann seine Dissonanz z. B. durch Annehmen der Neuerung reduzieren, da es dadurch Einstellung und Verhalten in Einklang bringt. Vergleichbar ist dies ebenfalls in der anschließenden Bestätigungsphase mit der Informationssuche und Bildung, Beibehaltung oder Anpassung von Einstellung und Verhalten (vgl. Rogers, 2003, 189 f.). Auch die Einführung variabler Vergütung kann bei den Betroffenen zum Auftreten von Dissonanzen führen, wenn deren Einstellung und Verhalten nicht übereinstimmen (vgl. Kapitel 3.4.1.2) oder wenn beispielsweise durch das Vergütungssystem geförderte Verhaltensweisen im Widerspruch zu bisherigen Verhaltensweisen oder persönlichen Meinungen stehen. Dabei ist der Widerstand gegenüber der Implementierung sogar im Falle der vermuteten Dissonanz wahrscheinlicher als bei der tatsächlich wahrgenommenen. Grund dafür ist, dass die Erfolgswahrscheinlichkeit des Widerstands, also die Wahrscheinlichkeit der Dissonanzreduktion, im Falle der Antizipation höher eingeschätzt wird als nach der tatsächlichen Einführung. Ist die Dissonanzentstehung jedoch auf Grund der Unsicherheit der zukünftigen Situation schwer bewertbar, die Einführung allerdings unumgänglich, wird Konsonanz eher durch die Entwicklung einer positiven Einstellung gegenüber der Veränderung erreicht. Dies könnte dazu verleiten, Veränderungen einzuführen, indem man Betroffene „vor vollendete Tatsachen setzt“. Dem steht jedoch die im Folgenden betrachtete Reaktanztheorie entgegen (vgl. Börsig, 1975, 36 f.; Wahl, 2001, 88).

In der Theorie der psychologischen Reaktanz befasst sich **Brehm** (z. B. Brehm, 1966) mit Verhaltensweisen von Individuen, denen Freiheitsräume entzogen werden. Wenn eine Person glaubt, sich in einer bestimmten Situation frei verhalten zu können und sich dann in ihrer Handlungsfreiheit eingeschränkt fühlt, entsteht psychologische Reaktanz. Dabei kann die Einschränkung in einer Reduzierung oder Eliminierung der Freiheit bestehen. Reaktanz bezeichnet eine motivationale Erregung, die darauf zielt, eine bedrohte, abnehmende oder aufgehobene Freiheit wiederherzustellen. Die Reaktion richtet sich dabei gegen den Verursacher. So reichen Reaktionen von rein kognitiven Verhaltensstrategien (z. B. Aufwertung der eliminierten Alternative), über eher ignorierende Verhaltensweisen, bei denen die Betroffenen die Freiheit weiterhin ausüben, oder Flucht-Reaktion bis hin zu offen aggressivem Verhalten, also Verhalten, das auf die Änderung der Situation zielt. Die Stärke der Reaktanz hängt dabei von der Anzahl der bedrohten Freiheiten, deren Wichtigkeit sowie der Stärke der Freiheitsbedrohung ab. Spätere Veröffentlichungen überprüften diese Theorie empirisch, spezifizierten sie und bestätigten sie auch mit immer spezieller werdenden theoretischen Vorhersagen weitgehend (vgl. Fischer & Wiswede, 1997, 313; Gniech & Dickenberger, 1997, 259 f.).[105] Auch die Einführung variabler Vergütung kann bei den Betroffenen dazu führen, dass sie ihre Freiräume gefährdet oder sogar entfallen sehen, woraus Reaktanz resultieren kann. Daraus ließe sich schlussfolgern, dass es wichtig ist, dass die Betroffenen entsprechend über diese Veränderung informiert sind, um die Situation und die Konsequenzen möglichst gut einschätzen zu können. Dies würde ermöglichen, dass sie ggf. nicht nur entfallende bzw. reduzierte Freiräume, sondern auch neu hinzukommende wahrnehmen.

Entsprechend dieser verhaltenswissenschaftlichen Ansätze ist für die Akzeptanz des Systems entscheidend, dass die Betroffenen den Nutzen des Systems wahrnehmen, die durch das Vergütungssystem geförderten Verhaltensweisen im Einklang mit den bisherigen Verhaltensweisen oder persönlichen Meinungen stehen, sie positiv gegenüber der Veränderung eingestellt sind und nicht das Gefühl haben, in ihren Freiräumen gefährdet zu sein (z. B. Brehm, 1966; Festiger, 1978; March & Simon, 1958, 1976). Bei alle dem kommt wiederum einer „guten“ Kommunikation im Sinne einer sorgfältigen Auswahl und Gestaltung der Kommunikationsmaßnahmen (vgl. Kapitel 3.5.1) entscheidende Bedeutung zu, da sie die Wahrneh-

[105] Zu den Grundannahmen sowie interessanten Forschungsrichtungen zur Reaktanz vgl. auch Miron und Brehm (2006, 9-16). Als Beispiel für Skalen zur Messung von Reaktanz vgl. z. B. Herzberg (2002), der den von Merz (1983) entwickelten Fragebogen zur Erfassung der Verhaltensdisposition Reaktanz mittels klassischer und Item-Response-Theorie-basierter Analysemetoden optimierte.

mung der Mitarbeiter beeinflusst. Welche Größen außerdem auf die Akzeptanz wirken, ist Gegenstand des folgenden Kapitels.

#### *3.4.2.3 Ausgewählte Modelle zu den Einflussgrößen auf die Akzeptanz*

Neben den in Kapitel 3.4.1.3 zur Verhaltensrelevanz der Einstellung vorgestellten Akzeptanzmodellen zu Einstellungen und daraus resultierenden Verhaltensmustern von Dienstbach (1972), Böhnisch (1975, 1979), Krüger (Krüger, 1994a, 1994b) sowie Pankow (1986) befassen sich Davis (z. B. Davis, 1989), Venkatesh (z. B. Venkatesh & Bala, 2008), Bürg (z. B. Bürg, 2005), Goodhue (z. B. Goodhue & Thompson, 1995) und Degenhart (z. B. Degenhardt, 1986) explizit mit den verschiedenen Einflussgrößen auf die Akzeptanz. Diese Modelle bilden die Grundlage des in Kapitel 4 entwickelten, der empirischen Untersuchung dieser Arbeit zu Grunde liegenden Modells zur Akzeptanz der Implementierung variabler Vergütung. Deshalb ergänzt dieses Kapitel die Ausführungen über die einstellungs- und verhaltensbezogenen Akzeptanzmodelle und die daraus resultierenden Erkenntnisse um weitere Bestimmungsgrößen der Akzeptanz.

Einen guten Überblick sowie eine Analyse besagter Akzeptanzmodelle liefern beispielsweise Küpper (2005, 132-143) sowie Bürg (2005, 26-36) oder auch Fernis (2006, 4-15). Die folgenden Ausführungen befassen sich mit dem „Technology Acceptance Model“ (TAM) von Davis (1985) und seinen Weiterentwicklungen (z. B. Venkatesh & Davis, 2000), dem „Task-Technology Fit Model“ sowie dem Akzeptanzmodell von Degenhardt (1986) als exemplarisch ausgewählte Modelle.

Das von Davis (1985, 24) zur Erforschung individueller Akzeptanz von Informationstechnologie entwickelte und auf der Theorie des geplanten Verhaltens (z. B. Ajzen, 1991; Kapitel 3.4.1.3) basierende TAM stellt das wohl bekannteste Modell der Akzeptanzforschung dar. Zahlreiche weitere Modelle bauen auf diesem auf und versuchen jeweils, zu beantworten, wie und warum Individuen Innovationen in diesem Bereich annehmen. Mit Blick auf die abhängigen Variablen kristallisieren sich im Wesentlichen drei Gruppen heraus: Die erste Gruppe versucht, die individuelle Nutzungsabsicht (*intention*) bzw. die Nutzung zu erklären, die zweite zielt auf den Erfolg der Implementierung in Organisationen, und die dritte untersucht die Angemessenheit der Technologie bzgl. verschiedener Aufgaben (vgl. Kittl, 2009, 52; Venkatesh, 2000, 343; Venkatesh, Morris, Davis & Davis, 2003, 427).

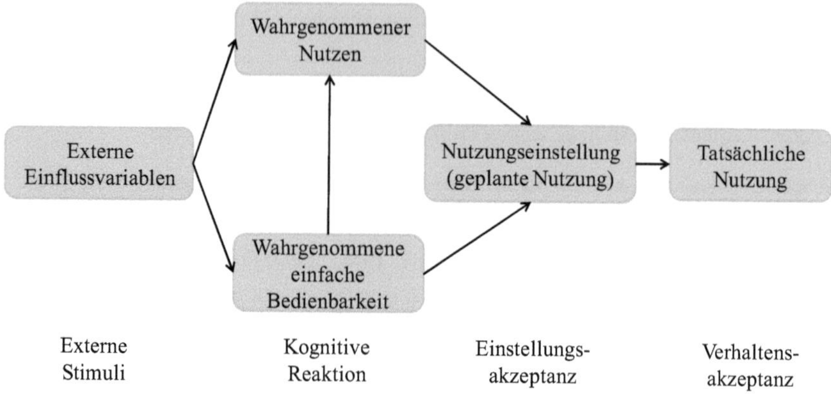


**Abbildung 23: Technology Acceptance Model von Davis et al. (1989)**
**Quelle: Bürg (2005, 29)**

Entsprechend des TAM (z. B. Davis, 1985), dargestellt in Abbildung 23, beeinflusst die Einstellungs- (geplante Nutzung/Nutzungsabsicht) die Verhaltensakzeptanz (tatsächliche Nutzung). Eine positive Nutzungseinstellung (im Sinne einer geplanten Nutzung) führt also zu einer Nutzung. Die Einstellungsakzeptanz wiederum hängt von den beiden Faktoren wahrgenommener Nutzen und wahrgenommene einfache Bedienbarkeit ab. Dabei gilt die Annahme, dass je höher der Nutzen eines Systems sowie dessen einfache Bedienbarkeit sind, umso eher ist der Anwender bereit, das System zu nutzen. Externe, jedoch nicht weiter benannte Einflussfaktoren wiederum wirken auf diese beiden Größen (vgl. Davis, 1989, 326-332).

Davis, 1989 (326-332) und Davis et al. (1989, 991-999) können die Annahme des TAM (z. B. Davis, 1985), dass die Nutzungseinstellung den wesentlichen Prädiktor für die tatsächliche Nutzung darstellt, empirisch belegen. Der Zusammenhang zwischen wahrgenommenem Nutzen und Nutzungseinstellung ist in den Studien jeweils größer als zwischen der wahrgenommenen einfachen Bedienbarkeit und Nutzungseinstellung, wobei beide Korrelationen signifikant sind. Die externen Faktoren und deren Wirkungsweise werden jedoch nicht weiter ausgeführt, wodurch personen- und kontextbezogene Einflüsse zu wenig berücksichtigt bleiben (vgl. Bürg & Mandl, 2004, 11; Davis, 1989, 326-332; Davis et al., 1989, 982, 997; Gefen & Straub, 2000, 16-19). Die aktuelle Studie von Karavasilis, Zafiropoulus und Vrana (2010, 63-65) zur Adoption von E-Governance durch griechische Lehrer basiert auf dem TAM, das sie um weitere Einflussfaktoren und durch die Unterscheidung zwischen der Nutzungseinstellung und Nutzungsabsicht ergänzen. Die Ergebnisse belegen, dass wahrgenommene einfache Bedienbarkeit die wahrgenommene Nützlichkeit sowie die Einstellung gegenüber der Nutzung beeinflusst. Wahrgenommene Nützlichkeit wiederum beeinflusst sowohl die Einstellung als auch die Absicht zur Nutzung. Darüber hinaus wirken die persönliche Innovativität, die Kompatibilität und die relative Vorteilhaftigkeit (in)direkt auf die Einstellung oder die Absicht zur Nutzung, wobei die Nutzungseinstellung direkt die Nutzungsabsicht beeinflusst. So beeinflussen die persönliche Innovativität und die relative Vorteilhaftigkeit über die Einstellung gegenüber der Nutzung indirekt die Nutzungsabsicht, während Kompatibilität direkt auf die Nutzungsabsicht wirkt. Diese drei Einflussgrößen verfügen zudem über eine größere Vorhersagekraft für die Nutzungsabsicht als Vertrauen und wahrgenommenes Risiko.

Die im Folgenden dargestellten Modelle TAM 2 und TAM 3 dienen als theoretisch elaborierte Modelle der Erklärung von Akzeptanz von Informationssystemen und stellen Weiterentwicklungen des TAM (z. B. Davis, 1985) dar. Die Theorie von Fishbein und Ajzen (z. B. Ajzen, 1991) bildet somit auch hier die handlungstheoretische Grundlage. Dabei operationalisieren Venkatesh und Davis (2000, 186) die im TAM (z. B. Davis, 1985) nicht benannten, externen Stimuli und entwickeln ein Modell, das die wahrgenommene Nützlichkeit und die Nutzungsabsicht in Bezug auf sozialen Einfluss und kognitive Prozesse erklärt. Subjektive Norm, freiwillige Nutzung und Image des Informationssystems stellen dabei soziale Prozessvariablen, Relevanz des Informationssystems für das berufliche Aufgabenfeld, Qualität des Outputs und Nachweisbarkeit der Ergebnisse des Informationssystems stellen kognitiv instrumentelle Variablen dar. Das Modell ist in Abbildung 24 dargestellt.[106] Computerbezogene Selbstwirksamkeit, externe Kontrollüberzeugung, Computerängstlichkeit, spielerischer Umgang mit Computern, Vergnügen und objektive Benutzbarkeit sind die Variablen, die die wahrgenommene einfache Bedienbarkeit ausmachen (vgl. Venkatesh, 2000, 357; Venkatesh & Bala, 2008, 278-281). Dabei mediiert die wahrgenommene einfache Bedienbarkeit vollständig die Effekte aller Determinanten auf die Verhaltensintention (vgl. Venkatesh, 2000, 355). Venkatesh und Bala (2008, 280 f.) nehmen in dem von ihnen entwickelten TAM 3 an, dass Erfahrung den Zusammenhang zwischen (a) wahrgenommener einfacher Bedienbarkeit und wahrgenommenem Nutzen, (b) Computerängstlichkeit und Bedienbarkeit und (c) Bedienbarkeit und Verhaltensintention moderiert. Im Gegensatz zum TAM (z. B. Davis, 1985) expliziert das TAM 2 zwar die Einflussfaktoren auf die Einstellungsakzeptanz, beschränkt sich dabei jedoch lediglich auf personenbezogene Merkmale (vgl. Bürg & Mandl, 2005, 81).

[106] Für weitere Details zu den einzelnen Variablen sei auf Venkatesh (2000) und Venkatesh und Davis (2000) verwiesen.

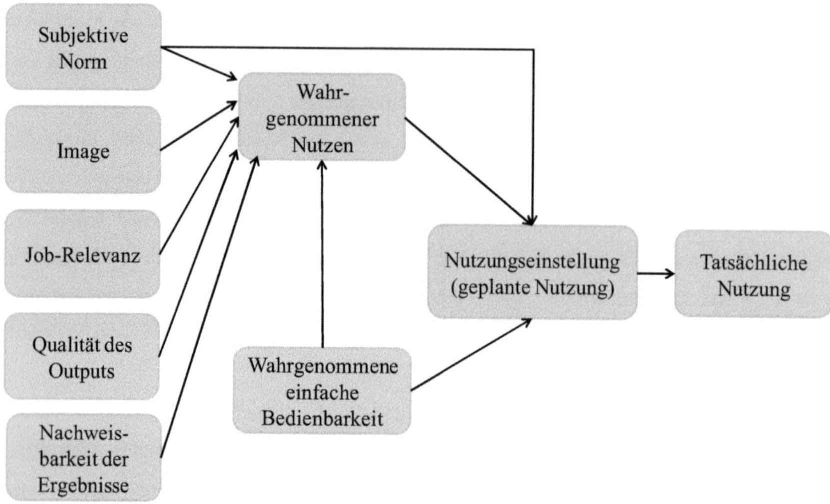


**Abbildung 24: Technology Acceptance Model 2**
**Quelle: Bürg (2005, 31); Venkatesh und Davis (2000, 197)**

Auch das von Bürg (2005) entwickelte Modell zur Untersuchung der Akzeptanz von E-Learning in Unternehmen baut auf den TAMs auf. Dabei hängt die Verhaltens- von der Einstellungsakzeptanz und diese wiederum von den drei Variablengruppen institutionelle Rahmenbedingungen, Merkmale des Individuums und Merkmale der Lernumgebung ab (vgl. Bürg, 2005, 90, 98).[107] Entsprechend der Ergebnisse sind Information und Betreuung als personale Maßnahmen, Relevanz für den Arbeitsalltag und Freiräume als organisationale Maßnahmen und Bedienbarkeit als technische Rahmenbedingung hoch positiv mit der Einstellungsakzeptanz assoziiert. Bei den kognitiven und motivational-emotionalen Faktoren als Merkmale des Individuums weisen lediglich der subjektive Lernerfolg sowie die intrinsische Motivation und bei den Merkmalen der Lernumgebung die Wirkung der Medien einen signifikanten Zusammenhang mit der Einstellungsakzeptanz auf. Eine höhere Ausprägung auf diesen Merkmalen geht also jeweils mit einer höheren Einstellungsakzeptanz einher. Außerdem bestätigen Bürg und Kollegen (2004) den positiven Zusammenhang zwischen Einstellungs- und Verhaltensakzeptanz und kommen zu dem Schluss, dass die

[107] Institutionelle Rahmenbedingungen bestehen dabei aus personalen (Information, Partizipation, Betreuung), organisationalen (Job relevance, Freiräume) und technischen (technische Probleme, technische Bedienbarkeit) Maßnahmen. Bei den individuellen Merkmalen differenziert er zwischen kognitiven (Sicherheit im Umgang mit Computern, allgemeine Selbstwirksamkeitserwartungen, sujektiver Lernerfolg) motivational-emotionalen (intrinsische Motivation, Ambiguitätstoleranz, Einstellungen zum Computer) Faktoren. Die Merkmale der Lernumgebung lassen sich durch die didaktische (Authentizität, instruktionale Unterstützung, Selbststeuerung) und mediale Gestaltung (Verständlichkeit und Wirkung der Medien) näher beschreiben (vgl. Bürg, 2005, 90, 98).

erhobenen personalen, organisationalen und technischen Aspekte nicht direkt, sondern lediglich indirekt über die Einstellungs- mit der Verhaltensakzeptanz zusammenhängen. Gleiches gilt für die Aspekte des Individuums und der Lernumgebung (vgl. Bürg, 2005, 106-109; 128-131; Bürg et al., 2004, 14 f.).

Das von **Goodhue** (z. B. Goodhue, 1995) entwickelte „Task-Technology-Fit-Model" und von **Goodhue und Thompson** (z. B. Goodhue & Thompson, 1995) weiterentwickelte „Technology-to-Performance Chain Model" liefern mit Aufgabe, Technologie und Individuum als Einflussgrößen auf die Einschätzung der Systemleistung Anhaltspunkte für Kontext- und Personenvariablen, welche die Nutzungseinstellung beeinflussen. Für die Erklärung der Verhaltensakzeptanz, also des tatsächlichen Verhaltens, greifen sie allerdings zu kurz. Entsprechend der Modelle werden IT Systeme nur dann genutzt, wenn zwischen den für den Anwender verfügbaren Funktionalitäten und seinen Aufgaben ein „Fit" besteht (vgl. Bürg, 2005, 27 f.; Kittl, 2009, 56 f.).

Die wahrgenommene Nützlichkeit – als subjektive Abschätzung von Kosten und Nutzen – ist auch zentrales Element des Akzeptanzmodells nach **Degenhardt** (1986). Die Variablengruppen Systemkonfiguration, Aufgabencharakteristika (ähnlich der Einflussgröße Aufgabe des „Task-Technology Fit Models") und Benutzermerkmale (entsprechend der Einflussgröße Individuum im erweiterten „Task-Technology Fit Model") beeinflussen diese, die dann direkt auf die Akzeptanz der Innovation wirkt.[108] Die generelle Akzeptierbarkeit, die beispielsweise nicht vorhanden ist, wenn die Innovation Grundwerte des Anwenders verletzt, moderiert diesen Zusammenhang (vgl. Degenhardt, 1986, 246-249; Kittl, 2009, 57-59).

Zusammenfassend lässt sich festhalten, dass Goodhue (1995; Goodhue & Thompson, 1995) lediglich den Einstellungsaspekt der Akzeptanz fokussiert, während Davis (1989) sowie Venkatesh und Davis (2000) auch den Verhaltensaspekt in ihre Modelle integrieren. Bezüglich der Einflussfaktoren heben sie jedoch jeweils die Einschätzung des Systems hinsichtlich des wahrgenommenen Nutzens hervor. Da die TAM (z. B. Davis, 1985) darauf zielen, eine Handlung zu erklären, in diesem Fall, ob eine Person das Informationssystem auf Grund der Einstellung nutzt oder nicht, wird ein theoretischer Bezug zur Einstellungs- und Verhaltens-

[108] Zu den Aufgabencharakteristika zählen Wichtigkeit, Häufigkeit und Erledigungsalternativen der von der Innovation unterstützten Aufgaben, zur Systemkonfiguration zählen Aufgabenkompatibilität, Benutzerfreundlichkeit und Erlernbarkeit und zu den Benutzermerkmalen zählen Fähigkeiten, Fertigkeiten, motivationale Variablen und soziales Umfeld.

forschung notwendig. Die Theorie der überlegten Handlung (z. B. Ajzen & Fishbein, 1980) erklärt handlungstheoretisch die konkreten Zusammenhänge innerhalb des TAM 2. Allerdings betrachtet dieses Modell lediglich personenbezogene Einflussgrößen, deren Auswahl zudem mit mangelndem theoretischem Bezug erfolgte und die darüber hinaus additiv verknüpft sind. Während die TAM Kontextvariablen vernachlässigen, liefert das „Task-Technology Fit Model" (z. B. Goodhue, 1995; Goodhue & Thompson, 1995) erste Anhaltspunkte, indem es Aufgabe und Technologie als mögliche Einflussfaktoren aufführt, diese jedoch wiederum nicht weiter spezifiziert (vgl. Bürg & Mandl, 2005, 81 f.).

Die vorgestellten Akzeptanzmodelle befassen sich im Wesentlichen mit der Einführung von technischen Neuerungen, welche die alltägliche Arbeit erleichtern sollen. Dementsprechend ist die Verhaltensakzeptanz meist als tatsächliche Nutzung und die Einstellungsakzeptanz als Nutzungsabsicht operationalisiert. Wie die soeben diskutierten Akzeptanzmodelle verdeutlichen, beeinflussen die Eigenschaften der Veränderung sowie die Merkmale des Adopters wesentlich die Akzeptanz von Veränderungen. Mögliche Einflussgrößen sind demnach u. a. einfache Bedienbarkeit, wahrgenommener Nutzen, Relevanz für das berufliche Aufgabenfeld, Erfahrung, Selbstwirksamkeit. Die TAM beispielsweise finden auch in anderen Bereichen Anwendung und empirische Bestätigung (vgl. Bürg & Mandl, 2005, 82). So liefert Kornmeier (2009, 138-141) einen ausführlichen, tabellarischen Überblick über strukturgleichungsanalytische Arbeiten zur Akzeptanz von Mobile Commerce und elektronischen Zahlungssystemen. Er führt dabei Studien auf, die auf dem TAM (oder seiner Weiterentwicklung; z. B. Davis, 1985; Venkatesh & Davis, 2000; Venkatesh & Bala, 2008), der Theorie des geplanten Verhaltens (z. B. Ajzen, 1991), der Theorie der überlegten Handlung (z. B. Ajzen & Fishbein, 1980), oder auf der Diffusions- und Adoptionsforschung bzw. den Kriterien von Rogers (2003, 219-266) basieren und diese stützen.

Die Operationalisierung der Variablen, die Einflussgrößen sowie die erfolgreiche Anwendung der ursprünglichen Modelle in verschiedenen Bereichen, liefern auch für die Problematik der Einführung eines variablen Vergütungssystems wichtige Anhaltspunkte. Neben der Vorhersagekraft der Einstellung für das Verhalten, kommt in den Modellen jeweils dem Nutzen, den das Individuum durch die Akzeptanz/Nutzung der Neuerung erfährt, in verschiedenen Ausprägungen eine wichtige Rolle zu.

Über dieses, die Neuerung betreffende und systembezogene Merkmal hinaus, haben auch personenbezogene Merkmale eine große Bedeutung. Dementsprechend sind diese Merkmale in einem Modell zur Akzeptanz der Einführung variabler Vergütung zu berücksichtigen, geeignet zu präzisieren und zu operationalisieren. Daher widmet sich das folgende Kapitel den interindividuellen Unterschieden im Umgang mit Veränderungen, fokussiert dabei die Bedeutung der Persönlichkeit für die Akzeptanz und spezifiziert die zu betrachtenden Persönlichkeitsmerkmale.

### 3.4.3 Interindividuelle Unterschiede im Umgang mit Veränderungen: Bedeutung der Persönlichkeit für die Entstehung von Akzeptanz

„The largest barrier to "change" is not changes to technologies, and work processes but changes involving people" (Appelbaum, St-Pierre & Glavas, 1998, 300). Grund dafür ist, dass viele Menschen mit Veränderungen Unsicherheit und Ungewissheit verbinden. Individuen unterscheiden sich sowohl hinsichtlich ihrer Fähigkeiten und Fertigkeiten, Wandel veranlassen zu wollen als auch darin, wirksam mit Veränderungen umzugehen. Dies verdeutlichen auch zahlreiche empirische Erkenntnisse zu den Ursachen (fehlender) Akzeptanz, wonach beispielsweise der individuellen Veränderungsbereitschaft und -fähigkeit eine bedeutende Rolle zukommt (vgl. Kapitel 3.3.4, Tabelle 1, S. 118). Die interindividuellen Unterschiede basieren auf Persönlichkeitsmerkmalen, aber auch auf den Erfahrungen, die jemand in seinem bisherigen Leben mit Veränderungsprozessen allgemein oder dem Veränderungsobjekt selbst, im vorliegenden Fall mit variabler Vergütung, gemacht hat. Individuen unterscheiden sich beispielsweise hinsichtlich ihrer Präferenz, von Neuem angezogen zu sein, Neues aktiv zu suchen und Veränderungen somit aktiv anzugehen bzw. das gewohnte Umfeld möglichst unverändert zu halten. Im Motivationsbereich spricht Atkinson (1957) in diesem Zusammenhang von Erfolgssuchern und Misserfolgsvermeidern (vgl. Beckmann & Heckhausen, 2006, 130-133; Rheinberg, 2002, 71-82). Erfolgssucher verhalten sich eher expansiv, initiieren aktiv Situationen und erhöhen durch ihr Verhalten die Wahrscheinlichkeit, erfolgreich zu sein, während Misserfolgsvermeider alles daran setzen, einen Misserfolg zu verhindern und deshalb versuchen, bestehende Situationen möglichst beizubehalten. Wegen ihrer grundlegenden Orientierung fällt es daher erstgenannten wesentlich leichter, Veränderungsprozesse in Unternehmen zu veranlassen und durchzuführen (vgl. Sackmann, 2007, 167).

Die Bedeutung der Persönlichkeit wird auch in den bisherigen Ausführungen mehrfach deutlich. Im Modell von Rogers (2003, 170) beeinflussen neben den fünf Charakteristika von Veränderungen die Eigenschaften des Adopters, also sozioökonomische Größen, das Kommunikationsverhalten sowie die Persönlichkeit (z. B. positive Einstellung gegenüber Veränderung, Fähigkeit im Umgang mit Unsicherheit) die Adoptionsentscheidung (vgl. Rogers, 1983, 260 f.; Rogers, 2003, 15 f., 170, 219-266; Weiber, 1992, 5 f.; vgl. Kapitel 3.4.2.1). Dienstbach (1972, 105) weist ebenfalls darauf hin, dass bei der Betrachtung der Einflussgrößen auf die Anpassungsbereitschaft eines Individuums auf das Einbeziehen struktureller Persönlichkeitsmerkmale nicht verzichtet werden kann. Nach Rosenstiel (1975, 356) hängt das Verhalten u. a. von der Verhaltensintention als eine motivationale Bedingung des Verhaltens ab. Dieses ist jedoch nicht nur motivational determiniert, sondern auch von den Fähigkeiten und Fertigkeiten der Person und den Besonderheiten der Situation beeinflusst (vgl. Kapitel 2.2).

Wie die bisherigen Ausführungen zeigen, hängt die Akzeptanz von organisationalen Veränderungen zu einem gewissen Teil von der Persönlichkeit des betroffenen Mitarbeiters ab. Dies lässt vermuten, dass die Persönlichkeit der Betroffenen auch die Akzeptanz eines variablen Vergütungssystems beeinflusst. Zahlreiche Studien befassen sich auch konkret mit dem Zusammenhang zwischen Vergütung (-spräferenz) und Persönlichkeit, und dabei insbesondere mit der individuellen Ungewissheits- und Risikoneigung. Eine fixe Bezahlung liefert ein sicheres finanzielles Ergebnis, während eine leistungsabhängige Vergütung mit finanzieller Unsicherheit einhergeht und für den Betroffenen ein Risiko bedeutet (vgl. Cadsby et al., 2007, 389). Cable und Judge (1994, 334-341) vermuten, dass hohe Risikoaversion, geringe Selbstwirksamkeit und externe Kontrollüberzeugung mit der Präferenz für fixe Vergütung (vs. „*contingent pay*“) zusammenhängen und identifizieren die Risikoaversion als einzige signifikante Größe. Nach Ergebnissen verschiedener Studien bevorzugen risikoaverse Mitarbeiter fixe Vergütung bzw. Unternehmen, die fixe Vergütung anbieten. Außerdem sprechen sie im Vergleich zu risikofreudigeren Mitarbeitern weniger auf die jeweiligen Anreize im Zusammenhang mit leistungsbezogener Vergütung an (vgl. Cadsby et al., 2007, 387; Gomesz-Mejia & Balkin, 1989, 442, 444). Pappas und Flaherty (2006, 28, 30) bestätigen, dass die Risikoeinstellung den Zusammenhang zwischen Vergütung und Motivation der Mitarbeiter moderiert. Offen ist bislang jedoch, welche Wirkung es auf Mitarbeitermotivation und -verhalten hat, wenn dieser fixe Vergütung präferiert und dennoch variabel vergütet wird und umgekehrt.

Wenn die von der Einführung des variablen Vergütungssystems Betroffenen zumindest zu einem gewissen Grad risikoavers sind, dürfte eine Zunahme der Einkommensunsicherheit negativ auf die Zustimmung zum System wirken. Beblo et al. (2002, 12) können diesen Zusammenhang in ihrer Befragung jedoch nicht nachweisen. Vielmehr kommen sie zu dem

Ergebnis, dass Manager, die angeben, dass ihre Einkommensunsicherheit durch das variable Vergütungssystem gestiegen ist, dem System gegenüber positiver eingestellt sind als jene, die ihr Einkommensrisiko als konstant empfinden. Sie argumentieren, dass hier der Optimismus zu überwiegen scheint, dass mit dem höheren Einkommensrisiko auch die Möglichkeit steigt, das Einkommen stärker steigern zu können. Allerdings fordern die Befragten eine Risikoprämie, da ihren Aussagen zufolge eine variable Vergütung durchschnittlich höher sein sollte als eine alternativ garantierte feste. Ein weiterer Grund könnte darin liegen, dass Manager sich als Leistungsträger sehen und daher leistungsorientierte Vergütung anstreben. Insgesamt ist daher fraglich, ob sich aus Managerstudien Rückschlüsse für Mitarbeiter ziehen lassen.

In der Persönlichkeitspsychologie existieren zahlreiche theoretische Ansätze, um interindividuelle Unterschiede im Verhalten zu erklären. Die Big Five, die auch einzelnen der aufgeführten Studien zu Grunde liegen, sind ein bekanntes Modell, das die Persönlichkeit mit Hilfe der fünf Dimensionen Neurotizismus, Extraversion, Offenheit für Erfahrungen, Verträglichkeit und Gewissenhaftigkeit abbildet. Für die Betrachtung der Einführung eines variablen Vergütungssystems sind davon insbesondere die Dimensionen Offenheit für Erfahrungen als Indikator für die grundsätzliche Veränderungsbereitschaft, die Gewissenhaftigkeit, die den Aspekt der Leistungsorientierung beinhaltet, sowie darüber hinaus die Ungewissheitstoleranz bzw. Risikoneigung von Interesse, und liegen daher den Ausführungen dieser Arbeit zur Persönlichkeit zu Grunde. Die Offenheit für Erfahrungen und Leistungsorientierung lassen sich wie folgt beschreiben (vgl. Borkenau & Ostendorf, 1993, 5; Muck, 2006, 529-532; Howard & Howard, 2002, 24 f., 62 f., 85-87; Weinert, 1998, 114-116):[109]

- **Offenheit für Erfahrungen**, auch Kreativität genannt, bedeutet, dass jemand an neuen Erfahrungen, Erlebnissen und Eindrücken interessiert ist und bereit ist, sich auf neue Ideen einzulassen. Eine Person mit niedriger Ausprägung auf dieser Dimension hingegen bevorzugt eher Vertrautes und gilt als bewahrend. Für diejenigen, die offen für neue Erfahrungen (Kreativität) und somit auch für Veränderungen sind, ist zu erwarten, dass sie entsprechend eher dazu neigen, Neuerungen im Unternehmen zu akzeptieren.
- **Gewissenhaftigkeit**, auch Fokussierung oder Festigung genannt, bedeutet, dass eine Person zielstrebig, willensstark und entschlossen ist. Ein gewissenhaftes Individuum gilt als leistungsorientiert, pflichtbewusst, prinzipientreu und ordentlich. Howard und Howard

[109] Näheres zu den Dimensionen Neurotizismus, Extraversion und Verträglichkeit kann ebenfalls in den angegebenen Quellen sowie bei Howard und Howard (2002, 24 f., 39-42, 49-51, 74 f.) nachgelesen werden.

(2002) nennen die Tennisspielerin Billie Jean King (20-fache Titelgewinnerin von Wimbledon) als Beispiel für eine Person mit starker Ausprägung auf dieser Dimension. Sie ist der Meinung, dass im Bestreben danach, die Nummer eins zu sein, eine Ruhepause unmöglich ist und erfasst damit exakt das Wesen einer hohen Gewissenhaftigkeit. Da Personen mit hoher Ausprägung auf dieser Dimension als besonders zielstrebig und leistungsorientiert gelten, was sich auch durch den Wunsch, die Nummer eins sein und bleiben zu wollen veranschaulichen lässt, ist zu erwarten, dass gewissenhafte Personen Veränderungen im Unternehmen akzeptieren, die ihnen Möglichkeiten zum Feedback zur Leistung bieten. Im Folgenden wird die Dimension der Gewissenhaftigkeit daher auch als Leistungsorientierung bezeichnet.

Diese Dimensionen liefern wichtige Anhaltspunkte für das Verhalten von Individuen im Zusammenhang mit Veränderungen und der Einführung eines variablen Vergütungssystems. Allerdings führt Weinert (1998, 116) als Hauptkritikpunkt zu den Big Five auf, dass fünf Dimensionen nicht ausreichend seien, um als mögliche Taxonomie für die „normale" Persönlichkeit zu dienen. Dennoch hat das Fünf-Faktoren-Modell basierend auf den Ergebnissen aus breiten Forschungsbemühungen mittlerweile einen festen Platz in der Organisationspsychologie eingenommen (vgl. Weinert, 1998, 114). Auch existieren verschiedene validierte Skalen zur Messung der Big Five (vgl. Kapitel 5.2.3). Im Zusammenhang mit organisationalen Veränderungen und der Einführung eines variablen Vergütungssystems spielt jedoch neben der Offenheit für Erfahrungen und der Leistungsorientierung insbesondere die Ungewissheitstoleranz bzw. Risikoneigung eine zentrale Rolle.

Hinsichtlich **Ungewissheitstoleranz bzw. Risikoneigung** können sich Personen stark unterscheiden. So kommt es in organisationalen Veränderungsprozessen beispielsweise darauf an, wie Individuen mit ungewissen Situationen, wozu eben auch organisationale Veränderungen zählen, umgehen und ob sie diese eher als Herausforderung oder als Bedrohung wahrnehmen. Die grundsätzliche Neigung, Risiken einzugehen oder lieber zu vermeiden, kann auch enorm beeinflussen, wie schnell und auf Basis von wie vielen Informationen jemand eine Entscheidung trifft. Dabei kann die Präzision der Entscheidung sowohl bei hohem als auch bei niedrigem Risikoverhalten gleich sein. Verfügt eine betroffene Person über zu wenige Informationen bzgl. der zukünftigen Entwicklung in der Situation, entsteht Ungewissheit, also wenn beispielsweise ungewiss ist, ob zukünftige Ereignisse eintreten oder wie der Umgang mit der Situation richtig wäre. Während ungewissheitstolerante Personen solche Situationen als Herausforderung wahrnehmen, erleben ungewissheits*in*tolerante Personen diese als Bedrohung. Aus diesen individuellen Interpretationen der Situation resultieren dementsprechend unterschiedliche Reaktionen, die sowohl das Aufsuchen von und Reagieren in ungewissen Situationen betreffen, vorausgesetzt, es handelt sich um persönlich bedeutsame Situationen. So entscheiden Personen mit hoher Risikoneigung schneller und benötigen dafür weniger Informationen (vgl. Dalbert, 1999, 4; Weinert, 1998, 111). Auch die individuelle Ungewissheitstoleranz, also das Ausmaß, in dem Individuen ungewisse Situationen als Herausforderung oder als Bedrohung wahrnehmen, beeinflusst die Entscheidung für oder gegen eine Veränderung im Unternehmen. So ist zu erwarten, dass Personen, die ungewisse Situationen als bedrohend empfinden, sich eher gegen Veränderungen aussprechen als diejenigen, die mit Unsicherheit besser umgehen können oder ein gewisses Risiko sogar brauchen.

Die Persönlichkeit beeinflusst, wie jemand Veränderungssituationen wahrnimmt, ihnen gegenüber eingestellt ist und sich daraufhin verhält. Menschen gehen also unterschiedlich mit Veränderungssituationen um. Dieses Kapitel liefert Anhaltspunkte dafür, wie einzelne Persönlichkeitsmerkmale die Einstellung und das Verhalten von Personen gegenüber einer Veränderung und damit auch insbesondere gegenüber der Einführung variabler Vergütung beeinflussen können. Demnach ist zu erwarten, dass Personen mit hohen Ausprägungen bei Offenheit für Erfahrungen, Leistungsorientierung und Ungewissheitstoleranz Veränderungen eher bevorzugen. Entsprechend Banduras (z. B. 1986) in Kapitel 2.3.2 diskutierten Theorie der Selbstwirksamkeit tendieren **selbstwirksame** Personen eher dazu, Veränderungen im Unternehmen anzunehmen, weil sie glauben, diesen gewachsen zu sein. Da die Teilnehmer im Rahmen der empirischen Untersuchung kreative Aufgaben zu lösen haben (vgl. Kapitel 5.2.2), wird die Selbstwirksamkeit an dieser Stelle präzisiert und mit Hilfe der individuellen Kreativität bzw. der individuellen Kreativitätseinschätzung der Leistung abgebildet. **Kreative** bzw. diejenigen, die **ihre Leistungen** als kreativ **einschätzen** neigen eher dazu, Veränderungen im Unternehmen anzunehmen. Daneben beeinflusst auch die **allgemeine Einstellung** eines Individuums gegenüber des Akzeptanzobjektes dessen Verhaltensintention. Sowohl das Rubikon-Modell (z. B. Gollwitzer, 1990, Kapitel 2.3.3) als auch Rogers (z. B. Rogers, 2003; Kapitel 3.4.2.1) Forderung nach Kompatibilität der Neuerung zeigen die Bedeutung individueller Erfahrungen mit dem Akzeptanzobjekt. Demnach beeinflusst die Erfahrungen, die jemand in der Vergangenheit mit der zu implementierenden Neuerung, im vorliegenden Fall mit variabler Vergütung, gemacht hat, ebenfalls dessen Verhaltensbereitschaft. Bei einer Person, die schlechte Erfahrungen gemacht hat, da sie beispielsweise das Gefühl hatte, dass das damalige System ihre Leistung nicht angemessen widergespiegelt hat, ist zu erwarten, dass ihre *Bereitschaft, sich* erneut *variabel vergüten zu lassen* und *sich im Sinne der Anreize des variablen Vergütungssystems zu verhalten,* eher geringer ist als bei jemandem, der positive Erfahrungen sammeln konnte. Außerdem neigen diejenigen, die sich als selbstwirksam wahrnehmen und – wie soeben beschrieben – kreativ sind bzw. die bisherigen Leistungen als kreativ einschätzen und in der Vergangenheit positive Erfahrungen mit der Neuerung sammeln konnten dazu, den Nutzen der Veränderung höher einzuschätzen.

Diese Betrachtung der verschiedenen Einflussgrößen liefert die Grundlagen, um nun in einem nächsten Schritt (Kapitel 4) das Modell zur systematischen Analyse der Akzeptanz variabler Vergütung für die empirische Studie formulieren und die zu überprüfenden Hypothesen ableiten zu können. Um den theoretischen Teil der Arbeit zu vervollständigen, sind jedoch noch die Kommunikation (Kapitel 3.5.1), Organisation (Kapitel 3.5.2), Motivation (Kapitel 3.5.3) sowie Qualifizierung/Betreuung (Kapitel 3.5.4) als Maßnahmen zur Förderung der Akzeptanz im Implementierungsprozess näher zu betrachten, um darauf aufbauend ein für die vorliegende Untersuchung geeignetes Akzeptanzkonzept entwickeln zu können. Im Folgenden werden die Erkenntnisse zu den Reaktionen auf Veränderungen kurz zusammengefasst und die Konsequenzen für die vorliegende Arbeit aufgezeigt.

### 3.4.4 Zusammenfassung und Konsequenzen für die Arbeit

Akzeptanz stellt nur eine der möglichen Reaktionen dar, welche die Umsetzung von Veränderungen auslösen kann. Daher beinhaltetet das Kapitel 3.4.1 als Basis für die Kapitel 3.4.2 und 3.4.3 zunächst die Bandbreite der möglichen Reaktionen, die sowohl positiv (z. B. Akzeptanz, Annahme, Zustimmung, Enthusiasmus, Unterstützung) als auch negativ (z. B. Reaktanz, Widerstand, Ablehnung, Skepsis, Sabotage) ausfallen können. [110] Akzeptanz ist dabei eine positive Haltung zum Veränderungsprozess. In diesem Zusammenhang wurde Akzeptanz allgemein definiert, von verwandten Begriffen wie Commitment abgegrenzt und aufgezeigt, dass sich in der Akzeptanzforschung eine Unterscheidung zwischen Einstellungs- und Verhaltensakzeptanz durchgesetzt hat (vgl. z. B. Reiß, 1997b, 92; Pongratz & Trinczek, 2005, 2; Wiendieck, 1992, 91). Akzeptanz beinhaltet somit die Einstellung einer Person (Akzeptanzsubjekt) gegenüber einem Akzeptanzobjekt (z. B. einem Verhalten, einer organisationalen Veränderung) und das Verhalten selbst. Danach lassen sich auch die vier Benutzertypen

[110] Für weitere Literaturhinweise zur folgenden Zusammenfassung sei auf die Angaben bei den Ausführungen in den entsprechenden Kapiteln verwiesen.

Überzeugter Benutzer (E+, V+), Verhinderter Benutzer (E+, V-), Gezwungener Benutzer (E-, V+) und Überzeugter Nicht-Benutzer (E-, V-) unterscheiden (vgl. z. B. Krüger, 1994b, 207; Lucke, 1995, 82 f.; Müller-Böling & Müller, 1986, 25-28). Die Ausführungen zeigen, basierend auf der Theorie des geplanten Verhaltens (z. B. Ajzen, 1991), verschiedenen Akzeptanzmodellen (z. B. Bürg, 2005; Davis, 1989; Degenhardt, 1986; Goodhue & Thompson, 1995; Venkatesh & Bala, 2008) und empirischen Erkenntnissen (z. B. Bürg et al., 2004, 15; Bürg, 2005, 108 f.; 131; Lines, 2005; Venkatesh & Bala, 2008, 291), dass eine positive Einstellungsakzeptanz für die tatsächliche Verhaltensakzeptanz Voraussetzung ist. Dabei spielt insbesondere die Handlungsabsicht (konativ) als Komponente der Einstellungsakzeptanz eine wichtige Rolle. Die Handlungsabsicht (Handlungsakzeptanz) wiederum hängt von der Einstellung, bestehend aus affektiver und kognitiver Komponente, ab (vgl. z. B. Eberl, 2006, 39 f.; Oppermann, 1975, 53; Oppermann, 1976, 127; Trommsdorff, 2009, 154 f.).

Daraus resultiert das dieser Arbeit zu Grunde liegende Akzeptanzverständnis aus Einstellung und Verhalten:

*Akzeptanz ist die Bereitschaft eines Mitarbeiters zur Annahme des variablen Vergütungssystems auf Grund einer positiven Einstellung diesem Objekt gegenüber und die Umsetzung dieser Verhaltensintention in tatsächliches Verhalten.*

Bezogen auf die Einführung eines variablen Vergütungssystems beeinflusst die aus einer kognitiven und einer affektiven Komponente bestehende positive Einstellung die Handlungsabsicht (Bereitschaft zur Annahme), die sich in der *Umstiegsbereitschaft* und der *Bereitschaft, sich im Sinne der Anreize zu verhalten*, zeigt. Das aus der Absicht resultierende, tatsächliche Verhalten entspricht der Verhaltensakzeptanz, die sich im anreizkonformen Verhalten zeigt.
Daraus ergeben sich die Fragen, wie Akzeptanz zu Stande kommt (Kapitel 3.4.2) und welche Rolle interindividuelle Unterschiede im Umgang mit Veränderungen spielen (Kapitel 3.4.3). Das Zustandekommen von Akzeptanz lässt sich beispielsweise mit Hilfe von diffusions- und adoptionstheoretischen Ansätzen erklären. Demnach durchläuft ein Individuum die vier Phasen Bewusstsein, Überzeugung, Entscheidung und Implementierung, bevor es in der fünften Phase Bestätigung, eine Neuerung annimmt oder ablehnt. In diesem Prozess spielen neben der Kommunikation (Maßnahmen zur Akzeptanzförderung) die Eigenschaften der Neuerung (Inhalt der Kommunikation), insbesondere deren relative Vorteilhaftigkeit (Nutzen) und die Charakteristika des von der Neuerung betroffenen Individuums (Persönlichkeitsmerk-

male) eine wesentliche Rolle (vgl. z. B. Mann, 2009, 100-105; Rogers, 2003, 169-194; 219-266; Schmalen & Pechtl, 1996, 19). Verhaltenswissenschaftliche Ansätze liefern weitere Anhaltspunkte, wie Akzeptanz zu Stande kommt. Demnach ist für die Akzeptanz des Systems wichtig, dass die Betroffenen den Nutzen des Systems wahrnehmen und sie positiv gegenüber der Veränderung eingestellt sind. Zudem kommt es darauf an, dass die durch das Vergütungssystem geförderten Verhaltensweisen im Einklang mit den bisherigen Verhaltensweisen oder persönlichen Meinungen der Mitarbeiter stehen und sie ihre Freiräume nicht gefährdet sehen (z. B. Brehm, 1966; Festinger, 1978; March & Simon, 1958, 1976). Dabei kommt wiederum der sorgfältigen Auswahl und Gestaltung der Kommunikationsmaßnahmen (vgl. Kapitel 3.5.1) entscheidende Bedeutung zu, da sie die Wahrnehmung der Mitarbeiter beeinflusst.

Die diskutierten Akzeptanzmodelle (z. B. Bürg, 2005; Davis, 1989; Degenhardt, 1986; Goodhue & Thompson, 1995; Venkatesh & Bala, 2008) untermauern die Hinweise der diffusions- und adoptionstheoretischen Ansätze, da sich auch bei diesen die Eigenschaften der Veränderung sowie des Betroffenen als wesentlich für die Akzeptanz von Veränderungen herauskristallisieren. Mögliche Einflussgrößen sind demnach u. a. einfache Bedienbarkeit, wahrgenommener Nutzen, Relevanz für das berufliche Aufgabenfeld, Erfahrung und Selbstwirksamkeit. Neben der Vorhersagekraft der Einstellung für das Verhalten, heben diese Modelle den Nutzen, den das Individuum durch die Akzeptanz/Nutzung der Neuerung erfährt, hervor. Über dieses systembezogene Merkmal hinaus, das die Neuerung selbst betrifft, haben auch personenbezogene Merkmale eine große Bedeutung, denn die Persönlichkeit beeinflusst beispielsweise, wie jemand Veränderungssituationen wahrnimmt, ihnen gegenüber eingestellt ist und sich daraufhin verhält. Die Relevanz verdeutlicht darüber hinaus die Zusammenfassung der Ergebnisse empirischer Studien zu den Ursachen (fehlender) Akzeptanz (vgl. Kapitel 3.3.4, Tabelle 1, S. 118). Aus der Betrachtung der interindividuellen Unterschiede im Umgang mit Veränderungen in Kapitel 3.4.3 resultieren folgende Schlussfolgerungen: Bezogen auf die Einführung eines variablen Vergütungssystems als Neuerung ist zu erwarten, dass Personen, die ihren Nutzen durch die Veränderung hoch einschätzen, diese eher akzeptieren. Gleiches gilt auch für den in Kapitel 2.5 betrachteten Aspekt der Gerechtigkeit. Demnach ist zu erwarten, dass Individuen, die das variable Vergütungssystem hinsichtlich des Verteilungsergebnisses und -verfahrens als gerecht einschätzen, dieses eher akzeptieren werden als diejenigen, die es als ungerecht empfinden. Außerdem ist zu erwarten, dass Personen mit hohen Ausprägungen bei Offenheit für Erfahrungen, Leistungsorientierung und Ungewissheitstoleranz das variable Vergütungssystem eher bevorzugen. Auch tendieren diejenigen, die sich als selbstwirksam (was in der vorliegenden Untersuchung mit Kreativität präzisiert ist) wahrnehmen und die Leistung hoch einschätzen dazu, den Nutzen der Veränderung höher einzuschätzen und sind erstens eher *bereit, auf das variable Vergütungssystem umzusteigen* sowie *sich im Sinne der Anreize zu verhalten,* und verhalten sich zweitens auch eher im Sinne der Anreize. Eine positive allgemeine Einstellung gegenüber der entsprechenden Neuerung und positive Erfahrung in der Vergangenheit mit dem Akzeptanzobjekt ist außerdem förderlich für die Akzeptanz sowie die Nutzen- und Gerechtigkeitswahrnehmungen.

Die Ausführungen haben zudem gezeigt, dass die Implementierungsarbeit Erfolgsfaktor von Veränderungen ist. Deshalb befasst sich das folgende Kapitel damit, wie die Akzeptanz im Implementierungsprozess gefördert werden kann. Eine zentrale Rolle nehmen dabei neben organisationalen, motivationalen und qualifizierenden/betreuenden Maßnahmen insbesondere die Maßnahmen der Kommunikation ein, von denen entscheidend die Wahrnehmung (des Nutzen als auch der Gerechtigkeit als Eigenschaften der Neuerung) abhängt.

## 3.5 Förderung der Akzeptanz im Implementierungsprozess

Das wesentliche Ziel bei der Implementierung der variablen Vergütung besteht darin, die Akzeptanz bei den Mitarbeitern sicherzustellen, die sich zum einen in ihrer *Bereitschaft zum Umstieg auf das variable Vergütungssystem* sowie in ihrer *Bereitschaft zum Verhalten im Sinne der Anreize des Systems* widerspiegelt und sich im nächsten Schritt im daraus resultierenden Verhalten zeigt. Um dies zu erreichen, gibt es verschiedene Akzeptanz fördernde Maßnahmen, die Winkler sowie Mandl und Kollegen im Rahmen eines Akzeptanzkonzeptes zusammenfassen (vgl. Winkler & Mandl, 2004, 212; Mandl et al., 2007, 173 f.). In diesem Zusammenhang spielen auch psychologische Aspekte eine wesentliche Rolle. So ist entscheidend, wie die Betroffenen, von deren Akzeptanz der Erfolg der Veränderung abhängt (vgl. Kapitel 3.3.3), die Neuerung beurteilen. Diese Beurteilung wiederum hängt von der Wahrnehmung der Einzelnen ab und beeinflusst, inwiefern die Betroffenen die Veränderung unterstützen.

Die Wahrnehmung von Situationen und Sachverhalten ist somit ein implementierungsrelevanter Aspekt, da sie Einstellung und Verhalten der Mitarbeiter und somit den Veränderungserfolg beeinflusst (vgl. Tarlatt, 2001, 59; Kapitel 3.4.1.2). Wahrnehmung ist ein individueller

Prozess zur Organisation und Interpretation der sensorischen Informationen, der dazu dient, die Umwelt zu verstehen und dabei die Komplexität der realen Situation reduziert. Individuen erkennen also nicht die objektive Realität, sondern interpretieren die wahrgenommenen Informationen und nehmen diese als Realität an. Dabei können individuelle und objektive Realität weit auseinanderfallen. Dementsprechend reagieren sie nicht auf die Realität selbst, sondern darauf, wie sie die Realität wahrnehmen (vgl. Robbins & Judge, 2007, 146 f., 670). Da Individuen lediglich die wahrgenommenen Informationen auf Basis ihrer Erfahrungen und motivationalen Aspekten interpretieren, nehmen sie die Neuerung sowie deren Nutzen und Gerechtigkeit jeweils unterschiedlich wahr, weshalb auch die Beurteilung einer Neuerung subjektiv ist und die daraus resultierenden Verhaltensweisen sehr unterschiedlich sein können, obwohl es sich um die gleiche Neuerung handelt. Entscheidend beim Implementierungsvorgehen ist es, dass die Mitarbeiter den Nutzen realisieren (vgl. Gerstenmaier & Mandl, 1995 zit. nach Winkler & Mandl, 2004, 208; Rosenstiel, 1975, 226, 350; Tarlatt, 2001, 59 f.; Winkler & Mandl, 2004, 207 f.).[111] Um die Neuerung akzeptieren zu können, ist es wichtig, dass die Betroffenen diese verstehen und ihnen klar ist, was sie für sie persönlich bedeutet, welche Konsequenzen für sie damit verbunden sind. Die Betroffenen beurteilen die Neuerung nicht erst, wenn diese vollständig eingeführt und wirksam ist. Vielmehr stützt sich ihr Urteil auf Erwartungen, die sie auf Grund der ihnen zum jeweiligen Zeitpunkt verfügbaren Informationen und bisherigen Erfahrungen gebildet haben. Um das Implementierungsobjekt überhaupt beurteilen zu können, benötigt der Betroffene entsprechende Informationen, über die er entweder bereits verfügt oder die er durch organisationale Kommunikation im Rahmen der Implementierungsarbeit erhält (vgl. Kapitel 3.5.1).

Durch Kommunikation können Wissen, Fertigkeiten und Kompetenzen vermittelt werden. Insbesondere Informationen, die der Mitarbeiter durch Kommunikationsprozesse bekommt, dienen der Bildung bzw. Veränderung der Wahrnehmung des Implementierungsobjektes (vgl. McGuire, 1969, 171; Schmalen & Pechtl, 1996, 17; Sperka, 1996, 15, 55).[112] Deshalb erheben auch Kieser, Klimmer und Hegele (1998, 2) die „... Kommunikation zum wichtigsten Instrument des organisatorischen Wandels“. Die Bedeutung der Kommunikation kommt auch

---

[111] Dadurch, dass die Wahrnehmung der Situation menschliche Motive aktiviert, veranlasst sie Personen dazu, Handlungen auszuführen oder zu unterlassen, was sich beispielsweise auch in der Unterstützung der Einführung einer Neuerung widerspiegelt. Die Motivaktivierung allein ist nach Rosenstiel (z. B. Rosenstiel, 1975, 31-34) jedoch nicht ausreichend. Vielmehr sollte durch entsprechende Information Sorge getragen werden, dass die Erwartungen der Individuen dazu führen, dass die Aktivierung der Motive auch eine Verhaltensabsicht bedingt, die wiederum plankonformes Verhalten wahrscheinlich macht.

[112] Fehlen Informationen oder sind sie nur unzureichend vorhanden, stellen sie eine mögliche Widerstandsursache dar (vgl. Suffel, 1981, 270-274; Kapitel 3.3.4).

in Rogers Diffusionstheorie zum Ausdruck, wonach sie jede Phase des Innovations-Entscheidungsprozesses beeinflusst (vgl. Rogers, 2003, 170; Kapitel 3.4.2.1). Auch aus der Perspektive der Gerechtigkeit ist es wünschenswert, Kontextvariablen, wie z. B. die Kommunikation, zu betrachten. Bei solchen Überlegungen stellt die wahrgenommene Gerechtigkeit eine Eigenschaft zur Beurteilung eines Vergütungssystems dar (vgl. Barrett-Howard & Tyler, 1986, 298-301; Cohen-Charash & Spector, 2001, 309). Die Betroffenen beurteilen das Vergütungssystem nicht nur unmittelbar aus den erhaltenen Vergütungsergebnissen, den festgelegten Regeln, deren sachlicher Analyse und daraus resultierenden rationalen Urteilen. Die Beurteilung ist deutlich komplexer (vgl. Geier, 2007, 99), da sie auf Erwartungen bzgl. Gerechtigkeit und Nutzen des Vergütungssystems basiert. Die Erwartungen wiederum beeinflussen die Wahrnehmung und somit die Beurteilung des Systems. Wichtig ist zudem, dass sich die Betroffenen gut informiert fühlen. Zahlreiche Untersuchungen stellen die Bedeutung von Information und Kommunikation bei der Implementierung von Neuerungen heraus (z. B. Gaßner, 1999, 149 f.; Nippa, 1997, 40; Tarlatt, 2001, 219-236; Kapitel 3.3.4, Tabelle 1, S. 118).

In der Praxis hat sich neben der Kommunikation auch die Partizipation als zentraler Ansatzpunkt zur Förderung der Akzeptanz im Implementierungsprozess herausgestellt. Kommunikationsaktivitäten, wie z. B. Workshops, Befragungsaktionen und Gespräche, können die Motivation und die Qualifikation beeinflussen. Analog ist die Partizipation nicht nur eine Organisationsform für den Implementierungsprozess. Sie ermöglicht dadurch, dass Betroffene zu Beteiligten gemacht werden, erhebliche Qualifikations- und Motivationspotenziale zu erschließen (vgl. Reiß, 1993, 553).

Konkrete Maßnahmen zur Akzeptanzsicherung sind Bestandteil des bereits angesprochenen Akzeptanzkonzepts. Um die Akzeptanz eines variablen Vergütungssystems zu fördern und zu sichern, eignen sich die Maßnahmen der Kommunikation[113] (Kapitel 3.5.1), Organisation (Kapitel 3.5.2), Motivation (Kapitel 3.5.3) und Qualifizierung/Betreuung (Kapitel 3.5.4) (vgl. Hinkofer & Mandl, 2003, 14 f.; Reiß, 1993, 552 f.). Diese Struktur liegt vergleichbar auch den in Kapitel 3.3.4 analysierten Akzeptanzfaktoren und -barrieren zu Grunde.[114] Die

[113] Da in der Praxis Maßnahmen verwendet werden, die über das bloße Informieren in Form abwärtsgerichteter Kommunikation hinaus gehen und ermöglichen, an Entscheidungen zu partizipieren, basiert diese Arbeit auf der der Information übergeordneten Kommunikationsdimension (vgl. Tarlatt, 2001, 220).

[114] Ähnlich unterscheiden Winkler und Mandl (2004, 212) bezogen auf die Akzeptanz von E-Learning zwischen den vier Ebenen Organisation, Qualifizierung, Technik und Partizipation (vgl. auch Mandl et al., 2007, 173 f.)

einzelnen Maßnahmen sind jedoch nicht trennscharf, sondern gehen ineinander über bzw. bedingen sich häufig gegenseitig. So lässt sich Partizipation sowohl als organisationale wie auch als motivationale Maßnahme auffassen (vgl. Reiß, 1997b, 106 f.; Tarlatt, 2001, 256-263) bzw. vollzieht sich über Kommunikation (vgl. Kieser et al., 1998, 232), wobei die Partizipation in der vorliegenden Arbeit im Rahmen der Motivation betrachtet wird.

### 3.5.1 Kommunikationsmaßnahmen

Die Bedeutung von Information und Kommunikation bei organisationalem Wandel bestätigen die Ergebnisse empirischer Arbeiten (z. B. Gaßner, 1999, 149 f.; Nippa, 1997, 40; Tarlatt, 2001, 219-236; Tabelle 1, S. 118). Auch weil die Kommunikation wesentlich die Wahrnehmung seitens der Mitarbeiter beeinflusst, kommt ihr – wie die vorherigen Ausführungen bereits gezeigt haben – im Rahmen der Implementierungsarbeit besondere Bedeutung zu. Umgekehrt hängt auch die Kommunikation wiederum von der Wahrnehmung der Mitarbeiter ab und ist ggf. entsprechend zu gestalten. Von den Kommunikationsaktivitäten im Rahmen der Implementierung gehen beachtliche Effekte, insbesondere auf die Motivation und die Qualifikation der Betroffenen, aus (vgl. Reiß, 1993, 553). Empirische Ergebnisse belegen beispielsweise die Bedeutung der Information der Beteiligten sowie deren Betreuung (vgl. Kapitel 3.5.4) für die Akzeptanz der Neuerung. Objektiv sachliche Information ist dabei die eine Seite. Letztlich entscheidend ist, dass die Mitarbeiter das Gefühl haben, gut informiert zu sein und das System verstanden zu haben. Es muss für sie nachvollziehbar sein. Die Subjektivität ist dabei zentral. Information als personale Maßnahme ist dabei hoch positiv mit der Einstellungsakzeptanz assoziiert (vgl. Bürg, 2005, 49-56; 106-109; Bürg et al., 2004, 14 f.).[115] Um im Rahmen des Akzeptanzkonzepts geeignete Kommunikationsmaßnahmen zur Förderung der Akzeptanz, zur Vermeidung fehlender Akzeptanz oder zum Umgang mit fehlender Akzeptanz einsetzen zu können, ist es zunächst wichtig, sich mit den Formen der Kommunikation auseinanderzusetzen, um darauf aufbauend, die entsprechenden Instrumente betrachten zu können.

Die Formen der Kommunikation lassen sich an Hand verschiedenster Kriterien differenzieren. Für die vorliegende Arbeit ist insbesondere interessant, Formen in Abhängigkeit der Richtung, also zwischen vertikaler oder lateraler Kommunikation, zu unterscheiden. Vertikale Kommunikation kann entweder aufwärts- und abwärtsgerichtet sein. Die nach unten

[115] Der Zusammenhang zwischen Partizipation am Einführungsprozess und Einstellungsakzeptanz war hingegen nur von mittlerer Höhe und nicht statistisch signifikant.

gerichtete verläuft von einer hierarchisch übergeordneten zu einer hierarchisch untergeordneten Einheit und dient z. B. der Übermittlung von Anweisungen, Informationen und Feedback zur Leistung. Die nach oben gerichtete verläuft entsprechend in entgegengesetzter Richtung und dient der Übertragung von Feedback nach oben, Informationen bzgl. des Zielerreichungsgrades und auftretenden Problemen. Laterale Kommunikation hingegen findet zwischen Mitgliedern einer hierarchischen Ebene statt. Da sie schneller ist und die Zusammenarbeit leichter ist, trägt sie zu einer effizienteren Kommunikation bei (vgl. Robbins & Judge, 2007, 370 f.).[116] Hilfreich ist auch, zwischen direkter und indirekter Kommunikation zu unterscheiden, wie sie Katz und Lazarsfeld (z. B. Katz & Lazarsfeld, 1955) in ihrem Two-Step-Flow Model of Communication abbilden. Demnach sind die Meinungsführer wichtig für den Kommunikations- und Meinungsbildungsprozess, da diese im ersten Schritt Informationen (über Massenmedien) erhalten und diese dann innerhalb ihres sozialen Systems weitergeben. Dieses Modell vereinfacht die Realität zwar in unzulässiger Weise. Es liefert allerdings durch die Entdeckung der Mehrstufigkeit und der verschiedenen Rollen des Kommunikationsprozesses einen wichtigen Beitrag für die Entwicklung der in Kapitel 3.4.2.1 vorgestellten Diffusionstheorie (vgl. Mann, 2009, 103 f.; Schenk, 2002, 321).

Das Spektrum von einsetzbaren Kommunikationsinstrumenten ist groß und lässt sich an Hand der zwei Dimensionen Einweg-/Zweiweg-Kommunikation und Nutzung vorhandener/Entwicklung spezieller Kommunikationsinstrumente darstellen (vgl. Abbildung 25). Der linke obere Quadrant enthält die insofern weniger kostenintensiven Instrumente, als dass man vorhandene Informationskanäle nutzt und Informationen nur in eine Richtung übermittelt (z. B. Aushänge, Kummerkasten). Der rechte untere Quadrant hingegen beinhaltet die „teuren", eigens konzipierten Instrumente, die wechselseitige Kommunikation ermöglichen (z. B. Workshops, Informationstelefon, Sonderbetriebsversammlungen). Informationstafeln, Plakate und Broschüren sind Beispiele für Einweg-Kommunikation mit eigens entwickelten Instrumenten, während offene Türen, Mitarbeitergespräche und Abteilungsbesprechungen Beispiele der Zweiweg-Kommunikation mit Hilfe vorhandener Informationskanäle darstellen. Um aktive Partizipation zu ermöglichen und Motivation der Betroffenen zu fördern, ist es sinnvoll, auf Instrumente der Zweiweg-Kommunikation zurückzugreifen. Bei der Wahl der optimalen Kommunikationsinstrumente sind sowohl Effektivitäts- wie auch Effizienzkriterien zu berücksichtigen (vgl. Reiß, 1997b, 99 f.).

---

[116] Darüber hinaus existieren zahlreiche weitere Differenzierungsmöglichkeiten, die Fischer und Wiswede (1997, 292) überblicksartig darstellen. Ein noch detailliertere Übersicht zu kommunikationstheoretischen, strukturellen Differenzierungskriterien liefert Sperka (1996, 22-25).

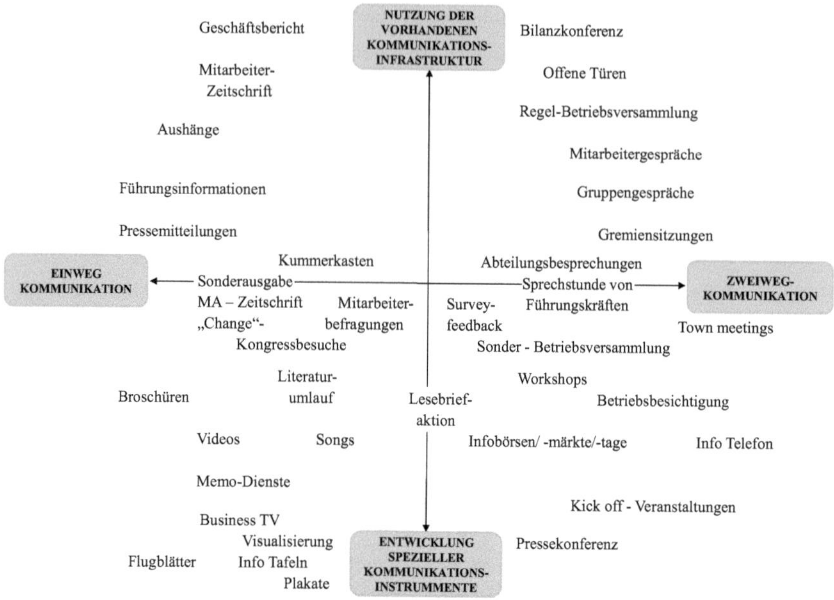


**Abbildung 25: Spektrum Kommunikationsinstrumente**
**Quelle: Reiß (1997b, 99)**

Für Informationsaktivitäten im Rahmen organisationaler Veränderungen haben sich vier Punkte als zentral herauskristallisiert. Es ist wichtig, dass die Betroffenen stets über die Gründe der Veränderung informiert sind, die konkreten Inhalte sowie die relevanten Folgen des Veränderungsvorhabens kennen und über alle Erfolge und ggf. auch Misserfolge der Implementierungsaktivitäten unterrichtet sind (vgl. Reiß, 1997b, 100). Dies gibt ihnen das Gefühl, gut informiert zu sein. Der Gehalt der Information hängt von der Wahl des Mediums ab. Grundsätzlich stehen mehrere Kommunikationswege bzw. -instrumente zur Verfügung. Effiziente Kommunikation hängt davon ab, inwiefern berücksichtigt wird, dass diese jeweils entsprechend der zu übermittelnden Information mehr oder weniger gut geeignet sind (vgl. Tarlatt, 2001, 221 f.).

Eine anschauliche Erklärung für die Medienwahl bietet die Theorie der Medienreichhaltigkeit (*Media Richness*) von **Daft und Lengel** (z. B. Daft & Lengel, 1986; Daft, Lengel & Trevion, 1987), die „arme“ und „reiche“ Kommunikationsformen unterscheidet. Demnach unterscheiden sich technische und nicht-technische Kommunikationsformen hinsichtlich ihrer Kapazitäten zur authentischen Übertragung analoger und digitaler Informationen. Die Face-to-Face-Kommunikation in der persönlichen Begegnung als „reichste" Kommunikationsform, ermöglicht die Übermittlung der meisten Informationen innerhalb einer Kommunikationsepisode. Sie bietet (1) viele parallele Kanäle, wie beispielsweise Sprache, Tonfall, Gestik und Mimik, lässt (2) unmittelbares Feedback zu, bietet ein großes Spektrum an Ausdrucksmöglichkeiten und ist (3) sehr persönlich, wodurch sie die Vermittlung und unmittelbare Wahrnehmung persönlicher Stimmungslagen und Emotionen ermöglicht. Der Austausch von Dokumenten stellt im Gegensatz dazu eine „arme" Kommunikationsform dar und weist dementsprechend einen niedrigen Media-Richness-Grad auf. Die Wahl einer geeigneten Kommunikationsform hängt davon ab, ob es sich um eine Routine oder Nichtroutinenachricht handelt. Während erstgenannte Nachrichten eher direkt und eindeutig sind, sind letztere eher kompliziert und bergen Potenzial für Missverständnisse. Dementsprechend eignen sich für Routinenachrichten weniger reiche und für Nichtroutinenachrichten reiche Kommunikationsformen (vgl. Picot, Reichwald & Wigand 2003, 111; Robbins & Judge, 2007, 382). Insgesamt haben Massenmedien einen geringeren Einfluss auf die Bildung und Änderung von Einstellungen als persönliche Kommunikation (vgl. McGuire, 1969, 231, 234). Kahai und Cooper (2003, 278-289) bestätigen empirisch diese Theorie: Die Reichhaltigkeit der Medien kann das Ergebnis positiv beeinflussen, wenn die Betroffenen über viel Aufgaben bezogenes Wissen verfügen. Darüber hinaus zeigen sie, dass die Verwendung reichhaltigerer Medien den Effekt der Irreführung der Teilnehmer abschwächen kann. Rice (1992, 489-495) hingegen liefert lediglich schwachen empirischen Support, aber bestätigt der Theorie ihre konzeptionelle Eignung. Andere Studien hingegen bestätigen die Theorie bzw. das Modell der Medienreichhaltigkeit nicht, wie Dennis, Fuller und Valacich (2008, 576, 596) in einem kurzen Überblick zeigen. Sie schlussfolgern zudem, dass die Auswahl eines Mediums statt eines Sets weniger wirksam sein kann. Face-to-Face-Kommunikation ist nicht immer die reichhaltigste Kommunikationsform und reichhaltiger ist auch nicht immer besser.

Die Kommunikation nimmt eine zentrale Rolle ein und liefert zahlreiche Ansatzpunkte und Hilfestellung für die Entwicklung eines Konzepts zur Förderung der Akzeptanz im Prozess der Implementierung variabler Vergütung. Da die Einführung von Neuerungen im Rahmen organisationaler Veränderungen meist von der Unternehmensleitung ausgeht und somit die entsprechenden Informationen zwischen verschiedenen Hierarchieebenen zu übermitteln sind, handelt es sich um vertikale Kommunikation. So ist einerseits wichtig, dass die Geschäftsleitung die Inhalte der Neuerung kommuniziert. Dies kann im Rahmen einer allgemeinen Informationsveranstaltung zum variablen Vergütungssystem geschehen, auf der die

Geschäftsleitung allen Mitarbeitern das System präsentiert.[117] Neben dieser direkten, vertikalen Form, ist zudem wichtig, dass die Neuerung indirekt, also über Meinungsführer bzw. sogenannte Promotoren (z. B. Abteilungs-/Teamleiter, für die Neuerung engagierte Mitarbeiter; Kapitel 3.4.1.2) kommuniziert wird. Sinnvoll ist auch eine Ergänzung durch Instrumente der Einwegkommunikation wie z. B. Broschüren o.ä., um den Betroffenen auch schriftliche Informationen zur Verfügung zu stellen. Auch die Aussagen der Theorie der Medienreichhaltigkeit von Daft und Lengel (z. B. Daft & Lengel, 1986; Daft et al., 1987) stützen ein derartiges Vorgehen, da sie für die Implementierung einer Neuerung wie beispielsweise eines variablen Vergütungssystems als Nicht-Routinesituation der persönlichen Kommunikation, unterstützt durch schriftliche Unterlagen, den Vorzug gibt. Nach der allgemeinen Informationsveranstaltung sind auch individuelle Gespräche empfehlenswert, in denen die Mitarbeiter die Möglichkeit erhalten, Fragen zu stellen, z. B. zu persönlichen Konsequenzen. Diese Maßnahme hängt auch eng mit der Betreuung der Mitarbeiter zusammen (vgl. Kapitel 3.5.4). Die Beteiligung von Betroffenen in Workshops stellt neben den genannten Instrumenten ebenfalls eine auf Austausch gerichtete Kommunikationsform dar, die zusätzlich Partizipation ermöglicht und dadurch zur Akzeptanzförderung beiträgt. Wichtig ist insbesondere, dass die Betroffenen sich gut informiert fühlen und den Nutzen realisieren, der für sie mit der Neuerung verbunden ist. Dafür ist es notwendig, dass sie diese auch verstehen. Entscheidend ist bei der Wahl der Kommunikationsmaßnahmen zudem, wer jeweils derjenige ist, der kommuniziert. Diese Frage lässt sich im folgenden Kapitel zu den Maßnahmen auf organisationaler Ebene beantworten.

### 3.5.2 Organisationsmaßnahmen

Entsprechend der Implementierungsliteratur (z. B. Reiß, 1993, 551 f.; Tarlatt, 2001, 219, 238-248) eignen sich auf organisationaler Ebene verschiedene Maßnahmen zur Förderung der Akzeptanz. Diese zielen in erster Linie darauf, den zu implementierenden Gegenstand in die Arbeitsprozesse zu integrieren. Die im Folgenden erarbeitete Maßnahmenzusammenstellung kann jedoch nicht den Anspruch auf Vollständigkeit erheben, vielmehr liefert sie einen Überblick zu Maßnahmen, die in Abhängigkeit vom jeweiligen Implementierungsvorhaben, der Ausgangssituation und den Zielvorstellungen der Implementation Anwendung finden können (vgl. Bürg, 2005, 46; Bullinger & Stiefel, 1997, 133).

[117] Die Tatsache, dass die Unterstützung der Veränderung durch die Geschäftsleitung einen wesentlichen Akzeptanzfaktor darstellt, ist auch für die Kommunikation im Rahmen der Implementierung zu beachten. Daher ist es wichtig, dass die Geschäftsleitung ihre Unterstützung kundtut. Dieser Akzeptanzfaktor wird in Kapitel 3.5.2 näher behandelt.

Die Unterstützung der Veränderung durch die Geschäftsleitung ist eine Grundvoraussetzung, um überhaupt Akzeptanz zu ermöglichen (vgl. Nippa, 1997, 40; Verband der Bayerischen Metall- und Elektroindustrie e. V., 2000, zit. nach Winkler & Mandl, 2004, 212; Wahl, 2001, 205). Auch die Ergebnisse der in Kapitel 3.3.4 (Tabelle 1, S. 118) zusammengestellten Studien zu den Ursachen für (fehlende) Akzeptanz unterstreichen die Bedeutung der Unterstützung des Topmanagements. So ist auch für die Einführung eines variablen Vergütungssystems davon auszugehen, dass die Unterstützung der Geschäftsleitung dessen Akzeptanz bei den Mitarbeitern beeinflusst. Diese Tatsache ist daher bei der Wahl und der Ausgestaltung der Kommunikationsmaßnahmen zu beachten. Ihr kann z. B. dadurch Rechnung getragen werden, dass die Geschäftsleitung einen wesentlichen Part übernimmt, wenn es darum geht, die Betroffenen über die Neuerung zu informieren. Dabei kann sie signalisieren, dass sie hinter der Einführung des variablen Vergütungssystems steht. Darüber hinaus umfassen organisationale Maßnahmen sowohl Autonomie- als auch Optimierungsmaßnahmen. Während erstgenannte darauf zielen, Mitarbeitern mehr Entscheidungskompetenz zu übertragen bzw. die Entscheidungsfelder von Organisationseinheiten zu vergrößern, tragen die anderen zur Optimierung interner Abläufe einerseits, und zur Optimierung der Abstimmung zwischen den Organisationsmaßnahmen und der Umweltsituation sowie der zu implementierenden Neuerung andererseits, bei (vgl. Tarlatt, 2001, 238-248).

Die Maßnahmen zur Optimierung der internen Prozesse und der Abstimmung zwischen existierender Organisationsstruktur und des Implementierungsgegenstandes gehen über die dieser Arbeit zu Grunde liegende Definition von Implementierung hinaus, welche u. a. Plananpassungen ausklammert (vgl. Kapitel 3.3.2). Der Fokus liegt daher auf den Autonomiemaßnahmen als relevante organisationale Maßnahmen zur Förderung der Akzeptanz (vgl. Bürg, 2005, 46-48). Auf individueller Ebene bedeutet Entscheidungsautonomie, dass die betroffenen Mitarbeiter über Freiräume am Arbeitsplatz verfügen, um sich mit der Neuerung auseinandersetzen zu können. Sie erhalten somit eine gewisse Autonomie und Entscheidungsspielraum. Entscheidungsautonomie liegt vor, wenn die zulässige Handlungsmenge noch Handlungsalternativen enthält (vgl. Bürg, 2005, 47; Frese, 2005, 229).

Für die Einführung variabler Vergütung bedeutet dies entsprechend, dem Mitarbeiter gewisse Freiheiten und auch Mitsprachemöglichkeiten (vgl. Kapitel 3.5.3) zu bieten. Diese Freiheiten können beispielsweise darin zum Ausdruck kommen, dass die Betroffenen entscheiden dürfen, ob sie das neue, variable Vergütungssystem wählen oder beim bisherigen, fixen bleiben oder wann für sie der richtige Zeitpunkt zum Umstieg ist. In Abhängigkeit der Größe des Unternehmens und den vorhandenen Mitbestimmungsmöglichkeiten könnte dies möglicher Wiese über den Betriebsrat erfolgen. Auch wenn beispielsweise die Zusammenarbeit mit dem Betriebsrat zäh und nervenaufreibend sein kann, so weisen dennoch Unternehmen mit Betriebsrat höhere Innovationsraten und modernere Arbeitsformen auf als Unternehmen ohne Betriebsrat. Zudem zeigt die im internationalen Vergleich sehr niedrige Streikquote in Deutschland, dass Mitarbeiter in Unternehmen, die Mitbestimmung ermöglichen, Veränderungen eher akzeptieren als dies in anderen Ländern der Fall ist (vgl. Lebrenz, 2007, 55). Im Rahmen der organisationalen Maßnahmen ist somit die Unterstützung der Veränderung durch die Geschäftsleitung Grundvoraussetzung. Erhalten die Mitarbeiter bei der Veränderung gewisse Freiheiten und Mitsprachemöglichkeiten, trägt dies positiv zur Akzeptanz bei. Mitarbeiterbeteiligung in Form von Partizipation kann auch dazu dienen, die Motivation der Betroffenen zu beeinflussen. Entsprechende Maßnahmen stehen im Folgenden im Mittelpunkt.

### 3.5.3 Motivationsmaßnahmen

Motivationsmaßnahmen zur Förderung der Akzeptanz verfolgen zum einen das Ziel, die Zustimmung zur Veränderung zu fördern und zum anderen, die Ablehnung durch Verlierer zu vermeiden. Die Förderung der Akzeptanz richtet sich sowohl auf die im Anschluss betrachtete Veränderungsfähigkeit (Qualifikation), als auch auf die Veränderungsbereitschaft (Motivation) und somit das Verhalten im organisationalen Wandelprozess (vgl. 3.4.1.3). Die dazu notwendige, individuelle Motivation lässt sich über verschiedene Maßnahmen erreichen. Um Ablehnung durch Verlierer zu vermeiden, schlägt Reiß (1997b, 102) Appelle und Drohungen durch die Unternehmensspitze, Gegengeschäfte oder Abfindungen vor. Hält man sich jedoch die Erkenntnisse aus den vorherigen Kapiteln vor Augen, kommt man zu dem Schluss, dass Maßnahmen wie Drohungen nicht geeignet sind, um „richtige" Akzeptanz (in Einstellung und Verhalten) zu erreichen. Stimmt ein Betroffener einer Veränderung nur zu, weil ihm jemand droht, wird er als gezwungener Umsteiger/Benutzer bezeichnet. Diese Gruppe der verdeckten Opponenten kann problematisch sein, weil Einstellungs- und Verhaltensakzeptanz auseinanderfallen (vgl. Kapitel 3.4.1.2). Gegengeschäfte oder Abfindungen zielen darauf, die Neuerung für den Betroffenen „erträglicher" zu machen, indem man versucht, die Einbußen, die er davon hat, finanziell oder anderweitig auszugleichen (z. B. Adams, 1965; Kapitel 2.3.2). Zustimmung zur Veränderung lässt sich besser durch den Einsatz erfolgreicher Vorbilder, denen nachgeeifert werden soll, durch das intrinsische Anreizpotenzial der Veränderung selbst und für eine erfolgreiche Umsetzung in Aussicht gestellte „Belohnung" (extrinsisch) erreichen. Bezogen auf die Einführung variabler Vergütung bestehen intrinsische Anreize beispielsweise in der Möglichkeit, durch die variable Vergütung mehr zu verdienen als vorher oder Anerkennung für die Leistung zu erhalten. Da die Motivation der Betroffenen nicht nur von deren durch die Neuerung erwarteten Vorteilen abhängt, sondern auch davon, für wie wahrscheinlich sie das Eintreten dieser Vorteile halten, spielt auch die Transparenz des Veränderungsprozesses eine wesentliche Rolle. Diese lässt sich beispielsweise durch klare und offengelegte Regeln für die Vergabe von Prämien schaffen (vgl. Reiß, 1997b, 102 f.). Hier spielt auch wieder die Kommunikation eine wichtige Rolle, die beeinflusst, dass die Mitarbeiter die Veränderung verstehen und ihren Nutzen erkennen (vgl. 3.5.1).

Darüber hinaus fördert insbesondere die Partizipation, also die aktive Einbindung in den Change-Prozess die Zustimmung zur Veränderung, indem sie Betroffene zu Beteiligten macht (vgl. Reiß, 1993, 553; Reiß, 1997b, 102; Tarlatt, 2001, 256-278). Partizipation bedeutet die Integration von Mitarbeitern in Entscheidungsprozesse.[118] Dabei zielen Partizipationsmaßnahmen darauf ab, Akzeptanz dadurch zu fördern und sicherzustellen, dass die Betroffenen die Möglichkeit haben, an Entscheidungen im Zusammenhang mit der Neuerung mitzuwirken. Auf diese Weise sind sie an der Problemlösung beteiligt, haben die Möglichkeit, ihre Interessen einzubringen und erhalten zusätzliche Erkenntnisse, so dass sie ihre Erwartungen an die Realisierungsmöglichkeiten anpassen können. Partizipation steigert die Bereitschaft, (Gruppen-) Entscheidungen, beispielsweise zur Einführung variabler Vergütung, anzunehmen. Außerdem ermöglicht sie eine Konfliktregulierung, da zwar durch Partizipation mehr, aber wesentlich weniger schwere Konflikte zu erwarten sind. Grund dafür ist, dass es nicht zu plötzlichen Ausbrüchen lang verdrängter und umgeleiteter Konflikte kommt, da Bedenken, beispielsweise bezogen auf die variable Vergütung bereits während der Konzeptionsphase vorgebracht und berücksichtigt bzw. ausgeräumt werden können. Damit ist sie eine sehr wichtige Maßnahme zur Verbesserung der Akzeptanz und somit des Implementierungserfolgs (vgl. Bürg, 2005, 55; Kirsch, Esser & Gabele, 1979, 301; Schanz, 1992, 1901, 1911 f.). Witt und Klaus (1997, 27) schlussfolgern aus den Ergebnissen ihrer Untersuchung, dass Akzeptanz und damit auch Erfolg von organisatorischen Veränderungen nur dort zu erwarten ist, wo die Betroffenen von Anfang an am Änderungsprozess beteiligt sind. Mellizo, Carpenter und Matthews (2011, 4 f.) zeigen in ihrer Studie, dass die Arbeitsbereitschaft und -leistung derjenigen, die über das für sie geltende Entlohnungssystem abstimmen können,

[118] Zu den verschiedenen Arten der Partizipation (Pseudo-Partizipation, Partizipation im Sinne einer Human-Resource-Strategie, im Sinne der Social-Values-Strategie und der authentischen Partizipation vgl. Kirsch, Esser und Gabele (1979, 300 f.).

wesentlich besser ist als die Leistung derjenigen, die nicht mitentscheiden dürfen. Demnach ist auch zu erwarten, dass die Betroffenen dann zum einen eher *bereit sind, auf das variable Vergütungssystem umzusteigen* und *sich im Sinne des Systems zu verhalten.* Zum anderen motiviert ein variables Vergütungssystem umso stärker, je mehr die Betroffenen dessen (Weiter-) Entwicklung beeinflussen können.

Partizipation kann dabei persönlich erfolgen, dann sind alle Betroffenen an der Entscheidung beteiligt. Für den Fall, dass die Zahl der Betroffenen dafür zu groß ist, kann diese auch repräsentativ erfolgen. Dass bei der repräsentativen Partizipation lediglich kleinere Arbeitsgruppen zu administrieren sind, birgt zwar einerseits die Gefahr, dass durch die schmalere Meinungsbasis nicht die Mehrheitsmeinung aller Mitarbeiter vertreten ist. Andererseits ist der Koordinationsaufwand wesentlich geringer. Diese Form ist daher insbesondere bei Implementierungsprojekten geeignet, die eine große Anzahl von Mitarbeitern betreffen, wie beispielsweise die Einführung variabler Vergütung (vgl. Dressler, 1999, 295; Tarlatt, 2001, 260-263). In diesem Fall können z. B. Meinungsführer gezielt stellvertretend für die Mitarbeiter ausgewählt[119] und in die Konzeption einbezogen werden (vgl. Kapitel 3.5.1). Auch das Hinzuziehen von Experten kann zusätzlich dazu beitragen, die Interessen aller Beteiligten zu vertreten und auszubalancieren. Hartwick und Barki (1994, 448-455) stellen in ihrer Studie einen schwach positiven Zusammenhang zwischen Partizipation und Verhaltensakzeptanz fest. Bezogen auf taktische Entscheidungen ist nach Ergebnissen von Sagie, Ellzur und Koslowsky (1990, 463) die Veränderungsakzeptanz unter der partizipativen Bedingung größer als unter der direktiven.

Im Rahmen der Motivation kommt neben Anreizen, welche die Akzeptanz fördern (z. B. Möglichkeiten zu Mehrverdienst und Anerkennung durch das variable Vergütungssystem im Vergleich zum fixen; Belohnungen für den Umstieg), insbesondere der Partizipation große Bedeutung zu. Bezogen auf die Implementierung eines variablen Vergütungssystems können Mitarbeiter, z. B. in der vorgelagerten Konzeptionsphase, die Möglichkeit zur Beteiligung erhalten und an der Gestaltung des Systems mitwirken. Darüber hinaus kann es sinnvoll sein, Experten hinzuzuziehen und die Betroffenen an der Weiterentwicklung des Systems zu beteiligen und auch dadurch die Akzeptanz zu fördern. In Abhängigkeit der Größe des Unternehmens erfolgt die Beteiligung der Mitarbeiter nicht persönlich, sondern repräsentativ.

[119] Es wird empfohlen, Mitarbeiter auszuwählen, die der Neuerung positiv gegenüberstehen, um dadurch eine positive Weitergabe der Informationen zu erreichen (vgl. z. B. Reiß, 1997b, 107). Eine weitere Möglichkeit stellt die Beteiligung des Betriebsrates dar.

Entscheidend bei der Auswahl aus der Vielzahl von Motivationsmaßnahmen und -instrumenten ist allerdings, dass die Mehrzahl dieser speziell für das betreffende Veränderungsvorhaben zu entwickeln sind (vgl. Reiß, 1997b, 102 f.). Jeder Mitarbeiter sollte zudem die Möglichkeit erhalten, an Qualifizierungsmaßnahmen teilzunehmen und entsprechende Betreuungsmaßnahmen in Anspruch nehmen zu können. Diese Maßnahmen sind Gegenstand des folgenden Kapitels.

### 3.5.4 Qualifizierungs- und Betreuungsmaßnahmen

Die Kommunikationsaktivitäten wirken zudem auf die Qualifikation. Wenn sich Betroffene als Beteiligte fühlen, erschließt dies neben den beschriebenen Motivations- auch Qualifikationspotenziale (vgl. Reiß, 1993, 553).

Geeignete Qualifizierung ist Voraussetzung für die erfolgreiche Implementierung einer Neuerung, wenn die entsprechenden Fähigkeiten und Kenntnisse über die Neuerung und für deren Verwendung noch nicht (ausreichend) vorhanden sind. Qualifikationsmaßnahmen dienen dazu, den Betroffenen das erforderliche Können für den Umgang mit der Neuerung zu vermitteln. Schulungen beispielsweise vermitteln fehlende Fähigkeiten, die evtl. Auslöser für Ängste bei den Betroffenen sind, und tragen dadurch zur Förderung der Akzeptanz bei. Periodische Maßnahmen der Personalentwicklung reichen meist allerdings nicht aus, um die durch die organisationale Veränderung bedingten Qualifizierungsbedarfe zu decken. Häufig sind besondere Qualifizierungsoffensiven notwendig, die sich auf Fach- (z. B. Feldkompetenz), Methoden- (z. B. Visualisierungstechniken, Schnittstellenanalysen) und Sozialkompetenz (z. B. Einfühlungsvermögen, Teamfähigkeit) beziehen, deren Gewichtung jeweils von der Veränderung abhängt. Entsprechende Bedarfe können dabei nicht nur bei den betroffenen Mitarbeitern auftreten (vgl. Reiß, 1997b, 101; Tarlatt, 2001, 282). Wie bereits in Kapitel 3.5.1 erwähnt, kann eine Betreuung z. B. durch die Möglichkeit zum persönlichen Gespräch erfolgen. Das Unternehmen sollte also entsprechende Qualifizierungs- und Betreuungsmaßnahmen anbieten und diese Möglichkeiten auch entsprechend kommunizieren. Bürg (2005, 106) zeigt, dass Betreuung als organisationale Maßnahme hoch positiv mit der Einstellungsakzeptanz assoziiert ist.

So wäre es bei der Implementierung eines variablen Vergütungssystems z. B. sinnvoll, Schulungen anzubieten, die Themen wie Personalbeurteilung, Leistungsbewertung, Feedbackgespräche, Mitarbeitergespräche, etc. behandeln und ggf. sowohl für Beurteilte als auch Beurteilende offen sind. Auch individuelle Gespräche können hilfreich sein. Ebenso sind Schulungen wichtig, die notwendiges Wissen oder Können vermitteln, um die geänderten oder ggf. höheren Anforderungen erfüllen zu können.

### 3.5.5 Zusammenfassung und Konsequenzen für die Arbeit

Die Implementierungsarbeit bezogen auf die variable Vergütung zielt darauf ab, die Akzeptanz bei den Mitarbeitern sicherzustellen. Akzeptanz zeigt sich erstens in der *Umstiegsbereitschaft* sowie der *Bereitschaft der Mitarbeiter, sich im Sinne der Anreize des Systems zu verhalten,* und im zweiten Schritt im tatsächlichen Verhalten. Für den Erfolg der Veränderung ist entscheidend, wie die Betroffenen die Neuerung beurteilen. Diese Beurteilung wiederum hängt von der individuellen Wahrnehmung ab und ist somit subjektiv. Außerdem basiert das Urteil auf Erfahrungen und zum jeweiligen Zeitpunkt verfügbaren Informationen, die sie im Rahmen der Implementierungsarbeit erhalten (vgl. z. B. Gerstenmaier & Mandl, 1995 zit. nach Winkler & Mandl, 2004, 208; Robbins & Judge, 2007, 146 f., 670; Rosenstiel, 1975, 226, 350; Tarlatt, 2001, 59 f.; Winkler & Mandl, 2004, 207 f.). Die Beurteilung der Neuerung beeinflusst dann, inwiefern die Betroffenen die Veränderung unterstützen. Dabei ist wichtig, dass sie sich gut informiert fühlen und die Neuerung verstehen, um den Nutzen realisieren zu können. Ein ausgewogenes Konzept zur Förderung der Akzeptanz im Implementierungsprozess basiert auf den oben dargestellten Maßnahmen der Kommunikation, Organisation, Motivation sowie Qualifikation/Betreuung, wobei diese wie die vorherigen Ausführungen zeigen, sehr eng zusammenhängen. Sie bergen zahlreiche Mittel, die positiv zur Akzeptanzbildung beitragen (vgl. z. B. Hinkofer & Mandl, 2003, 14 f.; Reiß, 1993, 552 f.). Im Folgenden sind die vorherigen Ausführungen dazu, welche Maßnahmen sich jeweils insbesondere bei der Einführung eines variablen Vergütungssystems eignen, kurz zusammengefasst.

Bei der Einführung von Neuerungen nimmt die Kommunikation eine zentrale Rolle ein. Meist gehen die Implementierungen von Neuerungen im Rahmen organisationaler Veränderungen von der Unternehmensleitung aus, weshalb die entsprechenden Informationen zwischen verschiedenen Hierarchieebenen übermittelt werden. Einerseits ist wichtig, dass die Geschäftsleitung die Inhalte der Neuerung kommuniziert, beispielsweise im Rahmen einer allgemeinen Informationsveranstaltung zum variablen Vergütungssystem, auf der die Geschäftsleitung das System allen Mitarbeiter vorstellt. Neben dieser direkten, vertikalen Form ist zudem wichtig, dass die Neuerung indirekt, also über Promotoren (z. B. Abteilungs-/Teamleiter, für die Neuerung engagierte Mitarbeiter) kommuniziert wird. Es ist wichtig, dass sie jeweils vermitteln, dass sie hinter der Einführung des variablen Vergütungssystems stehen. Ergänzend ist es auch sinnvoll, z. B. Broschüren o.ä. (Instrumente der Einwegkommunikation) auszuhändigen, um den Betroffenen zusätzlich schriftliche Informationen zur Verfügung zu stellen. Für die Implementierung einer Neuerung als Nicht-Routinesituation, z. B. in Form eines variablen Vergütungssystems, resultiert aus der Theorie der Medienreichhaltigkeit von Daft und Lengel (z. B. Daft & Lengel, 1986; Daft et al., 1987) die Empfehlung zu persönlicher Kommunikation, unterstützt durch schriftliche Unterlagen. Nach der allgemeinen Informationsveranstaltung sind auch individuelle Gespräche empfehlenswert, die den Mitarbeitern die Möglichkeit bieten, Fragen zu stellen, z. B. zu persönlichen Konsequenzen. Dies kann auch als Betreuung aufgefasst werden. Die Beteiligung von Betroffenen in Workshops stellt neben den genannten Instrumenten ebenfalls eine auf Austausch gerichtete Kommunikationsform dar, die zusätzlich Partizipation ermöglicht und dadurch zur Akzeptanzförderung beiträgt. Wichtig ist insbesondere, dass die Betroffenen sich gut informiert fühlen, das variable Vergütungssystem verstehen und den Nutzen realisieren, der für sie damit verbunden ist. Entscheidend ist bei der Wahl der Kommunikationsmaßnahmen, wer jeweils derjenige ist, der kommuniziert (vgl. Reiß, 1997b, 99 f.; Tarlatt, 2001, 221 f.).

Im Rahmen der organisationalen Maßnahmen ist die Kommunikation der Veränderung durch die Geschäftsleitung als Grundvoraussetzung anzusehen (vgl. z. B. Nippa, 1997, 40; Verband der Bayerischen Metall- und Elektroindustrie e. V., 2000, zit. nach Winkler & Mandl, 2004, 212; Wahl, 2001, 205). Förderlich für die Akzeptanz der Einführung variabler Vergütung wirkt es sich aus, wenn die Mitarbeiter gewisse Freiheiten und Mitsprachemöglichkeiten (z. B. freiwilliger Umstieg, (Mit-) Bestimmung des Umstiegszeitpunkts) haben (vgl. z. B. Bürg, 2005, 47; Frese, 2005, 229).

Im Rahmen der Motivation ist neben Akzeptanz fördernden Anreizen (z. B. Möglichkeiten zu Mehrverdienst und Anerkennung durch das variable Vergütungssystem im Vergleich zum fixen; Belohnungen für den Umstieg) insbesondere die Partizipation sehr wichtig. Bezogen auf die Implementierung eines variablen Vergütungssystems können Mitarbeiter beispielsweise während der vorgelagerten Konzeptionsphase an der Gestaltung und später an der Weiterentwicklung des Systems mitwirken. Je nach Größe des Unternehmens erfolgt diese Beteiligung der Mitarbeiter persönlich oder repräsentativ. Es könnte z. B. sinnvoll sein, gezielt Meinungsführer auszuwählen. Diese sollten dann der Neuerung gegenüber positiv eingestellt sein. Auf diese Weise kann sichergestellt werden, dass die Mitarbeiterinteressen vertreten sind (vgl. z. B. Dressler, 1999, 295; Tarlatt, 2001, 260-263).

Jeder Mitarbeiter sollte an Qualifizierungsmaßnahmen teilnehmen und entsprechende Betreuungsmaßnahmen in Anspruch nehmen können. Neben individuellen Gesprächsmöglichkeiten wäre es bei der Implementierung eines variablen Vergütungssystems z. B. sinnvoll, Schulungen anzubieten, die Themen wie Personalbeurteilung, Leistungsbewertung, Feedbackgespräche, etc. behandeln und ggf. sowohl für Beurteilte als auch für Beurteilende offen sind, oder die notwendiges Wissen oder Können vermitteln, um die geänderten oder ggf. höheren Anforderungen erfüllen zu können (vgl. z. B. Reiß, 1997b, 101; Tarlatt, 2001, 282).

# 4 Modell und Hypothesen zur systematischen Analyse der Akzeptanz variabler Vergütung

Theorien einerseits und fundierte sachlogische Überlegungen andererseits bilden den Ausgangspunkt für die Formulierung eines Modells. Ziel dieses Kapitels ist es, ein Modell zu entwickeln, das auf Basis der bisherigen Erkenntnisse die Wirkungszusammenhänge zwischen Merkmalen der Neuerung, des Individuums und der Organisation einerseits und der Akzeptanz variabler Vergütung andererseits abbildet.[120] Es dient der Ableitung von Hypothesen.[121] Dazu werden einzelne Determinanten der Dimensionen Neuerung, Individuum und Organisation im Hinblick auf die Akzeptanz variabler Vergütung dargestellt. Es beinhaltet diejenigen Determinanten, die nach den Ergebnissen empirischer Untersuchungen die Akzeptanz variabler Vergütung beeinflussen oder von verschiedenen Autoren als relevant angesehen werden. Für die empirische Überprüfung ist darauf zu achten, dass die Konstrukte operationalisierbar sind. Operationalisierung meint dabei die Summe der Anweisungen (Operationen), die dazu dienen, einen theoretischen Begriff (Konstrukt) über beobachtbare Sachverhalte (Indikatoren) zu erfassen und zu messen (Messvorschrift) (vgl. Backhaus, Erichson, Plinke & Weiber, 2008, 515; Küpper, 2005, 144; Weiber & Mühlhaus, 2010, 86).

Das Akzeptanzverständnis bezogen auf die Einführung eines variablen Vergütungssystems, das dieser Arbeit zu Grunde liegt, ist mehrdimensional und besteht aus einer Einstellungs- und einer Verhaltenskomponente. Es wird angenommen, dass die aus kognitiver und affektiver Komponente bestehende positive Einstellung (unabhängige Variable) die Handlungsabsicht (Mediatorvariable) beeinflusst. Diese Handlungsabsicht zeigt sich in der *Umstiegsbereitschaft* und der *Bereitschaft, sich im Sinne der Anreize zu verhalten.* Das aus der Absicht resultierende, tatsächliche Verhalten entspricht der Verhaltensakzeptanz (abhängige Variable), die sich im Anreiz konformen Verhalten (Leistung der Mitarbeiter) zeigt (vgl. 3.4.1.1 -3.4.1.3). Den Ausgangspunkt für die Herleitung des Modells bildet die abhängige Variable Verhaltensakzeptanz. Zunächst werden also die Einflüsse ihrer Bestimmungsgrößen

---

[120] Diese Unterscheidung basiert auf den Ausführungen in Kapitel 3.4.2.1 und findet sich auch in anderen Studien wieder, z. B. Kittl (2009, 38) und Küpper (2005, 144).

[121] In der Wissenschaft bezeichnen Hypothesen "... Annahmen über reale Sachverhalte (empirischer Gehalt, empirische Untersuchbarkeit) in Form von Konditionalsätzen. Sie weisen über den Einzelfall hinaus (Generalisierbarkeit, Allgemeinheitsgrad) und sind durch Erfahrungsdaten wiederlegbar (Falsifizierbarkeit)" und unterstellen damit „... eine mehr oder weniger präzise Beziehung zwischen zwei oder mehr Variablen, die für eine bestimmte Population vergleichbarer Objekte gelten soll" (Bortz & Döring, 2003, 8, 12). Bei induktiver Vorgehensweise ist die Hypothese das Resultat einer empirischen Untersuchung, während sie – wie auch im vorliegenden Fall – bei deduktiver Vorgehensweise den Ausgangspunkt darstellt (vgl. Bortz & Döring, 2009, 31).

(u. a. Verhaltensintention als konative Einstellungskomponente) als Prädiktoren des Verhaltens in dem Modell abgebildet (Kapitel 4.1). Darauf aufbauend werden die Bestimmungsgrößen der Verhaltensintention (Kapitel 4.2) und abschließend die Einflussgrößen der kognitiven und affektiven Einstellungskomponente (Kapitel 4.3) in das Modell integriert.

## 4.1 Einflussgrößen auf die Leistungssteigerung und die Motivation

Wie in Kapitel 2.1 dargestellt, ist die Wirksamkeit extrinsischer Anreize bzw. die positive Wirkung variabler Vergütung kontrovers diskutiert und es stellt sich nach wie vor die Frage, inwiefern variable Vergütung zur Motivation von Mitarbeitern und damit zur Leistungssteigerung beitragen kann. Motivationstheorien liefern mögliche Erklärungsbeiträge zur Wirksamkeit von Anreizen. Der Einsatz variabler Vergütungssysteme in der Unternehmenspraxis basiert auf der Annahme, dass extrinsische Anreize die Leistungsmotivation steigern können und durch Belohnung von guter und Sanktionierung von schlechter Leistung die Motivation und somit auch das Leistungsverhalten der Mitarbeiter beeinflussen (vgl. Deci & Ryan, 2008, 15; Frey & Osterloh, 1997, 308 f.; Schanz, 1991, 12). Studien zu diesem Thema zeigen, inbegriffen mehrere Metaanalysen, dass individuelle Vergütungsanreize zu einer Verbesserung der Leistung führen (z. B. Cadsby et al., 2007, 390; Thierry, 2002, 337-344; Prendergast; 1999, 17; vgl. Kapitel 2.1) und stützen damit die Wirksamkeitsannahme extrinsischer Anreize. Diese soll im Rahmen der vorliegenden Untersuchung überprüft werden. Zudem ist zu erwarten, dass die Präferenz(in)konsistenz der Vergütung die Wirkung variabler Vergütung beeinflusst. Die Vergütungspräferenz sowie die tatsächlich erhaltene Vergütung können jeweils variabel oder fix sein. Es ist zu erwarten, dass eher diejenigen variable Vergütung präferieren, deren Leistung bei der ersten Aufgabe gut war und diejenigen fixe Vergütung präferieren, deren Leistung bei der ersten Aufgabe weniger gut war. Auf Grund der geringeren Leistung bei der ersten Aufgabe, ist bei denjenigen, die fixe Vergütung bevorzugen, eine höhere Leistungssteigerung zu erwarten. Dementsprechend postuliert das Modell,

- … dass der Einfluss der variablen Vergütungsform auf die individuelle Leistung positiv ist.
- … dass der Effekt der Vergütungsform zusätzlich davon abhängt, inwiefern eine Person entsprechend der individuellen Präferenz für fixe oder variable Entlohnung vergütet wird. Entsprechend der Ausführungen wird angenommen, dass die präferenzinkonsistent variabel Vergüteten die größte Leistungssteigerung verzeichnen.

In diesem Zusammenhang stellt sich zudem die Frage, wie sich die (intrinsische) Motivation ändert, wenn extrinsische Anreize in Form variabler Vergütung hinzukommen. Nach der Selbstbestimmungstheorie von Deci und Ryan (z. B. Ryan & Deci, 2000b; Kapitel 2.3.1) unterstützen Selbstständigkeit fördernde und informierende Maßnahmen die intrinsische Motivation, während kontrollierende diese zerstören. Entsprechend des sogenannten Verdrängungseffekts lassen sich extrinsische und intrinsische Motivation nicht einfach addieren, vielmehr sind sie unter bestimmten Bedingungen negativ miteinander verknüpft (vgl. Frey, 1997, 429-435). Daneben sind aber auch neutrale sowie aktivierende Effekte extrinsischer Anreize auf intrinsische Motivation möglich (vgl. Krönes, 2005, 12; Kapitel 2.1). Trotz der Schlussfolgerungen von Prendergast (1999, 18), wonach der Verdrängungseffekt in empirischen Studien kaum nachweisbar ist, soll dieser Effekt auch in der vorliegenden Untersuchung überprüft werden. Zudem ist auch hier zu erwarten, dass die Präferenz(in)konsistenz der Vergütung die Wirkung variabler Vergütung beeinflusst. Bei denjenigen, die fix vergütet werden, verdrängen extrinsische Vergütungsanreize nicht die intrinsische Motivation. Es ist allerdings zu erwarten, dass die Verdrängung der intrinsischen Motivation bei denjenigen am größten ist, die entgegen ihrer Präferenz variabel vergütet werden (im Gegensatz zu denjenigen, die wie präferiert variable Vergütung erhalten). Daher postuliert das Modell

- … einen positiven Einfluss der variablen Vergütungsform auf die Verdrängung der intrinsischen Motivation.
- … dass dieser Effekt davon abhängt, inwiefern eine Person entsprechend der individuellen Präferenz für fixe oder variable Entlohnung vergütet wird. Es wird angenommen, dass die Verdrängung der intrinsischen Motivation bei den präferenzinkonsistent variabel Vergüteten am größten ist.

Neben den Größen Vergütungsform (fix, variabel) und Präferenzkonsistenz der Vergütung liefert die Akzeptanzdefinition, welche dieser Arbeit zu Grunde liegt, und wonach *Akzeptanz die Bereitschaft eines Mitarbeiters zur Annahme des variablen Vergütungssystems auf Grund einer positiven Einstellung diesem Objekt gegenüber und die Umsetzung dieser Verhaltensintention in tatsächliches Verhalten ist* (vgl. Kapitel 3.4.1.3), einen weiteren Anhaltspunkt für eine Bestimmungsgröße des tatsächlichen Verhaltens. Demnach hängt das Verhalten von der Verhaltensintention ab.[122] Diesen Zusammenhang stützen auch Bürg et al. (2004, 6), die

[122] Die vorliegende Arbeit basiert, wie in Kapitel 3.4.1.3 zur Verhaltensrelevanz der Einstellung dargestellt, in Anlehnung an Trommsdorff (2009, 151 f.) sowie die Theorie des geplanten Verhaltens nach Ajzen (z. B.

bezogen auf die Befundlage der Akzeptanzforschung zu dem Ergebnis kommen, dass die Einstellungs- die Verhaltensakzeptanz beeinflusst (vgl. auch Davis, 1989; Venkatesh & Davis, 2000; Kapitel 3.4.1.3).

Die Verhaltensintention und somit die konative Komponente der Einstellungsakzeptanz ist die *Bereitschaft des Mitarbeiters, auf das variable Vergütungssystem umzusteigen,* und damit *bereit zu sein, sich im Sinne der Anreize des variablen Vergütungssystems zu verhalten.* Die von der Verhaltensintention abhängige Verhaltensakzeptanz zeigt sich im tatsächlichen Verhalten des Mitarbeiters, also in der tatsächlichen Leistungssteigerung (vgl. 3.4.1). Es ist zu erwarten, dass eher diejenigen umsteigen wollen, deren Leistung bei der ersten Aufgabe gut war. Daher ist bei der *Bereitschaft, auf das variable Vergütungssystem umzusteigen,* zu beachten, dass die Leistungssteigerung bei denjenigen, deren Leistung bei der ersten Aufgabe gut war, geringer ausfällt, als bei denjenigen, deren Leistung schlecht war und somit der Einfluss der *Umstiegsbereitschaft* auf die Leistungssteigerung negativ ist. Außerdem ist zu erwarten, dass diejenigen, die sich entsprechend der Anreize des Systems verhalten wollen, tatsächlich ihre Leistung steigern. Entsprechend den in der Literatur vorzufindenden Erkenntnissen, dass Individuen verhältnismäßig rational im Einklang mit ihren Einstellungen handeln (vgl. Aronson et al., 2008, 214; Kroeber-Riel et al., 2009, 217 f.; Roth, 1967, 102; Six & Eckes, 1996, 7-16; Trommsdorff, 2009, 152-154), postuliert das Modell

- … einen negativen Zusammenhang zwischen der *Bereitschaft, auf das variable Vergütungssystem umzusteigen,* (Verhaltensintention) und der Leistungssteigerung (Verhaltensakzeptanz) und
- … einen positiven Zusammenhang zwischen der *Bereitschaft, sich im Sinne der Anreize des Systems zu verhalten,* (Verhaltensintention) und der Leistungssteigerung (Verhaltensakzeptanz) ab.

Die hier formulierten Zusammenhänge lassen sich wie folgt grafisch darstellen:

Ajzen, 1991) auf der Auffassung, dass eine Einstellung affektiv und kognitiv bedingt ist und über die Verhaltensintention als voller Mediator indirekt das Verhalten beeinflusst.

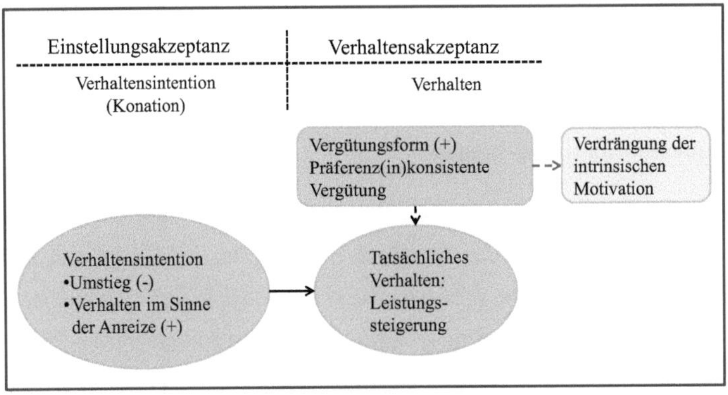


**Abbildung 26: Bestimmungsgrößen des tatsächlichen Verhaltens**
**Quelle: Eigene Darstellung**

## 4.2 Einflussgrößen auf die Bereitschaft, auf das variable Vergütungssystem umzusteigen und sich im Sinne der Anreize des Systems zu verhalten

Die Einstellungsakzeptanz setzt sich aus einer kognitiven und affektiven sowie einer konativen Komponente zusammen (vgl. Kapitel 3.4.1.2). Die konative Komponente stellt die Verhaltensintention dar und ist im Rahmen dieser Arbeit zu verstehen als die *Umstiegsbereitschaft* und die *Bereitschaft, sich entsprechend der Anreize des variablen Vergütungssystems zu verhalten.* Der Einfluss der konativen Komponente auf das Verhalten ist Inhalt des vorangegangenen Kapitels.

Im Folgenden werden die Einflüsse der kognitiven und affektiven Einstellungskomponente als Bestimmungsgrößen der konativen Komponente (Verhaltensintention) hergeleitet.[123] Da sich die Einflussfaktoren nach innovations-, personen- und organisationsbezogenen Größen unterscheiden lassen, orientieren sich die folgenden Ausführungen an dieser Struktur. Dabei können einzelne innovations-, personen- und organisationsbezogene Größen sowohl direkt die Verhaltensintention als konative Einstellungskomponente beeinflussen als auch indirekt über die affektive und kognitive Komponente wirken. Um die Einflüsse der verschiedenen Größen

[123] Diese Arbeit auf der Annahme, dass die konative Komponente der Einstellung das tatsächliche Verhalten vorhersagt und von der affektiven und kognitiven Einstellung beeinflusst wird (vgl. Kapitel 3.4.1.3). Vgl. hierzu auch Trommsdorff (2009, 151 f.) sowie die Theorie des geplanten Verhaltens nach Ajzen (z. B. Ajzen, 1991).

geschlossen herleiten zu können, werden im Folgenden sowohl die direkten als auch die indirekten Zusammenhänge abgebildet.

### 4.2.1 Innovationsbezogene Größen

Wie im theoretischen Teil der Arbeit dargestellt, stellt die positive Einstellung gegenüber dem variablen Vergütungssystem eine entscheidende Einflussgröße auf die Akzeptanz dar. Der wahrgenommene Nutzen und die wahrgenommene Gerechtigkeit sind zwei zentrale Größen, welche die Einstellung gegenüber dem variablen Vergütungssystem bestimmen.

**Wahrgenommener Nutzen**

Nach Rogers spielen die Eigenschaften von Innovationen eine wichtige Rolle für die Akzeptanz von Veränderungen bzw. die Verbreitung von Innovationen (vgl. Rogers, 2003, 15 f., 170, 219-266). Dazu zählen neben einem hohen relativen Vorteil, der eine herausragende Stellung einnimmt (vgl. Schmalen & Pechtl, 1996, 319)[124], einer geringen Komplexität und einer hohen Kompatibilität mit den Werten, Erfahrungen und den Bedürfnissen der Betroffenen, auch eine hohe Testbarkeit sowie eine hohe Beobachtbarkeit (vgl. Kapitel 3.4.2.1). Die relative Vorteilhaftigkeit kommt im wahrgenommenen Nutzen zum Ausdruck. Zahlreiche empirische Studien untermauern seine Bedeutung, indem sie einen positiven Zusammenhang zwischen dem Nutzen einer Veränderung, den ein Individuum wahrnimmt, und der Akzeptanz, die es dem Akzeptanzobjekt entgegenbringt, aufzeigen (z. B. Davis et al., 1989; Karavasilis et al., 2010). Ähnlich finden auch Giangreco und Peccei (2005, 1822-1824) sowie Caldwell et al. (2004, 874 f.) in ihren Untersuchungen heraus, dass der wahrgenommene Nutzen einer Veränderung den Widerstand negativ beeinflusst, sowohl direkt als auch indirekt über die Einstellung der Betroffenen gegenüber der Veränderung (vgl. Kapitel 3.3.4, Tabelle 1, S. 118; Kapitel 3.4.3). Die Veränderung und somit das variable Vergütungssystem muss sich also lohnen. Dies geht auch aus den Anforderungen an ein Anreizsystem (vgl. Kapitel 2.4.3) hervor, die besagen, dass dieses wirtschaftlich sein muss, nicht nur für das Unternehmen, sondern auch für die Mitarbeiter. In diesem Zusammenhang lässt sich der wahrgenommene Nutzen als Wirtschaftlichkeit aus Sicht der Mitarbeiter

---

[124] So zeigen auch Davis, Bagozzi und Warshaw (1989, 982) und Davis (1989, 326-332), dass der wahrgenommene Nutzen für die Akzeptanz eine wichtigere Rolle spielt als die wahrgenommene einfache Bedienbarkeit (vgl. Kapitel 3.4.2.3).

interpretieren.[125] Auch aus der Anreiz-Beitragstheorie (z. B. March & Simon, 1958, 1976) lässt sich ableiten, dass es wichtig ist, dass das neue variable Vergütungssystem dem Betroffenen einen höheren Nutzen – im Sinne eines für ihn besseren Verhältnisses zwischen Vergütung und Arbeitseinsatz – bringt als das bisherige System, damit es sich durchsetzt und akzeptiert wird (vgl. Kapitel 2.3.2).

Mit Blick auf die Einführung variabler Vergütung spielt für die Betroffenen, also die Mitarbeiter, insbesondere dieser wahrgenommene relative Vorteil bzw. Nutzen eine wichtige Rolle. Er spiegelt sich in der Erwartung wider, letztlich von der variablen Vergütung im Vergleich zur bisherigen fixen Vergütung tatsächlich zu profitieren.[126] Basierend auf diesen Überlegungen und empirischen Erkenntnissen postuliert das Modell einen positiven Zusammenhang zwischen dem Nutzen, den ein Mitarbeiter vom variablen Vergütungssystem erwartet, und

- ... der *Bereitschaft eines Mitarbeiters, auf das variable Vergütungssystem umzusteigen,* sowie
- ... der *Bereitschaft eines Mitarbeiters, sich im Sinne des variablen Vergütungssystems zu verhalten.*

**Wahrgenommene Gerechtigkeit**

Neben dem wahrgenommenen Nutzen können auch weitere kognitive und affektive Elemente der Einstellung die Verhaltensintention als konative Komponente beeinflussen. Wie in Kapitel 2.5 diskutiert, stellt dabei die wahrgenommene Gerechtigkeit einen interessanten Aspekt dar. Denn neben dem Nutzen beurteilt der Mitarbeiter das variable Vergütungssystem auch mit Blick auf dessen Gerechtigkeit, die eine zentrale Anforderung darstellt (vgl. Kapitel 2.5, 2.4.3), und bildet entsprechende Erwartungen, die ebenfalls die Akzeptanz beeinflussen. Geier (2007, 52) hebt die Unerlässlichkeit des subjektiven Eindrucks von der Gerechtigkeit des Systems hervor. Dementsprechend stellt die wahrgenommene Gerechtigkeit des variablen Vergütungssystems eine weitere, wesentliche Einflussgröße auf die *Bereitschaft eines Mitarbeiters, auf das variable Vergütungssystem umzusteigen* und *sich im Sinne des variablen Vergütungssystems zu verhalten* (Verhaltensintention), dar.

---

[125] Dies setzt entsprechend der Überlegungen zur ökonomischen und sozialen Effizienz voraus, dass die Wirtschaftlichkeit auch für das Unternehmen gesichert sein muss. Andernfalls hätte es auch für den Mitarbeiter negative Folgen, wenn sein Unternehmen daran kaputt gehen würde.

[126] Vgl. zur Bildung und Bedeutung von Erwartungen Kapitel 2.3.2 zu den Prozesstheorien der Motivation.

Das Fairness-Impact-Modell von Gilliland und Langdon (1998, 217) sowie die Zusammenfassung empirischer Ergebnisse zum Zusammenhang zwischen organisationaler Gerechtigkeit und verschiedenen Arbeitseinstellungen und Verhaltensweisen in Kapitel 2.5.2 zeigen, dass eine positive Gerechtigkeitswahrnehmung zu hohen Ausprägungen bei Outcome-Variablen (z. B. Arbeitszufriedenheit, organisational citizenship behavior, Commitment) führt (z. B. Cohen-Charash & Spector, 2001; Colquitt et al., 2001). Wie bereits dargestellt, besteht Gerechtigkeit aus mehreren Komponenten (vgl. Kapitel 2.5), wobei in der vorliegenden Arbeit die distributive (Verteilungs-) und die prozedurale (Verfahrens-) Gerechtigkeit im Fokus liegen (z. B. Mitchell & Danielsk, 2003). Die Wirkung der prozeduralen Gerechtigkeit auf Einstellung und Verhalten der Mitarbeiter wird in der Praxis häufig unterschätzt. Der Einfluss der distributiven Gerechtigkeit wird hingegen häufig überschätzt, da man zu sehr die Gewährung zusätzlicher Vorteile für erbrachte Arbeitsleistung bzw. deren Entzug bei Leistungsdefizit fokussiert (vgl. Streicher et al., 2008, 62). Streicher et al. (2008, 62) befassen sich in ihrer Studie beispielsweise mit dem Zusammenhang zwischen organisationaler Gerechtigkeit und der Qualität der Führungskraft-Mitarbeiter-Beziehung. Die prozedurale Gerechtigkeit der Führungskraft übt den Ergebnissen zu Folge hohen Einfluss auf die Qualität der Führungskraft-Mitarbeiter-Beziehung und damit auf arbeitsrelevante Einstellungen und Verhaltensweisen von Mitarbeitern aus. Wie gerecht Individuen das Ergebnis einer Verteilung wahrnehmen, basiert meist auf deren Ergebniserwartungen, die wiederum von bisherigen Erfahrungen und Vergleichen mit anderen Personen abhängen. Aus den Ausgleichs- und Vergleichstheorien (z. B. Adams, 1965; March & Simon, 1958, 1976) resultiert, dass Bewertungen subjektiv sind und in Relation zu einer Bezugsgröße stattfinden. Demnach erlebt es ein Mitarbeiter zum einen als ungerecht, wenn seine Beiträge nicht mit dem Nutzen übereinstimmen, also z. B. die Vergütung den Arbeitseinsatz nicht widerspiegelt und zum anderen, wenn er sein Input/Outcome-Verhältnis ungleich dem Input/Outcome-Verhältnis seiner Vergleichsperson (z. B. Kollege) empfindet. Entsprechend der Theorien zur prozeduralen Gerechtigkeit (z. B. Thibaut & Walker, 1975; Lind & Tyler, 1988) liefern faire Prozesse Anhaltspunkte für die zukünftige Behandlung, da Verfahrensweisen als relativ stabil gelten. Nach Jones (1998, 477, 479) vermitteln Vergütungsverfahren die Absicht eines Unternehmens, seine Mitarbeiter in einer gewissen Weise zu behandeln. Außerdem drücken sie Wertschätzung aus und befriedigen damit das Bedürfnis der Individuen nach einem positiven Selbstbild (vgl. Kapitel 2.5.3). Treten unvorteilhafte Ergebnisse und unfaire Prozesse gemeinsam auf, führt dies entsprechend der Referent Cognitions Theorie von Folger (z. B. Folger, 1986b) zu besonders negativen Reaktionen (Interaktionseffekt). Beim Bruch einer wichtigen

Verteilungsregel entsteht ein Gefühl des Unmutes, wenn der Betroffene glaubt, etwas nicht zu bekommen, was ihm seiner Meinung nach zusteht (vgl. Kapitel 2.5.4).

Basierend auf diesen theoretischen und empirischen Erkenntnissen sowie auf der Annahme entsprechend der Theorie des geplanten Verhaltens (z. B. Ajzen, 1991) und den Ausführungen von Trommsdorff (2009, 151 f.), dass eine positive Einstellung (hier: Gerechtigkeitswahrnehmung) zu positiver Verhaltensintention führt (vgl. Kapitel 3.4.1.3), postuliert das Modell jeweils einen positiven Zusammenhang zwischen

- … der Fairnessbeurteilung des durch das variable Vergütungssystem ermittelten Verteilungsergebnisses durch den Mitarbeiter (wahrgenommene distributive Gerechtigkeit) und seiner *Bereitschaft, auf das variable Vergütungssystem umzusteigen,*
- … der Fairnessbeurteilung der mit dem variablen Vergütungssystem verbundenen Prozesse durch den Mitarbeiter (wahrgenommene prozedurale Gerechtigkeit) und seiner *Bereitschaft, auf das variable Vergütungssystem umzusteigen,*
- … der Fairnessbeurteilung des durch das variable Vergütungssystem ermittelten Verteilungsergebnisses durch den Mitarbeiter (wahrgenommene distributive Gerechtigkeit) und seiner *Bereitschaft, sich im Sinne des variablen Vergütungssystems zu verhalten,*
- … der Fairnessbeurteilung der mit dem variablen Vergütungssystem verbundenen Prozesse durch den Mitarbeiter (wahrgenommene prozedurale Gerechtigkeit) und seiner *Bereitschaft, sich im Sinne des variablen Vergütungssystems zu verhalten.*

Entsprechend der Theorie des geplanten Verhaltens (z. B. Ajzen, 1991) beeinflussen die Prädiktoren zum einen direkt die Verhaltensintention. Darüber hinaus wirken sie jedoch auch wechselseitig aufeinander (vgl. Kapitel 3.4.1.3). Bezogen auf die im Rahmen dieser Arbeit untersuchten innovationsbezogenen Einflussfaktoren, wahrgenommener Nutzen und wahrgenommene Gerechtigkeit, ist demnach zu erwarten, dass ein positiver Zusammenhang besteht zwischen

- … der Fairnessbeurteilung des durch das variable Vergütungssystem ermittelten Verteilungsergebnisses durch den Mitarbeiter (wahrgenommene distributive Gerechtigkeit) und dem Nutzen, den er vom variablen Vergütungssystem erwartet,

- … der Fairnessbeurteilung der mit dem variablen Vergütungssystem verbundenen Prozesse durch den Mitarbeiter (wahrgenommene prozedurale Gerechtigkeit) und dem Nutzen, den er vom variablen Vergütungssystem erwartet.

Die formulierten Zusammenhänge lassen sich wie folgt grafisch darstellen:

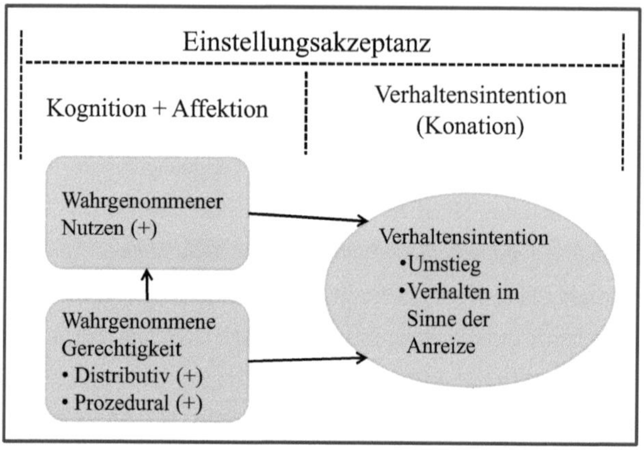


**Abbildung 27: Innovationsbezogene Bestimmungsgrößen der Verhaltensintention**
**Quelle: Eigene Darstellung**

Neben diesen in Abbildung 27 dargestellten Prädiktoren, wahrgenommener Nutzen und wahrgenommene Gerechtigkeit, welche die Veränderung an sich betreffen, hängt die Akzeptanz jedoch auch von den Merkmalen der jeweiligen Personen ab.

### 4.2.2 Personenbezogene Größen

Die Persönlichkeit beeinflusst beispielsweise, wie jemand Veränderungssituationen wahrnimmt, ihnen gegenüber eingestellt ist und sich auf Grund dessen verhält. Die Relevanz der Persönlichkeit verdeutlicht neben den diffusions- und adoptionstheoretischen Ansätzen (z. B. Rogers, 2003; Kapitel 3.4.2.1) auch die Zusammenfassung der Ergebnisse empirischer Studien zu den Ursachen von (fehlender) Akzeptanz (vgl. Kapitel 3.4.3). Van Dam et al. (2008, 324-326) beispielsweise weisen nach, dass die Persönlichkeitseigenschaft Offenheit gegenüber Veränderungen im Job den Widerstand der Betroffenen gegenüber der Neuerung negativ beeinflusst und somit akzeptanzförderlich ist. Darüber hinaus weist Rosenstiel (1975, 356) in seinem Modell zum motivierten Verhalten in Organisationen darauf hin, dass das Verhalten nicht nur motivational determiniert ist, sondern zudem von den Fähigkeiten und

Fertigkeiten einer Person abhängt (vgl. Kapitel 2.2). Entsprechend der Theorie des geplanten Verhaltens (z. B. Ajzen, 1991) beeinflusst u. a. die wahrgenommene Verhaltenskontrolle die Verhaltensintention sowie das tatsächliche Verhalten (vgl. Kapitel 3.4.1.3).

Die Analyse der interindividuellen Unterschiede im Umgang mit Veränderungen in Kapitel 3.4.3 liefert wichtige Hinweise für personenbezogene Einflussgrößen, die für Veränderungen im Allgemeinen und für die Einführung eines variablen Vergütungssystems im Besonderen relevant sind. Die Einschätzung der Betroffenen hängt dabei zum einen vom System, zum anderen von der Höhe des variablen Anteils ab.[127] Es ist zu erwarten, dass Personen mit hohen Ausprägungen bei Offenheit für Erfahrungen, Leistungsorientierung und Ungewissheitstoleranz Veränderungen allgemein und im Besonderen auch variable Vergütung eher bevorzugen. Auch tendieren **selbstwirksame** Personen eher dazu, die variable Vergütung anzunehmen, weil sie glauben, den damit einhergehenden Änderungen gewachsen zu sein. Diese Annahme stützt auch der Hinweis von Gollwitzer und Bayer (1999, 406) im Zusammenhang mit dem Rubikon-Modell von Heckhausen und Gollwitzer (z. B. Gollwitzer, 1990), wonach die Betroffenen während der volitionalen Phase dazu tendieren, die eigenen Realisierungsfähigkeiten zu überschätzen (vgl. Kapitel 2.3.3). Da die Teilnehmer im Rahmen der empirischen Untersuchung kreative Aufgaben zu lösen haben (vgl. Kapitel 5.2.2), wird die Selbstwirksamkeit an dieser Stelle präzisiert und mit Hilfe der individuellen Kreativität bzw. der individuellen Kreativitätseinschätzung der Leistung abgebildet. Es wird vermutet, dass **Kreative** bzw. diejenigen, die ihre bisherigen **Leistungen** als kreativ **einschätzen** eher dazu neigen, *auf das variable Vergütungssystem umzusteigen* und *sich im Sinne der Anreize des Systems zu verhalten.* Sowohl das Rubikon-Modell (z. B. Gollwitzer, 1990, Kapitel 2.3.3) als auch Rogers (z. B. Rogers, 2003; Kapitel 3.4.2.1) Forderung nach Kompatibilität der Neuerung zeigen die Bedeutung individueller Erfahrungen mit variabler Vergütung. Demnach beeinflussen die **Erfahrungen**, die jemand in der Vergangenheit mit dieser Vergütungsform gemacht hat, ebenfalls dessen Verhaltensbereitschaft. Bei einer Person, die schlechte Erfahrungen gemacht hat, da sie beispielsweise das Gefühl hatte, dass das damalige System ihre Leistung nicht angemessen widergespiegelt hat, ist zu erwarten, dass ihre *Bereitschaft, sich* erneut *variabel vergüten zu lassen* und *sich im Sinne der Anreize des variablen Vergütungssystems zu verhalten,* eher geringer ist als bei jemandem, der positive Erfahrungen sammeln konnte.

[127] Vgl. auch Kapitel 2.4.4.

Daneben beeinflusst entsprechend der Theorie des geplanten Verhaltens (z. B. Ajzen, 1991) auch die **allgemeine Einstellung** eines Individuums gegenüber dem variablen Vergütungssystem dessen *Bereitschaft umzusteigen* und *sich im Sinne der Anreize des Systems zu verhalten.* Außerdem schätzen voraussichtlich auch diejenigen, die ihre bisherigen **Leistungen** positiv beurteilen und eine positive **allgemeine Einstellung** gegenüber variabler Vergütung haben, zudem den Nutzen, den sie durch die variable Vergütung haben, höher ein.

Daraus ergeben sich folgende Zusammenhänge zur Bedeutung personenbezogener Größen für die Akzeptanz variabler Vergütung. Wie oben ausgeführt, ist zu erwarten, dass die Persönlichkeitsmerkmale Offenheit für Erfahrungen, Leistungsorientierung, Ungewissheitstoleranz und im vorliegenden Fall speziell die Kreativität sowie die allgemeine Einstellung gegenüber und die bisherige Erfahrung mit variabler Vergütung die *Bereitschaft der Mitarbeiter auf das variable Vergütungssystem umzusteigen* und *sich im Sinne der Anreize des Systems zu verhalten,* beeinflusst. Um die zu erwartenden Effekte dieser Größen, die nicht dem unmittelbaren Wirkungsbereich eines Unternehmens unterliegen, zu berücksichtigen, gehen sie als Kontrollvariablen in die Berechnungen mit ein. Ebenso wird die intrinsische Motivation, die ebenfalls eine personenbezogene Größe darstellt, als Kontrollvariable berücksichtigt.
Das Modell postuliert jeweils einen positiven Zusammenhang zwischen der Einschätzung der eigenen Leistung eines Mitarbeiters und

- … seiner *Bereitschaft, auf das variable Vergütungssystem umzusteigen,*
- … seiner *Bereitschaft, sich im Sinne des variablen Vergütungssystems zu verhalten,* sowie
- … dem Nutzen, den er vom variablen Vergütungssystem erwartet.

Folgende Abbildung 28 veranschaulicht die formulierten Zusammenhänge grafisch und ergänzt die in Abbildung 27 (S. 196) dargestellten innovationsbezogenen Einflussgrößen um die personenbezogenen Faktoren:

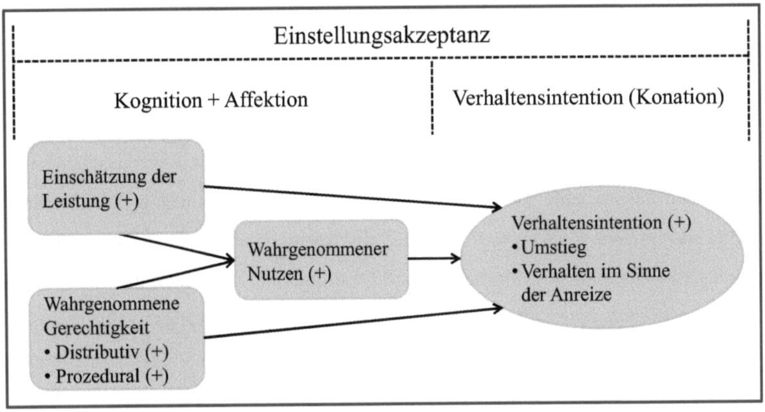


**Abbildung 28: Personenbezogene Bestimmungsgrößen der Verhaltensintention**
**Quelle: Eigene Darstellung**

Neben dem wahrgenommenen Nutzen und der wahrgenommenen Gerechtigkeit als innovationsbezogene Prädiktoren und der Einschätzung der Leistung als personenbezogene Größe hängt die *Bereitschaft der Mitarbeiter, auf das variable Vergütungssystem umzusteigen* und *sich im Sinne der Anreize des Systems zu verhalten,* auch von verschiedenen organisationsbezogenen Faktoren ab. Welche diese sind und wie sie wirken, wird im Folgenden betrachtet.

### 4.2.3 Organisationsbezogene Größen

Aus den Ausführungen zur Förderung der Akzeptanz im Implementierungsprozess in Kapitel 3.5 resultiert die Betrachtung der verschiedenen Maßnahmen als entscheidende Einflussgrößen. Diese fassen Winkler sowie Mandl und Kollegen unter dem Begriff „Akzeptanzkonzept" zusammen (vgl. Mandl et al., 2007, 173 f.; Winkler & Mandl, 2004, 212). Im Rahmen der vorliegenden Arbeit wurden verschiedene theoretische Ansätze und empirische Ergebnisse vorgestellt, die die Bedeutung der Implementierungsarbeit für die Akzeptanz von Veränderungen verdeutlichen (vgl. Tabelle 1, S. 118; Kapitel 3.3.4, 3.5). Insgesamt lässt sich zwischen Maßnahmen der Kommunikation, Organisation, Motivation und Qualifizierung/Betreuung unterscheiden (vgl. Hinkofer & Mandl, 2003, 14 f.; Reiß, 1993, 552 f.), wobei insbesondere der Kommunikation große Bedeutung zukommt (vgl. Kieser et al., 1998, 2; Rogers, 2003, 170; Kapitel 3.4.2.1). In Kapitel 3.5 wurde auf Basis dieser vier Kategorien von Maßnahmen ein geeignetes Konzept zur Förderung der Akzeptanz bei der Einführung eines variablen Vergütungssystems entwickelt. Im Implementierungsprozess spielt die

Wahrnehmung und Beurteilung des variablen Vergütungssystems eine entscheidende Rolle für die Akzeptanz.

Wird die Implementierung der variablen Vergütung durch Maßnahmen eines für diesen Zweck geeigneten Akzeptanzkonzepts begleitet (vgl. Kapitel 3.5), ist davon auszugehen, dass die Betroffenen das variable Vergütungssystem positiver wahrnehmen und beurteilen und dieses eher akzeptieren.[128] Wie in Kapitel 3.5 diskutiert, beeinflussen die Maßnahmen der Kommunikation, Organisation, Motivation und Qualifizierung/Betreuung die Akzeptanz und somit die *Bereitschaft eines Mitarbeiters, auf das variable Vergütungssystem umzusteigen* und *sich im Sinne des variablen Vergütungssystems zu verhalten* (Verhaltensintention). Zudem wirken sie darauf, wie die Mitarbeiter den Nutzen einschätzen, den sie durch das variable Vergütungssystem erwarten, und wie sie die Gerechtigkeit des Systems hinsichtlich seines Verteilungsergebnisses und –prozesses beurteilen. Im Rahmen dieser Arbeit wird jeweils ein zentraler Aspekt der Maßnahmengruppen herausgegriffen und dessen Einfluss überprüft.[129]

Wie in Kapitel 3.5 herausgearbeitet wurde, kommt es bei der **Kommunikation** darauf an, dass sich die Mitarbeiter gut informiert fühlen und das variable Vergütungssystem sowie dessen Konsequenzen verstehen. So zeigen Bürg et al. (2004, 14 f.) und Bürg (2005, 49-56; 106-109) beispielsweise, dass Information als personale Maßnahme hoch positiv mit der Einstellungsakzeptanz assoziiert ist. Ist das variable Vergütungssystem, dem sich die Mitarbeiter gegenüber sehen sehr „anspruchsvoll“ und sind die Ziele somit verhältnismäßig schwer zu erreichen, ist zu erwarten, dass das Verstehen des Systems eher zu einer Ablehnung führt, da ein hoher Nutzen nur relativ schwierig zu erreichen ist. Die *Bereitschaft der Mitarbeiter, auf das variable Vergütungssystem umzusteigen* und *sich im Sinne der Anreize des Systems zu verhalten,* wäre dementsprechend geringer. Realisieren die Mitarbeiter diese Schwierigkeit nicht, tendieren sie zur Annahme des Systems.

---

[128] Ein wesentliches Beurteilungsmerkmal stellt dabei der Nutzen dar, den der Mitarbeiter von diesem System erwartet. Dieser kann positiv und somit eine Verbesserung oder negativ und somit eine Verschlechterung sein. Darüber hinaus fließt die Beurteilung mit ein, wie gerecht er das variable Vergütungssystem findet. Dabei bezieht er zum einen das Verteilungsergebnis, zum anderen die Prozesse (z. B. Zielfindung, Leistungsbeurteilung), die zu diesem Verteilungsergebnisses führen, mit ein.

[129] Auf Grund der Versuchsanordnung sind diese Effekte schwer zu induzieren, insbesondere die Wirkung auf die Gerechtigkeitswahrnehmung. Zur Versuchsanordnung vgl. Kapitel 5.2.2. Deshalb werden die Effekte der Implementierungsmaßnahmen auf die Gereichtigkeit nicht überprüft. Dementsprechend werden im Folgenden lediglich Einflüsse der verschiedenen Maßnahmen auf die Verhaltensintention sowie die Nutzenwahrnehmung betrachtet.

Im Rahmen der **Organisation** ist für die Akzeptanz und somit die *Bereitschaft eines Mitarbeiters, auf das variable Vergütungssystem umzusteigen* und *sich im Sinne des variablen Vergütungssystems zu verhalten,* sowie für die Nutzenwahrnehmung zentral, dass die Mitarbeiter wissen, dass die Führung des Unternehmens hinter der Einführung des variablen Vergütungssystems steht. Diese Unterstützung der Geschäftsleitung ist Grundvoraussetzung für die Akzeptanz der Neuerung (vgl. Verband der Bayerischen Metall- und Elektroindustrie e. V., 2000, zit. nach Winkler & Mandl, 2004, 212; Wahl, 2001, 205; Nippa, 1997, 40).

Als Maßnahme der **Motivation** ist für die Akzeptanz und somit die *Bereitschaft eines Mitarbeiters, auf das variable Vergütungssystem umzusteigen* und *sich im Sinne des variablen Vergütungssystems zu verhalten,* die Einbindung der Mitarbeiter in die Konzeption des variablen Vergütungssystems wichtig. Denn Akzeptanz und damit auch Erfolg von organisatorischen Veränderungen ist nur dort zu erwarten, wo die Betroffenen von Anfang an am Change-Prozess beteiligt sind (vgl. Witt & Klaus, 1997, 27). Ähnlich zeigen Sagie et al. (1990, 463), dass bezogen auf taktische Entscheidungen die Veränderungsakzeptanz unter der partizipativen Bedingung größer ist als unter der direktiven. Dies stellt z. B. sicher, dass auch ihre Interessen vertreten sind. Partizipation ist insbesondere für die Akzeptanz, aber auch für die Nutzenwahrnehmung wichtig.

Schulungsmöglichkeiten und Betreuung sind Maßnahmen, die im Rahmen der **Qualifizierung/Betreuung** durchgeführt werden können und hoch positiv mit der Einstellungsakzeptanz assoziiert sind (vgl. Bürg, 2005, 106). Das Angebot von Schulungen, die z. B. notwendiges Wissen oder Können vermitteln, um die geänderten oder ggf. höheren Anforderungen erfüllen zu können, oder zum Thema Leistungsbeurteilungen, kann sich positiv auf die *Bereitschaft der Mitarbeiter, auf das variable Vergütungssystem umzusteigen* und *sich im Sinne der Anreize des Systems zu verhalten,* sowie die Nutzenwahrnehmung auswirken.

Daraus lassen sich folgende Zusammenhänge für das Modell ableiten:

Der Zusammenhang zwischen Kommunikation und

- … der *Bereitschaft eines Mitarbeiters, auf das variable Vergütungssystem umzusteigen,* und
- … dem Nutzen, den er vom variablen Vergütungssystem erwartet,

ist entsprechend der vorherigen Ausführungen negativ.

Der Zusammenhang zwischen Kommunikation und

- … der *Bereitschaft eines Mitarbeiters, sich im Sinne des variablen Vergütungssystems zu verhalten,*

ist positiv.

Zwischen den Maßnahmen der Organisation, Motivation und Qualifizierung/Betreuung und

- … der *Bereitschaft eines Mitarbeiters, auf das variable Vergütungssystem umzusteigen,* und
- … der *Bereitschaft eines Mitarbeiters, sich im Sinne des variablen Vergütungssystems zu verhalten,* sowie
- … dem Nutzen, den er vom variablen Vergütungssystem erwartet,

besteht jeweils ein positiver Zusammenhang.

Folgende Abbildung 29 ergänzt Abbildung 27 (S. 196) zu den innovationsbezogenen und Abbildung 28 (S. 199) zu den personenbezogenen Einflussgrößen um die organisationsbezogenen Faktoren.

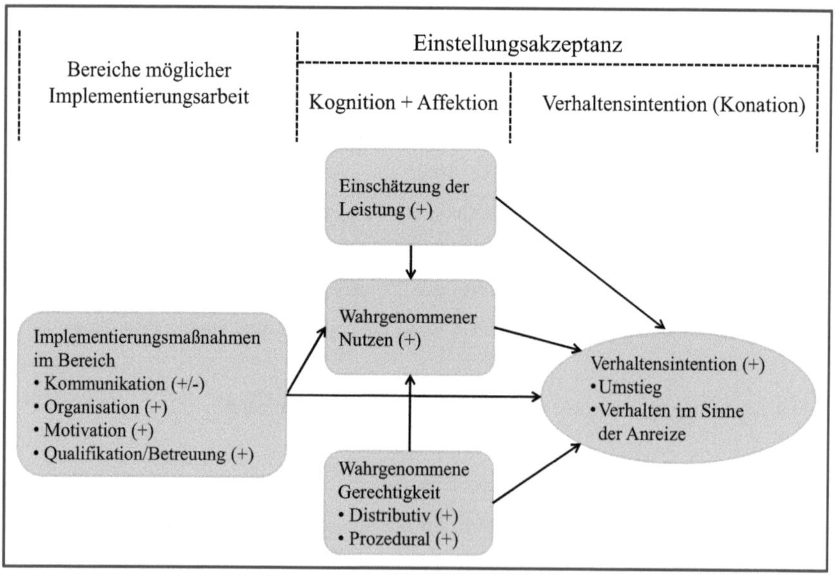


**Abbildung 29: Personen- und organisationsbezogene Bestimmungsgrößen der Verhaltensintention**
**Quelle: Eigene Darstellung**

## 4.3 Einflussgrößen auf die Nutzenwahrnehmung

In Abbildung 29 sind bereits die Einflussgrößen auf die Nutzenwahrnehmung, die zusammen mit der Gerechtigkeitswahrnehmung die kognitive und affektive Einstellungskomponente abbildet, integriert. Diese wiederum beeinflussen die Verhaltensintention (konative Einstellungskomponente). Die Herleitung erfolgte in den vorherigen Ausführungen. Neben dem direkten Effekt der Gerechtigkeitswahrnehmung auf die Verhaltensintention wirkt sie zudem indirekt über die Nutzenwahrnehmung. Darüber hinaus hängt der wahrgenommene Nutzen, wie in den vorherigen Abschnitten hergeleitet wurde, von der Einschätzung der Leistung und den Implementierungsmaßahmen der Kommunikation, Organisation, Motivation und Qualifizierung/Betreuung ab.

## 4.4 Gesamtmodell zur Akzeptanz variabler Vergütung

Die vorliegende Arbeit basiert in Anlehnung an Trommsdorff (2009, 151 f.) sowie an die Theorie des geplanten Verhaltens nach Ajzen und Fishbein (z. B. Ajzen, 1991; Kapitel 3.4.1.3) auf der Auffassung, dass eine Einstellung affektiv und kognitiv bedingt ist und über die Verhaltensintention als Mediator indirekt das Verhalten beeinflusst. Die Verhaltensakzeptanz im Sinne des tatsächlichen Verhaltens stellt somit die abhängige Variable dar. Sie wird über den Mediator Verhaltensintention (konative Komponente der Einstellungsakzeptanz) von den unabhängigen Variablen wahrgenommener Nutzen, wahrgenommene Gerechtigkeit, Merkmale des Individuums und die Maßnahmen im Rahmen der Implementierung beeinflusst. Merkmale der Person (vgl. Kapitel 4.2.2) sowie Kontextbedingungen der Versuchsanordnung (vgl. Kapitel 5.2.2; Abbildung 32) gehen als Kontrollvariablen in das Modell ein.

Abbildung 30 stellt die in den vorherigen Kapiteln (4.1 - 4.2; Abbildungen 25-28) beschriebenen Zusammenhänge zusammenfassend dar und zeigt das Gesamtmodell zur Akzeptanz variabler Vergütung.

Die im Modell postulierten und in Abbildung 30 dargestellten Zusammenhänge basieren auf Theorien und empirischen Befunden und dienen im folgenden Kapitel 4.5 der Ableitung von Hypothesen.

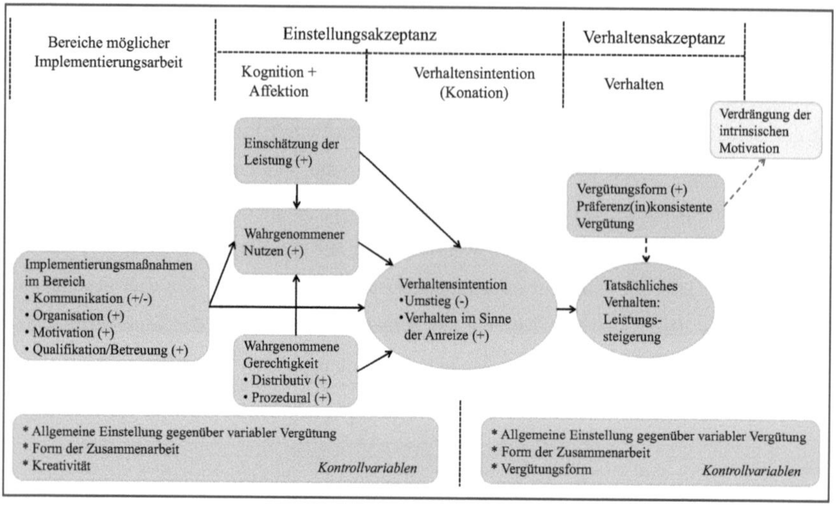


**Abbildung 30: Modell zur Akzeptanz variabler Vergütung**
**Quelle: Eigene Darstellung**

## 4.5 Ableitung der Hypothesen zur Akzeptanz variabler Vergütung

Im Folgenden wird das in Kapitel 4.4 dargestellte Gesamtmodell zur Akzeptanz variabler Vergütung konkretisiert und die mit Hilfe der erhobenen Daten zu prüfenden Hypothesen formuliert. Kapitel 4.5.1 beinhaltet die Hypothesen zu den Bestimmungsgrößen der Leistungssteigerung der Mitarbeiter und der Motivation. Kapitel 4.5.2 umfasst die Hypothesen zu den Bestimmungsgrößen der *Bereitschaft, auf das variable Vergütungssystem umzusteigen* und *sich im Sinne der Anreize zu verhalten.* Kapitel 4.5.3 beinhaltet die Hypothesen zu den Einflussgrößen auf die Nutzenwahrnehmung. Kapitel 4.5.4 fasst die Hypothesen abschließend im Überblick zusammen.

### 4.5.1 Hypothesen zu den Einflussgrößen auf die Leistungssteigerung und die Motivation

Aus dem positiven Zusammenhang zwischen der variablen Vergütung und der individuellen Leistung resultiert für die vorliegende Untersuchung folgende Ausgangshypothese:

| H1a: Unter variabler Vergütung ist die Leistungssteigerung höher als unter fixer Vergütung. |
|---|

Zudem postuliert das Modell, dass der Effekt der Vergütungsform auch davon abhängt, inwiefern eine Person entsprechend der individuellen Präferenz für fixe oder variable Entlohnung vergütet wird. Es ist zu erwarten, dass eher diejenigen variable Vergütung präferieren, deren Leistung bei der ersten Aufgabe gut war und umgekehrt. Deshalb ist eine höhere Leistungssteigerung bei denjenigen zu erwarten, die fixe Vergütung bevorzugen. Daraus ergibt sich ergänzend die folgende Hypothese:

H1b: Die Leistungssteigerung ist bei den Mitarbeitern, die variable Vergütung bekommen, obwohl sie fixe präferieren, höher als bei den anderen Mitarbeitern.

Des Weiteren bildet das Modell einen negativen Effekt der variablen Vergütung auf die intrinsische Motivation ab. Daher lautet eine weitere Hypothese für die vorliegende Untersuchung wie folgt:

H2a: Die Verdrängung der intrinsischen Motivation ist bei variabler Vergütung höher als bei fixer Vergütung.

Da auch hier zu erwarten ist, dass dieser Effekt davon abhängt, inwiefern eine Person variabel oder fix und entsprechend oder entgegen der individuellen Präferenz vergütet wird, ergibt sich ergänzend die folgende Hypothese:

H2b: Wird variable Vergütung eingeführt, dann ist die Verdrängung der intrinsischen Motivation bei den Mitarbeitern, die variable Vergütung bekommen obwohl sie fixe Vergütung präferieren, größer als bei den anderen Mitarbeitern.

Neben den Größen Vergütungsform (fix, variabel) und Präferenz(in)konsistenz der Vergütung hängt das Verhalten von der Verhaltensintention ab. Nach dem Modell wirkt die *Bereitschaft des Mitarbeiters, auf das variable Vergütungssystem umzusteigen,* negativ[130] und die *Bereitschaft, sich im Sinne der Anreize des variablen Vergütungssystems zu verhalten,* positiv auf das Leistungsverhalten. Daraus lassen sich die folgenden Hypothesen ableiten:

H3a: Je größer die Einstellungsakzeptanz (Verhaltensintention) als *Bereitschaft des Mitarbeiters* ist, *auf das variable Vergütungssystem umzusteigen*, desto geringer ist die Verhaltensakzeptanz, die sich in der Leistungssteigerung zeigt.

[130] Der erwartete Effekt der Umstiegsbereitschaft ist negativ, da die Leistungssteigerung bei denjenigen, deren Leistung bei der ersten Aufgabe gut war, geringer ausfällt, als bei denjenigen, deren Leistung schlecht war.

H3b: Je größer die Einstellungsakzeptanz (Verhaltensintention) als *Bereitschaft des Mitarbeiters* ist, *sich im Sinne der Anreize des variablen Vergütungssystems zu verhalten*, desto größer ist die Verhaltensakzeptanz, die sich in der Leistungssteigerung zeigt.

### 4.5.2 Hypothesen zu den Einflussgrößen auf die Bereitschaft, auf das variable Vergütungssystem umzusteigen und sich im Sinne der Anreize des Systems zu verhalten

Aus dem im Modell postulierten positiven Zusammenhang zwischen Nutzen und Verhaltensintention lassen sich folgende Hypothesen ableiten:

H4a: Je größer der **Nutzen** ist, den ein Mitarbeiter vom variablen Vergütungssystem erwartet, desto höher ist seine *Bereitschaft, auf das variable Vergütungssystem umzusteigen.*

H4b: Je größer der **Nutzen** ist, den ein Mitarbeiter vom variablen Vergütungssystem erwartet, desto höher ist seine *Bereitschaft, sich im Sinne des variablen Vergütungssystems zu verhalten.*

Darüber hinaus zeigt das Modell einen positiven Zusammenhang zwischen den Formen der wahrgenommenen Gerechtigkeit und der *Bereitschaft, auf das variable Vergütungssystem umzusteigen* und *sich im Sinne des variablen Vergütungssystems zu verhalten,* sowie dem wahrgenommenen Nutzen. Daraus lassen sich die folgenden Hypothesen ableiten:

H5a: Je fairer ein Mitarbeiter das durch das variable Vergütungssystem ermittelte Verteilungsergebnis beurteilt (wahrgenommene **distributive Gerechtigkeit**), desto größer ist seine *Bereitschaft, auf das variable Vergütungssystem umzusteigen.*

H5b: Je fairer ein Mitarbeiter die mit dem variablen Vergütungssystem verbundenen Prozesse zur Ermittlung des Verteilungsergebnisses beurteilt (wahrgenommene **prozedurale Gerechtigkeit**), desto größer ist seine *Bereitschaft, auf das variable Vergütungssystem umzusteigen.*

H5c: Je fairer ein Mitarbeiter das durch das variable Vergütungssystem ermittelte Verteilungsergebnis beurteilt (wahrgenommene **distributive Gerechtigkeit**), desto größer ist seine *Bereitschaft, sich im Sinne des variablen Vergütungssystems zu verhalten.*

H5d: Je fairer ein Mitarbeiter die mit dem variablen Vergütungssystem verbundenen Prozesse zur Ermittlung des Verteilungsergebnisses beurteilt (wahrgenommene **prozedurale Gerechtigkeit**), desto größer ist seine *Bereitschaft, sich im Sinne des variablen Vergütungssystems zu verhalten.*

H6a: Je fairer ein Mitarbeiter das durch das variable Vergütungssystem ermittelte Verteilungsergebnis beurteilt (wahrgenommene **distributive Gerechtigkeit**), desto größer ist sein Nutzen, den er vom variablen Vergütungssystem erwartet.

H6b: Je fairer ein Mitarbeiter die mit dem variablen Vergütungssystem verbundenen Prozesse zur Ermittlung des Verteilungsergebnisses beurteilt (wahrgenommene **prozedurale Gerechtigkeit**), desto größer ist sein Nutzen, den er vom variablen Vergütungssystem erwartet.

Neben diesen Prädiktoren wahrgenommener Nutzen und wahrgenommene Gerechtigkeit, welche die Veränderung an sich betreffen, hängt die Akzeptanz jedoch auch von den Merkmalen der jeweiligen Personen ab. Das Modell postuliert jeweils einen positiven Zusammenhang zwischen der Einschätzung der Leistung und der *Bereitschaft, auf das variable Vergütungssystem umzusteigen* und *sich im Sinne des variablen Vergütungssystems zu verhalten,* sowie dem Nutzen, den ein Mitarbeiter vom variablen Vergütungssystem erwartet. Daraus resultieren folgende Hypothesen:

H7a: Je besser ein Mitarbeiter die **Leistung** bei der ersten Aufgabe einschätzt, desto höher ist seine *Bereitschaft, auf das variable Vergütungssystem umzusteigen.*

H7b: Je besser ein Mitarbeiter die **Leistung** bei der ersten Aufgabe einschätzt, desto höher ist seine *Bereitschaft, sich im Sinne des variablen Vergütungssystems zu verhalten.*

H8: Je besser ein Mitarbeiter die **Leistung** bei der ersten Aufgabe einschätzt, desto höher ist sein Nutzen, den er vom variablen Vergütungssystem erwartet.

Neben dem wahrgenommenen Nutzen und der wahrgenommenen Gerechtigkeit als innovationsbezogene Prädiktoren und der Einschätzung der Leistung als personenbezogene Größe hängt die *Bereitschaft der Mitarbeiter auf das variable Vergütungssystem umzusteigen* und *sich im Sinne der Anreize des Systems zu verhalten,* auch von den organisationsbezogenen Faktoren Kommunikation, Organisation, Motivation und Qualifizierung/Betreuung ab. Diese sind jeweils positiv, abgesehen von den negativen Zusammenhängen zwischen Kommunikation und der *Bereitschaft eines Mitarbeiters, auf das variable Vergütungssystem umzusteigen,* und dem Nutzen, den er vom variablen Vergütungssystem erwartet.[131] Daraus lassen sich die folgenden Hypothesen ableiten:

[131] Wenn das variable Vergütungssystem, dem sich die Mitarbeiter gegenüber sehen, sehr „anspruchsvoll" ist und die Ziele somit verhältnismäßig schwer zu erreichen sind, ist davon auszugehen, dass das Verstehen des Systems eher zu einer Ablehnung führt, da ein hoher Nutzen nur relativ schwierig zu erreichen ist. Die *Umstiegsbereitschaft* der Mitarbeiter und ihre *Bereitschaft, sich im Sinne der Anreize des Systems zu verhalten,* wäre dementsprechend geringer. Wenn der Mitarbeiter diese Schwierigkeit nicht realisiert, neigt er dazu, das System anzunehmen.

H9:
Liefern die Maßnahmen der **Kommunikation**, die das Unternehmen im Rahmen der Implementierung des variablen Vergütungssystems durchführt, dem Mitarbeiter ausreichend Informationen zum variablen Vergütungssystem (und der Mitarbeiter realisiert das hohe Anspruchsniveau), beeinflusst dies
a: .... negativ die *Bereitschaft des Mitarbeiters, auf das variable Vergütungssystem umzusteigen.*
b: .... positiv die *Bereitschaft des Mitarbeiters, sich im Sinne des variablen Vergütungssystems zu verhalten.*
c: .... negativ, wie er den Nutzen, den er vom variablen Vergütungssystem erwartet, einschätzt.

H10:
Weiß ein Mitarbeiter, dass die Führung hinter der Einführung des variablen Vergütungssystems steht (zentraler Aspekt der ***organisationalen*** Maßnahmen, die das Unternehmen im Rahmen der Implementierung des variablen Vergütungssystems durchführt), beeinflusst dies
a: .... positiv die *Bereitschaft des Mitarbeiters, auf das variable Vergütungssystem umzusteigen.*
b: .... positiv die *Bereitschaft eines Mitarbeiters, sich im Sinne des variablen Vergütungssystems zu verhalten.*
c: .... positiv, wie er den Nutzen, den er vom variablen Vergütungssystem erwartet, einschätzt.

H11:
Das Ausmaß an Partizipation von Mitarbeitern an der Konzeption des variablen Vergütungssystems als Aspekt der ***motivationalen*** Maßnahmen, die das Unternehmen im Rahmen der Implementierung des variablen Vergütungssystems durchführt, beeinflusst
a: .... positiv die *Bereitschaft des Mitarbeiters, auf das variable Vergütungssystem umzusteigen.*
b: .... positiv die *Bereitschaft des Mitarbeiters, sich im Sinne des variablen Vergütungssystems zu verhalten.*
c: .... positiv, wie er den Nutzen, den er vom variablen Vergütungssystem erwartet, einschätzt.

H12:
Hilfreiche Schulungsmöglichkeiten (z. B. zu Leistungsbeurteilungen) als Maßnahmen der ***Qualifizierung/Betreuung***, die das Unternehmen im Rahmen der Implementierung des variablen Vergütungssystems anbietet, beeinflussen
a: .... positiv die *Bereitschaft des Mitarbeiters, auf das variable Vergütungssystem umzusteigen.*
b: .... positiv die *Bereitschaft des Mitarbeiters, sich im Sinne des variablen Vergütungssystems zu verhalten.*
c: .... positiv, wie er den Nutzen, den er vom variablen Vergütungssystem erwartet, einschätzt.

### 4.5.3 Hypothesen zu den Einflussgrößen auf die Nutzenwahrnehmung

Gemäß Theorien und empirischen Befunden, und wie im Modell postuliert, beeinflussen die Nutzenwahrnehmung (H4a,b) und die Gerechtigkeitswahrnehmung (H5a,b,c,d) als kognitive und affektive Einstellungskomponente die Verhaltensintention (konative Einstellungskomponente). Neben dem direkten Effekt der Gerechtigkeitswahrnehmung auf die Verhaltensintention wirkt sie zudem indirekt über die Nutzenwahrnehmung. Diesen mediierten Wirkungszusammenhang bilden H6a,b ab. Darüber hinaus hängt der wahrgenommene Nutzen von der Einschätzung der Leistung (H8) und den Implementierungsmaßnahmen der vier Gruppen Kommunikation, Organisation, Motivation und Qualifizierung/Betreuung (H9c, 10c, 11c, 12c) ab. Diese Implementierungsmaßnahmen wirken sich außerdem darauf aus, inwiefern die *Betroffenen bereit sind, auf das variable Vergütungssystem umzusteigen* und *sich im Sinne der Anreize des Systems zu verhalten* (H9a,b, 10a,b, 11a,b, 12a,b).

### 4.5.4 Zusammenfassung der Hypothesen

Folgende Tabelle 3 fasst die Hypothesen der vorliegenden Untersuchung nochmals kurz zusammen. Dabei haben

- die Hypothesen 1a,b, 3a,b die Leistungssteigerung,
- die Hypothesen 2a,b die intrinsische Motivation,
- die Hypothesen 4a, 5a,b, 7a, 9a, 10a, 11a, 12a die *Bereitschaft, auf das variable Vergütungssystem umzusteigen*,
- die Hypothese 4b, 5c,d, 7b, 9b, 10b, 11b, 12b die *Bereitschaft, sich im Sinne der Anreize des Systems zu verhalten,* und
- die Hypothesen 6a,b, 8, 9c, 10c, 11c, 12c den Nutzen, den der Mitarbeiter vom variablen Vergütungssystem erwartet, als abhängige Variable.

Bevor anschließend die Ergebnisse der empirischen Untersuchung dargestellt und diskutiert werden, wird zunächst das Forschungsdesign näher vorgestellt, das der empirischen Untersuchung zu Grunde liegt. Dazu werden im Folgenden Methodologie (Kapitel 5.1) und Methodik (Kapitel 5.2) der empirischen Forschung vorgestellt und die für die Auswertung der Daten verwendeten statistischen Verfahren erläutert (Kapitel 5.3).

| Nr. | Hypothesen<br>.... zu den Bestimmungsgrößen der Leistungssteigerung und intrinsischen Motivation | Abhängige Variable |
|---|---|---|
| 1a | Unter variabler Vergütung ist die Leistungssteigerung höher als unter fixer Vergütung. | Leistungssteigerung |
| 1b | Die Leistungssteigerung ist bei den Mitarbeitern, die variable Vergütung bekommen, obwohl sie fixe präferieren, höher als bei den anderen Mitarbeitern. | Leistungssteigerung |
| 2a | Die Verdrängung der intrinsischen Motivation ist bei variabler Vergütung höher als bei fixer Vergütung. | Intrinsische Motivation |
| 2b | Wird variable Vergütung eingeführt, dann ist die Verdrängung der intrinsischen Motivation bei den Mitarbeitern, die variable Vergütung bekommen obwohl sie fixe Vergütung präferieren, größer als bei den anderen Mitarbeitern. | Intrinsische Motivation |
| 3a | Je größer die Einstellungsakzeptanz (Verhaltensintention) als *Bereitschaft des Mitarbeiters* ist, *auf das variable Vergütungssystem* umzusteigen, desto geringer ist die Verhaltensakzeptanz, die sich in der Leistungssteigerung zeigt. | Leistungssteigerung |
| 3b | Je größer die Einstellungsakzeptanz (Verhaltensintention) als *Bereitschaft des Mitarbeiters* ist, *sich im Sinne der Anreize des variablen Vergütungssystems zu verhalten*, desto größer ist die Verhaltensakzeptanz, die sich in der Leistungssteigerung zeigt. | Leistungssteigerung |
| Nr. | Hypothesen<br>... zu den Bestimmungsgrößen der *Umstiegsbereitschaft*, der Bereitschaft, sich im Sinne der Anreize des variablen Vergütungssystems zu verhalten, und zum wahrgenommenen Nutzen | Abhängige Variable |
| 4a | Je größer der **Nutzen** ist, den ein Mitarbeiter vom variablen Vergütungssystem erwartet, desto höher ist seine *Bereitschaft, auf das variable Vergütungssystem umzusteigen.* | Umstiegsbereitschaft |
| 4b | Je größer der **Nutzen** ist, den ein Mitarbeiter vom variablen Vergütungssystem erwartet, desto höher ist seine *Bereitschaft, sich im Sinne des variablen Vergütungssystems zu verhalten.* | Bereitschaft, sich im Sinne der Anreiz des variablen Vergütungssystems zu verhalten |
| 5a | Je fairer ein Mitarbeiter das durch das variable Vergütungssystem ermittelte Verteilungsergebnis beurteilt (wahrgenommene **distributive Gerechtigkeit**), desto größer ist seine *Bereitschaft, auf das variable Vergütungssystem umzusteigen.* | Umstiegsbereitschaft |
| 5b | Je fairer ein Mitarbeiter die mit dem variablen Vergütungssystem verbundenen Prozesse zur Ermittlung des Verteilungsergebnisses beurteilt (wahrgenommene **prozedurale Gerechtigkeit**), desto größer ist seine *Bereitschaft, auf das variable Vergütungssystem umzusteigen.* | Umstiegsbereitschaft |
| 5c | Je fairer ein Mitarbeiter das durch das variable Vergütungssystem ermittelte Verteilungsergebnis beurteilt (wahrgenommene **distributive Gerechtigkeit**), desto größer ist seine *Bereitschaft, sich im Sinne des variablen Vergütungssystems zu verhalten.* | Bereitschaft, sich im Sinne der Anreiz des variablen Vergütungssystems zu verhalten |
| 5d | Je fairer ein Mitarbeiter die mit dem variablen Vergütungssystem verbundenen Prozesse zur Ermittlung des Verteilungsergebnisses beurteilt (wahrgenommene **prozedurale Gerechtigkeit**), desto größer ist seine *Bereitschaft, sich im Sinne des variablen Vergütungssystems zu verhalten.* | Bereitschaft, sich im Sinne der Anreiz des variablen Vergütungs-systems zu verhalten |
| 6a | Je fairer ein Mitarbeiter das durch das variable Vergütungssystem ermittelte Verteilungsergebnis beurteilt (wahrgenommene **distributive Gerechtigkeit**), desto größer ist sein Nutzen, den er vom variablen Vergütungssystem erwartet. | Nutzen |
| 6b | Je fairer ein Mitarbeiter die mit dem variablen Vergütungssystem verbundenen Prozesse zur Ermittlung des Verteilungsergebnisses beurteilt (wahrgenommene **prozedurale Gerechtigkeit**), desto größer ist sein Nutzen, den er vom variablen Vergütungssystem erwartet. | Nutzen |
| 7a | Je besser ein Mitarbeiter die **Leistung** bei der ersten Aufgabe einschätzt, desto höher ist seine *Bereitschaft, auf das variable Vergütungssystem umzusteigen.* | Umstiegsbereitschaft |
| 7b | Je besser ein Mitarbeiter die **Leistung** bei der ersten Aufgabe einschätzt, desto höher ist seine *Bereitschaft, sich im Sinne des variablen Vergütungssystems zu verhalten.* | Bereitschaft, sich im Sinne der Anreiz des variablen Vergütungs-systems zu verhalten |

| 8 | Je besser ein Mitarbeiter die **Leistung** bei der ersten Aufgabe einschätzt, desto höher ist sein Nutzen, den er vom variablen Vergütungssystem erwartet. | Nutzen |
|---|---|---|
| Nr. | ... zu den Bestimmungsgrößen der *Umstiegsbereitschaft*, der Bereitschaft, sich im Sinne der Anreize des variablen Vergütungssystems zu verhalten, und zum wahrgenommenen Nutzen | Abhängige Variable |
| 9 | Liefern die Maßnahmen der **Kommunikation**, die das Unternehmen im Rahmen der Implementierung des variablen Vergütungssystems durchführt, dem Mitarbeiter ausreichend Informationen zum variablen Vergütungssystem (und der Mitarbeiter realisiert das hohe Anspruchsniveau), beeinflusst dies | - |
| 9a | .... negativ die *Bereitschaft des Mitarbeiters, auf das variable Vergütungssystem umzusteigen.* | Umstiegsbereitschaft |
| 9b | .... positiv die *Bereitschaft des Mitarbeiters, sich im Sinne des variablen Vergütungssystems zu verhalten.* | Bereitschaft, sich im Sinne der Anreiz des variablen Vergütungssystems zu verhalten |
| 9c | .... negativ, wie er den Nutzen, den er vom variablen Vergütungssystem erwartet, einschätzt. | Nutzen |
| 10 | Weiß ein Mitarbeiter, dass die Führung hinter der Einführung des variablen Vergütungssystems steht (zentraler Aspekt der ***organisationalen*** Maßnahmen, die das Unternehmen im Rahmen der Implementierung des variablen Vergütungssystems durchführt), beeinflusst dies | - |
| 10a | .... positiv die *Bereitschaft des Mitarbeiters, auf das variable Vergütungssystem umzusteigen.* | Umstiegsbereitschaft |
| 10b | .... positiv die *Bereitschaft eines Mitarbeiters, sich im Sinne des variablen Vergütungssystems zu verhalten.* | Bereitschaft, sich im Sinne der Anreiz des variablen Vergütungssystems zu verhalten |
| 10c | .... positiv, wie er den Nutzen, den er vom variablen Vergütungssystem erwartet, einschätzt. | Nutzen |
| 11 | Das Ausmaß an Partizipation von Mitarbeitern an der Konzeption des variablen Vergütungssystems als Aspekt der ***motivationalen*** Maßnahmen, die das Unternehmen im Rahmen der Implementierung des variablen Vergütungssystems durchführt, beeinflusst | - |
| 11a | .... positiv die *Bereitschaft* des Mitarbeiters, *auf das variable Vergütungssystem umzusteigen.* | Umstiegsbereitschaft |
| 11b | .... positiv die *Bereitschaft des Mitarbeiters, sich im Sinne des variablen Vergütungssystems zu verhalten.* | Bereitschaft, sich im Sinne der Anreiz des variablen Vergütungssystems zu verhalten |
| 11c | .... positiv, wie er den Nutzen, den er vom variablen Vergütungssystem erwartet, einschätzt. | Nutzen |
| 12 | Hilfreiche Schulungsmöglichkeiten (z. B. zu Leistungsbeurteilungen) als Maßnahmen der ***Qualifizierung/Betreuung***, die das Unternehmen im Rahmen der Implementierung des variablen Vergütungssystems anbietet, beeinflussen | |
| 12a | .... positiv die *Bereitschaft des Mitarbeiters, auf das variable Vergütungssystem umzusteigen.* | Umstiegsbereitschaft |
| 12b | .... positiv die *Bereitschaft des Mitarbeiters, sich im Sinne des variablen Vergütungssystems zu verhalten.* | Bereitschaft, sich im Sinne der Anreiz des variablen Vergütungssystems zu verhalten |
| 12c | .... positiv, wie er den Nutzen, den er vom variablen Vergütungssystem erwartet, einschätzt. | Nutzen |

**Tabelle 3: Überblick über die der Untersuchung zu Grunde liegenden Hypothesen**
**Quelle: Eigene Darstellung**

# Teil II: Empirische Analyse der Akzeptanz variabler Vergütung

## 5 Methodologie und Methodik empirischer Forschung

Methodologie meint die Vorgehensweise wissenschaftlichen Denkens. Forschungsablauf bezeichnet die Umsetzung dieses Denkens in einzelne, systematisch ausgerichtete und nachvollziehbare Forschungsschritte (vgl. Atteslander, 2010, 25). In den folgenden Kapiteln wird eine theoretische Fundierung der gewählten Vorgehensweise vorgenommen (Kapitel 5.1) und die konkrete Vorgehensweise der empirischen Untersuchung zur Bestimmung der Einflussgrößen auf die Akzeptanz eines variablen Vergütungssystems dargestellt und begründet (Kapitel 5.2). Anschließend werden die zum Testen der Hypothesen verwendeten statistischen Methoden dargestellt (Kapitel 5.3).

### 5.1 Wissenschaftstheoretische Fundierung der empirischen Forschung

Im Rahmen dieser Arbeit sollen die dargestellten, theoretisch hergeleiteten Zusammenhänge an Hand einer empirischen Untersuchung überprüft werden, um herauszufinden, wovon die Akzeptanz eines variablen Vergütungssystems maßgeblich abhängt und was zu deren Förderung beiträgt. Zur Untersuchung dieser Fragestellung wird das folgende Forschungsdesign angewendet.

In der Wissenschaftstheorie existieren verschiedene Ebenen der Realität. Traditionell kann zwischen objektiver und subjektiver Realität unterschieden werden. Objektive Wirklichkeit meint die materielle, unabhängig und außerhalb vom menschlichen Bewusstsein existierende Welt. Da der Mensch diese materielle Welt jedoch durch seine Sinnesorgane und das Bewusstsein nur subjektiv erfassen kann, bezeichnet die subjektive Realität die rekonstruierte materielle Welt im Subjekt (vgl. Behrens, 1993, 4763).

Das subjektivistische Wissenschaftsverständnis ist in einem interpretativen Paradigma eingebettet (vgl. Burrell & Morgan, 1979, 28-32; 260-278). Dieses Verständnis lehnt die Frage nach einer objektiven, vom Beobachter unabhängigen Umwelt ab und geht von einer (sozial) konstruierten Wirklichkeit aus. Entsprechend des Sozialkonstruktivismus kann wissenschaftliche Erkenntnis nicht unabhängig von der sozialen Situation des Forschers gesehen werden, da das soziale Umfeld des Forschers (z. B. Mitarbeiter, sozio-geografisches Umfeld) sogar naturwissenschaftliche (vermeintlich objektive) Tatsachen prägt. Hier lassen sich quantitative Methoden der empirischen Sozialforschung zuordnen (vgl. Kornmeier, 2007, 39; Scherer, 2002, 16).

Quantitative Methoden hingegen entsprechen eher dem objektivistischen Wissenschaftsverständnis (vgl. Friesl, 2008, 191). Hierbei gilt als wirklich, was intersubjektiv und unabhängig von der Person und ihren individuellen Eigenschaften gleichartig wahrgenommen wird (vgl. Früh, 1994, 22). Dominante Erkenntnistheorie ist hierbei der auf Popper (z. B. Popper, 1982) zurückgehende kritische Rationalismus (vgl. Kromrey, 2009, 27 f.). Diesem Verständnis nach ist es zwar nicht möglich, eine Vielzahl einzelner Beobachtungen zu verifizieren, wohl aber möglich, sinnvoll und erlaubt, diese zu prüfen. Das Prinzip der Falsifikation[132] ist charakteristisch für den kritischen Rationalismus, der damit Abschied nimmt von der Vorstellung, dass eine objektive Wahrheit endgültig erkennbar ist: Es gibt keine endgültige Wahrheit, sondern nur eine mehr oder weniger gute Annäherung an sie. Im Sinne des kritischen Rationalismus gilt jede Erkenntnis nur als vorläufig (vgl. Klammer, 2005, 57 f.; Scherer, 2002, 7 f.). Er basiert auf der Annahme, dass Theorien stets einer Beobachtung vorausgehen, da es keine voraussetzungs- oder theoriefreie Erfahrung gibt. Eine betriebswirtschaftliche Erkenntnis durch Beobachtungen oder Experimente beispielsweise ist nur möglich, weil sie durch vorhandene Erwartungen, Hypothesen oder Theorien angeregt wurde. Da auf Basis vorhandener Erkenntnisse (völlig unabhängig von der Realität) eine andere abgeleitet wird, basiert dieser Ansatz auf der Deduktion (vgl. Klammer, 2005, 57; Kornmeier, 2007, 35). In diesem Sinne muss nach Ulrich (1995, 165) das theoretische Ziel der Wissenschaft darin bestehen, Hypothesen zu entwickeln und diese an Beobachtungen der Realität zu überprüfen. Denn nur auf diese Weise bestätigte bzw. nicht falsifizierte Hypothesen erlauben es letztlich, für die Praxis normative Aussagen wissenschaftlich abzuleiten bzw. zu untermauern.

Im Rahmen der vorliegenden Arbeit bilden das Modell (vgl. Kapitel 4.4) und die daraus abgeleiteten Hypothesen (vgl. Kapitel 4.5) die Grundlage für die empirische Untersuchung. Da es in der Untersuchung darum geht, die theoretisch hergeleiteten Hypothesen zu prüfen, handelt

[132] Zum Falsifikationismus vgl. z. B. die Ausführungen bei Chalmers und Bergemann (2001, 51-86).

es sich entsprechend der obigen Ausführungen um deduktive Forschung. Bei induktiver Vorgehensweise hingegen wären die Hypothesen das Ergebnis der Forschung (vgl. Bortz & Döring, 2009, 30 f.). Die quantitative Datenanalyse wird dabei an Hand von Daten vorgenommen, die im Rahmen eines Laborexperiments mittels standardisierter Fragebögen zwischen November 2010 und April 2011 bei Studierenden der Wirtschaftswissenschaften erhoben wurden. Das nachfolgende Kapitel behandelt die Methodik der empirischen Untersuchung.

## 5.2 Methodik der empirischen Untersuchung

Am Anfang der vorliegenden Arbeit stand die Ableitung und Vorstellung der Forschungsfrage. Im Verlauf der vorangegangenen Kapitel wurde sie durch geeignete Theorien und den aktuellen Stand der Forschung fundiert. In diesem Zusammenhang fand auch eine Klärung der zentralen Begriffe statt. Die entsprechenden Ausführungen bilden die Basis für das vorgestellte Modell und die zu überprüfenden Hypothesen. Nachdem im vorherigen Kapitel 5.1 die theoretische Fundierung quantitativer Forschung kurz dargestellt wurde, gehen die nachfolgenden Ausführungen auf die Methodik der empirischen Untersuchung ein. In diesem Zusammenhang wird die Wahl des Experiments als Erhebungsmethode begründet sowie neben Grundgesamtheit und Untersuchungsteilnehmer auch der Ablauf der Untersuchung beschrieben (Kapitel 5.2.1). Anschließend werden Aufbau und Ablauf der experimentellen Studie (Kapitel 5.2.2) und das Datenerhebungsinstrument Fragebogen eingehend dargestellt sowie die Operationalisierung der Variablen erläutert (Kapitel 5.2.3). Das fünfte Kapitel schließt mit kurzen Erklärungen zu den für die folgende Auswertung verwendeten statistischen Methoden (Kapitel 5.3).

### 5.2.1 Experiment als Erhebungsmethode

Im Rahmen des Forschungsdesigns wird festgelegt, was, wie, wann, wie oft, wo und an welchen Objekten (Grundgesamtheit, Untersuchungsteilnehmer) mit welchen Indikatoren erfasst werden soll (vgl. Schnell, Hill & Esser, 1999, 203-295). Diese Fragen gilt es im Folgenden zu beantworten.

**Methode**

Grundsätzlich lassen sie die Forschungsfragen mit unterschiedlichen Methoden beantworten. In der empirischen Sozialforschung lassen sich die in Abbildung 31 dargestellten vier Methoden Befragung, Beobachtung, Experiment und Inhaltsanalyse unterscheiden.

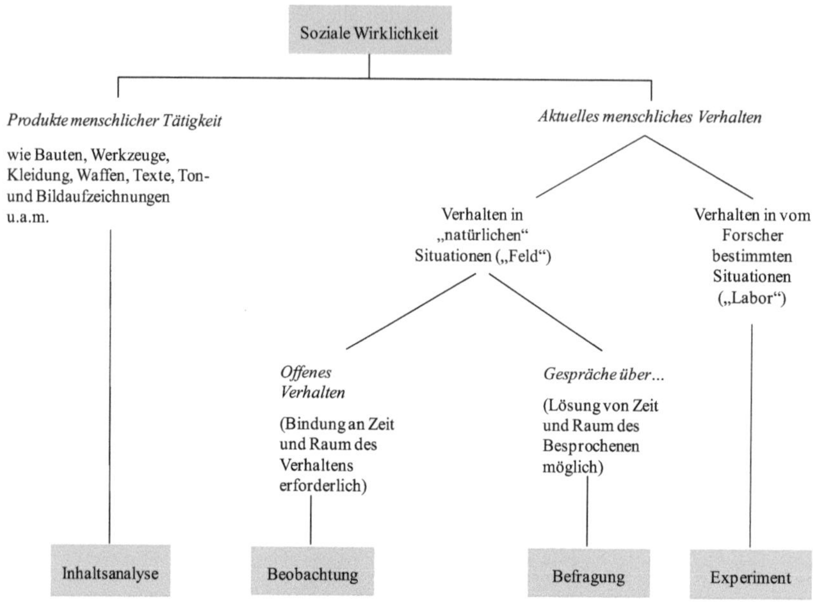


**Abbildung 31: Gegenstandsbereiche und Methoden empirischer Sozialforschung**
**Quelle: Atteslander (2010, 54)**

Die Inhaltsanalyse umfasst dabei das Analysieren und Auswerten vorhandener, sogenannter Sekundärdaten. Im Gegensatz dazu steht die Primärforschung, bei der Daten eigens für die Fragestellung erhoben werden. Die Datenerhebung kann entweder mittels Beobachtung, Befragung oder Experiment erfolgen (vgl. Atteslander, 2010, 54; Kotler & Bliemel, 2001, 205-210). Da entsprechende Sekundärdaten zur Beantwortung der behandelten Fragestellung nicht vorliegen, werden die benötigten Daten speziell für die vorliegende Untersuchung erhoben. Ziel der Studie ist es, Bestimmungsparameter der Akzeptanz variabler Vergütung zu finden und somit Ursache-Wirkungsbeziehungen zu untersuchen. Da allein das Experiment eine eindeutige Überprüfung von kausalen Aussagen zulässt, stellt es die geeignete Methode dar (vgl. Nerdinger, 2003a, 45). Feld- und Laborstudien sind zwei Extreme eines Kontinuums, das sich durch unterschiedlich starke Kontrolle untersuchungsbedingter Störvariablen charakterisieren lässt (vgl. Bortz, 2005, 7).[133] Feldstudien haben den Vorteil authentischer Untersuchungssituationen, allerdings können störende Einflüsse nicht kontrolliert werden. Die komplexe Beobachtungssituation kann dazu führen, dass nicht alle relevanten Merkmale Berücksichtigung finden. Falls eine Feldstudie nicht bedachte Folgen nach sich zieht, die einen Abbruch verlangen würden, wären die Eingriffsmöglichkeiten deutlich geringer als in einer Laborsituation (vgl. Klammer, 2005, 280). Insbesondere um die Störgrößen kontrollieren zu können, wird ein speziell für die Fragestellung entworfenes Experiment durchgeführt, bei dem das Verhalten der Probanden im Labor, also in vom Forscher bestimmten Situationen, analysiert wird (vgl. Atteslander, 2010, 54). Dabei wird auf eigens für das Experiment ausgestattete Räumlichkeiten zurückgegriffen, in denen standardisierte Bedingungen herrschen, um vollständige Kontrolle der Variable(n) in der geschaffenen Situation sicherzustellen und das unabhängige Merkmal gezielt variieren zu können (vgl. Klammer, 2005, 279). Damit findet es im Gegensatz zum Feldexperiment nicht in „natürlichen“, im Zuge des Forschungsprozesses kaum veränderten Umgebungen statt, sondern legt besonders Wert darauf, untersuchungsbedingte Störvariablen zu kontrollieren oder auszuschalten (vgl. Bortz & Döring, 2009, 57). Dadurch, dass die Untersuchungsergebnisse weitgehend frei von störenden Einflüssen sind, sind sie eindeutiger interpretierbar und damit intern valider (vgl. Bortz, 2005, 8). Durch die künstliche Atmosphäre des Laborexperiments sowie die fehlende Repräsentativität der Probanden ist eine gültige Verallgemeinerung der Ergebnisse allerdings deutlich eingeschränkt (geringe externe Validität). Auch kann es komplexe gesellschaftliche Beziehungen nicht erfassen und ist personal- und somit kostenintensiv. Die Vorteile dieses Vorgehens überwiegen jedoch mit Blick auf die Fragestellung dieser Arbeit. Sie liegen in der hohen Kontrollierbarkeit und Detailliertheit der Daten sowie der Wiederholbarkeit von Tests und der hohen internen Validität. Darüber hinaus ermöglicht es die in dieser Arbeit angestrebte Ermittlung von Kausalbeziehungen (vgl. Atteslander, 2010, 61; Klammer, 2005, 279 f.; Schnell et al. 1999, 214-218). Die genannten Gründe werden im Folgenden weiter ausgeführt.

Das Laborexperiment eignet sich aus mehreren Gründen zur Generierung der Daten zur Beantwortung der hier untersuchten Fragestellung und der Überprüfung der formulierten Hypothesen zur Akzeptanz variabler Vergütung. Es existieren zwar zahlreiche Laborstudien

---

[133] Die Differenzierung zwischen experimentellen und quasiexperimentellen Untersuchungen hingegen ist durch das Ausmaß der Kontrolle von personenbedingten Störvariablen gekennzeichnet. In experimentellen Untersuchungen ist es wichtig, dass die personenbedingten Störvariablen unter allen Untersuchungsbedingungen in etwa gleich ausgeprägt sind. Dies kann durch Randomisierung, die zufällige Zuordnung der Probanden zu den Untersuchungsbedingungen erreicht werden. Sie erhöht die interne Validität. Experimentelle Studien haben im Vergleich zu quasiexperimentellen eine höhere interne Validität (vgl. Bortz, 2005, 8 f.).

zur variablen Vergütung, dabei liegt der Fokus jedoch meist auf dem Einfluss der Vergütung auf die Leistung. Wird ein variables Vergütungssystem als Neuerung in einem Unternehmen eingeführt, muss es von den Betroffenen akzeptiert werden, damit es überhaupt den gewünschten Effekt auf die Leistung erzielen kann. Verschiedene Studien analysieren bisher zwar Einflussgrößen auf die Akzeptanz unterschiedlicher Neuerungen in Organisationen und befassen sich mit entsprechenden Implementierungsmaßnahmen. Allerdings betrachten diese zum einen nicht den speziellen Fall der Einführung variabler Vergütung und finden zum anderen meist im Feld statt, weshalb die Wirkungen der (Stör-) Größen jeweils unklar bleiben. Um allerdings die Einflussgrößen auf die Akzeptanz der variablen Vergütung, die als Neuerung in einem Unternehmen eingeführt wird, und um die Leistung der Mitarbeiter bestimmen zu können, ist es wichtig, mögliche Störgrößen auszuschalten. Zu diesen zählen beispielsweise, dass die Betroffenen jeweils unterschiedliche Aufgaben und Funktionen im Unternehmen wahrnehmen und die Neuerung sich deshalb auch jeweils verschieden auswirkt. Auch sind die Vergütungsmodalitäten meist für die untersuchten Personengruppen nicht einheitlich und die Mitarbeiter sind unterschiedlich von den Maßnahmen der Implementierung betroffen. Da die Probanden die gleichen Aufgaben bearbeiten, nach dem gleichen System vergütet werden und die gleichen Maßnahmen im Rahmen Implementierungsarbeit erfahren und da mögliche Störgrößen kontrolliert oder sogar ausgeschaltet werden, eignet sich das Laborexperiment als Methode zur Generierung der Daten, die notwendig sind, um die dieser Arbeit zu Grunde liegende Fragestellung zu beantworten. Dadurch, dass für die Probanden gleiche Rahmenbedingungen herrschen und der Effekt des Treatments erhoben werden kann, wird es möglich, Ursache-Wirkungsbeziehungen zu analysieren.

Das zur Datengewinnung entwickelte Experiment ist so aufgebaut, dass neben der dieser Arbeit zu Grunde liegenden Fragestellung eine weitere untersucht werden kann. Dementsprechend handelt es sich bei den hier verwendeten Daten um einen Auszug aus einem größeren Ganzen. Da Fragebögen, die an Hand wissenschaftlicher Kriterien entwickelt werden, geeignete Instrumente zur Generierung von Daten zur Hypothesenprüfung sind (vgl. Nerdinger, 2003a, 38; Tränkle, 1983, 238), erfolgt die Datenerhebung während des Experiments (vgl. Kapitel 5.2.2) durch schriftliche Befragung mit Hilfe von Fragebögen (vgl. Kapitel 5.2.3) zu drei Zeitpunkten. Grundsätzlich kann eine Befragung entweder wie im vorliegenden Fall schriftlich oder aber persönlich, telefonisch oder online erfolgen (vgl. Atteslander, 2010, 157-170; Kottler & Bliemel, 2001, 216 f.). Dies hängt jeweils von der Fragestellung und der gewählten Methodik ab. Vor- und Nachteile der einzelnen Formen sind

z. B. bei Beutin (2006, 135 f.; 138) sowie Schneider und Kornmeier (2006, 106-110) überblicksartig zusammengefasst.

**Grundgesamtheit, Untersuchungsteilnehmer**

Im Rahmen der vorliegenden Untersuchung sollen Arbeitnehmer befragt werden, die künftig verstärkt auf dem Arbeitsmarkt vertreten sein werden. Diese zählen zur ‚Generation Y', den Nachkommen der ‚Generation X'. Ein Großteil der ‚Generation Y' absolviert momentan eine Ausbildung oder ein Studium. Die Nachfrage nach Erwerbstätigen mit Hochschulabschluss nimmt stark zu, während die Nachfrage nach Erwerbstätigen ohne berufliche Bildung oder mit Lehrausbildung über alle Tätigkeiten hinweg stagniert oder sogar abnimmt (vgl. Gramke et al., 2009, 12). Da Hochschulabsolventen demnach künftig einen sehr wichtigen und begehrten Teil der Arbeitnehmer ausmachen, werden Studierende als künftige Arbeitnehmer als Untersuchungsteilnehmer herangezogen. Die Studierenden wurden während der Lehrveranstaltung auf die Studie aufmerksam gemacht. Es wurde um Teilnahme gebeten, diese war jedoch freiwillig.

**Pilotstudie**

Zu Beginn der Pilotstudie beantworteten fünf Personen die Fragebögen und wiesen auf unklare Formulierungen der Items bzw. Anweisungen hin. Nach Einarbeitung dieser Anmerkungen fand der erste Pretest mit 28 Probanden Ende Juni 2010 statt, um den Untersuchungsaufbau sowie die Erhebungsinstrumente zu prüfen. Die daraus sowie aus der Datenauswertung resultierenden Änderungen wurden eingearbeitet und durchliefen im Oktober/November 2010 den zweiten Pretest mit sieben Probanden. Änderungen betrafen z. B. die verwendeten Skalen zur Erhebung der fünf Persönlichkeitsdimensionen. So wurde statt der ursprünglichen Kurzversion des Mini IPIP (Miniature International Personality Item Pool) nach Donnellan, Oswald, Baird und Lucas (2006) auf Grund unzureichender Skalengüte die ausführlichere Kurzversion des Big Five Inventory nach Rammstedt und John (2005) verwendet. Auch wurde die Ausgestaltung der Bedingungen des Experiments angepasst und in diesem Zusammenhang die Präsentationszeit des variablen Vergütungssystems gekürzt, die Zeit für die Bearbeitung der beiden Aufgaben sowie die Formulierung der Aufgabenstellung angepasst.

**Haupterhebung**

Die Haupterhebung fand im Zeitraum von November 2010 bis April 2011 statt. Der genaue Aufbau und Ablauf des 60-minütigen Experiments, das aus Fragebogen 1, Einführung, Arbeitsrunde 1, Treatment, Fragebogen 2, Arbeitsrunde 2, Fragebogen 3 besteht, werden im folgenden Kapitel beschrieben. Insgesamt haben 184 Studierende von wirtschaftswissenschaftlichen Studiengängen am Experiment teilgenommen.

Im Folgenden wird das Experiment dargestellt. Dabei werden dessen Aufbau und Ablauf beschrieben (Kapitel 5.2.2) und der Fragebogen als Erhebungsinstrument (Kapitel 5.2.3) vorgestellt.

## 5.2.2 Aufbau und Ablauf des Experiments

Das 60-minütige Experiment findet unter zwei verschiedenen Arbeitsbedingungen statt. Die Teilnehmer werden zufällig dem virtuellen und dem Face-to-Face Setting zugeteilt. Folgende Abbildung 32 stellt das Experiment dar, das im Folgenden ausführlich erläutert wird.

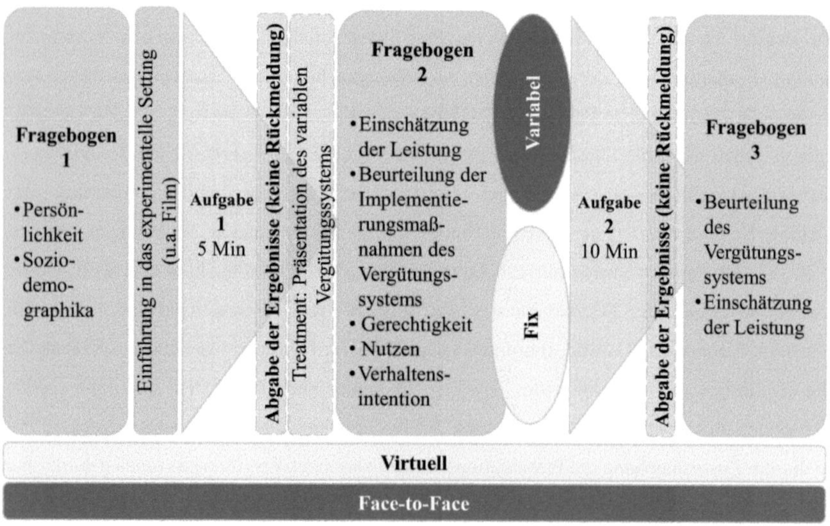


**Abbildung 32: Darstellung des Experiments**
**Quelle: Eigene Darstellung**

Zunächst werden Aufbau und Ablauf für das Face-to-Face-Setting und anschließend für das virtuelle Setting beschrieben. Bis auf die Arbeitsbedingung Face-to-Face oder virtuell und damit einhergehende Unterschiede sind Aufbau und Ablauf identisch gehalten.

Die **face-to-face** arbeitenden Teilnehmer treffen zur angegebenen Uhrzeit im Begrüßungsbereich ein und ziehen jeweils ein Los, das der Sicherung der Anonymität sowie der späteren Einteilung in Teams dient. Daraufhin füllen sie einen ersten Fragebogen[134] aus (Erhebung von Persönlichkeitsmerkmalen, Soziodemographika, etc.) und erhalten dann durch die beiden Versuchsleiterinnen, die Mitgründerinnen einer fiktiven Firma, eine Einführung in das Setting des Experiments. Sie spielen dazu u. a. einen kurzen Begrüßungsfilm vom Chef der fiktiven Grußkartenfirma ein. Anschließend werden die Teilnehmer an Hand der Losnummern in Vierer-Teams eingeteilt und zu den jeweiligen Arbeitsplätzen geführt. Dort liegen die Aufgabenanweisung sowie das Arbeitsmaterial bereit. Die Teilnehmer haben daraufhin fünf Minuten Zeit, die Aufgabe zu bearbeiten. Anschließend werden alle Teilnehmer aufgefordert, sich wieder in den Begrüßungsbereich zu begeben. Dort werden sie über die Einführung eines variablen Vergütungssystems, dessen Aufbau und Funktionsweise informiert (Treatment) und erhalten einen zweiten Fragebogen. Dieser beurteilt u. a. die Vorstellung des Vergütungssystems, lässt die Leistung in der ersten Aufgabe einschätzen und fragt Aspekte der Gerechtigkeit, des Nutzens und der Verhaltensintention sowie der Vergütungspräferenz („*Wenn Sie jetzt frei entscheiden könnten.... Ich entscheide mich für die variable/fixe Vergütung*“) ab. Daraufhin begeben sie sich wieder an die jeweiligen Arbeitsplätze. Zusammen mit der zweiten Aufgabe erhalten alle Teams ein Memorandum (Memo) der Geschäftsleitung, in der die Hälfte der Teams den Hinweis bekommt, dass sie nach dem vorgestellten System variabel vergütet werden. Die andere Hälfte wird darüber informiert, dass sich die Einführung des vorgestellten variablen Vergütungssystems noch verschiebt und sie deshalb in der kommenden Runde weiterhin fix vergütet werden.[135] Alle Versuchsteilnehmer bearbeiten daraufhin, im gleichen Team wie vorher, die zweite Aufgabe, für die sie diesmal zehn Minuten Zeit haben und füllen zum Abschluss den dritten Fragebogen aus. Die Losnummer ist auf jedem der drei Fragebögen anzugeben.

---

[134] Der Fragebogen mit Aufbau und die zur Operationalisierung der Variablen verwendeten Items werden in Kapitel 5.2.3 vorgestellt. Der Fragebogen selbst kann auch in Anhang 2 eingesehen werden.

[135] Der Wortlaut der Memos kann in Anhang 4 nachgelesen werden.

Die **virtuell** arbeitenden Teilnehmer treffen sich im Computerraum und ziehen auch jeweils ein Los und setzen sich an einen Computerplatz. Dort füllen sie den ersten Fragebogen[136] aus, erhalten eine Einführung in das Setting und sehen sich den Begrüßungsfilm an. Die Zuordnung zu den Vierer-Teams erfolgt auch hier über die Losnummer. Die Probanden loggen sich auf dem Computer mit der Losnummer ein und gelangen dann in einen speziell für das Experiment eingerichteten Onlinearbeitsbereich, in dem sie mit Hilfe eines Chatprogramms[137] innerhalb ihres jeweiligen Teams kommunizieren können. Sie haben dann fünf Minuten Zeit, sich durch kurze Aufgaben mit dem Arbeitsbereich vertraut zu machen. Die Weiterschaltung zur ersten Aufgabe erfolgt automatisch und für alle gleichzeitig. Die Arbeitsanweisung wird allen Teilnehmern gleichzeitig angezeigt und der Chat für jedes Team eröffnet. Sie haben dann, wie die Face-to-Face-Gruppe auch, fünf Minuten Zeit zur Bearbeitung der ersten Aufgabe. Nach Ablauf der Zeit wird der Chat vom System unterbrochen. Anschließend werden sie ebenfalls per Film über die Einführung eines variablen Vergütungssystems, dessen Aufbau und Funktionsweise informiert (Treatment) und erhalten den zweiten Fragebogen. Sie können dazu am jeweiligen Platz sitzen bleiben. Danach geht es am Computer weiter. Vor dem Freischalten der zweiten Aufgabe erhalten die Probanden ebenfalls das Memo der Geschäftsleitung auf ihrem Bildschirm angezeigt, wodurch die Hälfte der Teams den Hinweis bekommt, dass sie nach dem vorgestellten System variabel vergütet werden. Die andere Hälfte wird darüber informiert, dass sich die Einführung des vorgestellten variablen Vergütungssystems noch verschiebt und sie deshalb in der kommenden Runde weiterhin fix vergütet werden. Die Probanden haben dann zehn Minuten Zeit zur Bearbeitung der zweiten Aufgabe. Nach Ablauf der Zeit schließt der Chat wieder automatisch und die Probanden erhalten von den Versuchsleiterinnen den dritten Fragebogen zur Beantwortung vorgelegt. Die Losnummer ist auch hier auf jedem der drei Fragebögen anzugeben.

**Aufgabenstellung**

Bei der Einführung in das Experiment erfahren die Probanden, dass sie Mitglieder von verschiedenen, an mehreren Standorten verteilten Kreativ-Teams der Grußkartenfirma Edwin-Cards sind, die eine neue Kategorie von Grußkarten auf den Markt bringen möchte. Dementsprechend sind die Aufgaben, welche die Teams zu bearbeiten haben kreativer Natur: Die Teilnehmer sollen möglichst viele, möglichst kreative gereimte Kurztexte für die Edwin-

---

[136] Die Fragebögen werden auch im virtuellen Setting auf Papier ausgefüllt, um mögliche Verzerrungen durch Unterschiede zwischen Papier- und Onlinefragebögen zu vermeiden.

[137] Chatprogramme ermöglichen schriftliches Kommunizieren mehrerer Personen in Echtzeit über das Internet. Ein gängiges Beispiel dafür ist Skype.

Karten entwickeln, die zu den Anlässen „Geburtstag“ und/oder „Geburt eines Kindes“ (Aufgabe 1) „Advent & Weihnachten“ und/oder „Hochzeit“ (Aufgabe 2) passen.[138] Für die Bearbeitung der ersten Aufgabe haben sie fünf Minuten, für die zweite zehn Minuten Zeit.

**Vergütungssystem**

Bei der Präsentation des variablen Vergütungssystems werden die Probanden über die Ziele des Systems informiert und an dessen Konzeption (erste Informationsveranstaltung, Beteiligung von Mitarbeitern und Vergütungsexperten) erinnert. Die Vergütung im Experiment erfolgt mit Hilfe von Punktwerten, um den Teilnehmern einen Maßstab für ihre Leistung zu bieten. Die Punktwerte dienen zudem dazu, eine Verzerrung der Ergebnisse durch unterschiedliche persönliche Präferenzen bzw. Mindestanforderungen bei Geldsummen zu vermeiden, insbesondere um eine negative Anreizwirkung auszuschließen, wenn die erwartete Anstrengung im Verhältnis zum möglichen Geldgewinn als zu hoch empfunden würde. Deshalb werden die Teilnehmer gebeten, sich vorzustellen, dass sie mit der fixen, von ihrer Leistung unabhängigen Vergütung in Punktwerten, die sie bisher bekommen, ihren jetzigen Lebensstandard finanzieren können. Sie werden zudem darauf hingewiesen, dass mit einer geringeren oder höheren Vergütung entsprechend Einbußen oder Gewinne verbunden sind. Der Pretest hatte gezeigt, dass es notwendig ist, diese Verbindung deutlich herauszustellen. Das variable Vergütungssystem[139] besteht aus der Basisvergütung als fixe, leistungsunabhängige Komponente, die um eine variable (flexible), leistungsabhängige Komponente ergänzt wird. Die Gesamtvergütung setzt sich aus fixer und variabler Vergütung zusammen. Die Leistung wird mit Hilfe von quantitativen und qualitativen Kriterien bestimmt. Die Anzahl dient als quantitatives Kriterium und geht degressiv in die Berechnung ein.[140] Die Kreativität dient als qualitatives Kriterium und wird von einem Expertenteam, das Kreativitätspunkte vergibt, an Hand von fünf Kriterien[141] bewertet. Die Kreativitätsbeurteilung wird im Rahmen der Präsentation mit Hilfe von drei beispielhaft bewerteten Reimen veranschaulicht. Außerdem werden die Gesamtvergütungen für drei Beispiele mit unterschiedlich vielen und unterschiedlich kreativen Reimen vorgerechnet und der fixen Vergütung gegenüber gestellt. Dabei lautet die zu Grunde liegende Message: „Je mehr kreative Ideen Sie haben, desto höher ist

---

[138] Die ausführlichen Aufgabenstellungen finden sich in Anhang 3.

[139] Eine ausführliche Darstellung des Vergütungssystems findet sich in Anhang 5.

[140] Degressive Punktvergabe für die Anzahl der Ideen bedeutet Folgendes: Idee 1-2: je 4 Punkte, Idee 3-4: je 2 Punkte, ab Idee: 5 je 1 Punkt.

[141] Entsprechend der fünf Kriterien muss jede vorgeschlagene Idee (1) inhaltlich sinnvoll/aussagekräftig, (2) zum Anlass passend, (3) wahrscheinlich für die meisten neu, (4) unerwartet/originell sein und sich (5) reimen. Dabei gibt es für jedes erfüllte Kriterium zwei Pluspunkte, für jedes nicht erfüllte Kriterium einen Minuspunkt, insgesamt aber nicht weniger als Null Punkte.

Ihre Vergütung!“ Außerdem wird auf weitere Informations- und Schulungsmöglichkeiten zum neuen variablen Vergütungssystem hingewiesen. Zum Abschluss wird die bisher in Punkten ausgedrückte Vergütung durch Tafeln Schokolade bzw. Tüten Gummibären symbolisiert. Dabei steht eine „normale“ Tafel Schokolade bzw. Tüte Gummibären für die fixe Vergütung bzw. die Punktspanne „normaler“ Leistung. Bei Unterschreiten dieser Punktspanne gibt es dementsprechend eine Mini-Tafel Schokolade bzw. Tüte Gummibären und bei Überschreiten eine Maxi-Tafel Schokolade bzw. Tüte Gummibären. Unabhängig vom Vergütungssystem werden außerdem die drei besten Ideen auf der Betriebsfeier prämiert und die betroffenen Mitarbeiter erhalten ein kleines Präsent. Dadurch soll auch denjenigen, die weiterhin fix vergütet werden, ein Anreiz geboten werden, sich weiterhin anzustrengen und soll zudem sozialem Faulenzen (*social loafing*) entgegenwirken. Die Prämierung findet im Rahmen einer zum späteren Zeitpunkt stattfindenden Informationsveranstaltung für die Teilnehmer statt, in der untersuchte Fragestellungen, methodische Aspekte und erwartete Ergebnisse des Experiments erläutert werden sowie diesbezügliche Nachfragen möglich sind.

**Akzeptanzkonzept**

Das Akzeptanzkonzept umfasst die Maßnahmen, die eine Organisation im Zusammenhang mit der Einführung einer Neuerung durchführt bzw. anbietet, um bei den Betroffenen Akzeptanz zu erreichen und zu fördern. Dabei lassen sich die vier Maßnahmengruppen Kommunikation, Organisation, Motivation und Qualifikation/Betreuung unterscheiden. Diese werden im Rahmen des Experiments wie folgt abgebildet. Eine der beiden Mitgründerinnen, und somit Mitglied der Geschäftsführung, präsentiert das variable Vergütungssystem (Organisation). Dabei erinnert sie noch einmal an die erste Informationsveranstaltung zum geplanten variablen Vergütungssystem und daran, dass neben der Geschäftsleitung auch Mitarbeiter und ein Vergütungsexperte an der Konzeption des variablen Vergütungssystems mitgewirkt haben, damit neben den Interessen der Geschäftsleitung auch die Interessen der Mitarbeiter erfüllt werden (Motivation). Um die Einheitlichkeit des Treatments für alle Erhebungsrunden sicherzustellen, wurde die Präsentation des variablen Vergütungssystems aufgezeichnet und wird den Teilnehmern mit entsprechendem Hinweis als Film vorgespielt. Gleichzeitig erhalten sie ein Handout zur Präsentation als Informationsbroschüre (Kommunikation). Das Angebot von Schulungsmöglichkeiten zum Thema Leistungsbeurteilung repräsentiert die Dimension Qualifizierung/Betreuung. Diese werden während der Präsentation des Systems nicht speziell angesprochen, sondern im zweiten Fragebogen direkt abgefragt. Auch zu den Organisations-, Motivations- und Kommunikationsmaßnahmen der

Implementierungsarbeit beinhaltet der zweite Fragebogen jeweils entsprechende Items. Im Folgenden wird zunächst der Fragebogen als Erhebungsinstrument und anschließend die Operationalisierung der einzelnen Variablen näher betrachtet.

### 5.2.3 Das Erhebungsinstrument

Das gewählte Instrument zur Datenerhebung im Rahmen des Experiments stellt der Fragebogen dar.[142] Um das Modell und die daraus abgeleiteten Hypothesen (Kapitel 4) prüfen zu können, müssen die verschiedenen Variablen gemessen und entsprechend operationalisiert werden.[143] Die Operationalisierung erfolgt mit Hilfe von Items, denen gegenüber Befragte ihre Zustimmung oder Ablehnung ausdrücken (vgl. Schnell et al., 1999, 173).[144] Mehrere verbale Aussagen zu einem Objekt ermöglichen die Bildung einer (Einstellungs-) Skala (vgl. Bortz & Döring, 2009, 143-149; Kroeber-Riel et al., 2009, 242). In der vorliegenden Untersuchung bewerten die Befragten, sofern nichts anderes angegeben ist, die einzelnen Items auf einer siebenstufigen Likert-Skala[145], wobei 1 bedeutet *„trifft überhaupt nicht zu"*, 7 bedeutet *„trifft voll und ganz zu"*. [146] Die Qualität eines Fragebogens bzw. einer Messung lässt sich an Hand der Kriterien Objektivität (Anwenderunabhängigkeit), Validität (Gültigkeit) und Reliabilität (Zuverlässigkeit) festmachen:

**Objektivität** liegt vor, wenn verschiedene Testanwender bei denselben Personen die gleichen Ergebnisse erhalten, also wenn der Test unabhängig vom Untersucher ist. Sie setzt ein standardisiertes Vorgehen durch methodische Regeln (z. B. statistische Verfahren, Regeln zur Interpretation) und eine vollständige Dokumentation der Studie voraus. Man unterscheidet drei Unterformen. Entsprechend der Durchführungsobjektivität sollte das Testresultat der

---

[142] Für Hinweise zur Konstruktion von Fragebögen sei auf die Ausführungen von Tränkle (1983) verwiesen.

[143] Operationalisierung umfasst die Schritte der Zuordnung von empirisch erfassbaren, zu beobachtenden oder zu erfragenden Indikatoren zu einem theoretischen Begriff, wodurch eine Messung erst möglich wird (vgl. Atteslander, 1993, 67) und beinhaltet sämtliche Maßnahmen, um von Merkmalen zu Daten zu kommen (vgl. Bortz & Döring, 2009, 3). Messung wiederum bedeutet eine Zuordnung von Zahlen zu Objekten (vgl. Aaker, Kumar & Day, 1998, 761).

[144] Zu den verschiedenen Vorgehensweisen der Beurteilung durch Probanden wird auf entsprechende Literatur verweisen (z. B. Nieschlag, Dichtl und Hörschgen, 2002, 645-648).

[145] Die Likert-Skala als Methode der summierten Ratings ist neben der Thurstone- (Methode der gleich erscheinenden Intervalle) und Guttman-Skalen (Saklogrammanalsyse) eines der bekanntesten eindimensionalen Skalierungsverfahren (vgl. Bortz & Döring, 2009, 221-230; Fischer und Wiswede, 1997, 217-221; Kroeber-Riel, Weinberg und Gröppel-Klein, 2009, 241 f.; Liepmann, 1997, 387-389; Schnell, Hill und Esser, 1999, 173-190. Zu Rating-Skalen allgemein vgl. Bortz & Döring (2009, 176-188). Vgl. für die genannten sowie weitere Skalen und Möglichkeiten zur Einstellungsmessung z. B. Bortz und Döring (2009, 221-230); Dawes (1977); Kroeber-Riel et al. (2009, 243-250).

[146] Ein Exkurs zu alternativer Einstellungsmessung findet sich in Anhang 1.

Teilnehmer unbeeinflusst vom Untersuchungsleiter sein. Dies lässt sich durch standardisierte Instruktionen (z. B. Bearbeitungsanweisungen für die Teilnehmer, Beantwortung von Rückfragen) erreichen, so dass der Testanwender keinen individuellen Spielraum während der Untersuchung hat. Auswertungsobjektivität liegt vor, wenn die Vergabe von Testpunkten unabhängig vom Auswerter ist. Interpretationsobjektivität bedeutet, dass die Interpretationen eines Testwerts unabhängig von individuellen Deutungen sind (vgl. Bortz & Döring, 2009, 195 f.). In der vorliegenden Studie erhalten die Probanden alle relevanten Informationen und Anweisungen als Film (Einführung und Begrüßung durch den Firmenchef, Vorstellung des variablen Vergütungssystems), in schriftlicher Form (z. B. Aufgabenanweisungen, Memo der Geschäftsleitung) oder nach einem vorgegebenen Schema (z. B. Verteilen und Einsammeln der Fragebögen). Dadurch wird die nicht standardisierte Interaktion möglichst gering gehalten (Durchführungsobjektivität). Die Erhebung vorwiegend quantitativer Daten trägt dem Kriterium der Auswertungsobjektivität Rechnung. Die qualitativen Daten zur Bestimmung der kreativen Arbeitsleistung werden durch drei unabhängige Bewerter quantifiziert. Dazu erhalten diese eindeutige Bewertungsvorgaben. Dies trägt zugleich zur Interpretationsobjektivität bei.

**Validität** kennzeichnet, wie gut ein Test in der Lage ist, das zu messen was er messen soll bzw. vorgibt zu messen und stellt das wichtigste Testgütekriterium dar. Je weniger systematische Fehler Einfluss auf die Messung haben, desto valider ist ein Instrument (vgl. Bortz & Döring, 2009, 201-203; Schnell et al., 1999, 32, 149-160). Soweit möglich werden im Rahmen dieser Arbeit bereits etablierte Skalen verwendet oder zumindest als Grundlage für eigens formulierte Items herangezogen, um eine höchst mögliche Validität sicherzustellen.

Die **Reliabilität** gibt den Grad der Genauigkeit an, mit dem das geprüfte Merkmal gemessen wird. Je weniger zufällige Fehler Einfluss auf die Messung haben, desto reliabler ist ein Instrument (vgl. Bortz & Döring, 2009, 196-200; Schnell et al., 1999, 145-147). Die Reliabilität wird im Rahmen der vorliegenden Studie sowohl für die selbst entwickelten als auch die aus der Literatur übernommenen Skalen mit Hilfe von Cronbach‘s Alpha ermittelt (vgl. Hair, Black, Babin & Anderson, 2010, 125). Idealer Weise liegt der Wert über 0,8, wobei in der Praxis auch häufig kleinere Werte akzeptiert werden (vgl. Bortz & Döring, 2009, 199, Schnell et al., 1999, 147). Um die Eindimensionalität der Skalen zu überprüfen, werden jeweils Faktorenanalysen durchgeführt.[147]

Ziel der Untersuchung/des Experiments ist es herauszufinden, wie die Akzeptanz der variablen Vergütung bei den Mitarbeitern ausgeprägt ist und was die Unternehmensleitung tun kann, um diese (weiter) zu fördern. Dazu ist es notwendig, sowohl die Komponenten der Einstellungs- und die Verhaltensakzeptanz als auch deren Einflussgrößen zu operationalisieren und damit messbar zu machen. Im Folgenden werden die verschiedenen Items bzw. Skalen zur Messung der einzelnen Variablen und Kontrollvariablen vorgestellt.

Das beobachtete Verhalten als Indikator für die **Verhaltensakzeptanz** spiegelt sich in der individuellen Leistungssteigerung zwischen der ersten und zweiten Aufgabe wider. Die Leistung wird über die Bewertung der Ergebnisse aus den Aufgaben 1 und 2 entsprechend der Vorgaben des variablen Vergütungssystems berechnet, wobei neben der Quantität auch die Qualität der Lösung zählt (vgl. Kapitel 5.2.2). Die Leistungssteigerung ergibt sich aus der Differenz zwischen dem Ergebnis der zweiten und der ersten Aufgabe.

Die Skala zur Messung der **Verhaltensintention** besteht aus zwei Dimensionen, zum einen der *Bereitschaft, auf das variable Vergütungssystem umzusteigen,* und zum anderen, aus der *Bereitschaft, sich im Sinne der Anreize des Systems zu verhalten.* Die Operationalisierung dieser beiden Dimensionen erfolgt in Anlehnung an die Operationalisierung der Nutzungsabsicht bei Venkatesh und Davis (2000, 201), Venkatesh und Bala (2008, 314) sowie Hung, Chang und Yu (2006, 118). Die verwendeten Items lauten *„Ich habe vor, mich in der nächsten Runde nach dem vorgestellten System variabel vergüten zu lassen.", „Ich habe vor, meinen Teammitgliedern zu empfehlen, sich nach dem vorgestellten System variabel vergüten zu lassen.", „Wahrscheinlich lasse ich mich in der nächsten Runde weiterhin nach dem bisherigen System fix vergüten."* (erste Dimension) und *„Auf Grund der variablen Vergütung habe ich vor, mich in der nächsten runde deutlich mehr anzustrengen.", „Ich habe vor, auf Grund der variablen Vergütung in der nächsten Runde meine eigene Leistung zu steigern.", „Wahrscheinlich strenge ich mich in der nächsten Runde durch die variable Vergütung mehr an.", „Wahrscheinlich steigere ich auf Grund der variablen Vergütung in der nächsten Runde*

[147] Zu Faktorenanalysen siehe z. B. Backhaus et al. (2008, 323-387).

*meine eigene Leistung.“* (zweite Dimension). Die Faktorenanalyse bestätigt die zwei Dimensionen. Das Cronbach's Alpha beträgt 0,942 bzw. 0,925.

Die **Vergütungspräferenz** wird mit folgender Frage erhoben: „*Wenn Sie jetzt also frei entscheiden könnten, wie Sie sich in der nächsten Runde vergüten lassen möchten, wofür würden Sie sich entscheiden?*“ Dabei können die Befragten ihre Präferenz für variable oder fixe Vergütung angeben.

Aus den jeweils zwei Ausprägungen der tatsächlich erhaltenen Vergütung und der angegebenen Vergütungspräferenz lassen sich vier zu unterscheidende **Präferenzgruppen** bilden. Dabei sind die Gruppen 1 und 2 entsprechend und 3 und 4 entgegen ihrer Präferenzen vergütet. Gruppe 1 und 3 erhalten variable, 2 und 4 fixe Vergütung.

Die **intrinsische Motivation** wird zu zwei Zeitpunkten erhoben. Dabei besteht die Skala zur Messung zum ersten Zeitpunkt aus sieben, zum zweiten Zeitpunkt aus vier Items. Sie basiert auf der für die vorliegende Untersuchung angepassten und entsprechend ergänzten Operationalisierung von Bürg (2005, 122; 178) (Zeitpunkt 1: „*Es macht mir Spaß, meine sprachlichen Fähigkeiten in Aufgaben einzubringen.*“, „*Ich beschäftige mich gern mit Sprache und Worten*“, „*Ich würde gerne öfter Aufgaben bearbeiten, bei denen es auf den Umgang mit Sprache ankommt*“, „*Sprache dient mir nur als Mittel zum Zweck*“, „*Ich bin am Spiel mit Worten interessiert.*“, „*Ich bin froh, wenn ich mit Wortspielen wenig zu tun habe.*“, „*Ich finde es spannend, mit Sprache zu experimentieren.*“; Zeitpunkt 2: „*Es hat mir Spaß gemacht, meine Fähigkeiten in dieser Aufgabe einzubringen.*“, „*Ich hätte gerne noch weiter gemacht.*“, „*Ich würde gerne öfter solche Aufgaben bearbeiten.*“, „*Die Aufgabe war mir gleichgültig.*“). Das Cronbach's Alpha beträgt 0,912 bzw. 0,892. Die intrinsische Motivation zum Zeitpunkt 1 wird zudem als Kontrollvariable verwendet.

Die Skala zur Messung des **wahrgenommenen Nutzens** basiert zum Teil auf entsprechend angepassten Items zur Beurteilung eines Vergütungssystems aus der Befragung von Beblo et al. (2002, 7; 2005, 80) und ist um eigens für die vorliegende Untersuchung formulierte Items ergänzt. Der Nutzen, den ein Mitarbeiter vom variablen Vergütungssystem erwartet, wird eindimensional mit Hilfe von vier Items erhoben („*Ich erwarte vom variablen Vergütungssystem, dass ich mehr verdienen werde als beim fixen Vergütungssystem.*“, „*Bezogen auf das variable Vergütungssystem befürchte ich, zu den Verlierern zu gehören.*“, „*Für mich bedeutet das* *variable Vergütungssystem eine deutliche Verbesserung im Vergleich zum fixen Vergütungssystem.", „Ich sehe mich bei den Gewinnern des variablen Vergütungssystems."*). Das Cronbach's Alpha beträgt 0,837.

Zur Messung der beiden Dimensionen der **wahrgenommenen Gerechtigkeit** kann auf validierte Subskalen zurückgegriffen werden.[148] Der hier verwendete, von Maier, Streicher, Jonas und Woschée (2007, 102) ins Deutsche übersetzte und validierte Fragebogen zur Erfassung organisationaler Gerechtigkeit basiert auf den von Colquitt (2001, 389) entwickelten Items.[149] Dabei sind die Items entsprechend des Untersuchungsgegenstandes angepasst.[150] Die distributive und prozedurale Gerechtigkeit werden jeweils mit vier bzw. fünf Items erfasst. Diese lauten *„Wie sehr wird die Höhe der variablen Vergütung den Aufwand widerspiegeln, den Sie in die Arbeit stecken?", „Wie sehr wird die Höhe der variablen Vergütung angemessen sein, für die Arbeit, die Sie leisten?", „Wie sehr wird die Höhe der variablen Vergütung den Beitrag widerspiegeln, den Sie für die Organisation leisten?", Wie sehr wird die Höhe der variablen Vergütung im Verhältnis zu Ihrer Leistung gerechtfertigt sein?"* (distributiv) und *„Wie sehr werden Sie Einfluss auf die durch die Leistungsbeurteilung bestimmte Höhe der variablen Vergütung haben?", „Wie sehr wird die Leistungsbeurteilung einheitlich angewandt werden?", „Wie sehr wird die Leistungsbeurteilung unvoreingenommen sein?", „Wie sehr wird die Leistungsbeurteilung auf zutreffenden Informationen basieren?", „Wie sehr werden während der Leistungsbeurteilung ethische und moralische Standards eingehalten werden?"* (prozedural). Das Cronbach's Alpha beträgt 0,846 bzw. 0,626.

Die **Einschätzung der Leistung** wird mit Hilfe von insgesamt fünf eigens formulierten Items gemessen. Dabei beschreiben drei Items die individuelle Leistung (*„Meine Ideen kann man für den angedachten Zweck verwenden.", „Meine Beiträge sind im Vergleich zu denen meiner Teammitglieder besonders originell.", „Meine Ideen waren kreativ."*) und zwei Items die

---

[148] Dies ist nach Hauenstein, McGonigle und Flinder (2001, 47) von Vorteil, da ad-hoc-Skalen eine geringere Diskriminanzvalidität aufweisen als etabliertere Messinstrumente für Gerechtigkeit.

[149] Dabei liegt das Cronbachs Alpha für prozedurale bzw. distributive Komponente bei 0,81 bzw. 0,93.

[150] Die *Höhe der variablen Vergütung* stellt das Ergebnis (distributive Komponente), das *Vorgehen bei der Leistungsbeurteilung* stellt das Vorgehen (prozedurale Komponente) dar, das die Befragten mit Blick auf die Gerechtigkeit zur Beurteilung vorgelegt bekommen. Statt der vergangenheitsbezogenen wird eine gegenwarts- bzw. zukunftsorientierte Formulierung verwendet, da der Einfluss der wahrgenommenen bzw. erwarteten Gerechtigkeit des variablen Vergütungssystems auf die Akzeptanz untersucht wird. Die Probanden kennen also zum Zeitpunkt der Befragung das variable Vergütungssystem lediglich „theoretisch", sie wurden jedoch noch nicht danach vergütet. Dementsprechend drücken sie lediglich ihre Erwartungen statt ihre tatsächlichen Erfahrungen bzgl. der Gerechtigkeit des variablen Vergütungssystems aus.

Gruppenleistung („*Wir haben insgesamt gute Ergebnisse geliefert.*“, „*Im Vergleich zu den anderen Gruppen schneiden wir meiner Einschätzung nach gut ab.*“). Die Faktorenanalyse bestätigt diese zwei Leistungsdimensionen. Das Cronbach's Alpha beträgt 0,823 bzw. 0,885.

Die Implementierungsarbeit umfasst die Maßnahmen des Akzeptanzkonzepts, die eine Organisation im Rahmen der Einführung einer Neuerung durchführt bzw. anbietet, um bei den Betroffenen Akzeptanz zu erreichen und zu fördern. Diese **Implementierungsmaßnahmen** lassen sich in die vier Kategorien Kommunikation, Organisation, Motivation, Qualifizierung/Betreuung einteilen und werden wie folgt erhoben:

Bei der **Kommunikation** kommt es darauf an, dass sich die Mitarbeiter gut informiert fühlen und das variable Vergütungssystem sowie dessen Konsequenzen verstehen. Die drei Items zur Kommunikation decken diese Aspekte ab. Sie sind angelehnt an Beblo et al. (2002, 8; 2005, 81), die diese zur Beurteilung der Einführungsphase eines Anreizsystems verwenden, als auch selbst formuliert („*Ich fühle mich gut über das Vergütungssystem informiert.*“, „*Ich habe das Vergütungssystem so gut verstanden, dass ich das Berechnungsprinzip anderen Kollegen erklären könnte.*“, „*Bei der Vorstellung des variablen Vergütungssystems wurde mir deutlich, welche Vor- und Nachteile für mich damit verbunden wären.*“). Das Cronbach's Alpha beträgt 0,739.

Im Rahmen der Maßnahmen der **Organisation** ist es zentral, dass die Mitarbeiter wissen, dass die Führung hinter der Einführung des variablen Vergütungssystems steht. Diese Dimension der Implementierungsarbeit wird mit Hilfe von zwei Items erhoben („*Zu wissen, dass der Geschäftsführer hinter der Einführung der variablen Vergütung steht, ist mir sehr wichtig.*“, „*Zu wissen, dass mein/e Teamleiter/in hinter der Einführung der variablen Vergütung steht, ist mir sehr wichtig.*“). Das Cronbach's Alpha beträgt 0,813.

Als Maßnahme der **Motivation** ist die Einbindung der Mitarbeiter in die Konzeption des variablen Vergütungssystems wichtig. Das Item „*Ich finde es sehr wichtig, dass Vertreter von uns Mitarbeitern an der Konzeption des Systems mitgewirkt haben.*“ misst diese Dimension.

Schulungsmöglichkeiten sind Maßnahmen, die im Rahmen der **Qualifizierung/Betreuung** durchgeführt werden können. Das Item „*Schulungsmöglichkeiten für Mitarbeiter und Vorgesetzte zum Thema Leistungsbeurteilung, finde ich sehr wichtig.*“ bildet diese Dimension ab.

**Kontrollvariablen**

Kontrollvariablen sind mögliche Störvariablen, die zusätzlich erhoben werden, um deren Effekt aus der abhängigen Variablen heraus zu rechnen (vgl. Bortz & Döring, 2009, 544). Wie in Kapitel 4.2.2 herausgearbeitet wurde, gehen die personenbezogenen Größen als Kontrollvariablen in die Berechnungen ein.

Die **Ungewissheitstoleranz** wird mit Hilfe des von Dalbert (1999, 17) entwickelten Instruments gemessen.[151] Die acht Items lauten wie folgt: *„Ich probiere gerne Dinge aus, auch wenn nicht immer etwas dabei herauskommt.“, „Ich beschäftige mich nur mit Aufgaben, die lösbar sind.“, „Ich mag es, wenn unverhofft Überraschungen auftreten.“, „Ich lasse Dinge gerne auf mich zukommen.“, „Ich habe es gerne, wenn die Arbeit gleichmäßig verläuft.“, „Ich warte geradezu darauf, dass etwas Aufregendes passiert.“, „Wenn um mich herum alles so richtig drunter und drüber geht, fühle ich mich so richtig wohl.“, „Ich weiß gerne, was auf mich zukommt.*“ Das Cronbach's Alpha beträgt 0,754.

Die **Leistungsorientierung** entspricht der Gewissenhaftigkeitsdimension der Big Five und wird dementsprechend mit Hilfe der vier Items (*„Ich erledige Aufgaben gründlich.“, „Ich bin bequem, neige zu Faulheit.“, „Ich bin tüchtig und arbeite flott.*“, *„Ich mache Pläne und führe sie auch durch.“*) der Subskala des Big Five Inventory (vgl. Rammstedt & John, 2005) erhoben. Das Cronbach's Alpha beträgt 0,722.

Die **Offenheit für Erfahrungen** geht als weitere Dimension der Big Five als Kontrollvariable in die Berechnungen mit ein und wird mit fünf Items (*„Ich bin vielseitig interessiert.*“, *„Ich bin tiefsinnig, denke gerne über Sachen nach.“, „Ich habe eine aktive Vorstellungskraft, bin phantasievoll.“, Ich schätze künsterlische und ästhetische Eindrücke.“, „Ich habe nur wenig künstlerisches Interesse.“*) der Subskala der Kurzversion des Big Five Inventory (vgl. Rammstedt & John, 2005) erhoben. Das Cronbach's Alpha beträgt 0,703.

Die allgemeine **Selbstwirksamkeit** wird mit Hilfe von fünf Items erhoben (*„Wenn mir jemand Widerstand leistet, finde ich Mittel und Wege mich durchzusetzen.“, „Für jedes Problem habe ich eine Lösung.*“, *„Schwierigkeiten sehe ich gelassen entgegen, weil ich mich*

---

[151] Das Cronbach's Alpha ist mit einem Wert von 0,72 noch akzeptabel (vgl. Dalbert, 1999, 10 f.). Dieses Instrument überzeugt durch seine Praktikabilität und Ökonomie und ist bereichsübergreifend und somit auch für die Erhebung der Ungewissheitstolernz im Rahmen des Experiments geeignet.

*immer auf meine Fähigkeiten verlassen kann.", „Wenn ich mit einer neuen Sache konfrontiert werde, weiß ich, wie ich damit umgehen kann.", „Was auch immer passiert, ich werde schon klarkommen.").* Diese werden in der Form von Bürg (2005) verwendet, die Skala basiert auf Jerusalem und Schwarzer (1999, 13 f.). Das Cronbach's Alpha beträgt 0,774.

Der **Kreativitätsgrad** wird mit Hilfe des Instruments von Gough (1979) erhoben. Die Probanden kreuzen aus einer Liste mit 20 Adjektiven diejenigen an, die auf sie zutreffen. 12 Eigenschaften gehen negativ, 18 positiv in die Berechnung des Kreativitätsgrads ein. Die Skala geht von -12 bis +18.

Die persönlichen **Erfahrungen mit variabler Vergütung** geben die Teilnehmer auf einer Skala von 1 („sehr negativ") bis 7 („sehr positiv") an. Zudem können Sie „0" ankreuzen, wenn Sie keine Erfahrung mit variabler Vergütung haben.

Das Konstrukt **allgemeine Einstellung gegenüber variabler Vergütung** wird in Anlehnung an Hung et al. (2006, 117 f.) und Karavasilis et al. (2010, 62) mit Hilfe von insgesamt drei Items erhoben, welche die Einstellung allgemein dazu beschreiben, dass individuelle Leistung belohnt wird (*„Individuelle Leistung zu belohnen wäre eine gute Idee.", „Mir gefällt die Idee, dass individuelle Leistung durch das variable Vergütungssystem belohnt wird.", „Die Belohnung der eigenen Leistung wäre eine angenehme Erfahrung."*). Das Cronbach's Alpha beträgt 0,914.

Als weitere Kontrollvariablen werden **Alter**, **Geschlecht** und **Abiturnote** abgefragt. Außerdem werden die **Form der Zusammenarbeit** (virtuell, face-to-face) sowie bei entsprechenden Berechnungen auch die **Vergütungsform** (variabel, fix) als Kontrollgröße berücksichtigt.

Bei Studien, in denen die Teilnehmer nacheinander mehrere Untersuchungsbedingungen durchlaufen, kann deren Reihenfolge von Bedeutung sein. Es können sogenannte Sequenzeffekte auftreten, die sich durch einen Vergleich unterschiedlicher Abfolgen der Bedingungen prüfen lassen (vgl. Bortz & Döring, 2009, 550). Insgesamt füllen die Teilnehmer drei Fragebögen aus, den ersten zu Beginn des Experiments, den zweiten nach der ersten Aufgabe und der anschließenden Vorstellung des variablen Vergütungssystems und den dritten nach der zweiten Aufgabe zum Abschluss des Experiments. Die Aufteilung auf drei Fragebögen hat sowohl inhaltliche als auch motivationale Gründe. Durch die Auslagerung einiger Fragen insbesondere zur Persönlichkeit in den Eingangsfragebogen konnte verhindert werden, dass die Beantwortung der anderen Fragebögen als zu lang empfunden wird. Die Aufteilung auf die Fragebögen 2 und 3 orientiert sich an inhaltlichen Notwendigkeiten, etwa der Bewertung des Vergütungssystems (Treatment) nach seiner Vorstellung ohne Verzerrung durch die tatsächliche Arbeit unter dem Vergütungssystem. Dies zeigt, dass eine Variation der Abfolge aus inhaltlichen Überlegungen heraus nicht sinnvoll ist, weshalb darauf verzichtet wird.

Auf Basis der im Rahmen des vorgestellten Experiments mit dem beschriebenen Fragebogen gewonnenen Daten sollen die dieser Arbeit zu Grunde liegenden Hypothesen getestet werden. Mit Hilfe welcher statistischen Methoden dies geschieht, wird im folgenden Kapitel dargestellt.

## 5.3 Verwendete statistische Methoden

Um die im vorherigen Kapitel vorgestellten Hypothesen zu überprüfen, werden die folgenden statistischen Methoden verwendet: Einfaktorielle Varianzanalyse (entspricht dem t-Test für unabhängige Stichproben) sowie Korrelations- und Regressionsanalysen.

Zur Untersuchung von Gruppenunterschieden, wie sie in den Hypothesen 1a,b und 2a,b postuliert werden, eignet sich das Verfahren der **Varianzanalyse**. Sie ermöglicht die Untersuchung der Wirkung von einer (oder mehreren) unabhängigen Variable auf eine (oder mehrere) abhängige(n) Variable(n). Während es ausreicht, dass die unabhängige Variable nominal skaliert ist, muss die abhängige Variable metrisch sein. Die Varianzanalyse gilt als das wichtigste Analyseverfahren für die Auswertung von Experimenten. In Abhängigkeit der Zahl der unabhängigen Variablen spricht man von ein- oder mehrfaktorieller Varianzanalyse (vgl. Backhaus et al., 2008, 152 f.).[152] Sie dient der Überprüfung, ob sich die Mittelwerte verschiedener Gruppen signifikant voneinander unterscheiden. Vergleicht man zwei Stichproben miteinander, liefern die einfaktorielle Varianzanalyse und der t-Test für unabhängige Stichproben identische Ergebnisse. Beim Vergleich von mehr als zwei Stichproben ist hingegen die Varianzanalyse vorzuziehen, da die Durchführung mehrerer t-Tests die Gefahr der Alpha-Fehler-Kumulierung birgt. Dies würde bedeuten, dass einige dieser t-Tests zufällig

[152] Werden mindestens zwei abhängige und eine oder mehrere unabhängige Variablen berücksichtigt, spricht man von einer mehrdimensionalen Varianzanalyse (vgl. Backhaus, Erichson, Plinke und Weiber, 2008, 153).

„signifikant" sind (vgl. Bortz, 2005, 250, 271). Zu Einzelheiten des Verfahrens wird auf Backhaus et al. (2008, 151-179) und Bortz (2005, 248-288) sowie zum t-Test bei unabhängigen Stichproben auf Bortz (2005, 140-143) verwiesen.

Folgende Voraussetzungen sind zu erfüllen, um eine Varianzanalyse durchführen zu können (vgl. Bortz, 2005, 94, 284-287). Untersuchungen zur Robustheit der Varianzanalyse bei Verletzung der Annahmen zeigen, dass die Bedingungen mit zunehmenden Stichprobengrößen an Bedeutung verlieren:

- Normalverteilung: Die Bedingung der Normalverteilung wird in der Praxis häufig nicht überprüft, kann allerdings für Stichproben mit N > 30 als erfüllt angesehen werden.
- Varianzhomogenität: Liegt keine Varianzhomogenität (z. B. Levene-Statistik) vor, ist auf alternative Tests (z. B. Welch-James- oder Brown-Forsythe) zurückzugreifen. Dies wird an entsprechender Stelle in der vorliegenden Arbeit berücksichtigt.
- Unabhängigkeit der Fehlerkomponenten: Sind die Untersuchungseinheiten – wie in der vorliegenden Studie – den Treatmentstufen zufällig zugeordnet und werden unter den Treatmentstufen verschiedene Stichproben untersucht, ist anzunehmen, dass die Voraussetzung der Unabhängigkeit der Fehlerkomponenten erfüllt ist.

Neben den Tests, ob sich die jeweiligen Mittelwerte signifikant voneinander unterschieden, werden die Daten auch mit Hilfe von **Korrelationen** analysiert. Korrelationskoeffizienten geben Stärke und Richtung eines Zusammenhangs an. Welcher Koeffizient jeweils zu berechnen ist, hängt vom Skalenniveau der betrachteten Merkmale ab (vgl. Bortz & Döring, 2009, 507 f.). Bei intervallskalierten Daten, wie sie in der hiesigen Untersuchung vorliegen, findet der Korrelationskoeffizient nach Pearson Verwendung (vgl. Schira, 2007, 90-96). Korrelationsanalysen werden als erster Schritt bei den Zusammenhangshypothesen 3-12 durchgeführt, bevor in einem weiteren Schritt Regressionen gerechnet werden.

**Regressionsanalysen** eignen sich, um den Zusammenhang zwischen einer abhängigen und einer (oder mehreren) unabhängigen Variablen zu untersuchen. Dabei geht es zunächst darum, das sachlich zu Grunde liegende Ursache-Wirkungs-Modell durch lineare Regressionsbeziehungen abzubilden. Auf Basis empirischer Daten gilt es dann, diese Regressionsfunktion zu schätzen und auf ihre Güte hin zu überprüfen (vgl. Backhaus et al., 2008, 56). Für Einzelheiten zu den jeweiligen Schritten wird auf Backhaus et al. (2008, 57-91) verwiesen.

Folgende Annahmen sind zu erfüllen, um eine multiple, lineare Regressionsanalyse durchführen zu können (vgl. Backhaus et al., 2008, 79-91; Downing & Clark, 1997, 287 f.; Hair et al., 2010, 182-186; Ryan, 1997, 13-15; 137 f.)[153]:

- Linearität des Zusammenhangs: Häufig ist es möglich, einen nichtlinearen Zusammenhang durch Transformation der Variablen in einen linearen zu überführen.
- Konstante Varianz der Standardfehler: Die Störgröße darf nicht von den unabhängigen Variablen und der Reihenfolge der Beobachtungen abhängen, andernfalls liegt Heteroskedastizität vor. Diese führt zu ineffizienten Schätzungen und ungenauen Konfidenzintervallen. Die Betrachtung der Residuen in einem Streudiagramm hilft beim Aufdecken von Heteroskedastizität.
- Unabhängigkeit der Standardfehler: Dies bedeutet, dass die Residuen in der Grundgesamtheit unkorreliert sind. Korrelieren sie, spricht man von Autokorrelation, die vor allem bei Zeitreihen auftritt. Der Durbin-Watson Test kann herangezogen werden, um Autokorrelation aufzudecken.
- Normalverteilung der Standardfehler: Diese Forderung erübrigt sich bei Stichproben mit $N > 30$ (vgl. Bortz, 2005, 94).
- Keine Multikollinearität: In diesem Fall sind die Regressoren nicht exakt linear abhängig. Andernfalls läge perfekte Multikollinearität vor und eine Regressionsanalyse wäre rechnerisch nicht durchführbar. Der Variance Inflation Factor (VIF) und der Konditionsindex (KI) sind entsprechende Indikatoren. Eine Möglichkeit, um hoher Multikollinearität zu begegnen, stellt das sukzessive Entfernen der entsprechenden Variablen dar.

Die für die Berechnungen verwendeten Daten werden auf diese Annahmen hin überprüft. Ist eine Bedingung nicht erfüllt, wird auf die in der Literatur empfohlenen Alternativen zurückgegriffen. So werden bei den Berechnungen beispielsweise einzelne Kontrollvariablen sukzessive entfernt, um die Multikollinearität zu reduzieren. Eine Messgröße für die Güte des Modells stellt das Bestimmtheitsmaß ($R^2$) dar. Es gibt an, wie gut die Regressionsfunktion die erhobenen Daten wiedergibt (vgl. Backhaus et al., 2008, 67, 71).

---

[153] Die Annahmen werden für die vorliegende Arbeit überprüft, Einzelheiten zu den Annahmen und den entsprechenden Tests werden hier nicht weiter ausgeführt, vielmehr wird auf Hair, Black, Babin und Anderson (2010, 182-186; 200-205; 220 f.) und Backhaus et al. (2008, 79-91) verwiesen.

Bei der hierarchischen (bzw. sequenziellen oder kumulativen) Regression werden die X-Variablen (unabhängige Variablen) nicht gleichzeitig in die Regressionsschätzung einbezogen, sondern die Analyse erfolgt in mehreren Stufen. Dies hat den Vorteil, dass man die Abhängigkeit der Schätzung einzelner Variableneffekte von anderen Variableneffekten, die ebenfalls im Regressionsmodell geschätzt werden, kontrollieren kann. Damit lassen sich neben stabilen und instabilen Effekten auch diejenigen X-Variablen leicht identifizieren, die großen Einfluss auf das Schätzergebnis für andere X-Effekte haben. Dabei hängt das Schätzergebnis auch von der Reihenfolge ab, in der die unabhängigen Variablen in den einzelnen Teilschätzungen der Analyse berücksichtigt werden. In der vorliegenden Arbeit werden die X-Variablen entsprechend der kausalen (evtl. chronologischen) Priorität in die Regressionsschätzung aufgenommen. Dementsprechend werden zunächst die Kontrollvariablen berücksichtigt, da sie die den anderen chronologisch vorangehen (vgl. Urban & Mayerl, 2011, 312 f.).[154]

Innerhalb der einzelnen Blöcke bzw. Stufen können die Variablen dann mit Hilfe verschiedener Methoden in die Berechnung einfließen: Einschluss, Schrittweise, Entfernen, Rückwärts, Vorwärts. In der vorliegenden Arbeit wird neben der Einschluss-Methode, die verwendet wird, um ein vom Untersucher formuliertes Modell zu überprüfen, zusätzlich auf die schrittweise Regression zurückgegriffen. Dieses Verfahren ist insbesondere bei Vorliegen von Mulitkollinearität sinnvoll, da es gewährleistet, dass die aufgenommenen Regressoren untereinander zumindest nicht stark zusammenhängen, da bei starker Korrelation der Variablen nur diejenige mit dem größten separaten Erklärungsbeitrag der abhängigen Variable aufgenommen wird. Sie kombiniert die Vorwärts- und Rückwärtsregression, indem sie die X-Variablen einzeln nacheinander in die Regressionsgleichung einbezieht und jeweils die Variable auswählt, die das vorgegebene Gütekriterium (F-Signifikanztest) maximiert. Dabei können bereits ausgewählte Variablen auch wieder aus dem Modell entfernt werden, wenn sie z. B. durch die Hinzunahme anderer Variablen an Bedeutung verloren haben und das Gütekriterium nicht mehr erfüllen. Diese Methode ermöglicht es, die vorhersagekräftigsten Variablen zu identifizieren (vgl. Backhaus et al., 2008, 101 f.; Hair et al., 2010, 188 f.; Schumacher, 2003, 89). Generell gilt auch hier, dass statistisch signifikante Zusammenhänge nur akzeptiert werden sollten, wenn sie mit den sachlogischen Erwartungen übereinstimmen.

---

[154] Alternativ können die kausale Priorität der unabhängigen Variablen oder die zunehmende Direktheit der X-Effekte ausschlaggebendes Kriterium zur Bestimmung der Reihenfolge sein. Für Näheres sei auf Urban und Mayerl (2011, 313 f.) verwiesen.

Ist ein Ergebnis nicht signifikant und ist das Ergebnis sonst sachlich korrekt, sollte daraus nicht gefolgert werden, dass kein Zusammenhang besteht. Sind Ergebnisse hingegen widersprüchlich oder sachlogisch unbegründet, sollte man nicht zögern, die entsprechenden Größen aus dem Modell zu entfernen, auch falls dadurch der Erklärungsanteil sinkt (vgl. Backhaus et al., 2008, 101). Im Folgenden werden die Untersuchungsergebnisse dargestellt und diskutiert.

# 6 Darstellung und Diskussion der Ergebnisse der empirischen Untersuchung

Im Folgenden wird zunächst die der statistischen Auswertung zugrunde liegende Stichprobe inhaltlich beschrieben (Kapitel 6.1), bevor die Ergebnisse der Befragung und der Hypothesentests einzeln vorgestellt (Kapitel 6.2) und tabellarisch sowie grafisch zusammengefasst (Kapitel 6.3) werden. Die kritische Diskussion erfolgt unter Rückgriff auf aktuelle Forschungsergebnisse in Kapitel 6.4. Auf dieser Basis werden anschließend in Kapitel 7 Implikationen für das Management und für weitere Forschung abgeleitet.

## 6.1 Beschreibung der Stichprobe

Teilnehmer des Experiments waren Studierende wirtschaftswissenschaftlicher Studiengänge. 64 Datensätze mussten auf Grund technischer Schwierigkeiten oder weil sich Teilnehmer nicht an die Anweisungen der Versuchsleiter gehalten haben, von den Berechnungen ausgeschlossen werden: Bei den virtuell arbeitenden Teams funktionierte das Chatprogramm nicht fehlerfrei, so dass nicht alle Teammitglieder gemeinsam online kommunizieren und arbeiten konnten. Bei den face-to-face Arbeitenden öffneten Einzelne die Arbeitsanweisungen zur zweiten Aufgabe zu früh, so dass sie den anderen Teilnehmern gegenüber einen Vorteil hatten. Den Analysen liegen 120 verwendbare Datensätze zu Grunde. Fehlende Werte führen nicht zum Ausschluss eines gesamten Datensatzes, sondern nur bei den entsprechenden Berechnungen. Dadurch können alle relevanten Daten verwendet und mit größtmöglicher Stärke die vorhergesagten Effekte geprüft werden (vgl. Ambrose & Cropanzano, 2003, 269).

**Soziodemographika**

85,2 Prozent der Teilnehmer sind männlich, 14,8 Prozent weiblich, das Durchschnittsalter liegt bei 24,13 Jahren (Standardabweichung *(SD)* = 2,57). Der Mittelwert (M) der Abiturnote liegt bei 2,21 (*SD* = 0,48). Der Kreativitätsgrad liegt bei einer Skala von -12 bis +18 im Mittel bei 4,92 (*SD* = 3,54). Dabei haben 3,4 Prozent einen negativen Kreativitätsgrad. Bei 44,4 Prozent liegt die Kreativität zwischen 0 und 5, bei 42,7 Prozent zwischen 5 und 10 und lediglich bei 9,4 Prozent über 10 Punkten.

**Persönlichkeitsdimensionen**

Folgende Tabelle 4 fasst die Informationen zu interessierenden Persönlichkeitsdimensionen der Big Five (Gewissenhaftigkeit/Leistungsorientierung, Offenheit für Erfahrungen) sowie darüber hinaus zu Selbstwirksamkeit und Ungewissheitstoleranz zusammen. Sie beinhaltet die Mittelwerte und Standardabweichungen der Persönlichkeitsdimensionen und gibt zusätzlich an, wie viel Prozent der Befragten diesbezüglich eine negative (Skalenwerte 1-3) und eine positive (Skalenwerte 5-7) Ausprägung haben.

| | M | SD | Negative Ausprägung (1-3) in % | Positive Ausprägung (5-7) in % |
|---|---|---|---|---|
| Gewissenhaftigkeit, Leistungsorientierung | 4,97 | 1,01 | 5,1 | **57,3** |
| Offenheit für Erfahrungen | 4,82 | 1,11 | 7,7 | **52,1** |
| Selbstwirksamkeit | 5,15 | 0,87 | 1,7 | **62,4** |
| Ungewissheitstoleranz | 4,16 | 0,89 | 8,6 | **21,6** |

**Tabelle 4: Ausprägungen der Persönlichkeitsdimensionen in der Stichprobe**
**Quelle: Eigene Darstellung**

Die Daten zeigen, dass die Teilnehmer auf den verschiedenen Dimensionen jeweils zu deutlich über 50 Prozent positiv ausgeprägt und sich somit eher leistungsorientiert, offen für Erfahrungen und selbstwirksam einschätzen.[155] Bei Ungewissheitstoleranz ist der Großteil der Befragten im Mittelfeld einzuordnen, lediglich 21,6 Prozent schätzen sich als ungewissheitstolerant, 8,6 Prozent als ungewissheitsintolerant ein.

Der Mittelwert der Leistungsorientierung liegt bei 4,97. Die Originalskala der Kurzversion zu dieser Dimension hat fünf Stufen. Der Mittelwert liegt dort bei 3,87 (vgl. Rammstedt, Koch, Borg & Reitz, 2004, 13). In der vorliegenden Stichprobe liegt der auf einer siebenstufigen Skala gemessene Mittelwert im Vergleich niedriger.[156] Die Teilnehmer sind somit verhältnismäßig weniger leistungsorientiert bzw. gewissenhaft. Der Mittelwert für die Offenheit für Erfahrungen liegt bei 4,82. Bei der fünfstufigen Originalskala der Kurzversion liegt er bei 3,66. Damit ist der in der vorliegenden Stichprobe auf einer siebenstufigen Skala gemessene

[155] Die Skala zur Messung geht von 1 = „*stimme überhaupt nicht zu*“ bis 7 = „*stimme voll zu*“.

[156] Der Mittelwert für Gewissenhaftigkeit liegt bei der Single-Item-Messung auf einer 7-stufigen Skala bei 5,71 und somit deutlich höher als in der vorliegenden Stichprobe (vgl. Rammstedt, Koch, Borg und Reitz, 2004, 13).

Mittelwert deutlich niedriger.[157] Die Teilnehmer sind verhältnismäßig weniger offen für neue Erfahrungen. Der Mittelwert der Selbstwirksamkeitsskala liegt bei 5,15. Die ursprüngliche Skala hat vier Stufen, der Skalenmittelwert liegt dort über drei Messzeitpunkte hinweg bei 2,95 (vgl. Jerusalem & Schwarzer, 1999, 13). In der vorliegenden Stichprobe liegt demnach der auf einer siebenstufigen Skala gemessene Mittelwert auf einem vergleichbaren Niveau. Der Mittelwert der Ungewissheitstoleranzskala liegt bei 4,16. Die Originalskala hat sechs Stufen. Der Mittelwert liegt bei Studierenden ca. bei 3,70[158] (vgl. Dalbert, 1999, 11). In der vorliegenden Stichprobe, gemessen auf einer 7-stufigen Skala, liegt der Mittelwert im Vergleich höher. Die Teilnehmer sind somit verhältnismäßig unsicherheitstoleranter.

Entsprechend varianzanalytischer Ergebnisse gibt es außer bei der Dimension Offenheit für Erfahrungen, bei der Frauen jeweils signifikant höhere Ausprägungen aufweisen als Männer, keine geschlechterspezifischen Unterschiede.

**Erfahrung mit variabler Vergütung**

Der Großteil der Probanden (69 Prozent) hat bisher keine Erfahrung mit variabler Vergütung. 2,7 Prozent haben negative, 10,6 Prozent teils/teils und 17,7 Prozent positive Erfahrung mit variabler Vergütung. Abbildung 33 veranschaulicht diese Verteilung.

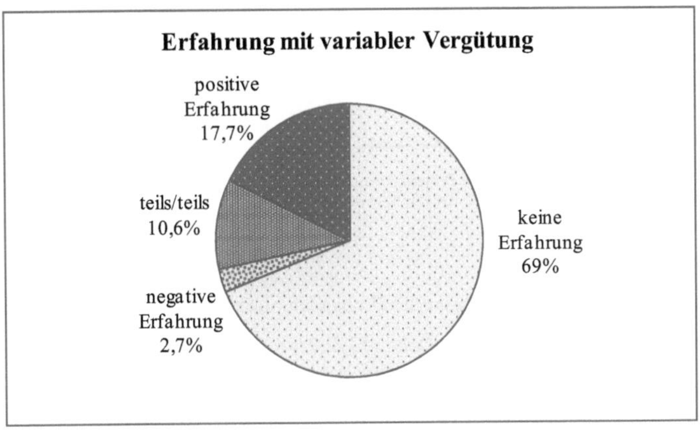


**Abbildung 33: Erfahrung mit variabler Vergütung in der Stichprobe**
**Quelle: Eigene Darstellung**

157 Der Mittelwert für Offenheit für Erfahrungen liegt bei der Single-Item-Messung auf einer 7-stufigen Skala bei 5,28 und somit deutlich höher als in der vorliegenden Stichprobe (vgl. Rammstedt et al., 2004, 13).

158 Männer haben im Mittel einen Wert von 3,74, Frauen von 3,68 (vgl. Dalbert, 1999, 11).

**Allgemeine Einstellung gegenüber variabler Vergütung**

Die allgemeine Einstellung gegenüber variabler Vergütung und somit dazu, dass individuelle Leistung belohnt wird, liegt im Mittel bei 5,29 (*SD 1,32*) und somit im positiven Bereich.

**Tatsächliche Vergütung und Vergütungspräferenz**

67,2 Prozent der Teilnehmer geben an, die fixe gegenüber der variablen Vergütung zu bevorzugen. Dieser hohe Anteil weist auf eine asymmetrische Verteilung der Teilnehmer hin und ist entsprechend bei der Interpretation der Ergebnisse zu berücksichtigen. Allerdings spiegelt sich darin die Präferenz der ‚Generation Y' gut wieder, da auch entsprechend der Studie von Sackmann und Klaus (2011, 8), an der Studierende deutschsprachiger Universitäten teilnahmen, diese ein sicheres, planbares Gehalt einer leistungsorientierten Bezahlung vorziehen. Entsprechend des Treatments erhielten 48,3 Prozent fixe und 51,7 Prozent variable Vergütung. Folgende Tabelle 5 schlüsselt die präferenzkonsistent (55,2 Prozent) und -inkonsistent (44,8 Prozent) Vergüteten weiter auf.

<table>
<tr><td colspan="2" rowspan="2"></td><td colspan="2">präferierte Vergütung</td></tr>
<tr><td>variabel</td><td>fix</td></tr>
<tr><td rowspan="2">erhaltene Vergütung</td><td>variabel</td><td>19 %<br>(Gruppe 1)<br>präferenzkonsistent<br>variabel</td><td>31 %<br>(Gruppe 3)<br>präferenzinkonsistent<br>variabel</td></tr>
<tr><td>fix</td><td>13,8 %<br>(Gruppe 4)<br>präferenzinkonsistent<br>fix</td><td>36,2 %<br>(Gruppe 2)<br>präferenzkonsistent<br>fix</td></tr>
</table>

**Tabelle 5: Präferenzen(in)konsistente Vergütung**
**Quelle: Eigene Darstellung**

**Form der Zusammenarbeit**

Ähnlich wie bei der Vergütung waren die Probanden auch bezüglich der Form der Zusammenarbeit in etwa gleichmäßig aufgeteilt: 53,3 Prozent arbeiteten face-to-face und 46,7 Prozent virtuell zusammen.

**Abhängige und unabhängige Variablen**

Folgende Tabelle 6 gibt einen Überblick über die Mittelwerte und Standardabweichungen der abhängigen und unabhängigen Variablen.[159] Eine aufgeschlüsselte Betrachtung und Analyse findet im nachfolgenden Kapitel statt.

| | M | SD |
|---|---|---|
| Leistungssteigerung | 10,68 | 12,04 |
| Bereitschaft, auf das variable Vergütungssystem umzusteigen | 4,47 | 1,46 |
| Bereitschaft, sich im Sinne der Anreize des variablen Vergütungssystems zu verhalten | 3,28 | 1,89 |
| intrinsische Motivation Messzeitpunkt 1 | 4,29 | 1,41 |
| intrinsische Motivation Messzeitpunkt 2 | 3,82 | 1,71 |
| wahrgenommener Nutzen | 3,84 | 1,43 |
| wahrgenommene distributive Gerechtigkeit | 4,13 | 1,25 |
| wahrgenommene prozedurale Gerechtigkeit | 4,01 | 1,14 |
| Einschätzung der eigenen Leistung | 3,76 | 1,50 |
| Einschätzung der Leistung im Team | 3,71 | 1,61 |
| Mitarbeiter fühlen sich gut informiert und verstehen das variable Vergütungssystem sowie dessen Konsequenzen (Kommunikation) | 5,04 | 1,33 |
| Führung steht hinter der Einführung der variablen Vergütung (Organisation) | 4,45 | 1,60 |
| Mitarbeiter sind in die Konzeption des Systems eingebunden (Motivation) | 5,40 | 1,34 |
| Schulungsmöglichkeiten zum Thema Leistungsbeurteilung werden angeboten (Qualifizierung/Betreuung) | 5,33 | 1,33 |

**Tabelle 6: Mittelwerte und Standardabweichungen der abhängigen und unabhängigen Variablen im Überblick**
**Quelle: Eigene Darstellung**

Aufbauend auf dieser allgemeinen Beschreibung der Teilnehmer des Experiments, den Informationen zu den Treatments sowie den abhängigen und unabhängigen Variablen werden im Folgenden die empirischen Ergebnisse dargestellt und die Hypothesen getestet.

## 6.2 Ergebnisse der Befragung und Hypothesentests

In den Kapiteln 6.2.1 bis 6.2.3 werden die Ergebnisse des Experiments zur Akzeptanz variabler Vergütung umfassend dargestellt und analysiert. Im Einzelnen werden dazu die deskriptiven Statistiken hinsichtlich der jeweiligen Variablen erläutert, um darauf aufbauend

[159] Die Variablen wurden mit Hilfe einer siebenstufigen Skala erfasst. Ausnahme davon bildet die Leistungssteigerung, die auf Basis der Vorgaben des Vergütungssystems ermittelt wurde. Ihr Mittelwert rangiert deshalb nicht zwischen 1 und 7 (vgl. Kapitel 5.2.3). Das Minimum liegt in der Stichprobe bei -24,88, das Maximum bei 80 Punkten Leistungssteigerung.

die in Kapitel 4.5 formulierten Hypothesen zu überprüfen. Durch weiterführende Analysen bezüglich der Kreativität und der Anzahl als Leistungskomponenten an entsprechender Stelle werden ergänzende Erkenntnisse gewonnen. Kapitel 6.2.1 befasst sich erstens mit den Fragen, inwiefern variable Vergütung zu einer höheren Leistungssteigerung führt und intrinsische Motivation verdrängt (H1a, H2a). Zweitens wird beantwortet, inwiefern die Leistungssteigerung und die Veränderung der intrinsischen Motivation davon abhängen, ob ein Mitarbeiter entsprechend oder entgegen seiner Präferenz variabel oder fix vergütet wird (H1b, H2b). Drittens wird untersucht, inwiefern eine geringere *Bereitschaft, auf das variable Vergütungssystem umzusteigen,* und eine höhere *Bereitschaft, sich im Sinne der Anreize des Systems zu verhalten,* tatsächlich zu einer höheren Leistungssteigerung führen (H3a,b). Kapitel 6.2.2 befasst sich mit den Fragen, wovon die *Bereitschaft, auf das variable Vergütungssystem umzusteigen,* und die *Bereitschaft, sich im Sinne der Anreize des variablen Vergütungssystems zu verhalten,* abhängen. Dazu wird zum einen analysiert, welchen Einfluss es jeweils hat, wie die Betroffenen ihren Nutzen vom variablen Vergütungssystem beurteilen, für wie gerecht sie den durch das System ermittelten variablen Anteil und die damit verbundenen Prozesse halten und wie sie ihre Leistung einschätzen. Zum anderen wird untersucht, welche Auswirkungen es hat, wenn erstens sich die Mitarbeiter gut informiert fühlen und das variable Vergütungssystem sowie dessen Konsequenzen verstehen (Kommunikation), zweitens die Führung hinter der Einführung des Systems steht (Organisation), drittens Mitarbeiter in die Konzeption des Systems eingebunden sind (Motivation) und viertens Schulungsmöglichkeiten, z. B. zum Thema Leistungsbeurteilung, (Qualifizierung/Betreuung) angeboten werden (H4a,b, 5a,b,c,d, 7a,b, 9a,b, 10a,b, 11a,b, 12a,b). Kapitel 6.2.3 untersucht darauf aufbauend, wovon es abhängt, wie die Betroffenen den Nutzen der variablen Vergütung einschätzen (H6a,b, 8, 9c, 10c, 11c, 12c). Dieser repräsentiert neben der wahrgenommenen Gerechtigkeit die kognitive und affektive Einstellungskomponente.[160] Kapitel 6.3 beinhaltet eine Zusammenfassung der Ergebnisse und bildet damit die Basis für die Diskussion (Kapitel 6.4) und die anschließende Ableitung von Implikationen für Management und weitere Forschung (Kapitel 7).

---

[160] In Kapitel 3.4.1.2 wurde hergeleitet, dass eine Unterscheidung zwischen affektiver und kognitiver Einstellungskomponente nicht möglich und im Rahmen der vorliegenden Arbeit auch nicht sinnvoll ist.

### 6.2.1 Einflussgrößen auf die Leistungssteigerung und die Motivation

Die Verhaltensakzeptanz ist durch die Leistung bzw. deren Steigerung operationalisiert. Sie berechnet sich nach den Vorgaben des variablen Vergütungssystems (vgl. Kapitel 5.2.2). Zusätzlich ist die Leistungssteigerung in ihre beiden Bestandteile, qualitative (Kreativität) und quantitative (Anzahl) Leistung, aufgeschlüsselt. Eine weitere relevante Größe stellt die zu Beginn und am Ende des Experiments erhobene, intrinsische Motivation und deren Änderung dar.

Die Hypothesen 1a, 2a postulieren, dass variable Vergütung zu einer höheren Leistungssteigerung führt und intrinsische Motivation verdrängt. Entsprechend der Hypothese 1b ist die Leistungssteigerung und entsprechend Hypothese 2b die Verdrängung der intrinsischen Motivation bei den präferenzinkonsistent variabel Vergüteten (Gruppe 3) am höchsten.[161] Die Hypothesen 3a,b besagen, dass eine höhere *Bereitschaft, auf das variable Vergütungssystem umzusteigen,* zu einer geringeren und eine höhere *Bereitschaft, sich im Sinne der Anreize des Systems zu verhalten,* zu einer höheren Leistungssteigerung führt.

**Deskriptive Ergebnisse zur Leistungssteigerung**

Tabelle 7 gibt die Mittelwerte sowie die Änderung der Leistung vom ersten zum zweiten Erhebungszeitpunkt wieder: (1) Gesamte Stichprobe, (2) Treatmentgruppen (TG), wobei TG0 den fix Vergüteten und TG1 den variabel Vergüteten entspricht, sowie (3) Präferenzgruppen 1 bis 4, die sich aus der Konstellation von erhaltener und präferierter Vergütung ergeben. Spalte (a) gibt die Leistungssteigerung gesamt, Spalte (b) die Leistungssteigerung bezogen auf die Kreativität, Spalte (c) bezogen auf die Anzahl wieder.

Dabei zeigt sich an den Leistungssteigerungen, dass die Leistungen bei der zweiten Aufgabe höher sind als bei der ersten. Dies gilt sowohl über die gesamte Stichprobe (1) als auch für die verschiedenen Gruppen (2) und (3). Ausnahme davon bildet lediglich die Gruppe 4, da sie bezogen auf die kreative Leistung ein (geringes) Abfallen verzeichnet. Diese erhielten fixe Vergütung, obwohl sie variabel bevorzugten.

[161] Es lassen sich vier verschiedene Präferenzgruppen bilden. Gruppe 1 erhält präferenzkonsistent variable, Gruppe 2 präferenzkonsistent fixe Vergütung. Gruppe 3 wird präferenzinkonsistent variabel, Gruppe 4, präferenzinkonsistent fix vergütet.

| | | Punkte berechnet nach Vergütungssystem | | | | | | | | |
|---|---|---|---|---|---|---|---|---|---|---|
| | | | | (a) | | | (b) | | | (c) |
| | | Gesamtleistung Aufgabe 1 | Gesamtleistung Aufabe 2 | Leistungssteigerung gesamt | Kreativität Aufgabe 1 | Kreativität Aufgabe 2 | Leistungssteigerung Kreativität | Anzahl Aufgabe 1 | Anzahl Aufgabe 2 | Leistungssteigerung Anzahl |
| (1) | gesamte Stichoprobe | 7,63 | 18,31 | **10,68** | 1,83 | 2,45 | **0,61** | 5,22 | 10,51 | **5,29** |
| (2) | erhaltene Vergütung: fix (TG0) | 6,05 | 14,89 | **8,84** | 1,60 | 2,62 | **1,02** | 4,48 | 8,31 | **3,83** |
| | erhaltene Vergütung: variabel (TG1) | 9,11 | 21,52 | **12,40** | 2,05 | 2,29 | **0,24** | 5,90 | 12,56 | **6,66** |
| (3) | Gruppe 1: präferenzkonsistent variabel | 10,16 | 25,19 | **15,03** | 2,38 | 2,42 | **0,05** | 6,64 | 13,64 | **7,00** |
| | Gruppe 2: präferenzkonsistent fix | 4,33 | 13,54 | **9,21** | 1,19 | 2,62 | **1,44** | 3,93 | 8,05 | **4,12** |
| | Gruppe 3: präferenzinkonsistent variabel | 8,97 | 20,23 | **11,26** | 1,85 | 2,36 | **0,52** | 5,78 | 11,83 | **6,06** |
| | Gruppe 4: präferenzinkonsistent fix | 10,55 | 18,41 | **7,87** | 2,68 | 2,61 | **-0,07** | 5,94 | 9,00 | **3,06** |

**Tabelle 7: Mittelwerte und Änderungen der Leistung**
**Quelle: Eigene Darstellung**

Ein genauerer Blick auf die beiden Treatmentgruppen (2) zeigt, dass die Leistungssteigerung insgesamt (Spalte a) bei den variabel Vergüteten höher ist als bei den fix Vergüteten. Dabei liegt die Steigerung bei den variabel Vergüteten bei 12,40 Punkten, bei den fix Vergüteten bei 8,84 Punkten. Dies gilt auch unabhängig von der Vergütungspräferenz.

Betrachtet man in Tabelle 7 statt der Gesamtleistungssteigerung (Spalte a) jeweils einzeln die Steigerung der Kreativität (Spalte b) und der Anzahl (Spalte c) zeigt sich, dass die fix Vergüteten bei der Kreativität einen stärkeren Anstieg verzeichnen als die variabel Vergüteten. Der Anstieg liegt bei TG0 (fix) bei 1,02 Punkten, bei TG1 (variabel) bei 0,24 Punkten. Bei der Anzahl verhält es sich umgekehrt. Der Zuwachs ist bei den variabel Vergüteten höher als bei den fix Vergüteten. TG1 (variabel) hat einen Zuwachs von 6,66, TG0 (fix) hingegen nur von 3,83 Punkten.

Bei der präferenzkonsistent variabel vergüteten Gruppe 1 ist die Leistungssteigerung bei der Anzahl, bei der präferenzkonsistent fix vergüteten Gruppe 2 die Kreativitätssteigerung am höchsten. Bei Gruppe 1 steigt die Anzahl um 7,00, bei Gruppe 2 die Kreativität um 1,44. Die präferenzinkonsistent variabel vergütete Gruppe 3 liegt sowohl bei der Steigerung der Kreativität als auch bei der Anzahl sowie der Gesamtleistung an zweiter, die präferenzinkonsistent fix vergütete Gruppe 4 an letzter Stelle.

Um zu überprüfen, ob diese Änderungen in der Leistung jeweils auf die Vergütungsform bzw. die -präferenz zurückzuführen sind und somit die Hypothesen 1a,b zu testen, werden zum Gruppenvergleich Varianzanalysen durchgeführt.

**Überprüfung der Hypothese 1a**

Entsprechend Hypothese 1a führt die variable Vergütung im Vergleich zur fixen zu einer Leistungssteigerung. Wie der Tabelle 7 entnommen werden kann, liegt die Leistungssteigerung insgesamt bei den variabel Vergüteten deutlich höher als bei den fix Vergüteten. Der Mittelwert der Leistungssteigerung liegt für die variabel Vergüteten bei 12,40 (*SD* = 12,79), für die fix Vergüteten bei 8,84 (*SD* = 10,99). Trotz der großen Mittelwertdifferenz, ist der Unterschied entsprechend der Varianzanalyse nicht signifikant, jedoch zeichnet er sich in der Tendenz ab. *Die Hypothese 1a ist damit bezogen auf die Stichprobe dieser Studie nicht bestätigt.*

**Weiterführende Analyse**

Interessante Erkenntnisse liefert ein weiterführender Blick auf die Veränderung der Leistung bei den einzelnen Komponenten Kreativität und Anzahl. Folgende Abbildung 34 veranschaulicht die Ergebnisse.

Abbildung 34 zeigt, dass die fix Vergüteten im Gegensatz zu den variabel Vergüteten deutlich die Kreativität steigern. Ihre Kreativitätssteigerung liegt bei 1,02 (*SD* = 2,40), bei den variabel Vergüteten hingegen nur bei 0,24 (*SD* = 1,95). Entsprechend der Varianzanalyse ist dieser Unterschied zum Alphaniveau von 10 Prozent signifikant. Bezogen auf die Anzahl hingegen verbessern die variabel Vergüteten deutlich stärker ihre Leistung als die fix Vergüteten. Die Steigerung liegt bei den variabel Vergüteten bei 6,66 (*SD* = 6,49), bei den fix Vergüteten bei 3,83 (*SD* = 4,82). Entsprechend der Varianzanalyse ist der Unterschied zum Alphaniveau von

5 Prozent signifikant. Insgesamt ist die Leistungssteigerung demnach bezogen auf die Kreativität bei den fix und bezogen auf die Anzahl bei den variabel Vergüteten höher.

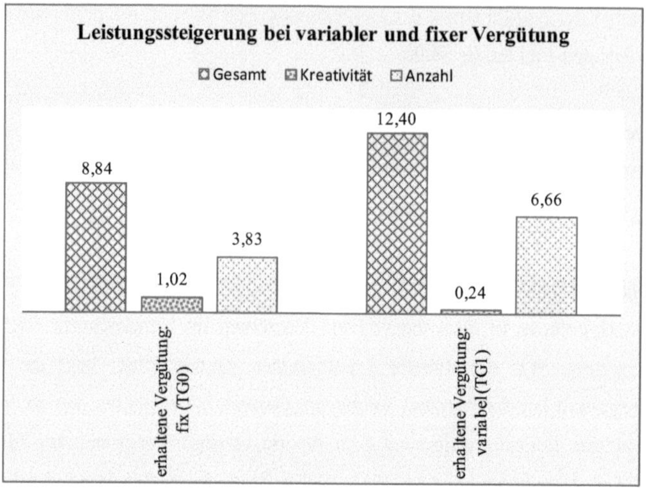


**Abbildung 34: Leistungssteigerung bei variabler und fixer Vergütung**
**Quelle: Eigene Darstellung**

### Überprüfung der Hypothese 1b

Hypothese 1b postuliert, dass die Leistungssteigerung bei den Mitarbeitern, die fixe Vergütung präferieren und variable bekommen (Gruppe 3, präferenzinkonsistent variabel vergütet) höher ist als bei den anderen Gruppen. Wie der Tabelle 7 entnommen werden kann, ist jedoch die Leistungssteigerung insgesamt für die präferenzkonsistent variabel vergütete Gruppe 1 am höchsten. Sie verbessern sich um 15,03 Punkte (*SD* = 16,24). Die Steigerung der präferenzinkonsistent variabel vergüteten Gruppe 3 ist am zweithöchsten, die der präferenzkonsistent fix vergüteten Gruppe 2 am dritthöchsten und die der präferenzinkonsistent fix vergüteten Gruppe 4 am niedrigsten. Die Steigerungen liegen jeweils bei 11,26 (*SD* = 10,47), 9,21 (*SD* = 10,50) und 7,87 Punkten (*SD* = 12,49). Trotz der verhältnismäßig großen Mittelwertdifferenzen ist der Unterschied zwischen diesen vier Gruppen nicht signifikant, jedoch in der Tendenz erkennbar. *Hypothese 1b ist damit bezogen auf die Stichprobe dieser Studie nicht bestätigt.*

**Weiterführende Analyse**

Interessant ist auch hier ein weiterführender Blick auf die Veränderung der Leistung bezogen auf die Komponenten Kreativität und Anzahl.

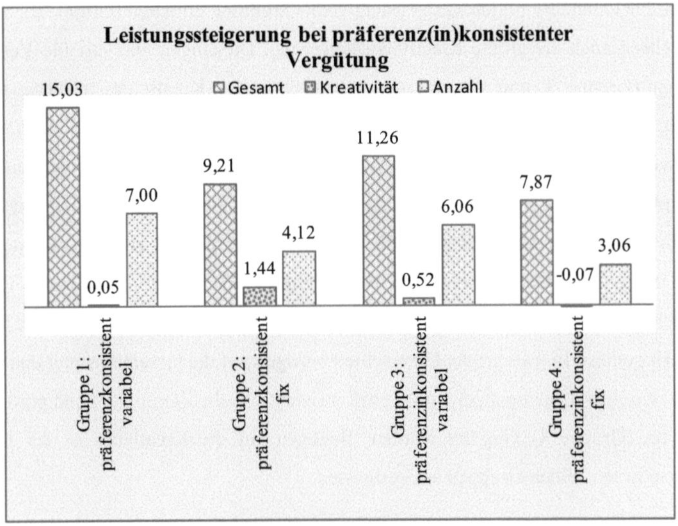


**Abbildung 35: Leistungssteigerung bei präferenz(in)konsistenter Vergütung**
**Quelle: Eigene Darstellung**

Nach den Ergebnissen der Varianzanalyse unterscheiden sich die Gruppen zum Alphaniveau von 5 Prozent signifikant hinsichtlich ihrer Kreativitätssteigerung. Abbildung 35 veranschaulicht die Ergebnisse. Sie zeigt, dass die Kreativitätssteigerung bei der präferenzkonsistent fix vergüteten Gruppe 2 am höchsten, bei der präferenzinkonsistent variabel vergüteten Gruppe 3 am zweithöchsten, bei der präferenzkonsistent variabel vergüteten Gruppe 1 am dritthöchsten und der präferenzinkonsistent fix vergüteten Gruppe 4 sogar negativ und somit am geringsten ist. Die Verbesserungen liegen jeweils bei 1,44 (*SD* = 2,51), bei 0,52 (*SD* = 1,86) bei 0,05 (*SD* = 2,07) und -0,07 (*SD* = 1,71). Auch bei der Steigerung bezogen auf die Anzahl unterscheiden sich die Gruppen signifikant, hier zum Alphaniveau von 10 Prozent. Die Reihenfolge der Leistungssteigerung bezogen auf die Anzahl entspricht der Reihenfolge bei der Leistungssteigerung insgesamt: Die präferenzkonsistent variabel vergütete Gruppe 1 steigert hier die Leistung am höchsten, Gruppe 3 am zweithöchsten, Gruppe 2 am dritthöchsten und Gruppe 4 am geringsten. Die Erhöhungen liegen jeweils bei 7,00 (*SD* = 6,58), bei 6,06 (*SD* = 5,93), bei 4,12 (*SD* = 5,10) und 3,06 Punkten (*SD* = 4,07).

Insgesamt zeigt sich, dass die bei der zweiten Aufgabe variabel vergüteten Personen (Gruppe 1 und Gruppe 3) im Vergleich zur ersten Aufgabe, bei der sie fix vergütet wurden, nur eine geringe Kreativitätssteigerung haben. Dies steht auch mit den Ausführungen zur ersten Hypothese in Einklang, wonach die fix Vergüteten diejenigen sind, welche die Kreativität steigern. Personen, die präferenzkonsistent fixe Vergütung erhielten (Gruppe 2), verzeichnen entsprechend auch die größte Kreativitätssteigerung. Diejenigen, die variable Vergütung bevorzugen (Gruppe 1 und Gruppe 4), haben geringere Kreativitätssteigerungen, da ihre Leistung bei der ersten Aufgabe schon hoch und eine Steigerung deshalb umso schwieriger ist. Hervorzuheben ist die negative Leistungsentwicklung der präferenzinkonsistent fix vergüteten Gruppe 4. Diese ist bei der ersten Aufgabe die beste und bei der zweiten Aufgabe immer noch die zweitbeste. Die Leistung fällt jedoch von Aufgabe 1 zu 2 ab. Bezogen auf die Anzahl ist die Verbesserung bei den variabel Vergüteten (Gruppe 1 und Gruppe 3) größer als bei den fix Vergüteten (Gruppe 2 und Gruppe 4). Dies steht im Einklang mit den Ausführungen zu Hypothese 1a. Der größte Unterschied bezogen auf die Gesamtleistung und die Anzahl besteht zwischen denjenigen, die präferenzkonsistent variabel (Gruppe 1) und präferenzinkonsistent fix (Gruppe 4) vergütet wurden. Bezogen auf die Kreativität ist der Unterschied zwischen diesen beiden Gruppen am geringsten.

Im Zusammenhang mit der Leistungssteigerung auf Grund variabler Vergütung ist auch die Veränderung der intrinsischen Motivation relevant. Im Folgenden wird deshalb deren Entwicklung dargestellt und varianzanalytisch untersucht, ob die Änderungen jeweils auf die Vergütungsform bzw. die -präferenz zurückzuführen sind, um so die Hypothesen 2a,b zu testen.

**Deskriptive Ergebnisse zur Änderung der intrinsischen Motivation**

Wie in Tabelle 8 dargestellt, ist die intrinsische Motivation zum zweiten Messzeitpunkt jeweils geringer als zum ersten, was sich in der negativen Änderung zeigt. Bei den variabel Vergüteten (TG1) sinkt die intrinsische Motivation im Vergleich zu den fix Vergüteten (TG2) deutlich weniger ab. Die Reduzierung beträgt 0,13 bzw. 0,75.

Bei der präferenzkonsistent vergüteten Gruppe 1 sinkt die intrinsische Motivation lediglich um 0,05, bei der präferenzkonsistent fix vergüteten Gruppe 2 hingegen um 0,92. Die präferenzinkonsistent variabel und fix vergüteten Gruppen 3 und 4 bewegen sich mit einem Absinken der intrinsischen Motivation um 0,17 bzw. 0,30 zwischen den beiden anderen

Gruppen. Diejenigen, die variable Vergütung bevorzugen weisen sowohl zum ersten als auch zum zweiten Messzeitpunkt die höchsten Werte bei der intrinsischen Motivation auf (Gruppe 1 und 4).

| | | intrinsische Motivation Zeitpunkt 1 | intrinsische Motivation Zeitpunkt 2 | Änderung intrinsische Motivation |
|---|---|---|---|---|
| (1) | gesamte Stichprobe | 4,29 | 3,82 | **-0,44** |
| (2) | erhaltene Vergütung: fix (TG0) | 4,11 | 3,36 | **-0,75** |
| | erhaltene Vergütung: variabel (TG1) | 4,46 | 4,29 | **-0,13** |
| (3) | Gruppe 1: präferenzkonsistent variabel | 4,68 | 4,57 | **-0,05** |
| | Gruppe 2: präferenzkonsistent fix | 3,85 | 2,93 | **-0,92** |
| | Gruppe 3: präferenzinkonsistent variabel | 4,30 | 4,13 | **-0,17** |
| | Gruppe 4: präferenzinkonsistent fix | 4,80 | 4,50 | **-0,30** |

**Tabelle 8: Mittelwerte und Änderungen der intrinsischen Motivation**
**Quelle: Eigene Darstellung**

### Überprüfung der Hypothese 2a

Entsprechend Hypothese 2a führt die variable Vergütung zur Verdrängung der intrinsischen Motivation. Wie der Tabelle 8 entnommen werden kann, reduziert sich die intrinsische Motivation bei den fix Vergüteten stärker als bei den variabel Vergüteten. Bei den fix Vergüteten ändert sie sich mit -0,75, bei den variabel Vergüteten um -0,13. Entsprechend der Varianzanalyse ist dieser Unterschied zum Alphaniveau von 10 Prozent signifikant (p = 0,069), allerdings entgegengesetzt der hypothetisierten Richtung. *Die Hypothese 2a ist damit bezogen auf die Stichprobe dieser Studie nicht bestätigt.*

Die intrinsische Motivation ist sowohl bei den fix als auch bei den variabel Vergüteten gesunken, allerdings bei Letzteren deutlich weniger als bei den fix Vergüteten. Die variable Vergütung hat somit das Absinken der intrinsischen Motivation verringert bzw. diese besser aufrecht erhalten. Folgende Abbildung 36 stellt die intrinsische Motivation sowie ihre Änderung grafisch dar.

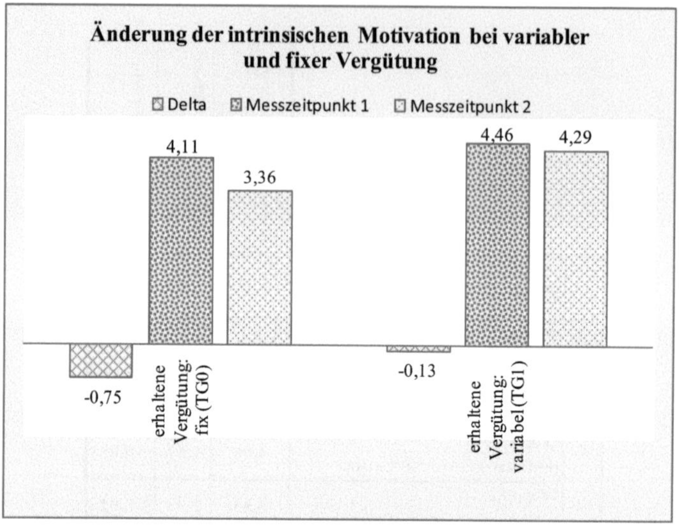


**Abbildung 36: Änderung der intrinsischen Motivation bei variabler und fixer Vergütung**
**Quelle: Eigene Darstellung**

## Überprüfung der Hypothese 2b

Hypothese 2b postuliert, dass die Verdrängung der intrinsischen Motivation bei den Mitarbeitern, die variable Vergütung bekommen, obwohl sie fixe präferieren (Gruppe 3) am größten ist. Wie Abbildung 37 zeigt, ist die intrinsische Motivation in allen Gruppen zum zweiten Messzeitpunkt geringer als zum ersten. Die präferenzkonsistent fix vergütete Gruppe 2 verzeichnet die größte, die präferenzkonsistent variable Gruppe 1 hingegen die geringste Verdrängung der intrinsischen Motivation. Die Änderung liegt -0,92 bzw. -0,05. Die präferenzinkonsistent variabel und fix vergüteten Gruppen 3 und 4 bewegen sich dazwischen (vgl. Tabelle 8, S. 251). Es zeichnet sich ab, dass entsprechend der Ausführungen zur Hypothese 2a die Verdrängung der intrinsischen Motivation bei den variabel Vergüteten geringer ausfällt als bei fix Vergüteten und dass diejenigen, die variable Vergütung bevorzugen sowohl zum ersten als auch zum zweiten Messzeitpunkt die höchsten Werte bei der intrinsischen Motivation aufweisen (Gruppe 1 und 4). Varianzanalytisch unterscheiden sich die vier Gruppen jedoch nicht signifikant. *Die Hypothese 2b ist bezogen auf die Stichprobe dieser Studie nicht bestätigt.*

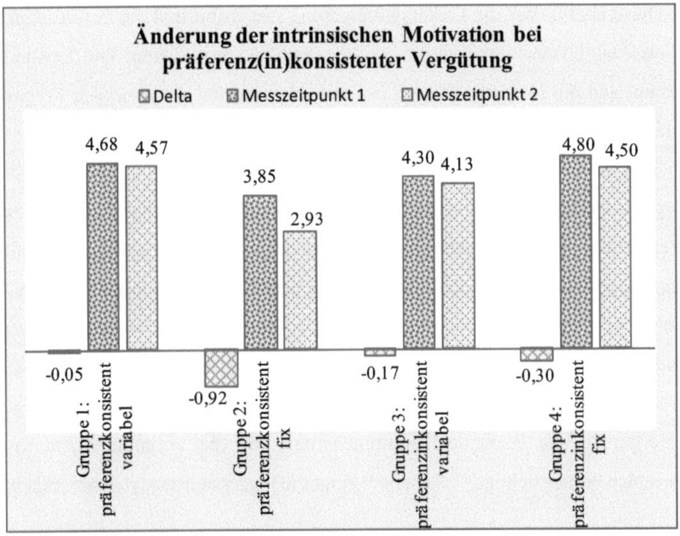


**Abbildung 37: Änderung der intrinsischen Motivation bei präferenz(in)konsistenter Vergütung**
**Quelle: Eigene Darstellung**

Entsprechend der varianzanalytischen Ergebnisse zu den Hypothesen 1a,b haben Vergütungsform und Präferenz(in)konsistenz der Vergütung keinen Einfluss auf die Leistungssteigerung insgesamt und die intrinsische Motivation. Im Rahmen dieser Arbeit ist zudem relevant, inwiefern sich die *Bereitschaft auf das variable Vergütungssystem umzusteigen* und *sich im Sinne der Anreize des Systems zu verhalten*, eignet die Leistungssteigerung vorherzusagen. Dementsprechend wird im Folgenden mit Hilfe von Regressionsanalysen untersucht, inwiefern sich die Verhaltensintention als Prädiktor für das tatsächliche Verhalten, gemessen als Leistungssteigerung, eignet.

### Überprüfung der Hypothesen 3a,b

Entsprechend Hypothese 3a ist die Leistungssteigerung insgesamt umso geringer, je höher die *Bereitschaft des Mitarbeiters* ist, *auf das variable Vergütungssystem umzusteigen*. Nach Hypothese 3b ist die Leistungssteigerung insgesamt umso höher, je größer die *Bereitschaft* ist, *sich im Sinne der Anreize des Systems zu verhalten.*

Zur Überprüfung dieser Hypothesen wurde im ersten Schritt eine Korrelationsanalyse durchgeführt.[162] Diese ergab, dass die Leistungssteigerung insgesamt und die *Bereitschaft, auf das variable Vergütungssystem umzusteigen,* nicht signifikant korrelieren. Die Leistungssteigerung insgesamt und die *Bereitschaft, sich im Sinne der Anreize des variablen Vergütungssystems zu verhalten,* hingegen korrelieren positiv (r = 0,182, p = 0,051).[163]

Um die Hypothesen abschließend zu prüfen und zu bestimmen, welchen Teil der Gesamtvarianz die Verhaltensintention an der Verhaltensakzeptanz erklärt, wurden in einem zweiten Schritt Regressionsanalysen mit der Leistungssteigerung insgesamt als abhängige Variable durchgeführt. Die *Bereitschaft eines Mitarbeiters, auf das variable Vergütungssystem umzusteigen,* und die *Bereitschaft, sich im Sinne der Anreize des variablen Vergütungssystems zu verhalten,* stellten die unabhängigen Variablen dar. Die allgemeine Einstellung gegenüber variabler Vergütung, die Form der Zusammenarbeit und die Vergütungsform wurden als Kontrollvariablen berücksichtigt.[164] Tabelle 9 zeigt die regressionsanalytischen Ergebnisse.

Wie in Tabelle 9 dargestellt, hat die *Bereitschaft des Mitarbeiters, auf das variable Vergütungssystem umzusteigen,* zwar einen negativen, jedoch nicht signifikanten Effekt auf die Leistungssteigerung insgesamt. Die *Bereitschaft, sich im Sinne der Anreize des variablen Vergütungssystems zu verhalten,* hingegen beeinflusst signifikant positiv die Leistungssteigerung. Von den Kontrollvariablen hat die allgemeine Einstellung gegenüber variabler Vergütung eine signifikant negative Wirkung. Je positiver also die Einstellung gegenüber variabler Vergütung ist, desto geringer ist die Leistungssteigerung.[165] Die Ergebnisse sind zum Alphaniveau von 5 Prozent signifikant. Der Erklärungsgehalt des Modells liegt bei 12,1 Prozent.[166]

---

[162] Die Korrelationstabelle kann in Anhang 6 eingesehen werden.

[163] Von den personenbezogenen Größen korrelierte die allgemeine Einstellung gegenüber variabler Vergütung (r = -0,161, p = 0,087) signifikant negativ, und die Offenheit (r = 0,198, p = 0,032) sowie die intrinsische Motivation (r = 0,234, p = 0,011) signifikant positiv mit der Verhaltensakzeptanz. Von den Implementierungsmaßnahmen korrelierte die Möglichkeit der Qualifizierung/Betreuung (r = 0,177, p = 0,058) signifikant positiv mit der Verhaltensakzeptanz.

[164] Da Multikollinearität in starkem Maße vorlag, wurden die verursachenden Kontrollvariablen sukzessive aus dem Modell entfernt. Werden die allgemeine Einstellung gegenüber variabler Vergütung, die Form der Zusammenarbeit und der Vergütung als Kontrollvariablen berücksichtigt, liegt der Konditionsindex als entsprechendes Maß im akzeptablen Bereich. Die Annahmen, die einer Regressionsanalyse zu Grunde liegen, sowie der Umgang mit ggf. unerfüllten Annahmen sind in Kapitel 5.3 dargestellt.

[165] Die negative Wirkung der allgemeinen Einstellung gegenüber variabler Vergütung lässt sich analog zum negativen Zusammenhang zwischen *Umstiegsbereitschaft* und Leistungssteigerung erklären. Es ist anzunehmen, dass Individuen, welche die Belohnung individueller Leistung positiv beurteilen und somit über eine positive allgemeine Einstellung gegenüber variabler Vergütung verfügen, eher zu den Top Performern gehören und somit bei der ersten Aufgabe bereits hohe Leistung gebracht haben, weshalb eine Steigerung bei der zweiten Aufgabe geringer ausfällt.

[166] Detailliertere Tabellen zu den einzelnen Regressionen sind in Anhang 7 zu finden.

*Hypothese 3a ist somit bezogen auf die Stichprobe dieser Studie nicht bestätigt, 3b ist bestätigt.*

| | Leistungs-steigerung insgesamt | | Leistungs-steigerung Kreativität | | Leistungs-steigerung Anzahl | |
|---|---|---|---|---|---|---|
| $R^2$ | 0,121 | | 0,124 | | 0,130 | |
| N = 115 | Standardisierter Beta-Koeffizient | | Standardisierter Beta-Koeffizient | | Standardisierter Beta-Koeffizient | |
| allgemeine Einstellung gegenüber variabler Vergütung | -,191 | * | ,001 | n.s. | -,234 | * |
| Form der Zusammenarbeit | ,151 | n.s. | ,224 | * | -,068 | n.s. |
| Form der Vergütung | ,148 | n.s. | -,112 | n.s. | ,208 | * |
| Bereitschaft, auf das variable Vergütungssystem umzusteigen | -,069 | n.s. | -,296 | ** | -,078 | n.s. |
| Bereitschaft, sich im Sinne der Anreize des variablen Vergütungssystems zu verhalten | ,236 | * | ,060 | n.s. | ,220 | * |
| + p < 0,10 * p < 0,05 ** p < 0,01 n.s p > 0,10 | | | | | | |

**Tabelle 9: Regressionsanalytische Ergebnisse zur Leistungssteigerung**
**Quelle: Eigene Darstellung**

## Weiterführende Analyse

Betrachtet man nicht die Steigerung der Gesamtleistung, sondern die Steigerung bezogen auf Kreativität und Anzahl separat, ergibt sich ein interessantes Ergebnis: Die Kreativitätssteigerung ist umso geringer, je höher die *Bereitschaft* ist, *auf das variable Vergütungssystem umzusteigen*. Die Form der Zusammenarbeit als Kontrollvariable hat hierbei einen signifikant positiven Effekt. Die virtuell Arbeitenden erhöhen folglich die Kreativität mehr als diejenigen, die face-to-face arbeiten. Der Erklärungsgehalt des Modells liegt bei 12,4 Prozent. Mit einer höheren *Bereitschaft, sich im Sinne der Anreize des variablen Vergütungssystems zu verhalten,* geht zugleich eine positive Leistungssteigerung bei der Anzahl einher. Die allgemeine Einstellung gegenüber variabler Vergütung wirkt sich negativ, die variable Vergütung an sich in diesem Fall positiv auf die Leistungssteigerung aus. Die Ergebnisse sind zum Alphaniveau von 5 Prozent signifikant. Der Erklärungsgehalt des Modells liegt bei 13 Prozent.

## Zusammenfassung

Entsprechend der varianzanalytischen Ergebnisse zu den Hypothesen 1a,b und 2a,b haben die Vergütungsform sowie die Kombination aus tatsächlich erhaltener und präferierter Vergütung keinen Einfluss auf die Leistungssteigerung insgesamt. Weitere Analysen der einzelnen Leistungskomponenten Kreativität und Anzahl zeigen jedoch, dass die Kreativitätssteigerung bei den fix Vergüteten und die Steigerung der Anzahl bei den variabel Vergüteten jeweils signifikant höher sind. Die Änderung der intrinsischen Motivation unterscheidet sich zwar signifikant zwischen den variabel und fix Vergüteten, allerdings entgegengesetzt der hypothetisierten Richtung: Die variable Vergütung scheint das Absinken der intrinsischen Motivation „aufzufangen". Die darauf folgende Analyse des Zusammenhangs zwischen Einstellungs- (Verhaltensintention) und Verhaltensakzeptanz zeigt, dass die Leistungssteigerung unabhängig ist von der *Bereitschaft des Mitarbeiters, auf das variable Vergütungssystem umzusteigen*. Sie ist jedoch umso höher, je größer die *Bereitschaft* ist, *sich im Sinne der Anreize des variablen Vergütungssystems zu verhalten*. Im Folgenden wird untersucht, wovon jeweils die *Umstiegsbereitschaft* und die *Bereitschaft, sich im Sinne der Anreize des Systems zu verhalten,* abhängen.

### 6.2.2 Einflussgrößen auf die Bereitschaft, auf das variable Vergütungssystem umzusteigen und sich im Sinne der Anreize des Systems zu verhalten

Entsprechend der formulierten Hypothesen hängt die *Bereitschaft, auf das variable Vergütungssystem umzusteigen* und *sich im Sinne der Anreize des Systems zu verhalten,* davon ab, wie die Betroffenen ihren Nutzen vom variablen Vergütungssystem beurteilen (H4a,b), für wie gerecht sie den durch das System ermittelten variablen Anteil und die damit verbundenen Prozesse halten (5a,b,c,d) und wie sie ihre Leistung einschätzen (H7a,b). Inwiefern sich die Betroffenen gut informiert fühlen und das variable Vergütungssystem sowie dessen Konsequenzen verstehen (Kommunikation), die Führung hinter der Einführung des Systems steht (Organisation), Mitarbeiter in die Konzeption des Systems eingebunden sind (Motivation) und Schulungsmöglichkeiten, z. B. zum Thema Leistungsbeurteilung, angeboten werden (Qualifizierung/Betreuung), beeinflusst ebenfalls positiv die *Umstiegsbereitschaft* (H9a,b, 10a,b, 11a,b, 12a,b).

**Überprüfung der Hypothesen 4a, 5a,b, 7a, 9a, 10a, 11a, 12a**

Zur Hypothesenprüfung wurde im ersten Schritt eine Korrelationsanalyse durchgeführt.[167] Diese ergab, dass die *Bereitschaft, auf das variable Vergütungssystem umzusteigen,* signifikant positiv korreliert

- mit dem wahrgenommenen Nutzen,
- mit der wahrgenommenen distributiven und prozeduralen Gerechtigkeit sowie

[167] Die Korrelationstabelle kann in Anhang 6 eingesehen werden.

- mit der Einschätzung der Leistung und
- damit, dass die Führung hinter der Einführung der variablen Vergütung steht (Organisation).[168]

Um die Hypothesen abschließend zu prüfen, wurde eine Regressionsanalyse mit der *Bereitschaft eines Mitarbeiters, auf das variable Vergütungssystem umzusteigen,* als abhängige Variable durchgeführt. Der wahrgenommene Nutzen, die wahrgenommene distributive und prozedurale Gerechtigkeit, die Einschätzung der Leistung sowie die Implementierungsmaßnahmen Kommunikation, Organisation, Motivation und Qualifizierung/Betreuung gingen als unabhängige Variablen in die Berechnung ein. Der individuelle Kreativitätsgrad, die allgemeine Einstellung gegenüber variabler Vergütung sowie die Form der Zusammenarbeit wurden als Kontrollvariablen berücksichtigt.[169] Folgende Tabelle 10 fasst die regressionsanalytischen Ergebnisse zusammen.

Wie in Tabelle 10 dargestellt, ist die *Bereitschaft des Mitarbeiters, auf das variable Vergütungssystem umzusteigen,* umso höher, je größer die Betroffenen ihren Nutzen (H4a) und ihre eigene Leistung (H7a) einschätzen und hängt positiv davon ab, dass die Führung hinter der Einführung der variablen Vergütung steht (Organisation, H10a). Die allgemeine Einstellung gegenüber variabler Vergütung und die Form der Zusammenarbeit als Kontrollvariablen beeinflussen ebenfalls signifikant positiv die *Umstiegsbereitschaft.*[170] Der Erklärungsgehalt des Modells liegt bei 51 Prozent. *Damit sind die Hypothesen 4a, 7a, 10a bestätigt, die Hypothesen 5a,b, 9a, 11a, 12a bezogen auf die Stichprobe dieser Studie nicht bestätigt.*

---

[168] Die Korrelation mit der allgemeinen Einstellung gegenüber variabler Vergütung (r = 0,274, p = 0,003) und der Gewissenhaftigkeit (r = 0,221, p = 0,017) war signifikant positiv.

[169] Mit Blick auf den Konditionsindex als Maß für die Multikollinearität wurden der Kreativitätsgrad, die allgemeine Einstellung gegenüber variabler Vergütung und die Form der Zusammenarbeit als Kontrollvariablen berücksichtigt. Da im Gesamtmodell die Multikollinearität das akzeptable Maß dennoch überstieg, wurde statt der Variante Einschluss, die bei Multikollinearität besser geeignete Variante Schrittweise gewählt (vgl. Kapitel 5.3). Die Wahl dieser Variante führte in einzelnen Modellen zum Entfernen von unabhängigen Variablen (z. B. wahrgenommene prozedurale Gerechtigkeit; Einschätzung der Leistung im Team; Kommunikation) als Bestimmungsgrößen der abhängigen Variable.

[170] Die *Bereitschaft, auf das variable Vergütungssystem umzusteigen* ist demnach unabhängig davon, für wie gerecht die Betroffenen den durch das System ermittelten variablen Anteil und die damit verbundenen Prozesse halten, ob sie sich gut informiert fühlen und das variable Vergütungssystem sowie dessen Konsequenzen verstehen (Kommunikation), ob Mitarbeiter in die Konzeption des Systems eingebunden sind (Motivation) und ob Schulungsmöglichkeiten, z. B. zum Thema Leistungsbeurteilung angeboten werden (Qualifizierung/ Betreuung).

| | Bereitschaft, auf das variable Vergütungssystem umzusteigen | Bereitschaft, sich im Sinne der Anreize des variablen Vergütungssystems zu verhalten | wahrgenommener Nutzen |
|---|---|---|---|
| $R^2$ | 0,510 | 0,434 | 0,429 |
| Gesamtmodell, schrittweise Regression N =111 | Standardisierter Beta-Koeffizient | Standardisierter Beta-Koeffizient | Standardisierter Beta-Koeffizient |
| Kreativitätsgrad | | | ,268 ** |
| allgemeine Einstellung gegenüber variabler Vergütung | ,142 + | -,042 n.s. | ,237 ** |
| Form der Zusammenarbeit | ,216 * | | |
| wahrgenommener Nutzen | ,433 ** | | *nicht berechnet* |
| wahrgenommene distributive Gerechtigkeit | | ,430 ** | ,181 * |
| wahrgenommene prozedurale Gerechtigkeit | | | |
| Einschätzung der eigenen Leistung | ,211 ** | ,238 ** | ,296 ** |
| Einschätzung der Leistung im Team | | | |
| Mitarbeiter fühlen sich gut informiert und verstehen das variable Vergütungssystem sowie dessen Konsequenzen (Kommunikation) | | | -,288 ** |
| Führung steht hinter der Einführung der variablen Vergütung (Organisation) | ,189 * | | ,174 * |
| Mitarbeiter sind in die Konzeption des Systems eingebunden (Motivation) | | ,221 ** | |
| Schulungsmöglichkeiten zum Thema Leistungsbeurteilung werden angeboten (Qualifizierung/Betreuung) | | ,224 ** | |
| + p < 0,10 * p < 0,05 ** p < 0,01 n.s p > 0,10 | | | |

**Tabelle 10: Regressionsanalytische Ergebnisse zur Bereitschaft, auf das variable Vergütungssystem umzusteigen und sich im Sinne der Anreize des Systems zu verhalten**
**Quelle: Eigene Darstellung**

## Überprüfung der Hypothesen 4b, 5c,d, 7b, 9b, 10b, 11b, 12b

Zur Hypothesenprüfung wurde im ersten Schritt eine Korrelationsanalyse durchgeführt.[171] Diese ergab, dass die *Bereitschaft, sich im Sinne der Anreize des variablen Vergütungssystems zu verhalten,* signifikant positiv korreliert

- mit dem wahrgenommenen Nutzen,
- der wahrgenommenen distributiven und prozeduralen Gerechtigkeit sowie
- der Einschätzung der Leistung,
- damit, dass die Führung hinter der Einführung der variablen Vergütung steht (Organisation),
- dass sich die Mitarbeiter gut informiert fühlen und das variable Vergütungssystem sowie dessen Konsequenzen verstehen (Kommunikation),

[171] Die Korrelationstabelle kann in Anhang 6 eingesehen werden.

- dass Mitarbeiter in die Konzeption des Systems eingebunden sind (Motivation) und
- dass Schulungsmöglichkeiten, z. B. zum Thema Leistungsbeurteilung, angeboten werden (Qualifizierung/Betreuung).[172]

Um die Hypothesen abschließend zu prüfen, wurde mit der *Bereitschaft, sich im Sinne der Anreize des variablen Vergütungssystems zu verhalten,* als abhängige Variable analog zur Regressionsanalyse mit der *Umstiegsbereitschaft* als abhängige Variable eine Regressionsanalyse durchgeführt.

Der Tabelle 10 kann entnommen werden, dass die *Bereitschaft, sich im Sinne der Anreize des variablen Vergütungssystems zu verhalten,* umso größer ist, je gerechter die Mitarbeiter das Verteilungsergebnis, also ihren durch das Vergütungssystem berechneten variablen Anteil (H5c) und je besser sie ihre eigene Leistung (H7b) einschätzen. Außerdem hängt die *Bereitschaft, sich im Sinne der Anreize des Systems zu verhalten,* positiv von der Beteiligung der Mitarbeiter an der Konzeption des variablen Vergütungssystems (Motivation, H11b) und den angebotenen Schulungsmöglichkeiten, z. B. zum Thema Leistungsbeurteilungen (Qualifizierung/Betreuung, H12b) ab.[173] Der Erklärungsgehalt des Modells liegt bei 43,4 Prozent.[174] *Damit sind die Hypothesen 5c, 7b, 11b, 12b bestätigt, die Hypothesen 4b, 5d, 9b, 10b bezogen auf die Stichprobe dieser Studie nicht bestätigt.*

**Zusammenfassung**

Entsprechend der Ergebnisse der Regressionsanalysen sind die Betroffenen umso eher *bereit, auf das variable Vergütungssystem umzusteigen*, je höher sie ihren Nutzen sowie ihre Leistung einschätzen und wenn die Führung hinter der Einführung der variablen Vergütung steht (Organisation). Zusätzlich beeinflussen die allgemeine Einstellung gegenüber variabler Vergütung und die (virtuelle) Form der Zusammenarbeit als Kontrollvariablen signifikant positiv die *Umstiegsbereitschaft.* Die Betroffenen sind eher *bereit, sich im Sinne der Anreize des variablen Vergütungssystems zu verhalten*, je gerechter sie das Verteilungsergebnis, also ihren durch das Vergütungssystem ermittelten variablen Anteil und je besser sie ihre eigene

[172] Die Korrelation mit der allgemeinen Einstellung gegenüber variabler Vergütung war signifikant positiv ($r = 0,277$, $p = 0,003$) und mit dem Alter signifikant negativ ($r = -0,278$, $p = 0,003$).

[173] Die *Bereitschaft, sich im Sinne der Anreize des Systems zu verhalten* ist demnach unabhängig davon, wie hoch sie ihren Nutzen einschätzen, für wie gerecht die Betroffenen die mit der Ermittlung des variablen Anteils verbundenen Prozesse halten, ob sie sich gut informiert fühlen und das variable Vergütungssystem sowie dessen Konsequenzen verstehen (Kommunikation) und ob die Führung hinter der Einführung der variablen Vergütung steht (Organisation).

[174] Detailliertere Tabellen zu den einzelnen Regressionen sind in Anhang 7 zu finden.

Leistung einschätzen. Außerdem hängt ihre *Bereitschaft, sich im Sinne der Anreize des Systems zu verhalten,* positiv von der Beteiligung der Mitarbeiter an der Konzeption des variablen Vergütungssystems (Motivation) und den angebotenen Schulungsmöglichkeiten, z. B. zum Thema Leistungsbeurteilungen (Qualifizierung/Betreuung), ab. Wovon die Nutzenwahrnehmung, welche die kognitive und affektive Einstellungskomponente repräsentiert, wiederum abhängt, wird im Folgenden überprüft.[175]

### 6.2.3 Einflussgrößen auf die Nutzenwahrnehmung

Entsprechend der formulierten Hypothesen hängt der Nutzen, den die Betroffenen von der variablen Vergütung erwarten, davon ab, für wie gerecht sie den durch das System ermittelten variablen Anteil und die damit verbundenen Prozesse halten (6a,b) und wie sie ihre Leistung einschätzen (H8). Inwiefern sich die Betroffenen gut informiert fühlen und das variable Vergütungssystem sowie dessen Konsequenzen verstehen (Kommunikation), die Führung hinter der Einführung des Systems steht (Organisation), Mitarbeiter in die Konzeption des Systems eingebunden sind (Motivation) und Schulungsmöglichkeiten, z. B. zum Thema Leistungsbeurteilung, angeboten werden (Qualifizierung/Betreuung) beeinflusst ebenfalls positiv die Nutzenwahrnehmung (H9c, 10c, 11c, 12c).

**Überprüfung der Hypothesen 6a,b, 8, 9c, 10c, 11c, 12c**

Um diese Hypothesen zu prüfen, wurde im ersten Schritt eine Korrelationsanalyse durchgeführt.[176] Diese ergab, dass der wahrgenommene Nutzen positiv

- mit der distributiven Gerechtigkeit,
- der Einschätzung der eigenen Leistung und
- dem Wissen, dass die Führung hinter der Einführung der variablen Vergütung steht (Organisation) korreliert und
- negativ damit zusammenhängt, inwiefern sich die Betroffenen gut informiert fühlen und das variable Vergütungssystem sowie dessen Konsequenzen verstehen (Kommunikation).[177]

---

[175] Eine Unterscheidung zwischen affektiver und kognitiver Einstellungskomponente findet im Rahmen der vorliegenden Arbeit nicht statt. Die Begründung dafür findet sich in Kapitel 3.4.1.2 (vgl. auch Oppermann 1975, 53; Oppermann, 1976, 127).

[176] Die Korrelationstabelle kann in Anhang 6 eingesehen werden.

[177] Die Korrelation mit der allgemeinen Einstellung gegenüber variabler Vergütung ($r = 0{,}298$, $p = 0{,}001$), der Gewissenhaftigkeit ($r = 0{,}284$, $p = 0{,}002$), der Offenheit ($r = 0{,}217$, $p = 0{,}019$), der Ungewissheitstoleranz (r

Um diese Hypothesen abschließend zu prüfen, wurden Regressionsanalysen mit dem wahrgenommenen Nutzen als abhängige Variable durchgeführt. Der individuelle Kreativitätsgrad, die allgemeine Einstellung gegenüber variabler Vergütung sowie die Form der Zusammenarbeit wurden als Kontrollvariablen berücksichtigt.

Die Ergebnisse können Tabelle 10 (S. 258) entnommen werden. Demnach nehmen die Betroffenen ihren Nutzen umso größer wahr, je gerechter sie den durch das System ermittelten variablen Anteil (H6a), je besser sie ihre eigenen Leistungen (H8) einschätzen und wenn die Führung hinter der Einführung der variablen Vergütung steht (Organisation, H10c). Andererseits beurteilen sie den Nutzen umso geringer, je besser sie sich informiert fühlen und das variable Vergütungssystem sowie dessen Konsequenzen verstehen (Kommunikation, H9c).[178] Der Erklärungsgehalt des Modells liegt bei 42,9 Prozent.[179] *Damit sind die Hypothesen 6a, 8, 9c und 10c bestätigt, 6b, 11c und 12c bezogen auf die Stichprobe dieser Studie nicht bestätigt.*

Bezogen auf den Einfluss der Implementierungsmaßnahmen auf die Gerechtigkeitswahrnehmung wurde auf Grund der zu erwartenden geringen Effekte auf die Formulierung entsprechender Hypothesen verzichtet. Entsprechende Regressionsanalysen liefern keine signifikanten Einflüsse und bestätigen damit diese Annahme.

**Zusammenfassung**

Entsprechend der Ergebnisse der Regressionsanalysen nehmen die Betroffenen den Nutzen umso größer wahr, je gerechter sie den durch das variable Vergütungssystem erhaltenen variablen Anteil und je höher sie ihre eigene Leistung einschätzen. Zudem hängt die Nutzenwahrnehmung positiv davon ab, ob die Führung hinter der Einführung des Systems steht (Organisation) und negativ davon ab, wenn sie sich gut informiert fühlen und das Systems sowie dessen Konsequenzen verstehen (Kommunikation).[180]

---

= 0,175, p = 0,094), dem Kreativitätsgrad (r = 0,275, p = 0,003) der Selbstwirksamkeit (r = 0,217, p = 0,019) und der intrinsischen Motivation (r = 0,180; 0,054) war signifikant positiv.

[178] Demnach ist der wahrgenommene Nutzen unabhängig davon, wie fair ein Mitarbeiter die mit dem variablen Vergütungssystem verbundenen Prozesse zur Ermittlung des Verteilungsergebnisses beurteilt, ob Mitarbeiter an der Konzeption des Systems mitgewirkt haben (Motivation) und Schulungsmöglichkeiten zum Thema Leistungsbeurteilung angeboten werden (Qualifizierung/Betreuung).

[179] Detailliertere Tabellen zu den einzelnen Regressionen sind in Anhang 7 zu finden. Dabei zeigt sich auch, dass sich die Ergebnisse zwischen der Rechenvariante Einschluss und Schrittweise nur unwesentlich unterscheiden. Die schrittweise Analyse wurde auf Grund der erhöhten Konditionsindize, die leichte Multikollinearität anzeigten, gewählt (vgl. Kapitel 5.3).

[180] Dieser negative Zusammenhang lässt sich damit erklären, dass das variable Vergütungssystem, dem sich die Probanden gegenüber sahen sehr „anspruchsvoll" war und die Ziele somit verhältnismäßig schwer zu

Das folgende Kapitel 6.3 fasst die Ergebnisse der in diesem Kapitel präsentierten Hypothesentests tabellarisch zusammen und veranschaulicht sie grafisch.

## 6.3 Überblick der empirischen Ergebnisse

In den vorherigen Abschnitten wurden die empirischen Ergebnisse zur Wirkung der variablen Vergütung auf das Leistungsverhalten und die intrinsische Motivation vorgestellt. Außerdem wurde untersucht, inwiefern sich die *Bereitschaft, auf das variable Vergütungssystem umzusteigen,* und die *Bereitschaft, sich im Sinne der Anreize des Systems zu verhalten,* eignen, um das tatsächliche Leistungsverhalten vorherzusagen und wovon diese beiden Aspekte der Bereitschaft jeweils abhängen. Damit wurden die in 4.5 hergeleiteten Hypothesen überprüft. Die folgende Tabelle 11 fasst überblicksartig zusammen, welche Hypothesen im Rahmen der Analyse bestätigt und welche nicht bestätigt werden konnten. Anschließend sind die signifikanten Zusammenhänge grafisch dargestellt.

| Nr. | Hypothesen | Abhängige Variable | Nicht bestätigt (-) bzw. bestätigt (+) |
|---|---|---|---|
| 1a | Unter variabler Vergütung ist die Leistungssteigerung höher als unter fixer Vergütung. | Leistungssteigerung | - |
| 1b | Die Leistungssteigerung ist bei den Mitarbeitern, die variable Vergütung bekommen, obwohl sie fixe präferieren, höher als bei den anderen Mitarbeitern. | Leistungssteigerung | - |
| 2a | Die Verdrängung der intrinsischen Motivation ist bei variabler Vergütung höher als bei fixer Vergütung. | Intrinsische Motivation | - |
| 2b | Wird variable Vergütung eingeführt, dann ist die Verdrängung der intrinsischen Motivation bei den Mitarbeitern, die variable Vergütung bekommen obwohl sie fixe Vergütung präferieren, größer als bei den anderen Mitarbeitern. | Intrinsische Motivation | - |
| 3a | Je größer die Einstellungsakzeptanz (Verhaltensintention) als *Bereitschaft des Mitarbeiters ist, auf das variable Vergütungssystem* umzusteigen, desto geringer ist die Verhaltensakzeptanz, die sich in der Leistungssteigerung zeigt. | Leistungssteigerung | - |
| 3b | Je größer die Einstellungsakzeptanz (Verhaltensintention) als *Bereitschaft des Mitarbeiters ist, sich im Sinne der Anreize des variablen Vergütungssystems zu* verhalten, desto größer ist die Verhaltensakzeptanz, die sich in der Leistungssteigerung zeigt. | Leistungssteigerung | + |
| 4a | Je größer der Nutzen ist, den ein Mitarbeiter vom variablen Vergütungssystem erwartet, *desto höher ist seine Bereitschaft, auf das variable Vergütungssystem umzusteigen.* | Umstiegs-bereitschaft | + |

erreichen waren. Daher führte das Verstehen des Systems eher zu einer Ablehnung, da ein hoher Nutzen nur relativ schwierig zu erreichen war (vgl. Kapitel 4.2.3).

| Nr. | Hypothesen | Abhängige Variable | Nicht bestätigt (-) bzw. bestätigt (+) |
|---|---|---|---|
| 4b | Je größer der Nutzen ist, den ein Mitarbeiter vom variablen Vergütungssystem erwartet, *desto höher ist seine Bereitschaft, sich im Sinne des variablen Vergütungssystems zu verhalten.* | Bereitschaft, sich im Sinne der Anreiz des variablen Vergütungssystems zu verhalten | - |
| 5a | Je fairer ein Mitarbeiter das durch das variable Vergütungssystem ermittelte Verteilungsergebnis beurteilt (wahrgenommene **distributive Gerechtigkeit**), desto größer ist seine *Bereitschaft, auf das variable Vergütungssystem umzusteigen.* | Umstiegs-bereitschaft | - |
| 5b | Je fairer ein Mitarbeiter die mit dem variablen Vergütungssystem verbundenen Prozesse zur Ermittlung des Verteilungsergebnisses beurteilt (wahrgenommene **prozedurale Gerechtigkeit**), desto größer ist *seine Bereitschaft, auf das variable Vergütungssystem umzusteigen.* | Umstiegs-bereitschaft | - |
| 5c | Je fairer ein Mitarbeiter das durch das variable Vergütungssystem ermittelte Verteilungsergebnis beurteilt (wahrgenommene **distributive Gerechtigkeit**), desto größer ist *seine Bereitschaft, sich im Sinne des variablen Vergütungssystems zu verhalten.* | Bereitschaft, sich im Sinne der Anreiz des variablen Vergütungssystems zu verhalten | + |
| 5d | Je fairer ein Mitarbeiter die mit dem variablen Vergütungssystem verbundenen Prozesse zur Ermittlung des Verteilungsergebnisses beurteilt (wahrgenommene **prozedurale Gerechtigkeit**), desto größer ist *seine Bereitschaft, sich im Sinne des variablen Vergütungssystems zu verhalten.* | Bereitschaft, sich im Sinne der Anreiz des variablen Vergütungssystems zu verhalten | - |
| 6a | Je fairer ein Mitarbeiter das durch das variable Vergütungssystem ermittelte Verteilungsergebnis beurteilt (wahrgenommene **distributive Gerechtigkeit**), desto größer ist sein Nutzen, den er vom variablen Vergütungssystem erwartet. | Nutzen | + |
| 6b | Je fairer ein Mitarbeiter die mit dem variablen Vergütungssystem verbundenen Prozesse zur Ermittlung des Verteilungsergebnisses beurteilt (wahrgenommene **prozedurale Gerechtigkeit**), desto größer ist sein Nutzen, den er vom variablen Vergütungssystem erwartet. | Nutzen | - |
| 7a | Je besser ein Mitarbeiter die Leistung bei der ersten Aufgabe einschätzt, desto höher ist seine *Bereitschaft, auf das variable Vergütungssystem umzusteigen.* | Umstiegs-bereitschaft | + |
| 7b | Je besser ein Mitarbeiter die Leistung bei der ersten Aufgabe einschätzt, desto höher ist seine *Bereitschaft, sich im Sinne des variablen Vergütungssystems zu verhalten.* | Bereitschaft, sich im Sinne der Anreiz des variablen Vergütungssystems zu verhalten | + |
| 8 | Je besser ein Mitarbeiter die Leistung bei der ersten Aufgabe einschätzt, desto höher ist sein Nutzen, den er vom variablen Vergütungssystem erwartet. | Nutzen | + |
| 9 | Liefern die Maßnahmen der **Kommunikation**, die das Unternehmen im Rahmen der Implementierung des variablen Vergütungssystems durchführt, dem Mitarbeiter ausreichend Informationen zum variablen Vergütungssystem (und der Mitarbeiter realisiert das hohe Anspruchsniveau), beeinflusst dies | - | |
| 9a | .... negativ die *Bereitschaft des Mitarbeiters, auf das variable Vergütungssystem umzusteigen.* | Umstiegs-bereitschaft | - |
| 9b | .... positiv die *Bereitschaft des Mitarbeiters, sich im Sinne des variablen Vergütungssystems zu verhalten.* | Bereitschaft, sich im Sinne der Anreiz des variablen Vergütungssystems zu verhalten | - |

| Nr. | Hypothese (Fortsetzung) | Abhängige Variable | Nicht bestätigt (-) bzw. bestätigt (+) |
|---|---|---|---|
| 9c | …. negativ, wie er den Nutzen, den er vom variablen Vergütungssystem erwartet, einschätzt. | Nutzen | + |
| 10 | Weiß ein Mitarbeiter, dass die Führung hinter der Einführung des variablen Vergütungssystems steht (zentraler Aspekt der **organisationalen** Maßnahmen, die das Unternehmen im Rahmen der Implementierung des variablen Vergütungssystems durchführt), beeinflusst dies | - | |
| 10a | …. positiv die *Bereitschaft des Mitarbeiters, auf das variable Vergütungssystem umzusteigen.* | Umstiegs-bereitschaft | + |
| 10b | …. positiv die *Bereitschaft eines Mitarbeiters, sich im Sinne des variablen Vergütungssystems zu verhalten.* | Bereitschaft, sich im Sinne der Anreiz des variablen Vergütungssystems zu verhalten | - |
| 10c | …. positiv, wie er den Nutzen, den er vom variablen Vergütungssystem erwartet, einschätzt. | Nutzen | + |
| 11 | Das Ausmaß an Partizipation von Mitarbeitern an der Konzeption des variablen Vergütungssystems als **Aspekt** der motivationalen Maßnahmen, die das Unternehmen im Rahmen der Implementierung des variablen Vergütungssystems durchführt, beeinflusst | - | |
| 11a | …. positiv die *Bereitschaft des Mitarbeiters, auf das variable Vergütungssystem umzusteigen.* | Umstiegs-bereitschaft | - |
| 11b | …. positiv die *Bereitschaft des Mitarbeiters, sich im Sinne des variablen Vergütungssystems zu verhalten.* | Bereitschaft, sich im Sinne der Anreiz des variablen Vergütungssystems zu verhalten | + |
| 11c | …. positiv, wie er den Nutzen, den er vom variablen Vergütungssystem erwartet, einschätzt. | Nutzen | - |
| 12 | Hilfreiche Schulungsmöglichkeiten (z. B. zu Leistungsbeurteilungen) als Maßnahmen **der Qualifizierung**/Betreuung, die das Unternehmen im Rahmen der Implementierung des variablen Vergütungssystems anbietet, beeinflussen | - | |
| 12a | …. positiv die *Bereitschaft des Mitarbeiters, auf das variable Vergütungssystem umzusteigen.* | Umstiegs-bereitschaft | - |
| 12b | …. positiv die *Bereitschaft des Mitarbeiters, sich im Sinne des variablen Vergütungssystems zu verhalten.* | Bereitschaft, sich im Sinne der Anreiz des variablen Vergütungssystems zu verhalten | + |
| 12c | …. positiv, wie er den Nutzen, den er vom variablen Vergütungssystem erwartet, einschätzt. | Nutzen | - |

**Tabelle 11: Überblick über die getesteten Hypothesen**
**Quelle: Eigene Darstellung**

Abbildung 38 zeigt die Variablen, von denen die *Bereitschaft des Mitarbeiters, auf das variable Vergütungssystem umzusteigen*, abhängt. Dabei haben die Einschätzung der eigenen Leistung, des wahrgenommenen Nutzens sowie die Maßnahmen der Organisation, wonach die Führung hinter der Einführung der variablen Vergütung steht, jeweils einen direkten positiven Effekt auf die *Umstiegsbereitschaft*. Darüber hinaus wirken die Einschätzung der eigenen Leistung und der distributiven Gerechtigkeit sowie die Maßnahmen der Organisation positiv und die Maßnahmen der Kommunikation, wonach sich die Mitarbeiter gut über das System informiert fühlen und es verstehen und dessen Konsequenzen kennen, negativ und zwar indirekt über den wahrgenommenen Nutzen auf die *Umstiegsbereitschaft*. Der negative Effekt der Kommunikation, wonach sich die Mitarbeiter gut über das System informiert fühlen, es verstehen und dessen Konsequenzen kennen, ist darauf zurückzuführen, dass das variable Vergütungssystem, dem sich die Mitarbeiter gegenüber sahen, sehr „anspruchsvoll" war und die Ziele somit verhältnismäßig schwer zu erreichen waren. Somit führte Verstehen des Systems eher zu einer Ablehnung, da ein hoher Nutzen nur relativ schwierig zu erreichen war (vgl. Kapitel 4.2.3).

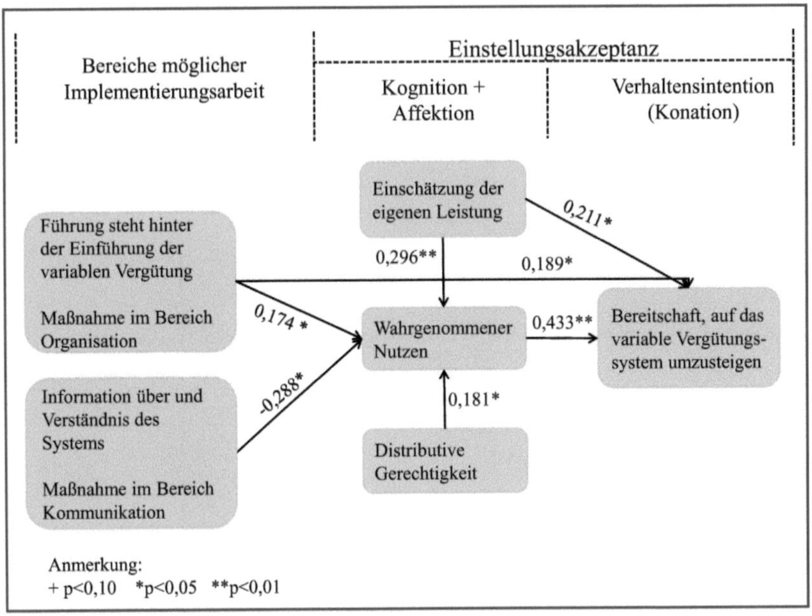


**Abbildung 38: Einflussgrößen der Bereitschaft, auf das variable Vergütungssystem umzusteigen**
**Quelle: Eigene Darstellung**

Abbildung 39 zeigt die positiven direkten Effekte der Einschätzung der eigenen Leistung, der distributiven Gerechtigkeit sowie den Maßnahmen der Motivation und der Qualifizierung/ Betreuung, wonach Mitarbeiter an der Konzeption des variablen Vergütungssystems mitgewirkt haben und Möglichkeiten für Schulungen, z. B. zum Thema Leistungsbeurteilungen angeboten werden, auf die *Bereitschaft, sich im Sinne der Anreize des Systems zu verhalten*. Die *Bereitschaft, sich im Sinne der Anreize des Systems zu verhalten,* wiederum ist Prädiktor des tatsächlichen Verhaltens. Es ist anzumerken, dass der wahrgenommene Nutzen auf die *Bereitschaft, sich im Sinne der Anreize des Systems zu verhalten,* keinen Einfluss hat, auf die in der vorherigen Abbildung 38 dargestellten *Umstiegsbereitschaft* hingegen schon.

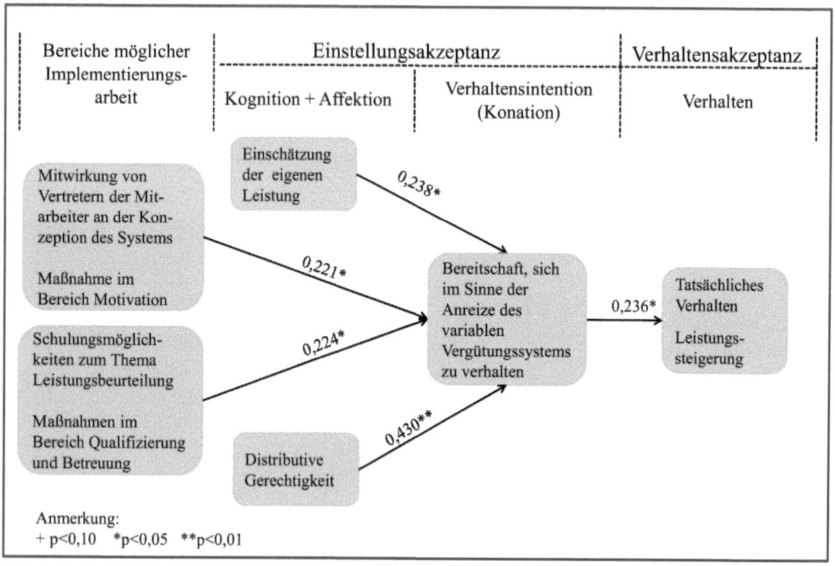


**Abbildung 39: Einflussgrößen der Bereitschaft, sich im Sinne der Anreize des variablen Vergütungssystems zu verhalten**
**Quelle: Eigene Darstellung**

## 6.4 Diskussion der Ergebnisse

Akzeptanz des variablen Vergütungssystems ist eine zentrale Voraussetzung für dessen Wirksamkeit. Diese Akzeptanz der variablen Vergütung und ihre Förderung sowie die Verminderung von bzw. der Umgang mit Nicht-Akzeptanz stellen jedoch nach wie vor einen wenig untersuchten Forschungsbereich dar. Deshalb werden die im Rahmen der vorliegenden Untersuchung gewonnenen und oben dargestellten Ergebnisse auf Basis der in den Kapiteln 2 und 0 dargestellten theoretischen Hintergründe und empirischen Erkenntnisse diskutiert. Sie werden außerdem dazu verwendet, einen auf dem aktuellen Forschungsstand aufbauenden und konzeptionell weiterführenden Beitrag zu leisten. Die empirische Studie befasst sich mit der

Akzeptanz der Einführung eines variablen Vergütungssystems als Beispiel für eine Veränderung im Unternehmen. Dabei wurde untersucht, welche Wirkung jeweils variable Vergütung, eine präferenz(in)konsistente Vergütung und die *Bereitschaft, auf das variable Vergütungssystem umzusteigen* und *sich im Sinne der Anreize des Systems zu verhalten,* auf die Leistungssteigerung haben. Zudem wurde die Wirkung variabler und präferenz(in)konsistenter Vergütung auf die intrinsische Motivation untersucht. Anschließend wurde analysiert, von welchen Einflussfaktoren jeweils die *Bereitschaft, auf das variable Vergütungssystem umzusteigen* und *sich im Sinne der Anreize des Systems zu verhalten,* abhängt und wodurch die Nutzenwahrnehmung als zentrale Bestimmungsgröße der Verhaltensintention beeinflusst wird. Die Diskussion dieser Ergebnisse findet in den folgenden Kapiteln 6.4.1, 6.4.2 und 6.4.3 statt.

### 6.4.1 Einflussgrößen auf die Leistungssteigerung und die Motivation

Es wurde experimentell untersucht, ob die Vergütungsform (H1a) und die Kombination aus tatsächlich erhaltener und präferierter Vergütung (H1b) das tatsächliche Verhalten (Leistungssteigerung, Verhaltensakzeptanz) beeinflussen. Zusätzlich wurde die Wirkung dieser beiden Einflüsse auf die intrinsische Motivation betrachtet (H2a,b) und der Einfluss der Verhaltensintention (*Bereitschaft, auf das variable Vergütungssystem umzusteigen* und *sich im Sinne der Anreize des Systems zu verhalten*) auf die Verhaltensakzeptanz (Leistungssteigerung) analysiert (H3a,b).

**Wirkung der variablen Vergütung auf die Leistungssteigerung**

Die Leistungssteigerung insgesamt liegt bei den variabel Vergüteten um 40 Prozent höher als bei den fix Vergüteten (vgl. Tabelle 7, S. 246). Die Ergebnisse der Studie konnten die Hypothese 1a, wonach die Einführung variabler Vergütung zu einer Leistungssteigerung führt, in ihrer Tendenz bestätigen, sind allerdings nicht signifikant.

Betrachtet man die Leistungssteigerung nicht insgesamt, sondern separat für die Leistungskomponenten Kreativität und Anzahl, unterscheiden sich die Steigerungen jeweils signifikant. Während die fix Vergüteten die Kreativität verbessern, erhöhen die variabel Vergüteten die Anzahl.[181] Finanzielle Anreize wirken also vor allem dann, wenn die Mitarbeiter mehr leisten

[181] Kreativitätssteigerung der fix Vergüteten liegt bei 1,02 (*SD* = 2,40), bei den variabel Vergüteten bei 0,24 (*SD* = 1,95).

sollen, besser wird ihre Leistung dadurch aber nicht zwingend (vgl. Nerdinger, 2003, 29). Da sich diese Effekte bei der Berechnung der Gesamtleistungssteigerung (teilweise) gegenseitig aufheben, führt dies dazu, dass der Unterschied insgesamt nicht signifikant, in der Tendenz jedoch wichtig ist. Dass Kreativität unter fixer Vergütung steigt, unter variabler jedoch nicht und umgekehrt, steht im Einklang mit bisherigen Erkenntnissen (z. B. Jenkins, Mitra, Gupta & Shaw, 1998, 781 f.). Die Einführung variabler Vergütung entspricht der Steigerung einer Prämie, die vorher bei Null lag. Bohnet und Oberholzer-Gee (2002, 152 f.; 160 f.) zeigen in ihrer empirischen Studie, dass die Anzahl von Ideen bei der Erhöhung der Gesamtprämiensumme signifikant steigt. Bezogen auf die Qualität der Ideen hat die Erhöhung der Gesamtprämiensumme keinen Effekt.[182]

Erklärung hierfür kann u. a. der von Ökonomen als Multi-Tasking (z. B. Holmström & Milgrom, 1991) bezeichnete Effekt sein. Demnach konzentrieren sich extrinsisch motivierte Mitarbeiter, die nach ihrer Zielerreichung entlohnt werden, bei anspruchsvollen, komplexen Aufgaben auf die leicht messbaren Ziele (z. B. Umsatz). Dabei vernachlässigen sie schwer oder gar nicht messbare Ziele (z. B. Kundenzufriedenheit, kollegiales und umsichtiges Verhalten), die für den Unternehmenserfolg wichtig sind (vgl. Rost & Osterloh, 2002, 35 f.; Weibel, 2009, 25). Dieser Effekt kann auch die Finanzkrise[183] mit verursacht haben: Kundenberater konzentrieren sich auf den Umsatz und lassen dabei zum einen die Risiken, die kurzfristig nicht messbar sind, und zum anderen die Objektivität der Beratungsqualität außer Acht (vgl. Weibel, 2009, 25). Im Zuge der Bankenkrise stellte sich heraus, dass große Investmentbanken ihren Händlern und Vorständen über Jahre hinweg millionenschwere Boni auszahlten, allerdings für fragwürdige Geschäfte mit Hypothekenanleihen, die ihnen später nur Milliardenverluste bescherten. Und nach Volumen ihrer Abschlüsse bezahlte Vertreter der Hypothekenfinanzierer verkauften Millionen Amerikanern Immobilienkredite, welche sich diese nicht leisten konnten (vgl. Häring, 2008, o. S.). Diesen Effekt spiegeln auch die Ergeb-

---

Leistungssteigerung bezogen auf die Anzahl liegt bei den variabel Vergüteten bei 6,66 ($SD$ = 6,49), bei den fix Vergüteten bei 3,83 ($SD$ = 4,82).

182 Wird die Prämie für die beste Idee erhöht, sinkt die Anzahl. Konzentrieren Unternehmen die Prämien auf die Besten, entmutigen sie die Mitarbeiter, die sich keine überdurchschnittlichen Ideen zutrauen, und die Gesamtzahl der Ideen sinkt. Bezogen auf die Qualität der Ideen hat die Erhöhung der Besten-Prämie hingegen einen positiven Effekt (vgl. Bohnet & Oberholzer-Gee, 2002, 152 f.; 160 f.).

183 Bezogen auf die Rolle der Vergütung in der Finanzkrise existieren zahlreiche Untersuchungen. Fahlenbrach und Stulz (2010) beispielsweise zeigen, dass mit einer stärkeren Erfolgsabhängigkeit der Vergütung von Bankvorständen in der Regel kein besseres Verhalten in der Krise einhergeht. U. a. dieses Ergebnis zitieren Maug und Albrecht (2011,873, 876) bei ihrer Diskussion der Frage, inwiefern die Vergütungspraxis Schuld an der Finanzkirse ist. Sie kommen zu dem Schluss, dass wahrscheinlich nicht die Vergütungspraxis der Banken, sondern eher die Auswahl ungenügend qualifizierter Vorstände, Einfluss auf die Finanzkrise hatte. Insgesamt lässt sich die Frage bislang jedoch nicht abschließend beantworten.

nisse des im Rahmen dieser Arbeit durchgeführten Experiments wider: Die Teilnehmer konzentrieren sich bei variabler Vergütung auf die leicht messbare Anzahl statt auf die schwieriger messbare Kreativität der Ideen. Diese Wirkung wurde möglicher Weise dadurch verstärkt, dass die Bestimmung der Punkte für die Kreativität[184] komplexer war als die Anzahl[185] (vgl. Kapitel 5.2.2). Ähnlich zeigen Jenkins et al. (1998, 781 f.) in ihrer Meta-Analyse, dass variable Vergütung einen positiven Effekt hat, wenn die zu bearbeitende Aufgabe quantitativ messbar ist. Diese Wirkung bleibt jedoch bei qualitativen Zielen aus. Entsprechend des sogenannten Fussy-Tasking Effekts wählen Mitarbeiter, wenn sie für ihre Leistung monetär belohnt werden, einfache und leicht messbare Aufgaben, um die Belohnungswahrscheinlichkeit zu erhöhen. Ohne diesen extrinsischen Anreiz hingegen, ist ihre Bereitschaft zu schwierigen Aufgaben höher. Werden Mitarbeiter also an Hand von quantifizierten Vorgaben vergütet, verringert sich ihre Bereitschaft, über die Anpassung der Zielsysteme nachzudenken, da diese mit weniger klar messbaren Zielen verbunden wäre (vgl. Frey & Osterloh, 2002, 36).

Experimentelle Untersuchungen zeigen zudem, dass Individuen unter dem Druck einer ausgesetzten Belohnung, wie beispielsweise variable Vergütung, weniger anspruchsvollere Leistungsniveaus bevorzugen. Sie arbeiten flüchtiger oder schneller. Daher tendieren extrinsisch motivierte Mitarbeiter dazu, das zu wiederholen, was bisher gut funktioniert hat. Kreative und innovative Leistung hingegen, die hauptsächlich auf intrinsischer Motivation basiert, wird durch extrinsische Anreize eher behindert (vgl. Frey & Osterloh, 2002, 37). Weibel, Rost und Osterloh (2009, 397) zeigen, dass die Art der Aufgabe die leistungssteigernde Wirkung beeinflusst. Demnach wirkt variable Vergütung bei wenig interessanten Tätigkeiten positiv, bei interessanten Tätigkeiten negativ auf die Leistung. Grund dafür, dass die Anzahl zwar gestiegen ist, die Kreativität allerdings nicht, ließe sich schließen, dass die Probanden die Aufgabe eher uninteressant fanden.

Dass finanzielle Anreize die Leistungsmenge steigern können und auf die Leistungsgüte hingegen keinen Einfluss haben, lässt sich auch damit erklären, dass die Qualität einer Leistung stärker von den individuellen Fähigkeiten und Fertigkeiten der Mitarbeiter abhängt und Lern-

[184] Die Punkte für die Kreativität wurden an Hand der fünf Kriterien (1) inhaltlich sinnvoll/aussagekräftig, (2) zum Anlass passend, (3) wahrscheinlich für die meisten neu, (4) unerwartet/originell und (5) reimt sich ermittelt. Dabei gab es für jedes erfüllte Kriterium zwei Pluspunkte, für jedes nicht erfüllte Kriterium einen Minuspunkt, insgesamt aber nicht weniger als Null Punkte.

[185] Die Punkt für die Anzahl wurden degressiv vergeben. Demnach gab es für die Ideen 1-2 je 4 Punkte, für die Ideen 3-4 je 2 Punkte und ab Idee 5 je 1 Punkt.

ziele statt Leistungsziele für ihre Weiterentwicklung erfordern. Lernziele helfen dem Mitarbeiter, Möglichkeiten zu entwickeln, um Leistungsziele erreichen zu können, z. B. „Entwicklung von drei geeigneten Strategien zur Steigerung des Umsatzes“. Leistungsziele hingegen fokussieren ein Endergebnis, z. B. „Umsatzsteigerung um 5 Prozent im nächsten Monat“ und motivieren dazu, das vorhandene Können einzusetzen (vgl. Latham & Seijts, 2005, 128; Latham & Seijts, 2006, 4). Zudem war die Zielformulierung im Experiment relativ vage, da es lediglich hieß „Entwickeln Sie möglichst viele, möglichst kreative gereimte Kurztexte ...“, wobei jeder Reim mit Punkten für Anzahl und Kreativität in den variablen Anteil einging (vgl. Anhang 3). Möglicher Weise wäre es motivierender, wenn konkrete Vorgaben für die zu erreichenden Punkte für Anzahl und Kreativität gemacht und entsprechend im Vergütungssystem abgebildet werden (vgl. Rosenstiel, 2003, 85; Kapitel 2.4.4). In einem zweiten Schritt ist es wichtig, zu betrachten, welchen zusätzlichen Einfluss die Vergütungspräferenz der Teilnehmer hat.

**Zusätzliche Wirkung der Vergütungspräferenz auf die Leistungssteigerung**

Bezogen auf die Vergütungspräferenz zeichnet sich eine Diskrepanz zwischen Unternehmen und Mitarbeitern ab. Während die Ergebnisse des Experiments sowie auch aktuelle Studien zur ‚Generation Y‘ verdeutlichen, dass diese eher fixe Vergütung bevorzugen (z. B. Sackmann & Klaus, 2011, 8), streben Unternehmen möglichst flächendeckend variable Vergütung an. Wie wirkt sich aber präferenz(in)konsistente Vergütung aus und wie ist der Effekt jeweils zu erklären? Die Leistungssteigerung insgesamt ist bei den präferenzinkonsistent variabel Vergüteten (Gruppe 3) um knapp 25 Prozent niedriger als bei den präferenzkonsistent variabel Vergüteten (Gruppe 1) mit der höchsten Leistungssteigerung. Die präferenzinkonsistent fix Vergüteten (Gruppe 4) haben die geringste Leistungssteigerung, die nur halb so hoch ausfällt wie die der präferenzkonsistent variabel Vergüteten (Gruppe 1). Gruppe 3 hat damit nur die zweithöchste, Gruppe 4 die geringste Steigerung. Die Varianzanalyse ergibt zudem kein signifikantes Ergebnis, wie die im Rahmen des Experiments nicht bestätigte Hypothese 1b zeigt. Die Vergütungspräferenz liefert folglich bezogen auf die Leistungssteigerung insgesamt keinen zusätzlichen Erklärungsanteil. Es zeichnet sich jedoch ab, dass die Leistungssteigerung unter variabler Vergütung höher ist als unter fixer. Unter dem variablen Vergütungssystem ist die Leistung bei den präferenzkonsistent Vergüteten höher als bei den präferenzinkonsistent Vergüteten. Unter dem fixen Vergütungssystem hingegen schneiden diejenigen, die variabel bevorzugen und fix erhalten am schlechtesten ab. Mögliche Gründe dafür werden im Folgenden im dem Zusammenhang mit den Ergebnissen der weiterführenden Analyse diskutiert.

Im Gegensatz zur Analyse der Leistungssteigerung insgesamt liefert die Analyse der Leistungskomponenten Kreativität und Anzahl signifikante Ergebnisse.[186] Demnach steigern die variabel Vergüteten die Anzahl, die fix Vergüteten die Kreativität der Leistung. Bei den präferenzkonsistent Vergüteten zeigt sich auch genau diese Wirkung: Gruppe 1 steigert die Menge, Gruppe 2 die Kreativität.[187] Die präferenzinkonsistent variabel Vergüteten (Gruppe 3) haben die zweithöchsten Steigerungen bei Anzahl und Kreativität. Die Steigerungen lassen sich zum einen durch die geringe Leistung bei der ersten Aufgabe und der damit leichter erreichbaren Steigerung erklären. Die Mengensteigerung lässt sich zudem durch die variable Vergütung begründen. Die präferenzinkonsistent fix Vergüteten (Gruppe 4) haben im Vergleich sowohl die geringste Steigerung bei Kreativität als auch bei Anzahl. Ihre Leistung bei der ersten Aufgabe war bei Kreativität am höchsten und bei Anzahl am zweithöchsten, weshalb eine Steigerung zwar verhältnismäßig schwierig war, wie z. B. bei Gruppe 1 zu sehen ist, jedoch durchaus möglich gewesen wäre. Daher lässt sich vermuten, dass diese Gruppe am geringsten im Sinne der Anreize motiviert bzw. durch die präferenzinkonsistente Vergütung sogar demotiviert ist. Dies wäre in weiterer Forschung zu prüfen. Dadurch dass im Rahmen des Experiments lediglich eine Verhaltensdimension, nämlich das Arbeitsergebnis, gemessen wurde, bleibt nach wie vor offen, ob die beschriebenen Wirkungen auch in realen Situationen eintreten, bei denen es auf mehr als nur das reine Arbeitsergebnis ankommt. Denn in der vorliegenden Studie blieb das Verhalten ohne weitere Konsequenzen, z. B. für die Zusammenarbeit, falls sich ein Teammitglied auf der fixen Vergütung „ausruht“. Da sich diese Effekte bei der Berechnung der Gesamtleistung (teilweise) nivellieren, resultiert daraus, dass der Gesamteffekt nicht signifikant ist.

---

186 Vergleicht man jeweils die Mittelwerte der Gruppe mit der höchsten und niedrigsten Steigerung, unterscheiden diese jeweils signifikant (Varianzanalyse). Bezogen auf die Anzahl wurden die Mittelwerte der Gruppen 1 und 4, bezogen auf die Kreativität die Gruppen 2 und 4 verglichen.

187 Die präferenzkonsistent fix Vergüteten (Gruppe 2) verbessern die Kreativität. Bei der ersten Aufgabe hatten sie sowohl bei Kreativität als auch bei Anzahl das schlechteste Ergebnis, wodurch die Steigerung verhältnismäßig leicht erreichbar war. Dass sie die Kreativität statt die Anzahl steigern, ist darauf zurückzuführen, dass sie fix vergütet wurden. Die präferenzkonsistent variabel Vergüteten (Gruppe 1) steigern die Anzahl. Bei der ersten Aufgabe hatten sie bereits eine sehr hohe Leistung. Die weitere, schwieriger erreichbare Leistungssteigerung bzgl. der Anzahl bei der zweiten Aufgabe ist darauf zurückzuführen, dass sie variabel vergütet wurden.

Dass der Effekt der Vergütungsform sowie zusätzlich der Vergütungspräferenz auf die Leistungssteigerung insgesamt nicht signifikant ist, ist statistisch gesehen auf die hohen Standardabweichungen zurückzuführen.[188] Sie zeigen, dass bzgl. der Leistungssteigerungen sowohl bei den fix als auch bei den variabel Vergüteten sowie den vier Präferenzgruppen jeweils starke individuelle Differenzen bestehen und somit einige ihre Leistung in größerem Maße steigern, die anderen nur in geringem. Auch ist nicht auszuschließen, dass die unterschiedlichen Gruppengrößen einen Einfluss auf die fehlende Signifikanz der Ergebnisse haben.[189]

**Wirkung der variablen Vergütung auf die intrinsische Motivation**

In der Diskussion um die Wirkung variabler Vergütung wird häufig angeführt, dass diese die intrinsische Motivation verdrängt (vgl. Frey & Osterloh, 1997; Frey, 1997; Deci, 1975; Lepper & Greene, 1978; Kapitel 2.1). Die Ergebnisse des Experiments zeigen, dass variable Vergütung das Absinken der intrinsischen Motivation „abfedern" bzw. reduzieren kann. Die intrinsische Motivation reduziert sich sowohl bei den fix als auch bei den variabel Vergüteten, bei den fix Vergüteten sogar stärker (vgl. Tabelle 8, S. 251). Das Sinken der intrinsischen Motivation ist auch signifikant, allerdings fällt sie nicht wie erwartet bei den variabel Vergüteten, sondern bei den fix Vergüteten stärker ab. Somit ist der Effekt entgegengesetzt der vermuteten Richtung, wie die im Rahmen des Experiments nicht bestätigte Hypothese (H2a) zeigt, wonach variable Vergütung die intrinsische Motivation verdrängt. Vielmehr zeichnet sich der gegenteilige Effekt ab. Dass die intrinsische Motivation vom ersten zum zweiten Messzeitpunkt in allen Gruppen absinkt, kann daran liegen, dass sie zu beiden Zeitpunkten mit unterschiedlichen Items erhoben wurde. Ein weiterer Grund kann zudem das experimentelle Setting sein, da es den Teilnehmern z. B. zu lange gedauert hat oder sie die Aufgaben uninteressant fanden, was sich negativ auf ihre Motivation ausgewirkt hat. Insgesamt zeigt sich jedoch, dass diejenigen, die variable Vergütung wollen, sowohl vorher als auch nachher stärker intrinsisch motiviert sind. Der im Vergleich zu fixen Vergütung positive Effekt der variablen Vergütung auf die intrinsische Motivation kann auch darauf zurückzuführen sein, dass die Teilnehmer das System nicht als kontrollierend, sondern anerkennend wahrgenommen haben (vgl. z. B. Ryan & Deci, 2000b; Kapitel 2.1, 2.3.1). Denn bei der Vorstellung

---

[188] Bezogen auf die Vergütungsform liegen die Standardabweichungen bei Mittelwerten von 12,40 für die variabel und 8,83 für die fix Vergüteten bei 10,99 und 12,79.
Bezogen auf die präferenz(in)konsistente Vergütung hat Gruppe 1 einen Mittelwert von 15,03 Punkten (*SD* = 16,24), Gruppe 3 von 11,26 (*SD* = 10,47), Gruppe 2 von 9,21 (*SD* = 10,50) und Gruppe 4 von 7,87 Punkten (*SD* = 12,49).

[189] Bei Gruppe 1 war N = 22, bei Gruppe 2 war N = 42, bei Gruppe 3 war N = 36 und bei Gruppe 4 war N = 16.

des Vergütungssystems wurde betont, dass die Leistung der Kreativ-Teams sehr gut sei und die Geschäftsleitung diese belohnen und weiter fördern möchte. Kontrolle von außen spielte dabei keine Rolle. Dieses Ergebnis stützt sowohl die Ergebnisse von Beblo et al. (2002, 13), wonach 82 Prozent der befragten Geschäftsführer nicht davon ausgehen, dass finanzielle Anreize die intrinsische Motivation verdrängen (Crowding-out), als auch die Schlussfolgerungen von Prendergast (1999, 18), wonach der Verdrängungseffekt in empirischen Studien kaum nachweisbar ist. Möglicherweise ist auch der sogenannte Aktivierungseffekt aufgetreten, bei dem extrinsische Anreize die intrinsische Motivation erst entfachen (vgl. Krönes, 2005, 12). In einem nächsten Schritt ist es auch hier wichtig, zu betrachten, welchen zusätzlichen Einfluss die Vergütungspräferenz auf die intrinsische Motivation der Teilnehmer hat.

**Zusätzliche Wirkung der Vergütungspräferenz auf die intrinsische Motivation**

Hypothese 2b, wonach die Verdrängung der intrinsischen Motivation bei den Mitarbeitern, die präferenzinkonsistent variabel vergütet (Gruppe 3) werden, am größten ist, konnte nicht bestätigt werden. Die Vergütungspräferenz liefert folglich bezogen auf die intrinsische Motivation keinen zusätzlichen Erklärungsanteil. Auch hier ist die intrinsische Motivation bei allen Gruppen zum zweiten Messzeitpunkt geringer ist als zum ersten. Die präferenzkonsistent fix Vergüteten (Gruppe 2) verzeichnen die größte, die präferenzkonsistent variabel Vergüteten (Gruppe 1) hingegen die geringste Reduzierung der intrinsischen Motivation. Trotz fehlender Signifikanz zeichnet sich ab, dass zum einen diejenigen Gruppen, die zum ersten Zeitpunkt am stärksten intrinsisch motiviert sind, auch zum zweiten Zeitpunkt die größte intrinsische Motivation haben und diejenigen sind, die variable Vergütung bevorzugen. An dieser Stelle wäre weitere Forschung interessant. Es wäre zu untersuchen, inwiefern sich präferenzkonsistente Vergütung zur Förderung der intrinsischen Motivation eignet bzw. v. a. inwiefern präferenzinkonsistente Vergütung demotiviert.

**Wirkung der *Bereitschaft, auf das variable Vergütungssystem umzusteigen,* auf die Leistungssteigerung**

Die *Bereitschaft, auf das variable Vergütungssystem umzusteigen,* hat keinen Einfluss auf die Leistungssteigerung insgesamt, wie die bezogen auf die Stichprobe des Experiments nicht bestätigte Hypothese 3a zeigt. Betrachtet man nicht die Leistungssteigerung insgesamt, sondern untersucht die Wirkung der *Umstiegsbereitschaft* auf Verbesserung von Kreativität und Anzahl, zeigt sich, dass die Kreativitätssteigerung umso geringer ausfällt, je höher die

*Bereitschaft* ist, *auf das variable Vergütungssystem umzusteigen.* Dies entspricht dem angenommenen, jedoch bezogen auf die Leistungssteigerung insgesamt nicht signifikanten, Zusammenhang. Bezogen auf die Kreativität haben hier diejenigen, die variable Vergütung bevorzugen bei der ersten Aufgabe die besten Leistungen und, wie vorhergesagt, die geringsten Kreativitätssteigerungen. Die negative Richtung ist möglicher Weise darin begründet, dass Personen, die bei der ersten Aufgabe bereits kreative Vorschläge machen, eher bereit sind, sich variabel vergüten zu lassen und dementsprechend eine Kreativitätssteigerung bei der zweiten Aufgabe auf Grund der hohen Leistung bei der ersten Aufgabe schwieriger erreichbar ist. Die Anzahl hingegen bleibt von der *Umstiegsbereitschaft* unbeeinflusst. Da die Leistungsänderungen bezogen auf die Anzahl allerdings größer sind und somit stärker in die Gesamtleistungssteigerung eingehen, ist der Gesamteffekt nicht signifikant. Die Kreativitätssteigerung hängt positiv von der Form der Zusammenarbeit ab. Das bedeutet, die Kreativität ist bei den virtuell Arbeitenden größer ist als bei den face-to-face Arbeitenden. Zur Diskussion und Bedeutung dieses Ergebnisses wird auf Klaus (in Vorbereitung) verwiesen.

Eine weitere Erklärungsmöglichkeit, warum der Zusammenhang zwischen *Umstiegsbereitschaft* und Leistungssteigerung nicht signifikant ist, liegt in der Operationalisierung. Voraussetzung, um Einstellungen und deren Zusammenhang mit dem tatsächlichen Verhalten messen zu können, ist es, beides auf dem gleichen Spezifikationsgrad zu erheben (vgl. Ajzen & Fishbein, 1980, 27; Bürg et al., 2004, 5 f.). Diese Voraussetzung ist allerdings für die *Bereitschaft, auf das variable Vergütungssystem umzusteigen,* als Prädiktor für die Leistungssteigerung streng genommen nicht erfüllt. Das entsprechende offene Verhalten wäre beispielsweise die Entscheidung für oder gegen einen Umstieg. Somit könnte eine wesentliche Ursache dafür, dass der Zusammenhang nicht signifikant ist, im unterschiedlichen Spezifikationsgrad liegen.

**Wirkung der *Bereitschaft, sich im Sinne der Anreize des Systems zu verhalten,* auf die Leistungssteigerung**

Die Leistungssteigerung hängt zwar nicht von der *Umstiegsbereitschaft* ab, sie ist jedoch umso größer, je höher auch die *Bereitschaft* ist, *sich im Sinne der Anreize des Systems zu verhalten.* Dies zeigen die Ergebnisse der Hypothese 3b.

Die *Bereitschaft, sich im Sinne der Anreize des Systems zu verhalten,* als Prädiktor und die Leistungssteigerung als abhängige Variable wurden jeweils auf dem gleichen Spezifikationsniveau erhoben. Damit ist die Voraussetzung für die Messung des Zusammenhangs zwischen Einstellung und Verhalten erfüllt (vgl. Ajzen & Fishbein, 1980, 27; Bürg et al., 2004, 5 f.). Der Erklärungsanteil mit 12,1 Prozent ist verhältnismäßig gering. Da in diesem Fall der Einfluss signifikant ist, stützt das Ergebnis die Vermutung, dass der fehlende Zusammenhang zwischen *Umstiegsbereitschaft* und Leistungssteigerung auf das unterschiedliche Spezifikationsniveau zurückzuführen ist.

Vor dem Hintergrund der in Kapitel 3.4.1.3 behandelten Diskussion in der Literatur zur Eignung der Einstellung bzw. der Verhaltensintention als Prädiktor für das tatsächliche Verhalten (vgl. Rosch & Frey, 1997, 302) ist das in der Untersuchung erreichte Ergebnis durchaus als positiv zu werten. Denn häufig ist eine Diskrepanz zwischen erhobener Einstellungs- und beobachteter Verhaltensakzeptanz festzustellen (vgl. Herrmann, 1999, 195), die auch als kognitive Dissonanz bezeichnet wird (vgl. Festinger, 1978; Ivancevich & Matteson, 1996, 127; Kapitel 3.4.2.2). Auch Argyris und Schön (z. B. Argyris, 1976) haben die Problematik erkannt und aufgegriffen, was passiert, wenn die Intention nicht mit dem Ergebnis korrespondiert. Als mögliche Reaktionen unterscheiden sie das Anpassungslernen (*single loop learning*) und das Veränderungslernen (*double loop learning*)[190] und empfehlen Unternehmen wegen der Nachhaltigkeit eine Fokussierung auf letzteres (vgl. Anderson, 1997, o. S.; Schreyögg, 2008, 445-448). Führen bekannte Handlungsmuster nicht mehr zum Ziel, passt sich das Individuum an die veränderten Bedingungen an. Negative Feedbackinformationen wirken somit als Stimuli für die Anpassung, die Umwelt wird „bewältigt" und mögliche Konflikte werden unterdrückt. In diesem Fall handelt es sich um das sogenannte Anpassungslernen (vgl. Anderson, 1997, o. S.; Probst, 1993, 475; Probst & Büchel, 1994, 35 f.; Schreyögg, 2008, 445-450; Siebert, 2006, 163). Die zweite Möglichkeit besteht darin, die Ziele im Laufe eines Lernprozesses zu modifizieren. Wissen kann erschlossen, bewertet und verbreitet und Erkenntnisse durch Änderung der Handlungstheorien eigenständig entwickelt werden. Auch ist es möglich, den institutionellen Bezugsrahmen zu hinterfragen (vgl. Probst, 1993, 475; Probst & Büchel, 1994, 36 f.; Siebert, 2006, 164). Dies setzt jedoch das Verlernen alter Handlungsmuster voraus. Eine mögliche Handlungsstrategie kann darin bestehen, Probleme offen zu diskutieren. In diesem Fall spricht man vom sogenannten

[190] Diese beiden Ebenen können um eine weitere Ebene ergänzt werden, die Bateson (z. B. Bateson, 1972) als *deutero loop learning,* Prozesslernen bezeichnet (vgl. Schreyögg, 2008, 445-448; Siebert, 2006, 168).

Veränderungslernen (vgl. Anderson, 1997, o. S.; Probst & Büchel, 1994, 73; Siebert, 2006, 164). Viele Individuen neigen eher dazu, sich anzupassen, statt Veränderungen herbeizuführen, was auch dazu beitragen kann, die Diskrepanz zwischen Einstellung und Verhalten zu erklären.

Darüber hinaus können in der vorliegenden Untersuchung nicht berücksichtigte Mediator- oder Moderatoreffekte Ursache für die geringe Korrespondenz sein (vgl. Ajzen & Fishbein, 1980, 25 f.). Die Tatsache, dass 69 Prozent der Befragten bislang keine Erfahrung mit variabler Vergütung hatten, kann ebenfalls Grund für die geringe Vorhersagekraft der Einstellung für das Verhalten sein. Denn bei gleicher Einstellungsstärke haben durch direkte Erfahrung statt durch Kommunikation erworbene Einstellungen mehr Einfluss auf das Verhalten (vgl. Kroeber-Riel et al., 2009, 224). Eine weitere mögliche Erklärung der geringen Vorhersagekraft liefert die Versuchsanordnung. Entsprechend der motivationstheoretischen Erkenntnisse ist es wichtig, dass die Anreize mit den individuellen Bedürfnissen korrespondieren, damit sie motivieren können (vgl. Beyer, 1991, 16; Kossbiel, 1994, 86 f., Kapitel 2.2; 2.4.4). Selbst wenn eine Person grundsätzlich bereit ist, mehr zu leisten, wenn sie dafür entsprechend belohnt wird, heißt das nicht automatisch, dass sie im Experiment auch so handelt, wenn die Belohnung in Form geringwertigen Sachgütern wie beispielsweise Süßigkeiten erfolgt, deren Umfang von der erreichten Punktzahl abhängt. Mag ein Teilnehmer die angebotenen Süßigkeiten nicht oder hatte zum Zeitpunkt des Experiments keine Lust darauf, bliebe die gewünschte Anreizwirkung und somit die Leistungssteigerung gering oder sogar aus. Das Ergebnis dieser Studie unterstreicht damit, wie wichtig es ist, dass die vom Unternehmen gesetzten Anreize mit den Bedürfnissen der Mitarbeiter korrespondieren. Diese Erklärungen gelten entsprechend analog für den im Rahmen des Experiments nicht signifikanten Zusammenhang zwischen *Umstiegsbereitschaft* und Leistungssteigerung.

### 6.4.2 Einflussgrößen auf die Bereitschaft, auf das variable Vergütungssystem umzusteigen und sich im Sinne der Anreize des Systems zu verhalten

Möchte ein Unternehmen variable Vergütung einführen, ist es im ersten Schritt hilfreich zu wissen, unter welchen Voraussetzungen die Mitarbeiter bereit sind, auf das variable Vergütungssystem umzusteigen.

**Einflussgrößen auf die *Bereitschaft, auf das variable Vergütungssystem umzusteigen***

Gemäß den Ergebnissen der vorliegenden Studie sind die Betroffenen umso eher *bereit, auf das variable Vergütungssystem umzusteigen*, je höher sie ihren Nutzen und ihre Leistung einschätzen und wenn die Führung hinter der Einführung der variablen Vergütung steht (Organisation), wie die bestätigten Hypothesen 4a, 7a, 10a zeigen. Zusätzlich hängt die *Umstiegsbereitschaft* von der allgemeinen Einstellung gegenüber variabler Vergütung und der Form der Zusammenarbeit (virtuell) als Kontrollvariablen signifikant positiv ab.

Das Ergebnis, dass die *Umstiegsbereitschaft* umso höher ist, je größer die Betroffenen ihren Nutzen wahrnehmen, stützt die bisherigen Erkenntnisse, u. a. auch die von Rogers (2003, 15 f., 170, 219-266), wonach die Eigenschaften von Innovationen eine wichtige Rolle für die Akzeptanz von Veränderungen bzw. die Verbreitung von Innovationen spielen. Dabei nimmt insbesondere der hohe relative Vorteil, der im wahrgenommenen Nutzen zum Ausdruck kommt, eine herausragende Stellung ein (vgl. Schmalen & Pechtl, 1996, 319; Kapitel 3.4.2.1).

Ebenso steht die Relevanz der Einschätzung der eigenen Leistung, die hier einen Aspekt der Selbstwirksamkeit abbildet (vgl. Kapitel 3.4.3),[191] im Einklang mit den bisherigen Erkenntnissen: Höhere Selbstwirksamkeit führt zu höherer Veränderungsbereitschaft (und vergleichbaren Größen; vgl. Bandura, 1991, 248-250; Cunningham et al., 2002, 382-386; Herold et al., 2007, 946 f.; Schwarzer & Jerusalem, 2002, 35). Ein Mitarbeiter, der gute Leistung bringt, hat einen größeren Nutzen vom variablen Vergütungssystem, da davon auszugehen ist, dass er mindestens das gleiche oder mehr verdient als vorher. Entsprechend ist er eher bereit, umzusteigen. Dass er sich auch eher im Sinne der Anreize verhält, liegt möglicherweise zudem daran, dass er bei seinen Umstiegsüberlegungen mit einbezieht, inwiefern er mit seinem bisherigen Verhalten die durch das System gestellten Anforderungen erfüllt. Je mehr sich dieses deckt, umso eher ist er bereit umzusteigen, u. a. da wenig Veränderung notwendig ist. Er erfüllt in seinen Augen bereits die Bedingungen, die das System an ihn und sein Verhalten stellt. Dies würde auch erklären, warum diejenigen, die umsteigen wollen, nicht unbedingt diejenigen sind, die sich im Sinne der Anreize des Systems verhalten wollen. Sie verhalten sich bereits entsprechend. Dies steht auch im Einklang mit den Erkenntnissen zur Ziel-

[191] Die Teilnehmer haben im Rahmen des Experiments kreative Aufgaben zu lösen (vgl. Kapitel 5.2.2). Daher wird die Selbstwirksamkeit im Rahmen dieser Arbeit präzisiert und mit Hilfe der individuellen Kreativität bzw. der individuellen Kreativitätseinschätzung der Leistung abgebildet. Kreative bzw. Personen, die ihre Leistungen als kreativ einschätzen tendieren eher dazu, Veränderungen im Unternehmen anzunehmen (vgl. Kapitel 3.4.3).

setzungstheorie (z. B. Locke & Latham, 1999) und zur Selbstregulierung (z. B. Bandura, 1986), wonach Zielerreichung signalisierendes Feedback meist dazu führt, dass das Leistungsverhalten beibehalten wird. Aus Rückmeldungen hingegen, die auf ein Defizit bzgl. der Zielerreichung hinweisen, resultiert dann eine Leistungssteigerung, wenn der Empfänger mit dem Erreichten unzufrieden ist, sich selbstwirksam fühlt und sich vornimmt, seine Leistung zu verbessern (vgl. Gino & Staats, 2001, 18-20, 23 f.; Nerdinger, 2006, 395).

Wenn die Mitarbeiter wissen, dass die Führung hinter der Einführung der variablen Vergütung steht (Organisation), sind sie eher bereit umzusteigen. Das Ergebnis unterstützt die bisherigen Erkenntnisse, z. B. vom Verband der Bayerischen Metall- und Elektroindustrie e. V. (2000, zit. nach Winkler & Mandl, 2004, 212), Wahl (2001, 205) und Nippa (1997, 40), wonach diesem Aspekt besonders große Bedeutung zukommt. Dies verdeutlicht auch die Zusammenstellung der Resultate empirischer Studien in Tabelle 1 (S. 118).

Die wahrgenommene distributive Gerechtigkeit, also die Beurteilung, wie gerecht der variable Anteil ist, hat zwar keinen direkten Einfluss auf die *Umstiegsbereitschaft*, wirkt jedoch indirekt über den wahrgenommenen Nutzen. Dies bildet den Zusammenhang gut ab, dass ein Mitarbeiter davon profitiert und somit sein Nutzen höher ist, wenn das System seine Leistung gerecht abbildet. Ein gerechtes System allein, reicht jedoch als Grund nicht aus, um umzusteigen.

Ebenso wie die Beurteilung der Gerechtigkeit des variablen Anteils wirkt sich ausschließlich indirekt über den wahrgenommen Nutzen aus, dass sich die Mitarbeiter gut informiert fühlen und das variable Vergütungssystem und dessen Konsequenzen verstehen (Kommunikation). Warum der Zusammenhang, wie vorhergesagt, negativ ist, liegt vermutlich daran, dass das System im Rahmen des Experiments sehr anspruchsvoll war und diejenigen, die das System gut verstanden haben, realisiert haben, dass es schwierig wird, eine hohe Vergütung zu erhalten. Dadurch schätzen sie den Nutzen geringer ein. Allgemeiner noch ist dieser negative Zusammenhang auch damit zu erklären, dass Mitarbeiter, die das Prinzip variabler Vergütung verstehen, ihren Nutzen geringer einschätzen, da sie realisieren, dass die Menge des zu verteilenden Geldes insgesamt nicht größer wird, sondern die Verteilung nur anders erfolgt als bisher. Im Umkehrschluss resultiert daraus die Möglichkeit, das Geld auf Kosten von Kollegen zu erlangen. Ist eine Person jedoch nicht sonderlich leistungsorientiert oder begibt sich nicht gerne in Wettstreit mit anderen, dann ist die Möglichkeit wenig attraktiv. Einen

Anhaltspunkt für diese Argumentation bietet die insgesamt zwar positive, aber im Vergleich zum allgemeinen Durchschnitt geringere Leistungsorientierung der Teilnehmer dieser Studie (vgl. Kapitel 6.1). Im nächsten Schritt ist es wichtig zu wissen, wovon es abhängt, dass sich die Mitarbeiter auch im Sinne der Anreize des variablen Vergütungssystems verhalten.

**Einflussgrößen auf die *Bereitschaft, sich im Sinne der Anreize des Systems zu verhalten***

Die Betroffenen sind eher *bereit, sich im Sinne der Anreize des variablen Vergütungssystems zu verhalten,* je gerechter sie das Verteilungsergebnis, also ihren durch das Vergütungssystem berechneten variablen Anteil, und je besser sie ihre eigene Leistung einschätzen. Außerdem hängt ihre *Bereitschaft, sich im Sinne der Anreize des Systems zu verhalten,* positiv von der Beteiligung der Mitarbeiter an der Konzeption des variablen Vergütungssystems (Motivation) und den angebotenen Schulungsmöglichkeiten, z. B. zum Thema Leistungsbeurteilung, (Qualifizierung/Betreuung) ab. Dies zeigen die im Rahmen des Experiments bestätigten Hypothesen 5c, 7b, 11b, 12b.

Der Nutzen wirkt sich nicht auf die *Bereitschaft* aus, *sich im Sinne der Anreize des Systems zu verhalten,* wie weiter oben gezeigt, auf die *Umstiegsbereitschaft* hingegen schon. Dies steht insofern im Einklang mit den Erkenntnissen Rogers (vgl. Rogers, 2003, 170), als dass er die Adoption als Entscheidung auffasst. Diese kommt eher der *Umstiegsbereitschaft* gleich als der *Bereitschaft, sich im Sinne der Anreize zu verhalten.* Bezogen auf den Nutzen wurde im Rahmen des Experiments im Wesentlichen die finanzielle Vorteilhaftigkeit erhoben. Spielen für das Verhalten im Sinne der Anreize andere Nutzenaspekte, wie z. B. die Leistungstransparenz, die Selbst- oder Fremdbestätigung oder auch der Wettbewerbsgedanke eine Rolle, sind diese hier nicht mit abgedeckt. Misst sich also beispielsweise ein Mitarbeiter gerne mit anderen, wird er sich im Sinne der Anreize des Systems verhalten, da ihm das System einen guten Rahmen dafür bietet. Personen, die Wettbewerb bzw. Konkurrenz eher scheuen, tendieren eher dazu, sich nicht im Sinne der Anreize zu verhalten, um sich der als unangenehm empfundenen Situation nicht auszusetzen.

Statt des finanziellen Nutzens wirkt sich auf die *Bereitschaft, sich im Sinne der Anreize zu verhalten,* aus, dass der variable Anteil als gerecht wahrgenommen wird, was bedeutet, dass sich darin die eigene Leistung angemessen widerspiegelt. Dies stützt auch die vorherige Argumentation, dass hierfür andere als finanzielle Aspekte des Nutzens relevant sind. In Kapitel 2.5.1 wurde berichtet, dass Cropanzano & Ambrose (2001, 125, 131-133, 143 f.) die Ursache dafür, dass Forscher die distributive und prozedurale Gerechtigkeit unterschiedlicher sehen als es tatsächlich der Fall ist, auf die lockere Gleichsetzung distributiver Gerechtigkeit mit ökonomischem und prozeduraler mit sozioemotionalem Benefit zurückführen. Diese Ansicht kann auf Basis dieser Studie nicht unterstützt werden, da die Ergebnisse zeigen, dass distributive Gerechtigkeit und finanzieller Nutzen getrennte Konzepte sind, die auch von den Probanden differenziert wahrgenommen werden.

Auch hier steht die Relevanz der Einschätzung der eigenen Leistung im Einklang mit den bisherigen Erkenntnissen. Die Argumentation erfolgt analog zur Wirkung der Einschätzung der eigenen Leistung auf die *Umstiegsbereitschaft*. Ein Mitarbeiter, der seine Leistungen für gut einschätzt, ist auch eher *bereit, sich im Sinne der Anreize zu verhalten,* da er die Anforderungen bereits erfüllt und das entsprechende Verhalten zeigt.

Schulungsmöglichkeiten, z. B. zum Thema Leistungsbeurteilung, (Qualifizierung/Betreuung) fördern die *Bereitschaft, sich im Sinne der Anreize zu verhalten*, da sie sicherstellen, dass die Leistungsbeurteilungen gut ablaufen sowie mögliche Anhaltspunkte für weitere Verbesserungen liefern und damit die Basis für bessere Leistung darstellen können. Dies steht im Einklang mit bisherigen Erkenntnissen, wonach geeignete Qualifizierung Voraussetzung für die Akzeptanz von Veränderungen bzw. eine erfolgreiche Implementierung ist (vgl. Bürg, 2005, 106; Reiß, 1997b, 101; Tarlatt, 2001, 282).

Der Einfluss der Einbindung der Mitarbeiter in die Konzeption des variablen Vergütungssystems (Motivation) stützt ebenfalls die bisherigen Erkenntnisse. So schlussfolgern z. B. Witt und Klaus (1997, 27) aus den Ergebnissen ihrer Untersuchung, dass Akzeptanz und damit auch Erfolg von organisatorischen Veränderungen nur dort zu erwarten ist, wo die Betroffenen von Anfang an am Änderungsprozess beteiligt sind. Ähnlich zeigen auch Sagie et al. (1990, 463), dass die Veränderungsakzpetanz unter der partizipativen Bedingung größer ist als unter der direktiven.

Dass die Einschätzung der Gerechtigkeit der Verfahren, die zur Bestimmung des variablen Anteils eingesetzt werden, weder die *Umstiegsbereitschaft*, noch die *Bereitschaft, sich im Sinne der Anreize zu verhalten*, beeinflusst hat, lässt sich mit der geringeren Präsenz und Relevanz der prozeduralen im Vergleich zu distributiven Komponente im Experiment erklären. Das Verfahren zur Ermittlung der Vergütung wurde zwar vorgestellt, jedoch wurde im weiteren Verlauf nicht mehr gezielt darauf eingegangen, weshalb die Teilnehmer keine weiteren Bezugspunkte hatten. Die distributive Gerechtigkeit hingegen war präsenter. Die Vorstellung des Vergütungssystems lieferte verschiedene Anhaltspunkte, indem an verschiedenen Beispielen vorgerechnet wurde, wie sich die Vergütung und damit das Verteilungsergebnis in Abhängigkeit der Bewertungen der eingebrachten Ideen ändern können.

### 6.4.3 Einflussgrößen auf die Nutzenwahrnehmung

Die Betroffenen nehmen ihren Nutzen umso größer wahr, je gerechter sie den durch das variable Vergütungssystem erhaltenen variablen Anteil und je höher sie ihre eigene Leistung einschätzen. Zudem hängt die Nutzenwahrnehmung positiv davon ab, ob die Führung hinter der Einführung des Systems steht (Organisation) und negativ davon ab, wenn sie sich gut informiert fühlen und das System sowie dessen Konsequenzen verstehen (Kommunikation). Dies zeigen die im Rahmen des Experiments bestätigten Hypothesen 6a, 8, 9c und 10.

Wie bereits oben ausgeführt, schätzt ein Mitarbeiter seinen Nutzen höher ein, weil er davon profitiert, wenn das System seine Leistung angemessen widerspiegelt. Die Beurteilung des Systems bzw. des damit ermittelten variablen Anteils (distributive Gerechtigkeit) als gerecht, reicht alleine jedoch nicht aus, um auf das System umzusteigen. Auch profitiert ein Mitarbeiter mehr davon, wenn er gute Leistungen erbringt und diese auch so einschätzt. Dieser Zusammenhang sowie der negative Effekt der Kommunikation (Mitarbeiter fühlen sich gut informiert und haben das System und dessen Konsequenzen verstanden) und der positive Effekt der Organisation (Führung steht hinter der Einführung der variablen Vergütung) lassen sich analog zur Argumentation zur Wirkung der Einschätzung der Leistung auf die *Umstiegsbereitschaft* und die *Bereitschaft, sich im Sinne der Anreize des Systems zu verhalten,* erklären.

# 7 Implikationen für Management und weitere Forschung

Die Darstellung und ausführliche Diskussion der Ergebnisse in den voran gegangenen Kapiteln bildet die Grundlage für die Ableitung von Implikationen für das Management (Kapitel 7.1). In Kapitel 7.2 findet eine kritische Würdigung des vorliegenden Experiments, insbesondere mit Blick auf das methodische Vorgehen, statt. Darauf aufbauend werden Implikationen für zukünftige Forschung abgeleitet.

## 7.1 Implikationen für das Management

Nach Ergebnissen von Bohnet und Oberholzer-Gee (2002, 154) reagieren Mitarbeiter auf die Prämienstruktur des Unternehmens. Auch die vorliegende Studie zeigt, dass sich die Mitarbeiter im Sinne der Anreize des variablen Vergütungssystems verhalten. Entsprechend der Ergebnisse zum Einfluss der variablen Vergütung auf die Leistungssteigerung lässt sich durch fixe Vergütung die Kreativität (Qualität) und durch variable die Anzahl (Quantität) steigern. Die Effekte sind somit differenziert zu betrachten. Die Ergebnisse legen daher nahe, bei der Einführung variabler Vergütung zwischen qualitativen und quantitativen Zielen zu differenzieren.

Im Zusammenhang mit dem Setzen von Zielen besteht für Vorgesetzte eine große Herausforderung darin, eindeutige und messbare Ziele anzugeben. Dabei sind sie auf die Mitwirkung ihrer Mitarbeiter angewiesen. Um die Formulierung suboptimaler und wenig innovativer Zielsysteme zu verhindern, ist dem Fussy-Tasking Effekt Rechnung zu tragen, wonach Mitarbeiter einfache und leicht messbare Ziele anstreben, wenn sie für ihre Leistung monetär belohnt werden (vgl. Frey & Osterloh, 2002, 36). Dies ist entsprechend bei der Auswahl der Ziele sowie der Festlegung der jeweiligen Zielhöhen zu berücksichtigen.

Damit verbunden ist auch der Multi-Tasking Effekt (z. B. Holmström & Milgrom, 1991), der ebenfalls im Rahmen des Experiments deutlich wurde, da sich die variabel vergüteten Probanden auf die leicht messbare Anzahl statt auf die schwieriger messbare Kreativität konzentrierten. Damit sich Mitarbeiter mit einem hohen variablen Vergütungsanteil auch schwierig messbaren Aufgaben widmen, ist es wichtig, dass diese intrinsisch motiviert sind. Total-Reward-Programme, die jeweils eine Mischung aus extrinsischen und intrinsischen

Anreizen beinhalten, stellen eine in der Praxis häufig angewandte Möglichkeit dar (vgl. Weibel, 2009, 25). Eine besondere Herausforderung stellen dabei beispielsweise im Banking die Vergütungssysteme der Kundenberater dar, die bisher einen Fokus auf den leicht messbaren Umsatz und die Vernachlässigung der kurzfristig nicht messbaren Risiken und der Beraterqualität zugelassen haben (vgl. Weibel, 2009, 25). Untersuchungen zur Differenzierung zwischen Lern- und Leistungszielen zeigen, dass Lernziele bei komplexen Aufgaben zu besseren Ergebnissen führen (z. B. Utman, 1997, 176-178). Da Leistungsziele erst eingesetzt werden sollten, wenn die zur Zielerreichung notwendigen Kenntnisse vorhanden sind, empfiehlt es sich, vorher spezifische und herausfordernde Lernziele zu setzen, um den Aufbau dieser Wissensbasis zu unterstützen. Bei Leistungszielen besteht wie beschrieben die Gefahr, dass die Mitarbeiter sich nur noch diesem Ziel widmen und andere Ziele vernachlässigen (vgl. Latham & Seijts, 2005, 128; Latham & Seijts, 2006, 4).

Für den Fall, dass die intrinsische Motivation für eine Aufgabe hoch ist, sind intrinsische und extrinsische Motivation nach Amabile (1997, 45) additiv. Andernfalls ist der Effekt auf die intrinsische Motivation negativ. Anknüpfend an Deci und Ryan (z. B. Deci & Ryan, 2000b) postuliert Amabile (1997, 46) zudem, dass als kontrollierend empfundene Eingriffe der Kreativität schaden, während informierende oder unterstützende[192] förderlich sind. Dies gilt vor allem, wenn die ursprüngliche intrinsische Motivation hoch ist. Variable Vergütung wirkt bei einfachen, standardisierten und wenig interessanten Aufgaben, bei denen es vorwiegend auf Quantität ankommt, positiv auf die Mitarbeiterleistung. Bei komplexeren und interessanten Tätigkeiten, bei denen Qualität oder auch Kreativität verstärkt im Fokus steht, bleibt dieser positive Effekt aus, er kann sogar negativ sein. Sie lässt sich somit vor allem bei akkordfähigen, vornehmlich Nichtmanagement-Tätigkeiten gewinnbringend einsetzen. Sie ist bei Management- und Beratungstätigkeiten oder im Innovationsbereich, die meist auf intrinsischer Motivation basieren, weniger geeignet (vgl. Weibel, 2009, 25; Weibel et al., 2009, 397; Kapitel 6.4.1). Grund dafür kann u. a. sein, dass der unterstützende Effekt über die Vergütung nur schwierig zu erreichen ist. Intrinsische Motivation wird somit umso wichtiger, und wird zu einer strategischen Ressource, je komplexer, anspruchsvoller und vielseitiger die Tätigkeiten sind und je schwieriger die Leistung messbar ist (vgl. Frey & Osterloh, 2002, 37).

---

[192] Als Beispiel für unterstützenden extrinsischen Motivator führt Amabile (1997, 45) an, dass ein Hightech-Unternehmen seinen Ingenieuren zustätzliche technische Ressourcen zur Verfügung stellt.

Während die Mitarbeiter, insbesondere der ‚Generation Y', eher fixe Vergütung bevorzugen (z. B. Sackmann & Klaus, 2011, 8), streben Unternehmen möglichst flächendeckend variable Vergütung an. Wie ist mit dieser Diskrepanz umzugehen? Die Ergebnisse des Experiments legen nahe, auch hier wieder zwischen Qualität und Quantität sowie zwischen verschiedenen Tätigkeiten zu unterscheiden. In Abhängigkeit davon kann es dann ggf. auch sinnvoll sein, Mitarbeiter entgegen der individuellen Präferenz zu vergüten, wobei dann möglicherweise verstärkt die Gefahr des Mutli-Taskings besteht. Bezahlt ein Unternehmen die Mitarbeiter, die fixe Vergütung bevorzugen, präferenzkonsistent fix, können sie damit die Kreativität fördern. Bezahlt ein Unternehmen die Mitarbeiter, die variable Vergütung bevorzugen, entsprechend variabel, fördert es damit die Anzahl. Bezahlt das Unternehmen die Mitarbeiter fix, die variable Vergütung bevorzugen, hat das auf die Kreativität einen negativen, auf die Anzahl im Vergleich einen sehr geringeren positiven Effekt (Gruppe 4). Bezahlt es hingegen Mitarbeiter variabel, die fix bevorzugen, ist die Steigerung der Gesamtleistung als auch der Kreativität und Anzahl jeweils am zweithöchsten (Gruppe 3). Während aus der Leistungsänderung von Gruppe 4 zu schließen wäre, dass diese am wenigsten motiviert ist, ließe sich bei Gruppe 3 schlussfolgern, dass es für ein Unternehmen im Zweifel besser ist, Mitarbeiter, die fixe Vergütung bevorzugen, variabel zu vergüten als umgekehrt. Auch wenn diese Zusammenhänge in weiteren Studien noch genauer zu untersuchen wären, empfiehlt es sich, basierend auf den Ergebnissen des vorliegenden Experiments, die Vergütungspräferenz der Mitarbeiter zu berücksichtigen, um den gewünschten Belohnungs- bzw. Motivationseffekt zu erreichen und mögliche Demotivation zu vermeiden. Nach der sich im Experiment abzeichnenden Tendenz wäre es insgesamt besser, Mitarbeiter die fixe Vergütung bevorzugen variabel zu vergüten als umgekehrt. Um allerdings gezielt die Kreativität zu fördern, ist es am besten, Mitarbeiter mit der Präferenz für fixe Vergütung auch tatsächlich fix zu vergüten. Liegt der Fokus hingegen auf der Mengenförderung, ist zu empfehlen, Mitarbeiter, die variable Vergütung bevorzugen entsprechend ihrer Präferenz zu vergüten.

Mitarbeiter sind eher *bereit, auf das variable Vergütungssystem umzusteigen* und *sich im Sinne der Anreize des Systems zu verhalten*, wenn sie ihre Leistung als gut einschätzen. Um die mit dem variablen Vergütungssystem verbundenen Zielsetzungen, insbesondere die Förderung der Motivation und somit der Leistung zu erreichen, wäre es folglich wichtig, dass alle oder zumindest ein Großteil der Betroffenen gute Leistungen erbringen und sich dessen auch bewusst sind. Ist dies (noch) nicht der Fall, können sie entsprechend z. B. durch Schulungen und Weiterbildungen gefördert werden, um ihnen damit bessere Möglichkeiten zu guten

Leistungen zu bieten. Außerdem akzeptieren die Betroffenen Veränderungen besser, wenn sie sich diesen gewachsen fühlen (vgl. Kapitel 3.3.4, Tabelle 1, S. 118). Daneben ist auch wichtig, dass sie ihre Leistungen richtig einschätzen. Je nach Persönlichkeit über- oder unterschätzen sich Mitarbeiter häufig. Um eine möglichst realistische Einschätzung zu erreichen, kann es beispielsweise hilfreich sein, in Mitarbeitergesprächen die Fremd- und Selbsteinschätzungen der individuellen Leistungen zum Thema zu machen und gegenüberzustellen. Bei einem entsprechenden Gespräch zwischen Vorgesetztem und Mitarbeiter findet dazu eine kritische Rückschau auf die erreichten Ziele statt. Außerdem können sie Maßnahmen erarbeiten, um die Stärken zu forcieren und die Schwächen zu beseitigen. Es ermöglicht damit u. a. Verhaltensänderungen, insbesondere die Stärkung und Förderung positiver Verhaltensweisen, und unterstützt die Erreichung gemeinsamer Ziele (vgl. Hofbauer & Winkler, 2002, 122-125; Kressler, 2001, 89-93).[193]

Primär steigen diejenigen um, die einen hohen Nutzen erwarten. Um also zu erreichen, dass möglichst viele Mitarbeiter bereit sind, sich variabel vergüten lassen, ist es wichtig, dass die Betroffenen ihren Nutzen realisieren. Wie dies erreicht werden kann, ist u. a. in Kapitel 3.5.1 zu den Kommunikationsmaßnahmen (z. B. Informations-Telefon, Sonderbetriebsversammlung) dargestellt. Eine Möglichkeit bietet beispielsweise das individuelle Gespräch, in dem die Konsequenzen des Systems aufgezeigt werden. Dies kann z. B. auch durch Vorrechnen möglicher variabler Anteile bei unterschiedlichen Leistungen erfolgen. Auch ist eine Pilotphase denkbar, in der ein Teil der Mitarbeiter freiwillig früher auf das variable System umsteigt. Damit haben die anderen die Möglichkeit, die Konsequenzen des variablen Vergütungssystems zu „beobachten" (vgl. Kiefer, 1967, 40; Schmalen & Pechtl, 1996, 21). Damit kann auch in Teilen der Forderung von Rogers (2003, 258) nach der Testbarkeit der Neuerung Rechnung getragen werden. Demnach ist es wichtig, dass die Betroffenen das System ausprobieren können. Die Pilotphase kann zudem dazu beitragen, Verbesserungsmöglichkeiten in das Umsetzungskonzept, das die ganze Unternehmung betrifft, zu integrieren (vgl. Hofbauer & Winkler, 2002, 262 f.). Insgesamt ist dabei jedoch auch zu bedenken, dass neben dem finanziellen Nutzen, der mit dem variablen Vergütungssystem einhergehen kann, auch weitere Aspekte, wie beispielsweise Leistungstransparenz oder Wettbewerbsgedanke, eine wichtige Rolle spielen können. Welchen Nutzen die Mitarbeiter vom Umstieg auf das variable Vergütungssystem erwarten, hängt zudem zentral von ihrer Einschätzung ab, inwie-

[193] Für Näheres zu Selbstbild und Fremdbild im Zusammenhang mit Mitarbeiterbeurteilungen sei z. B. auf Eck (2010) verwiesen.

fern das System ihre Leistung gut widerspiegelt und somit für wie gerecht sie es halten. Und nicht zuletzt kommt es darauf an, wie auch in anderen Studien bereits gezeigt wurde (z. B. Nippa, 1997, 40; Verband der Bayerischen Metall- und Elektroindustrie e. V., 2000, zit. nach Winkler & Mandl, 2004, 212; Wahl, 2001, 205), dass die Führung hinter der Einführung der variablen Vergütung steht (organisationale Maßnahme). Diese Unterstützung wirkt sowohl direkt als auch zusätzlich indirekt über die Nutzeneinschätzung auf die *Umstiegsbereitschaft*. Weitere akzeptanzfördernde, organisationale Maßnahmen wären beispielsweise, dem Mitarbeiter eine gewisse Entscheidungsautonomie zu geben und ihm Freiräume am Arbeitsplatz zur Verfügung zu stellen, um sich mit der Neuerung auseinandersetzen zu können (vgl. Bürg, 2005, 47; Frese, 2005, 229; Kapitel 3.5.2).

Weitere Schlussfolgerungen lassen sich auch aus der geringen Leistungssteigerung bei denjenigen, die umsteigen wollen, ziehen: Diejenigen, die bei der ersten Aufgabe bereits gute Leistung gebracht haben, waren eher bereit auf die variable Vergütung umzusteigen. Es zeigt sich zugleich, dass die Leistung im Vergleich nicht sehr gesteigert, sondern eher die vorherige, gute Leistung beibehalten wird. Die Leistungssteigerung fällt dementsprechend verhältnismäßig gering aus. Daraus lässt sich ableiten, dass variable Vergütung eine vorwiegend belohnende, statt direkt leistungssteigernde Wirkung hat. Sie ist weniger geeignet, um zu mehr Leistung zu anzuspornen, sondern eher um Top Performer für ihre Leistung zu belohnen und diese anzuerkennen. Ein Anhaltspunkt dafür ist auch die Bedeutung der distributiven Gerechtigkeit, die beinhaltet, dass das variable Vergütungssystem die eigene Leistung gut widerspiegelt. Der positive Effekt der belohnenden Wirkung kann sich auch in der beschriebenen aufrechterhaltenen intrinsischen Motivation zeigen. Entscheidend ist in diesem Zusammenhang, dass sich das Unternehmen dieses möglichen Effekts bewusst ist und entsprechend auch bei der Konzeption berücksichtigt. Feedback, das kommuniziert, dass die gesetzten Ziele nicht erreicht sind, führt zu einer möglichen Steigerung der Leistung. Diese hängt jedoch davon ab, ob der Betroffene selbst mit seinem Erreichten unzufrieden ist, sich selbstwirksam fühlt und sich entschließt, seine Leistung zu verbessern. Deuten Rückmeldungen hingegen an, dass die Ziele erreicht werden, führt dies meist zur Beibehaltung des Leistungsverhaltens (vgl. Nerdinger, 2006, 395). Die Ziele, die als Bemessungsgrundlagen für den variablen Anteil der Vergütung vereinbart werden, sollten zwar so vereinbart werden, dass sie erreichbar sind. Allerdings ist es, um eine Leistungssteigerung zu erreichen, sinnvoll, wenn das Feedback entsprechend so gestaltet wird, dass der Mitarbeiter sich vornimmt, seine Leistung trotz Zielerreichung zu verbessern.

Entscheidend für das Leistungsverhalten der Mitarbeiter ist deren *Bereitschaft dazu, sich im Sinne der Anreize des Systems zu verhalten*. Daher ist es wichtig, diese Bereitschaft bei den Mitarbeitern gezielt zu fördern. Ansatzpunkt dafür liefert zum einen, wie bereits angesprochen, die Einschätzung der Leistung durch die Mitarbeiter. Zum anderen ist es wichtig, dass die Mitarbeiter das Gefühl haben, dass das System ihre Leistung gut widerspiegelt und sie es dadurch als gerecht einschätzen. Darüber hinaus ist Partizipation ganz zentral. Die Mitarbeiter legen großen Wert darauf, dass Vertreter von ihnen an der Konzeption des Systems mitwirken können. Wie diese Beteiligung im Einzelnen gestaltet werden kann, hängt jedoch von der jeweiligen Situation im Unternehmen ab, wie viele Mitarbeiter davon betroffen sind, ob es einen Betriebsrat gibt, etc. Auch wenn Partizipation zeitaufwendig erscheint, ist es ein Trugschluss zu glauben, dass die Einbindung der Mitarbeiter zu Zeitverlusten führt: Die Zeit, die in der Konzeptionsphase durch einseitige Entscheidungen eingespart wird, geht während der Phase der Implementierung wieder verloren (vgl. Lebrenz, 2007, 56). Weitere motivierende Maßnahmen neben der Partizipation sind beispielsweise erfolgreiche Vorbilder, bei denen die Mitarbeiter sehen, dass die neuen Herausforderungen durchaus zu bewältigen sind, und denen sie nacheifern können. Auch können Anreize, wie z. B. in Aussicht gestellte Belohnungen oder Auszeichnungen für eine erfolgreiche Umsetzung, motivierend wirken. Abfindungen oder Gegengeschäfte eignen sich eher, damit es bei der Veränderung keine Verlierer gibt (vgl. Reiß, 1997b, 102; Kapitel 3.5.3). Ein weiterer Ansatzpunkt stellt die Möglichkeit dar, den Mitarbeitern und deren Vorgesetzten Schulungen anzubieten. Je nach Inhalt können diese beispielsweise den Mitarbeiter unterstützen, sich notwendiges Wissen anzueignen, um den neuen Anforderungen, die das variable Vergütungssystem an ihn stellt, gewachsen zu sein. Dies kann ihm auch dabei helfen, mögliche, bereits angesprochene Lernziele und darauf aufbauende Leistungsziele besser erreichen zu können. Vorgesetzte können in Schulungen lernen, wie Leistungsbeurteilungen richtig durchzuführen sind und worauf zu achten ist. Konkrete Hinweise zur Vorbereitung, Durchführung und Nachbereitung einer Leistungsbeurteilung sowie zur Vermeidung möglicher Fehler liefert beispielsweise Habelt (2009). Dies wiederum kann die Akzeptanz bei den zu Beurteilenden fördern, da sie nicht befürchten müssen, dass das Beurteilungsgespräch einer „Urteilsverkündung" gleicht, sondern ihnen konstruktives Feedback bietet und Entwicklungspotenziale aufzeigt. Qualifikationsmaßnahmen können sich dabei sowohl auf Fach- als auch auf Methoden- und Sozialkompetenz erstrecken (vgl. Reiß, 1997b, 101; Kapitel 3.5.4). Die große Bedeutung, welche die ‚Generation Y' Feedback beimisst, kommt auch in den Ergebnissen der Studie von Sackmann und Klaus (2011, 11) zum Ausdruck. Verlernen bewährter bzw. Lernen neuer

Denk- und Verhaltensmuster (vgl. Sackmann, 2007, 164; Kapitel 3.2) ist insgesamt wesentlicher Teil des Veränderungsprozesses. Über Schulungen hinaus ist es daher wichtig, den Mitarbeitern Veränderungslernen zu ermöglichen und dieses zu fördern. Statt einer „bloßen" Anpassung des Verhaltens im Sinne des Anpassungslernens bedeutet dies auch die Veränderung der Interessenlage und damit die Modifikation des Verhaltensrepertoires. Dies setzt jedoch das Verlernen alter Handlungsmuster (z. B. Argyris & Schön, 1978) sowie die offene Informationsdarlegung und -diskussion (z. B. Hedberg, 1981) voraus (vgl. Anderson, 1997, o. S.; Probst & Büchel, 1994, 36 f., 73; Siebert, 2006, 164). Das kann beispielsweise dadurch erreicht werden, dass entsprechende Gesprächs- und Diskussionsmöglichkeiten durch das Unternehmen selbst angeboten bzw. initiiert werden. Auch in diesem Zusammenhang kommt Mitarbeitergesprächen und Feedback als Chance zur Veränderung wichtige Bedeutung zu (vgl. Hofbauer & Winkler, 2002, 122-125).

Zwar ist die Vorhersagekraft der *Bereitschaft, sich im Sinne der Anreize zu verhalten,* für das tatsächliche Verhalten (Leistungssteigerung) im Rahmen des Experiments verhältnismäßig gering. Es liegt jedoch die Vermutung nahe, dass im vorliegenden Setting die Anreize den Bedürfnissen der Teilnehmer nicht ausreichend entsprochen und somit nur in geringem Maße die gewünschte Verhaltensänderung bewirkt haben. Auch wenn dies in weiteren Studien noch genauer zu untersuchen wäre, ist es für Unternehmen sinnvoll, das Zusammenpassen der gebotenen Anreize mit den Bedürfnissen der Mitarbeiter bei der Gestaltung ihrer Vergütungssysteme zu bedenken. Insgesamt sollte sich ein Unternehmen bewusst sein oder bewusst machen, was für die eigenen Mitarbeiter wichtig ist und somit als möglicher Anreiz in Frage kommt. Finanzielle Anreize haben dabei den Vorteil, dass Geld als Universalmittel zur Bedürfnisbefriedigung angesehen werden kann (vgl. Rosenstiel, 1975, 234; Schanz, 1991, 14; Thierry, 2002, 328; Wiersma, 1997, 260; Kapitel 2.2). Es erhöht die Wahrscheinlichkeit, dass die Anreize die Bedürfnisse der Mitarbeiter befriedigen können. Eine weitere Möglichkeit dazu stellt zum Beispiel der Einsatz sogenannter Cafeteria-Systeme (vgl. Wagner, Grawert & Langemeyer, 1993) dar. Ihr Beitrag zur Individualisierung besteht darin, dass sich jeder Mitarbeiter seine Vergütungskomponenten entsprechend seiner jeweiligen Bedürfnisse zusammenstellen kann. Dabei erhält der Mitarbeiter die Möglichkeit, aus einer Reihe von Leistungsangeboten im Rahmen eines vorgegebenen Budgets das für ihn passende auszuwählen (vgl. Drumm, 1988, 106 f.; Jung, 2006, 901-903; Kolb, Burkart & Zundel, 2010, 370).[194]

## 7.2 Limitationen der Studie und Implikationen für weitere Forschung

Die Teilnehmer des Experiments waren Studenten der Wirtschaftswissenschaften mit einem Durchschnittsalter von 24,13 Jahren. Bei der Interpretation der Ergebnisse sowie den Schlussfolgerungen ist zu bedenken, dass Studenten einen höheren Bildungsstand haben als der durchschnittliche Arbeitnehmer. Dies hat ggf. einschränkende Auswirkungen auf die Verallgemeinerbarkeit der Erkenntnisse. Auch ist denkbar, dass die Teilnehmer wegen des wirtschaftswissenschaftlichen Hintergrunds in spezieller Weise auf die variable Vergütung reagiert haben, da sie möglicherweise einen anderen Zugang zu dieser Thematik haben. Auch die Tatsache, dass der Großteil der Probanden (85,2 Prozent) männlich war, wirkt ggf. einschränkend auf die Generalisierbarkeit.

Bei der Beschreibung der verwendeten Skalen und den Besonderheiten der Stichprobe wurde herausgestellt, dass die Teilnehmer des Experiments ungewissheitstoleranter, weniger leistungsorientiert, weniger offen für neue Erfahrungen und in der Selbstwirksamkeit ähnlich der Stichproben, die den Originalskalen zu Grunde lagen sind. Außerdem zeigte sich, dass ein Großteil noch über keine Erfahrung mit variabler Vergütung verfügt. Insbesondere die verhältnismäßig geringere Leistungsorientierung und Offenheit für Erfahrungen und die fehlende Erfahrung mit variabler Vergütung stellen mögliche Gründe dafür dar, dass zwei Drittel der Teilnehmer die fixe gegenüber der variablen Vergütung bevorzugten. Diese Tendenz wurde möglicherweise dadurch etwas relativiert, dass die Experimentteilnehmer verhältnismäßig toleranter gegenüber Ungewissheit waren als die Vergleichsstichprobe.

Die Ergebnisse der empirischen Studie konnten die Hypothesen teilweise signifikant sowie in der Tendenz bestätigen. Dies ist insbesondere vor dem Hintergrund positiv zu werten, dass das Setting für die Teilnehmer nicht „lebensrelevant“ war, da zum einen die Vergütung nicht finanziell sondern mit Punkten erfolgte, die je nach erreichter Punktzahl mit einer Mini-,

[194] Eine kurze Übersicht über weitere mögliche Vor- und Nachteile liefern z. B. Drumm (1989, 336 f.) sowie Kolb, Burkart und Zundel (2010, 371).

normalen oder Maxi-Tafelschokolade bzw. Tüte Gummibärchen symbolisiert wurde.[195] Zum anderen hatte das Verhalten im Rahmen des Experiments lediglich Einfluss auf die zu erreichende Punktzahl, weiterreichende Folgen hingegen blieben aus und waren auch nicht zu befürchten. So hatte ein Proband weder von seinen Teamkollegen, noch von Seiten des Unternehmens weitere Konsequenzen zu fürchten, falls er beispielsweise keine oder nur wenige Lösungen (mit) erarbeitet. Außerdem war die Dauer des Experiments mit fünf bzw. zehn Minuten Bearbeitungszeit für die vergütungsrelevanten Aufgaben verhältnismäßig kurz. Diese unterschiedlichen Bearbeitungszeiten sind bei der Interpretation der Ergebnisse entsprechend zu berücksichtigen, denn ein Teil der Leistungssteigerung ist darauf zurückzuführen. Daher ist zu beachten, dass die tatsächliche Leistungssteigerung jeweils geringer ausfiel. Nachdem der Zeit-Effekt für alle Teilnehmer identisch war, kann er sonst vernachlässigt werden. Die mangelnde Signifikanz verschiedener Ergebnisse im Rahmen des Experiments ist somit möglicherweise auf diese Aspekte der Versuchsanordnung, kurze Dauer und fehlende „Lebensrelevanz" für die Teilnehmer zurückzuführen. Werden beispielsweise die gleichen Ergebnisse erreicht, wenn statt der geringwertigen Sachgüter höhere Geldprämien bezahlt werden oder weiterreichende Konsequenzen für ein geringes Maß an Mitarbeit zu befürchten sind? Entsprechend wäre es interessant, die dargestellten Zusammenhänge in weiterer Forschung, welche realere Situationen abbildet, zu überprüfen. Feldstudien stellen dazu eine geeignete Möglichkeit dar.

Aus der Versuchsanordnung resultiert zudem, dass insbesondere der prozedurale Aspekt der Gerechtigkeit schwer überprüfbar war. Die prozedurale Gerechtigkeit war im Gegensatz zur distributiven wesentlich weniger präsent und rückte somit eher in den Hintergrund. Das Verfahren zur Ermittlung der Vergütung wurde zwar vorgestellt, jedoch hatten die Teilnehmer keine weiteren Bezugspunkte. Die distributive Gerechtigkeit hingegen war präsenter. Die Vorstellung des Vergütungssystems lieferte verschiedene Anhaltspunkte, indem an verschiedenen Beispielen vorgerechnet wurde, wie sich die Vergütung und damit das Verteilungsergebnis in Abhängigkeit der Bewertungen der eingebrachten Ideen ändern können. Auch die Wirkung der Implementierungsarbeit darauf, wie die Probanden den Nutzen des variablen Vergütungssystems einschätzen, wie gerecht sie den durch das variable Vergütungssystem ermittelten variablen Anteil und die damit verbundenen Prozesse beurteilen und wie *bereit* sie

---

[195] Die Teilnehmer wurden bei der Präsentation des variablen Vergütungssystems, die nach der Bearbeitung der ersten Aufgabe stattfand, gebeten, sich vorzustellen, dass sie mit den Punkten, die sie als Vergütung für die erste Aufgabe erhalten haben, ihren jetzigen Lebensstandard finanzieren können.

sind, *auf das variable Vergütungssystem umzusteigen* und *sich im Sinne der Anreize des Systems zu verhalten*, ist nur schwer induzierbar/überprüfbar. Zur Gerechtigkeit wurden deshalb keine Hypothesen formuliert. Eine entsprechende Regression lieferte, wie erwartet, keine signifikanten Ergebnisse. Wie die Ausführungen in Kapitel 2.5 zeigen, ist die prozedurale Gerechtigkeit im Unternehmenskontext allgemein und im Speziellen im Zusammenhang mit der Vergütungsthematik von großer Bedeutung. Da sie im Rahmen des Experiments jedoch zu wenig Berücksichtigung fand, sollte dies in weiteren Untersuchungen nachgeholt werden. Dabei wären die Gerechtigkeitsaspekte deutlicher hervorzuheben und gleichmäßig präsent zu machen, um deren Einflüsse bzw. relative Wichtigkeit analysieren zu können. Dafür würden sich statt Laborstudien Feldstudien eignen, da sie im Unternehmenskontext stattfinden und somit beide Gerechtigkeitsaspekte mit der jeweiligen Relevanz abbilden.

Bei der vorliegenden Studie hat sich herauskristallisiert, dass kreative Leistung mit fixer und mengenbezogene Leistung mit variabler Vergütung besser gefördert werden kann und dass präferenzinkonsistent fixe Vergütung jeweils zum schlechtesten Ergebnis führt. Demnach wäre es nicht sinnvoll, Mitarbeiter, die variable Vergütung bevorzugen, fix zu vergüten. Die Wirkung der präferenz(in)konsistenten Vergütung allgemein und insbesondere die Wirkung der präferenzinkonsistent fixen Vergütung wäre in weiteren Studien näher zu untersuchen. Wie beeinflusst die Präferenz(in)konsistenz der Vergütung bei unterschiedlichen Tätigkeiten die intrinsische Motivation und die Leistung? Welche Konsequenzen lassen sich daraus bezogen auf die Diskrepanz zwischen der vom Unternehmen angestrebten flächendeckenden Einführung variabler Vergütung und der präferenzkonsistenten Vergütung auf Seiten der Mitarbeiter ableiten? Inwiefern führt präferenzinkonsistente Vergütung „nur" zu einer geringeren Steigerung oder sogar zu einer Reduzierung der Leistung? Letzteres war auf Grund der unterschiedlichen Bearbeitungszeiten der ersten und zweiten Aufgabe im Rahmen dieses Experiments nicht exakt zu bestimmen. Lässt sich in weiteren Untersuchungen bestätigen, dass variable Vergütung die intrinsische Motivation positiv beeinflussen kann? Insgesamt konnten für diese Fragen im Rahmen des Experiments lediglich Tendenzaussagen getroffen werden. Interessant wäre in diesem Zusammenhang auch, inwiefern sich die Präferenzen der Mitarbeiter, im vorliegenden Fall der ‚Generation Y', über die Zeit hinweg verändern.

Ergänzend zu den bereits genannten Anregungen für weitere Studien, könnte z. B. untersucht werden, welche Ergebnisse resultieren, wenn die Teilnehmer aus einer anderen Stichprobe stammen, andere Aufgaben lösen, längere Bearbeitungszeiten haben und nach einem anderen variablen System vergütet werden, das beispielsweise die Zielerreichung stärker fokussiert und dabei Lern- und Leistungsziele integriert. Weitere Studien können sich z. B. auch damit befassen, inwiefern die hier festgestellten Zusammenhänge auch in realitätsnäheren Kontexten bestätigt werden können bzw. wie ein Anreizsystem gestaltet sein muss, dass es verstärkt auch qualitative Leistung fördert. Insgesamt sollte methodisch verstärkt darauf geachtet werden, dass die unterschiedlichen Gruppen in etwa die gleiche Größe haben, um die Aussagekraft der Ergebnisse zu erhöhen. Auch geschlechterspezifische Unterschiede wären interessant.

Bei weiterer Forschung in Fällen, bei denen keine finanziellen Anreize gesetzt werden (können), wäre es wichtig, mit zu erheben, inwiefern die gebotenen Anreize mit den Bedürfnissen der Teilnehmer korrespondieren, um dies in den Auswertungen berücksichtigen zu können. Außerdem wäre interessant zu untersuchen, durch welche weiteren Faktoren sich das Leistungsverhalten im Zusammenhang mit variabler Vergütung vorhersagen lässt und welche Moderator- oder Mediatorvariablen zusätzlichen Erklärungsanteil liefern (vgl. Ajzen & Fishbein, 1980, 25 f.). Bei der Vorhersage des tatsächlichen Verhaltens auf Basis der Verhaltensintention (Einstellung) ist darauf zu achten, beides auf dem gleichen Spezifikationsgrad zu erheben (vgl. Ajzen & Fishbein, 1980, 27; Bürg et al., 2004, 5 f.).

Die Ergebnisse haben gezeigt, dass neben dem finanziellen Nutzen auch andere Nutzenaspekte für die Akzeptanz entscheidend sind. In diesem Zusammenhang wäre es interessant zu untersuchen, um welche Aspekte es sich dabei handelt und wie sie entsprechend gefördert werden könnten. Welche Rolle spielen beispielsweise die Leistungstransparenz, der Wettbewerbsgedanke oder die jeweiligen Konsequenzen für die Beziehung zu den Kollegen? Außerdem wurden die Maßnahmen der Implementierung sehr vereinfacht dargestellt und erhoben. Diese wären detaillierter zu untersuchen, um genauere Schlussfolgerungen ziehen zu können.

Wie bereits an einzelnen Stellen erwähnt, wäre es weiter zielführend, die Ergebnisse und Aussagen, welche in der vorliegenden Arbeit auf Basis der theoretischen Ausarbeitungen und experimentellen Untersuchung formuliert wurden, im Rahmen von Feldstudien und somit im Unternehmenskontext zu testen, um die Übertragbarkeit der Ergebnisse zu überprüfen.[196]

[196] Vgl. auch Friesl (2008, 291).

# 8 Fazit

Die vorliegende Studie analysiert die Akzeptanz organisationaler Veränderungen am Beispiel der Einführung variabler Vergütung. Die Argumentation basiert dabei zum einen auf der Aufarbeitung des theoretischen Forschungsstandes. Zum anderen stützt sie sich auf die Erkenntnisse, die aus dem im Rahmen der Arbeit durchgeführten Experiment gewonnen wurden. Die Probanden waren Studierende und somit künftige Hochschulabsolventen, die in Zukunft noch mehr als aktuell begehrte Arbeitnehmer darstellen. Deshalb sind ihre Erwartungen zu und Einstellungen gegenüber variablen Vergütungssystemen von besonderem Interesse. Die Arbeit befasste sich sowohl mit der in der Wissenschaft umstrittenen Wirksamkeit extrinsischer Anreize als auch mit der Akzeptanz von Veränderungen am Beispiel der Implementierung variabler Vergütung. Zum einen wurde untersucht, wie sich Motivation und (Leistungs-) Verhalten der Mitarbeiter durch die variable Vergütung ändern. Zum anderen standen im Zusammenhang mit der Implementierung variabler Vergütung die Fragen im Mittelpunkt, wovon die *Bereitschaft der Mitarbeiter* abhängt, *auf das variable Vergütungssystem umzusteigen* und *sich im Sinne der Anreize des Systems zu verhalten,* und inwiefern das tatsächliche (Leistungs-) Verhalten wiederum von dieser Bereitschaft abhängt.

Die vorliegende Arbeit trägt theoretisch sowie empirisch zur Beantwortung dieser Fragen und zur Erweiterung des Stands der Forschung bei. Teil der theoretischen Basis bildete dabei die Aufarbeitung und Diskussion des motivationstheoretischen und anreizsystemspezifischen Stands der Forschung, wobei der Fokus auf der Wirksamkeit von Anreiz- und Vergütungssystemen lag (Kapitel 2). Darüber hinaus wurde das Phänomen der Akzeptanz betrachtet und insbesondere aus der Sicht des Veränderungsmanagements aufgearbeitet und diskutiert (Kapitel 7).

Der Schwerpunkt lag dabei auf der Einführung variabler Vergütung als Beispiel für organisationale Veränderungen. Diese Erkenntnisse dienten als Grundlage für die Entwicklung eines Modells zur systematischen Analyse der Akzeptanz variabler Vergütung (Kapitel 4). Die daraus abgeleiteten Forschungshypothesen wurden empirisch mit Hilfe einer experimentellen, speziell konzipierten Untersuchung (Kapitel 5) überprüft, die Ergebnisse dargestellt und vor dem Hintergrund der vorherigen Ausführungen kritisch diskutiert (Kapitel 6). Die aus den gewonnen Ergebnissen abgeleiteten Handlungsempfehlungen unterstützen den Erfolg variabler Vergütung in der Praxis und liefern nach der kritischen Würdigung der durchgeführten Studie Implikationen für weitere Forschung (Kapitel 7).

Anknüpfend an die nach wie vor aktuelle Diskussion zur Wirksamkeit extrinsischer Anreize auf Mitarbeitermotivation und -leistung konnte auf Basis der Ergebnisse der Studie gezeigt werden, dass sich der Effekt bzgl. Quantität und Qualität der Ergebnisse unterscheidet. Während variable Vergütung die Leistungsmenge fördert, lässt sie die Leistungsqualität unbeeinflusst. Bei fixer Vergütung ist dies umgekehrt. Variable Vergütung eignet sich somit eher für akkordfähige, meist Nichtmanagement-Aufgaben als für Tätigkeiten im Management, in der Beratung oder im Innovationsbereich (vgl. Weibel, 2009, 25; Weibel et al., 2009, 397). Dies lässt sich auch bei den Boni der variabel vergüteten Kundenberater im Banking beobachten, die den Umsatz bei gleichzeitiger Vernachlässigung der Beratungsqualität gefördert haben (vgl. Weibel, 2009, 25). Extrinsisch motivierte Mitarbeiter neigen eher dazu, bewährtes Verhalten zu wiederholen, und damit „Masse“ zu produzieren. Kreativität und Innovation hingegen, die vorwiegend intrinsisch motiviert sind, werden durch extrinsische Anreize eher behindert (vgl. Frey & Osterloh, 2002, 37). Dies gilt allerdings nicht, wenn die ursprüngliche intrinsische Motivation hoch ist – wovon bei Tätigkeiten im Management oder Innovationsbereich tendenziell auszugehen ist – und extrinsischen Anreize als informierend oder unterstützend wahrgenommen werden, denn dann sind sie förderlich für die Kreativität (vgl. Amabile, 1997, 45 f.). Variable Vergütung kann somit durchaus eine leistungssteigernde Wirkung haben, dies hängt jedoch u. a. davon ab, welche Ziele damit verknüpft werden, inwiefern sie als informierend oder unterstützend wahrgenommen wird und wie hoch die intrinsische Motivation bei der Tätigkeit ist. Die anerkennende und belohnende Wirkung ist keinesfalls zu unterschätzen. Eine Verdrängung der intrinsischen Motivation durch extrinsische Anreize, wie sie in verschiedenen Studien postuliert wird, kann im Rahmen des Experiments nicht bestätigt werden. Vielmehr zeichnet sich ab, dass variable Vergütung die Reduzierung der intrinsischen Motivation „abfedert“. Grund dafür kann u. a. sein, dass die Probanden das System nicht als kontrollierend, sondern anerkennend wahrgenommen haben (z. B. Ryan & Deci, 2000b; Kapitel 2.3.1, 2.1). Auf Grund der Limitationen der Studie (vgl. Kapitel 7.2) ist dieser Zusammenhang jedoch in künftiger Forschung weiter zu betrachten, um daraus Implikationen für das Management ableiten zu können.

Darüber hinaus liefert die Arbeit neue Erkenntnisse zur Wirkung präferenz(in)konsistenter Vergütung. Auf Basis des Experiments zeichnet sich Folgendes zum Umgang mit der

Diskrepanz zwischen den Vergütungspräferenzen der Mitarbeiter und der Unternehmen ab. Möchte ein Unternehmen stärker Kreativität bzw. Qualität fördern, erzielt es die besten Ergebnisse, wenn es seine Mitarbeiter entsprechend ihrer Präferenz fix vergütet. Steht hingegen die Leistungsmenge im Vordergrund, ist es eher sinnvoll, die Mitarbeiter präferenzkonsistent variabel zu vergüten. Präferenzinkonsistent variable Vergütung liefert bzgl. Kreativität und Menge jeweils die zweitbesten Ergebnisse und wäre somit der präferenzinkonsistent fixen Vergütung, die jeweils die schlechtesten Resultate bewirkt, vorzuziehen. Dies wäre jedoch in weiterer Forschung, und u. a. in einem realitätsnäheren Kontext, genauer zu untersuchen, um daraus Empfehlungen für das Management ableiten zu können.

Ein weiterer Beitrag der Arbeit liegt in der Untersuchung des Zusammenhangs zwischen Einstellung und Verhalten. Im Rahmen der Analyse konnte gezeigt werden, dass sich das Leistungsverhalten durch die *Bereitschaft der Mitarbeiter, sich im Sinne der Anreize des Systems zu verhalten*, vorhersagen lässt. Damit bestätigt die Studie die in der Theorie des geplanten Verhaltens (z. B. Ajzen, 1991) postulierte Annahme, dass sich die Verhaltensintention als Prädiktor für das tatsächliche Verhalten eignet (vgl. Kapitel 3.4.1.3). Entsprechend weiterer Ergebnisse der im Rahmen dieser Arbeit durchgeführten Studie, welche die bisherigen Erkenntnisse nochmals untermauern (vgl. Kapitel 6.4.2), hängt diese Bereitschaft wiederum entscheidend davon ab, wie die Betroffenen ihre eigene Leistung einschätzen und wie gerecht sie ihren mit dem variablen Vergütungssystem ermittelten Anteil beurteilen. Außerdem sind sowohl Partizipation als auch Qualifizierung/Betreuung wichtige Maßnahmen zur Förderung dieser Bereitschaft. Entsprechend der Ergebnisse des Experiments kommt es darauf an, dass Mitarbeiter an der Konzeption des variablen Vergütungssystems mitwirken und dass das Unternehmen relevante Schulungsmöglichkeiten, z. B. zum Thema Leistungsbeurteilung, anbietet.

Die Untersuchung der Bestimmungsgrößen der *Umstiegsbereitschaft der Mitarbeiter* zeigt Folgendes und untermauert damit wichtige Erkenntnisse (vgl. 6.4.2). Die *Umstiegsbereitschaft* ist umso größer ist, je höher die Betroffenen den Nutzen, den sie vom variablen Vergütungssystem erwarten, und je besser sie ihre eigene Leistung einschätzen. Darüber hinaus sind nach den Ergebnissen der vorliegenden Studie Maßnahmen der Organisation zentral, um die *Umstiegsbereitschaft* zu unterstützen. So ist es förderlich, wenn die Führung hinter der Implementierung der variablen Vergütung steht. Der Nutzen wiederum hängt ebenfalls von diesen drei Faktoren (wahrgenommener Nutzen, Einschätzung der Leistung, organisationale

Implementierungsmaßnahme) sowie davon ab, wie gerecht die Betroffenen den durch das variable Vergütungssystem erhaltenen variablen Anteil wahrnehmen und davon, wie gut sie sich informiert fühlen und das Systems sowie dessen Konsequenzen verstehen (Kommunikation).

Insgesamt zeigt sich, dass variable Vergütung, wenn sie richtig konzipiert und implementiert wird, eine positive Wirkung auf das Leistungsverhalten der ‚Generation Y' haben kann. Dafür kommt es, wie die Ergebnisse dieser Arbeit zeigen, insbesondere darauf an, dass die Betroffenen einen positiven Nutzen vom variablen Vergütungssystem erwarten, ihre eigene Leistung als gut einschätzen und den variablen Anteil, den sie durch das System erhalten, als gerecht beurteilen. Um die Wahrnehmung der Mitarbeiter und damit auch deren *Bereitschaft, auf das variable Vergütungssystem umzusteigen* und *sich im Sinne der Anreize des Systems zu verhalten,* zu beeinflussen, eignen sich verschiedene Implementierungsmaßnahmen, auf die in der Literatur zum Change Management auch hingewiesen wurde (vgl. 3.5). Es kommt darauf an, dass die Mitarbeiter sich gut über das variable Vergütungssystem informiert fühlen und dessen Konsequenzen verstehen, dass die Führung hinter der Implementierung der variablen Vergütung steht, dass Mitarbeiter an der Konzeption des Systems beteiligt sind und dass das Unternehmen Schulungsmöglichkeiten, z. B. zum Thema Leistungsbeurteilung, anbietet.

Im Rahmen dieser Arbeit wurden somit wahrgenommener Nutzen, wahrgenommene Gerechtigkeit, Einschätzung der eigenen Leistung sowie die Maßnahmen der Implementierung als zentrale Ansatzpunkte identifiziert, um die Akzeptanz und somit den Erfolg variabler Vergütung zu fördern. Wie diese jeweils ausgestaltet werden können und worauf dabei zu achten ist, ist ausführlich in Kapitel 7.1 dargestellt. Allerdings ist variable Vergütung nicht als alleiniges Mittel anzusehen, um die Transaktionalisierung und das Neuaushandeln der gegenseitigen Erwartungen zu bewerkstelligen. Wie die aktuelle Studie von Sackmann und Klaus (2011, 8) zeigt, sind beispielsweise sozialer Austausch, gemeinsame Entscheidungen, Führungskraft als Coach, Freiraum für Eigeninitiative und ein anregendes Betriebsklima Merkmale, die der ‚Generation Y' bei ihrem künftigen Arbeitgeber wichtig sind, und dementsprechend Berücksichtigung finden sollten. Für Unternehmen gibt es viel Anpassungsbedarf, um ihre Wettbewerbsfähigkeit weiter zu sichern. Es wird interessant sein, wie die Unternehmen auf die Besonderheiten der ‚Generation Y' eingehen, welche Veränderungen das erfordert und wie erfolgreich diese umgesetzt werden. Aufgabe der Wissenschaft ist dabei,

Fehlentwicklungen frühzeitig zu erkennen und sich fundiert damit auseinanderzusetzen, um Wirtschaft, Politik und Gesellschaft geeignete Handlungsempfehlungen liefern zu können.

Die Limitationen der Studie sowie die daraus resultierenden Anregungen in Kapitel 7.2 deuten darauf hin, dass sowohl der Themenbereich zur Wirkung extrinsischer Anreize auf Mitarbeitermotivation und -verhalten, als auch zum Prozess der Implementierung noch zahlreiche interessante Fragestellungen bietet. Insgesamt ist es Aufgabe weiterer Forschung, die Ergebnisse und Aussagen, welche in der vorliegenden Arbeit auf Basis der theoretischen Ausarbeitungen und experimentellen Untersuchung formuliert wurden, im Rahmen weiterer Forschung, insbesondere mit Hilfe von Feldstudien, zu testen.[197] So kann die Übertragbarkeit der Ergebnisse, die z. B. vor dem Hintergrund der Diskussion um die Bankerboni sehr wahrscheinlich scheint, zusätzlich überprüft werden.

„Was wir wissen, ist ein Tropfen;
was wir nicht wissen, ein Ozean.“
Isaac Newton

[197] Vgl. ähnlich z. B. auch Winter (1997)

# Anhangverzeichnis

# Anhang 1: Exkurs zur Einstellungsmessung

Alternativ zu der im Rahmen dieser Arbeit verwendeten, eindimensionalen Möglichkeit zur Messung der Einstellung kann man die Ausgangsfragestellung nach der wahrgenommenen Objektqualität in einzelne Elemente (Eigenschaften und Merkmale) zerlegen und unterstellt dabei, dass der Befragte objektiv oder subjektiv feststellbare Objekteigenschaften hinsichtlich bestimmter Zwecke einzeln und bewusst bewertet. Dabei bedeutet der „Eindruck" die kognitive Repräsentation eines einzelnen Attributes (z. B. Höhe des variablen Anteils oder Bemessungsgrundlage). Der Gesamteindruck im Sinne einer gedanklichen Repräsentation der zu beurteilenden Ganzheit entsteht durch die Aggregation der Einzeleindrücke. Hierbei kann zwischen nicht-kompensatorischer und kompensatorischer Verknüpfung unterschieden werden. Für das Gesamturteil, das durch die multiplikative Verknüpfung der zwei Komponenten zu einem Eindruckswert mit anschließender Aufsummierung aller Eindruckswerte entsteht, sind entsprechend die zwei Komponenten „sachliche Information" (30 Prozent des Gesamtgehalts sind variabel) und deren „Bewertung" (das finde ich gut) notwendig. Hierbei handelt es sich um ein kompositionelles Verfahren (vgl. Nieschlag et al., 2002, 645 f. und dort angegebene Literatur). Zur Abgrenzung zwischen kompositionellen und dekompositionellen Verfahren und ausgewählten Messvorschlägen vgl. z. B. (Trommsdorff, Bleiker & Hildebrandt, 1979, 11-15). Zu diesen Verfahren zählen u. a. das Rosenberg-Modell sowie das Adequacy Importance Modell (vgl. z. B. Nieschlag et al., 2002, 646 f.; Kroeber-Riel et al., 2009, 243-248).

# Anhang 2: Fragebögen 1 bis 3

Institut für Personal- und Organisationsforschung
Professur für Arbeits- und Organisationspsychologie
Werner-Heisenberg-Weg 39, 85579 Neubiberg

Begleitfragebogen zum Experiment
Zusammenarbeit und Kommunikation

## Zusammenarbeit und Kommunikation

**Herzlichen Dank für Ihre Teilnahme!**

---

**Hinweise zum Ausfüllen des Fragebogens:**

Bei den meisten Fragen werden Sie darum gebeten, an Hand einer 7-er Skala Ihre Zustimmung zu verschiedenen Aussagen anzugeben. Dabei können Sie mit den Zahlen 1 (stimme überhaupt nicht zu) bis 7 (stimme voll zu) Ihr Urteil abstufen.

Bitte geben Sie jeweils an, wie sehr eine Aussage auf Sie ganz persönlich zutrifft. Dabei gib es keine „falschen" oder „richtigen" Antworten, es zählt lediglich Ihre ganz persönliche Einschätzung.
Sie sollten daher nicht lange über eine Frage nachdenken – es geht um Ihre spontane Reaktion.

***Beispiel:***

**Bitte kreuzen Sie an, wie sehr Sie der folgenden Aussage zustimmen:**

| | stimme überhaupt nicht zu | | | teils/teils | | | stimme voll zu |
|---|---|---|---|---|---|---|---|
| | 1 | 2 | 3 | 4 | 5 | 6 | 7 |
| Ich fülle gerne Fragebögen aus. | ☐ | ☐ | ☐ | ☐ | ☐ | ☐ | ☐ |

---

Die Angaben werden anonym und streng vertraulich behandelt!

Im Laufe dieses Experiments werden wir Sie bitten, zu verschiedenen Zeitpunkten kurze Fragebögen auszufüllen. Damit wir diese später einander zuordnen können, bitten wir Sie – unter Wahrung der Anonymität – hier Ihre

**Losnummer** _______________ einzutragen.

## Fragebogen 1

1. Im Folgenden lesen Sie verschiedene Aussagen zur Charakterisierung von Personen.

| Bitte kreuzen Sie an, inwiefern diese Aussagen auf Sie persönlich zutreffen. | 1 stimme überhaupt nicht zu | 2 | 3 | 4 teils/teils | 5 | 6 | 7 stimme voll zu |
|---|---|---|---|---|---|---|---|
| Ich bin eher zurückhaltend, reserviert. | ☐ | ☐ | ☐ | ☐ | ☐ | ☐ | ☐ |
| Ich neige dazu, andere zu kritisieren. | ☐ | ☐ | ☐ | ☐ | ☐ | ☐ | ☐ |
| Ich erledige Aufgaben gründlich. | ☐ | ☐ | ☐ | ☐ | ☐ | ☐ | ☐ |
| Ich werde leicht deprimiert, niedergeschlagen. | ☐ | ☐ | ☐ | ☐ | ☐ | ☐ | ☐ |
| Ich bin vielseitig interessiert. | ☐ | ☐ | ☐ | ☐ | ☐ | ☐ | ☐ |
| Ich bin begeisterungsfähig und kann andere leicht mitreißen. | ☐ | ☐ | ☐ | ☐ | ☐ | ☐ | ☐ |
| Ich schenke anderen leicht Vertrauen, glaube an das Gute im Menschen. | ☐ | ☐ | ☐ | ☐ | ☐ | ☐ | ☐ |
| Ich bin bequem, neige zur Faulheit. | ☐ | ☐ | ☐ | ☐ | ☐ | ☐ | ☐ |
| Ich bin entspannt, lasse mich durch Stress nicht aus der Ruhe bringen. | ☐ | ☐ | ☐ | ☐ | ☐ | ☐ | ☐ |
| Ich bin tiefsinnig, denke gerne über Sachen nach. | ☐ | ☐ | ☐ | ☐ | ☐ | ☐ | ☐ |
| Ich bin eher der „stille Typ", wortkarg. | ☐ | ☐ | ☐ | ☐ | ☐ | ☐ | ☐ |
| Ich kann mich kalt und distanziert verhalten. | ☐ | ☐ | ☐ | ☐ | ☐ | ☐ | ☐ |
| Ich bin tüchtig und arbeite flott. | ☐ | ☐ | ☐ | ☐ | ☐ | ☐ | ☐ |
| Ich mache mir viele Sorgen. | ☐ | ☐ | ☐ | ☐ | ☐ | ☐ | ☐ |
| Ich habe eine aktive Vorstellungskraft, bin phantasievoll. | ☐ | ☐ | ☐ | ☐ | ☐ | ☐ | ☐ |
| Ich gehe aus mir heraus, bin gesellig. | ☐ | ☐ | ☐ | ☐ | ☐ | ☐ | ☐ |
| Ich kann mich schroff und abweisend anderen gegenüber verhalten. | ☐ | ☐ | ☐ | ☐ | ☐ | ☐ | ☐ |
| Ich mache Pläne und führe sie auch durch. | ☐ | ☐ | ☐ | ☐ | ☐ | ☐ | ☐ |
| Ich werde leicht nervös und unsicher. | ☐ | ☐ | ☐ | ☐ | ☐ | ☐ | ☐ |
| Ich schätze künstlerische und ästhetische Eindrücke. | ☐ | ☐ | ☐ | ☐ | ☐ | ☐ | ☐ |
| Ich habe nur wenig künstlerisches Interesse. | ☐ | ☐ | ☐ | ☐ | ☐ | ☐ | ☐ |

# Fragebogen 1

| Bitte kreuzen Sie an, inwiefern diese Aussagen auf Sie persönlich zutreffen. | 1 stimme überhaupt nicht zu | 2 | 3 | 4 teils/teils | 5 | 6 | 7 stimme voll zu |
|---|---|---|---|---|---|---|---|
| Wenn mir jemand Widerstand leistet, finde ich Mittel und Wege mich durchzusetzen. | ☐ | ☐ | ☐ | ☐ | ☐ | ☐ | ☐ |
| Für jedes Problem habe ich eine Lösung. | ☐ | ☐ | ☐ | ☐ | ☐ | ☐ | ☐ |
| Schwierigkeiten sehe ich gelassen entgegen, weil ich mich immer auf meine Fähigkeiten verlassen kann. | ☐ | ☐ | ☐ | ☐ | ☐ | ☐ | ☐ |
| Wenn ich mit einer neuen Sache konfrontiert werde, weiß ich, wie ich damit umgehen kann. | ☐ | ☐ | ☐ | ☐ | ☐ | ☐ | ☐ |
| Was auch immer passiert, ich werde schon klarkommen. | ☐ | ☐ | ☐ | ☐ | ☐ | ☐ | ☐ |
| Ich probiere gerne Dinge aus, auch wenn nicht immer etwas dabei herauskommt. | ☐ | ☐ | ☐ | ☐ | ☐ | ☐ | ☐ |
| Ich beschäftige mich nur mit Aufgaben, die lösbar sind. | ☐ | ☐ | ☐ | ☐ | ☐ | ☐ | ☐ |
| Ich mag es, wenn unverhofft Überraschungen auftreten. | ☐ | ☐ | ☐ | ☐ | ☐ | ☐ | ☐ |
| Ich lasse Dinge gerne auf mich zukommen. | ☐ | ☐ | ☐ | ☐ | ☐ | ☐ | ☐ |
| Ich habe es gerne, wenn die Arbeit gleichmäßig verläuft. | ☐ | ☐ | ☐ | ☐ | ☐ | ☐ | ☐ |
| Ich warte geradezu darauf, dass etwas Aufregendes passiert. | ☐ | ☐ | ☐ | ☐ | ☐ | ☐ | ☐ |
| Wenn um mich herum alles so richtig drunter und drüber geht, fühle ich mich so richtig wohl. | ☐ | ☐ | ☐ | ☐ | ☐ | ☐ | ☐ |
| Ich weiß gerne, was auf mich zukommt. | ☐ | ☐ | ☐ | ☐ | ☐ | ☐ | ☐ |
| Es macht mir Spaß, meine sprachlichen Fähigkeiten in Aufgaben einzubringen. | ☐ | ☐ | ☐ | ☐ | ☐ | ☐ | ☐ |
| Ich beschäftige mich gern mit Worten und Sprache. | ☐ | ☐ | ☐ | ☐ | ☐ | ☐ | ☐ |
| Ich würde gerne öfter Aufgaben bearbeiten, bei denen es auf den Umgang mit Sprache ankommt. | ☐ | ☐ | ☐ | ☐ | ☐ | ☐ | ☐ |
| Sprache dient mir nur als Mittel zum Zweck. | ☐ | ☐ | ☐ | ☐ | ☐ | ☐ | ☐ |
| Ich bin am Spiel mit Worten interessiert. | ☐ | ☐ | ☐ | ☐ | ☐ | ☐ | ☐ |
| Ich bin froh, wenn ich mit Wortspielen wenig zu tun habe. | ☐ | ☐ | ☐ | ☐ | ☐ | ☐ | ☐ |
| Ich finde es spannend, mit Sprache zu experimentieren. | ☐ | ☐ | ☐ | ☐ | ☐ | ☐ | ☐ |

## Fragebogen 1

2. Die folgende Liste enthält Eigenschaften zur Beschreibung von Personen.

   Bitte kreuzen Sie **alle** Eigenschaften an, die auf Sie zutreffen:

| | | |
|---|---|---|
| ☐ tüchtig | ☐ originell | ☐ gewöhnlich |
| ☐ klug | ☐ eigen | ☐ konservativ |
| ☐ selbstsicher | ☐ nachdenklich | ☐ normal |
| ☐ geltungsbedürftig | ☐ einfallsreich | ☐ unzufrieden |
| ☐ humorvoll | ☐ selbstbewusst | ☐ anständig |
| ☐ individualistisch | ☐ aufreizend | ☐ an wenigen Dingen interessiert |
| ☐ ungezwungen | ☐ arrogant | ☐ wohl erzogen |
| ☐ einfühlsam | ☐ zwanglos | ☐ aufrichtig |
| ☐ intelligent | ☐ leicht beeinflussbar | ☐ gehorsam |
| ☐ vielfältig interessiert | ☐ zurückhaltend | ☐ argwöhnisch |

Bitte beantworten Sie nun einige generelle Fragen zu Ihrer **Person** sowie zu Ihren **beruflichen Erfahrungen**.

3. Bitte geben Sie Ihr Geschlecht, Ihr Alter und Ihre Abiturnote an.

   ☐ männlich ☐ weiblich ______ Jahre Abiturnote: ______

4. Bitte geben Sie das Geschlecht und das Alter Ihrer Geschwister an.

   Jüngere Geschwister

   ☐ männlich ☐ weiblich ______ Jahre jünger

   ☐ männlich ☐ weiblich ______ Jahre jünger

   ☐ männlich ☐ weiblich ______ Jahre jünger

   Ältere Geschwister

   ☐ männlich ☐ weiblich ______ Jahre älter

   ☐ männlich ☐ weiblich ______ Jahre älter

   ☐ männlich ☐ weiblich ______ Jahre älter

   ☐ Ich habe keine Geschwister.

## Fragebogen 1

5. Im Folgenden finden Sie eine Reihe von Eigenschaften, die in bestimmten Berufen hilfreich sein können.

   Erinnern Sie sich bitte an alle Positionen/Funktionen zurück, die Sie länger als drei Monate ausgeübt haben und kreuzen **alle** zutreffenden Felder an:

   Mindestens einer der Berufe erforderte von mir...

   - ☐ handwerkliches Geschick
   - ☐ Kreativität
   - ☐ sprachliches Geschick
   - ☐ Kommunikationsfähigkeit
   - ☐ andere auszubilden

6. Virtuelle Zusammenarbeit/Kooperation bedeutet, mit Menschen zusammenzuarbeiten, die sich nicht im gleichen Gebäude/auf dem gleichen Gelände befinden (professioneller, nicht privater Austausch zur Bewältigung einer bestimmten Aufgabe). Man nutzt dabei in der Regel Informations- und Kommunikationstechnologien wie z.B. Telefon, E-Mail, Videokonferenz oder Messenger-Programme.

| Im Folgenden geht es um Ihre Erfahrungen mit virtueller Zusammenarbeit. Bitte kreuzen Sie jeweils an, was für Sie zutreffend ist. | 1 gar nicht | 2 | 3 | 4 | 5 | 6 | 7 sehr |
|---|---|---|---|---|---|---|---|
| Wie geübt sind Sie in virtueller Zusammenarbeit? | ☐ | ☐ | ☐ | ☐ | ☐ | ☐ | ☐ |
| Wie geübt sind Sie in virtueller Kommunikation? | ☐ | ☐ | ☐ | ☐ | ☐ | ☐ | ☐ |

| Wie geübt sind Sie in der aktiven Verwendung folgender Programme/Funktionen: | 1 gar nicht | 2 | 3 | 4 | 5 | 6 | 7 sehr |
|---|---|---|---|---|---|---|---|
| Chat (Skype, andere Messenger-Programme, ...) | ☐ | ☐ | ☐ | ☐ | ☐ | ☐ | ☐ |
| Web 2.0 | ☐ | ☐ | ☐ | ☐ | ☐ | ☐ | ☐ |
| Wikis | ☐ | ☐ | ☐ | ☐ | ☐ | ☐ | ☐ |
| Audio-Konferenz (Telefon, Skype, VoIP, ...) | ☐ | ☐ | ☐ | ☐ | ☐ | ☐ | ☐ |
| Blog | ☐ | ☐ | ☐ | ☐ | ☐ | ☐ | ☐ |

# Fragebogen 2

Tragen Sie bitte hier wieder Ihre
**Losnummer** _______________ ein.

Ihnen wurde soeben das neue, variable Vergütungssystem vorgestellt. In der nächsten Runde bekommen Sie erneut eine Aufgabe gestellt (Bearbeitungsdauer: 10 Minuten), wobei auch Ihre Leistung bewertet wird. Diese Leistungsbeurteilung bildet die Basis für die Berechnung der variablen Vergütung nach dem vorgestellten System. Im Folgenden geht es darum zu erfahren, wie Sie dessen Einführung, das System an sich und seine Wirkungen beurteilen.

1. Bitte teilen Sie uns nachfolgend Ihre Einschätzung zu variabler Vergütung allgemein mit und geben Sie Ihre persönliche Erfahrung an.

| Bitte kreuzen Sie jeweils an, inwiefern Sie folgenden Aussagen zustimmen. | 1 stimme überhaupt nicht zu | 2 | 3 | 4 teils/teils | 5 | 6 | 7 stimme voll zu |
|---|---|---|---|---|---|---|---|
| Individuelle Leistung zu belohnen wäre eine gute Idee. | □ | □ | □ | □ | □ | □ | □ |
| Mir gefällt die Idee, dass individuelle Leistung durch das variable Vergütungssystem belohnt wird. | □ | □ | □ | □ | □ | □ | □ |
| Die Belohnung der eigenen Leistung wäre eine angenehme Erfahrung. | □ | □ | □ | □ | □ | □ | □ |
| Variable Vergütung ist mir zu unsicher. | □ | □ | □ | □ | □ | □ | □ |
| Es ist eine gute Idee, die Menge der Ideen durch das variable Vergütungssystem zu belohnen. | □ | □ | □ | □ | □ | □ | □ |
| Es ist eine gute Idee, die Qualität der Ideen durch das variable Vergütungssystem zu belohnen. | □ | □ | □ | □ | □ | □ | □ |
| Mir gefällt die Idee gar nicht, dass meine Vergütung von meiner Leistung abhängt. | □ | □ | □ | □ | □ | □ | □ |

| Bitte kreuzen Sie zutreffendes an. | 1 sehr negativ | 2 | 3 | 4 teils/teils | 5 | 6 | 7 sehr positiv | 0 ich habe keine Erfahrung |
|---|---|---|---|---|---|---|---|---|
| Meine persönlichen Erfahrungen mit variabler Vergütung waren... | □ | □ | □ | □ | □ | □ | □ | □ |

## Fragebogen 2

2. Beurteilen Sie nachfolgend bitte die Einführung des variablen Vergütungssystems.

| Bitte kreuzen Sie jeweils an, inwiefern Sie folgenden Aussagen zustimmen. | 1 stimme überhaupt nicht zu | 2 | 3 | 4 teils/teils | 5 | 6 | 7 stimme voll zu |
|---|---|---|---|---|---|---|---|
| Ich fühle mich gut über das Vergütungssystem informiert. | ☐ | ☐ | ☐ | ☐ | ☐ | ☐ | ☐ |
| Die anfängliche Informationsveranstaltung war überflüssig. | ☐ | ☐ | ☐ | ☐ | ☐ | ☐ | ☐ |
| Ich finde es sehr wichtig, dass Vertreter von uns Mitarbeitern an der Konzeption des Systems mitgewirkt haben. | ☐ | ☐ | ☐ | ☐ | ☐ | ☐ | ☐ |
| Für mich war entscheidend, dass ein Vergütungsexperte an der Konzeption des Systems beteiligt war. | ☐ | ☐ | ☐ | ☐ | ☐ | ☐ | ☐ |
| Zu wissen, dass der Geschäftsführer hinter der Einführung der variablen Vergütung steht, ist mir sehr wichtig. | ☐ | ☐ | ☐ | ☐ | ☐ | ☐ | ☐ |
| Zu wissen, dass mein/e Teamleiter/in hinter der Einführung der variablen Vergütung steht, ist mir sehr wichtig. | ☐ | ☐ | ☐ | ☐ | ☐ | ☐ | ☐ |
| Ich habe das Vergütungssystem so gut verstanden, dass ich das Berechnungsprinzip anderen Kollegen erklären könnte. | ☐ | ☐ | ☐ | ☐ | ☐ | ☐ | ☐ |
| Bei der Vorstellung des variablen Vergütungssystems wurde mir deutlich, welche Vor-/Nachteile für mich damit verbunden wären. | ☐ | ☐ | ☐ | ☐ | ☐ | ☐ | ☐ |
| Die Gerechtigkeit des variablen Vergütungssystems wurde bei der Präsentation zu wenig herausgestellt. | ☐ | ☐ | ☐ | ☐ | ☐ | ☐ | ☐ |
| Schulungsmöglichkeiten für Mitarbeiter und Vorgesetzte zum Thema Leistungsbeurteilung finde ich sehr wichtig. | ☐ | ☐ | ☐ | ☐ | ☐ | ☐ | ☐ |
| Die Möglichkeit zu einem einzelnen Gespräch mit meinem Vorgesetzten zum variablen Vergütungssystem ist mir sehr wichtig. | ☐ | ☐ | ☐ | ☐ | ☐ | ☐ | ☐ |
| Ich bin zufrieden damit , wie die Implementierung gelaufen ist. | ☐ | ☐ | ☐ | ☐ | ☐ | ☐ | ☐ |
| Die persönliche Präsentation/Videopräsentation finde ich sehr wichtig. | ☐ | ☐ | ☐ | ☐ | ☐ | ☐ | ☐ |
| Meine Bereitschaft, mich variabel vergüten zu lassen ... | | | | | | | |
| ... ist unabhängig davon, ob ich das Vergütungssystem verstanden habe oder nicht. | ☐ | ☐ | ☐ | ☐ | ☐ | ☐ | ☐ |
| ... steigt durch die Tatsache, dass ein Vergütungsexperte an der Konzeption des Vergütungssystems beteiligt war. | ☐ | ☐ | ☐ | ☐ | ☐ | ☐ | ☐ |
| ... steigt durch die Tatsache, dass Vertreter von uns Mitarbeitern bei der Konzeption des Systems mitwirken konnten. | ☐ | ☐ | ☐ | ☐ | ☐ | ☐ | ☐ |
| ... ist negativ davon beeinflusst, wenn meine Vorgesetzten nicht hinter der Einführung der variablen Vergütung stehen. | ☐ | ☐ | ☐ | ☐ | ☐ | ☐ | ☐ |
| ... würde sich durch Maßnahmen wie z.B. Einzelgespräche, Schulungen etc. erhöhen. | ☐ | ☐ | ☐ | ☐ | ☐ | ☐ | ☐ |
| ... erhöht sich durch die persönliche Präsentation des Konzepts. | ☐ | ☐ | ☐ | ☐ | ☐ | ☐ | ☐ |

# Fragebogen 2

3. Bitte Beurteilen Sie nachfolgend das variable Vergütungssystem an sich.

Hinsichtlich der Fairness des variablen Vergütungssystems lassen sich Verteilungs- und Verfahrensaspekte unterscheiden. Verteilungsaspekte betreffen das Ergebnis an sich (Höhe der variablen Vergütung). Verfahrensaspekte betreffen die Prozesse, die zur Ermittlung des Verteilungsergebnisses herangezogen werden (Leistungsbeurteilung).

| Überlegen Sie sich bitte nun, was Sie vom Ablauf der **Leistungsbeurteilung**, dem **Prozess** des variablen Vergütungssystems, erwarten. | 1 gar nicht | 2 | 3 | 4 teils/teils | 5 | 6 | 7 sehr |
|---|---|---|---|---|---|---|---|
| Wie sehr werden Sie Einfluss auf die durch die *Leistungsbeurteilung* bestimmte Höhe der variablen Vergütung haben? | ☐ | ☐ | ☐ | ☐ | ☐ | ☐ | ☐ |
| Wie sehr wird die *Leistungsbeurteilung* einheitlich angewandt werden? | ☐ | ☐ | ☐ | ☐ | ☐ | ☐ | ☐ |
| Wie sehr wird die *Leistungsbeurteilung* unvoreingenommen sein? | ☐ | ☐ | ☐ | ☐ | ☐ | ☐ | ☐ |
| Wie sehr wird die *Leistungsbeurteilung* auf zutreffenden Informationen basieren? | ☐ | ☐ | ☐ | ☐ | ☐ | ☐ | ☐ |
| Wie sehr werden während der *Leistungsbeurteilung* ethische und moralische Standards eingehalten werden? | ☐ | ☐ | ☐ | ☐ | ☐ | ☐ | ☐ |
| Wie fair wird die *Leistungsbeurteilung* insgesamt ablaufen? | ☐ | ☐ | ☐ | ☐ | ☐ | ☐ | ☐ |
| Wie sehr ist ein fairer Ablauf der Leistungsbeurteilung wichtiger als eine faire Höhe der variablen Vergütung? | ☐ | ☐ | ☐ | ☐ | ☐ | ☐ | ☐ |

| Überlegen Sie sich bitte nun, was Sie vom **Ergebnis** des variablen Vergütungssystems, der **Höhe Ihrer variablen Vergütung** erwarten. | 1 gar nicht | 2 | 3 | 4 teils/teils | 5 | 6 | 7 sehr |
|---|---|---|---|---|---|---|---|
| Wie sehr wird die *Höhe der variablen Vergütung* den Aufwand widerspiegeln, den Sie in die Arbeit stecken? | ☐ | ☐ | ☐ | ☐ | ☐ | ☐ | ☐ |
| Wie sehr wird die *Höhe der variablen Vergütung* angemessen sein für die Arbeit, die Sie leisten? | ☐ | ☐ | ☐ | ☐ | ☐ | ☐ | ☐ |
| Wie sehr wird die *Höhe der variablen Vergütung* den Beitrag widerspiegeln, den Sie für die Organisation leisten? | ☐ | ☐ | ☐ | ☐ | ☐ | ☐ | ☐ |
| Wie sehr wird die *Höhe der variablen Vergütung* im Verhältnis zu Ihrer Leistung gerechtfertigt sein? | ☐ | ☐ | ☐ | ☐ | ☐ | ☐ | ☐ |
| Wie fair wird die *Höhe der variablen Vergütung* insgesamt sein? | ☐ | ☐ | ☐ | ☐ | ☐ | ☐ | ☐ |
| Wie fair werden Sie im Vergleich zu den anderen Bewerteten durch das variable Vergütungssystem behandelt? | ☐ | ☐ | ☐ | ☐ | ☐ | ☐ | ☐ |
| Wie viel wichtiger sind die Verteilungsergebnisse im Vergleich zu den Prozessen, wodurch diese Ergebnisse zu Stande kommen? | ☐ | ☐ | ☐ | ☐ | ☐ | ☐ | ☐ |

# Fragebogen 2

Neben der Fairness spielen auch die Wirkungen des variablen Vergütungssystems eine wichtige Rolle.

Überlegen Sie sich bitte nun welche Wirkungen Sie vom variablen Vergütungssystem erwarten.

Bitte kreuzen Sie jeweils an, inwiefern Sie folgenden Aussagen zustimmen.

Ich erwarte vom variablen Vergütungssystem, dass…

| | stimme überhaupt nicht zu 1 | 2 | 3 | teils/teils 4 | 5 | 6 | stimme voll zu 7 |
|---|---|---|---|---|---|---|---|
| … ich mehr verdienen werde als bei der fixen Vergütung. | ☐ | ☐ | ☐ | ☐ | ☐ | ☐ | ☐ |
| … meine Leistungen deutlich mehr anerkannt werden als bei der fixen Vergütung. | ☐ | ☐ | ☐ | ☐ | ☐ | ☐ | ☐ |
| … mein Beitrag zum Erfolg für meine Kollegen und Vorgesetzten deutlicher sichtbar wird als bei der fixen Vergütung. | ☐ | ☐ | ☐ | ☐ | ☐ | ☐ | ☐ |
| … meine Leistung für meine Kollegen und Vorgesetzten viel transparenter wird als bei der fixen Vergütung. | ☐ | ☐ | ☐ | ☐ | ☐ | ☐ | ☐ |
| … es mich in meiner Arbeitsweise im Vergleich zur fixen Vergütung enorm einschränkt. | ☐ | ☐ | ☐ | ☐ | ☐ | ☐ | ☐ |
| … der Leistungsdruck auf mich stark steigt. | ☐ | ☐ | ☐ | ☐ | ☐ | ☐ | ☐ |
| … die Vergütung alles in allem fair sein wird. | ☐ | ☐ | ☐ | ☐ | ☐ | ☐ | ☐ |
| Bezogen auf das variable Vergütungssystem befürchte ich, zu den Verlierern zu gehören. | ☐ | ☐ | ☐ | ☐ | ☐ | ☐ | ☐ |
| Durch das variable Vergütungssystem gehe ich mit mehr Freude an die nächste Aufgabe. | ☐ | ☐ | ☐ | ☐ | ☐ | ☐ | ☐ |
| Für mich bedeutet das variable Vergütungssystem eine deutliche Verbesserung im Vergleich zum fixen Vergütungssystem. | ☐ | ☐ | ☐ | ☐ | ☐ | ☐ | ☐ |
| Ich sehe mich bei den Gewinnern des variablen Vergütungssystems. | ☐ | ☐ | ☐ | ☐ | ☐ | ☐ | ☐ |
| Angenommen ich würde belohnt werden, würde ich mich mehr anstrengen. | ☐ | ☐ | ☐ | ☐ | ☐ | ☐ | ☐ |
| Auf Grund der variablen Vergütung habe ich vor, mich in der nächsten Runde deutlich mehr anzustrengen. | ☐ | ☐ | ☐ | ☐ | ☐ | ☐ | ☐ |
| Ich habe vor, auf Grund der variablen Vergütung in der nächsten Runde meine eigene Leistung zu steigern. | ☐ | ☐ | ☐ | ☐ | ☐ | ☐ | ☐ |
| Wahrscheinlich strenge ich mich in der nächsten Runde durch die variable Vergütung mehr an. | ☐ | ☐ | ☐ | ☐ | ☐ | ☐ | ☐ |
| Ohne Belohnung habe ich nicht vor, mich in der nächsten Runde mehr anzustrengen als in der vorherigen. | ☐ | ☐ | ☐ | ☐ | ☐ | ☐ | ☐ |
| Wahrscheinlich steigere ich auf Grund der variablen Vergütung in der nächsten Runde meine eigene Leistung. | ☐ | ☐ | ☐ | ☐ | ☐ | ☐ | ☐ |

## Fragebogen 2

4. Gehen Sie nun davon aus, dass Sie sich entscheiden können, ob Sie sich in der nächsten Runde variabel oder fix vergütet werden.

| Bitte kreuzen Sie an, inwiefern diese Aussagen auf Sie persönlich zutreffen. | 1 stimme überhaupt nicht zu | 2 | 3 | 4 teils/teils | 5 | 6 | 7 stimme voll zu |
|---|---|---|---|---|---|---|---|
| Ich habe vor, mich in der nächsten Runde nach dem vorgestellten System variabel vergüten zu lassen. | ☐ | ☐ | ☐ | ☐ | ☐ | ☐ | ☐ |
| Ich habe vor, meinen Teammitgliedern zu empfehlen, sich nach dem vorgestellten System variabel vergüten zu lassen. | ☐ | ☐ | ☐ | ☐ | ☐ | ☐ | ☐ |
| Wahrscheinlich lasse ich mich in der nächsten Runde weiterhin nach dem bisherigen System fix vergüten. | ☐ | ☐ | ☐ | ☐ | ☐ | ☐ | ☐ |

Wenn Sie jetzt also frei entscheiden könnten, wie Sie sich in der nächsten Runde vergüten lassen möchten, wofür würden Sie sich dann entscheiden?

Bitte kreuzen Sie zutreffendes an:

☐ Ich entscheide mich für die variable Vergütung.

☐ Ich entscheide mich für die fixe Vergütung.

Bitte beantworten Sie abschließend noch ein paar Fragen zur Arbeit in Ihrem Team sowie zur ersten Aufgabe.

5. Bitte geben Sie in Ziffern an, auf wie viele Ihrer Teammitglieder die nebenstehenden Aussagen jeweils zutreffen (Aussagen, die auf eines Ihrer Teammitglieder zutreffen beziffern Sie mit 1, wenn eine Aussage auf zwei oder drei Ihrer Teammitglieder zutrifft, tragen Sie bitte entsprechend 2 oder 3 ein)

☐ Kenne ich überhaupt nicht

☐ Kenne ich vom Sehen

☐ Wir unterhalten uns ab und zu

☐ Wir treffen/unterhalten uns häufig

☐ Wir sind gut befreundet

## Fragebogen 2

6. Im Folgenden finden Sie einige Aussagen, die sich zum Teil auf die Bearbeitung der ersten Aufgabe beziehen.

| Bitte kreuzen Sie jeweils an, inwiefern Sie folgenden Aussagen zustimmen. | stimme überhaupt nicht zu 1 | 2 | 3 | teils/teils 4 | 5 | 6 | stimme voll zu 7 |
|---|---|---|---|---|---|---|---|
| Ich vertraue meinen Teammitgliedern. | ☐ | ☐ | ☐ | ☐ | ☐ | ☐ | ☐ |
| Ich würde auch bei „echten" Projekten wieder mit diesem Team zusammenarbeiten. | ☐ | ☐ | ☐ | ☐ | ☐ | ☐ | ☐ |
| Meine Ideen kann man gut für den angedachten Zweck verwenden. | ☐ | ☐ | ☐ | ☐ | ☐ | ☐ | ☐ |
| Meine Beiträge sind im Vergleich zu denen meiner Teammitglieder besonders originell. | ☐ | ☐ | ☐ | ☐ | ☐ | ☐ | ☐ |
| Meine Teammitglieder haben wesentlich mehr brauchbare Ideen eingebracht als ich. | ☐ | ☐ | ☐ | ☐ | ☐ | ☐ | ☐ |
| Meine Ideen waren kreativ. | ☐ | ☐ | ☐ | ☐ | ☐ | ☐ | ☐ |
| Wir haben insgesamt gute Ergebnisse geliefert. | ☐ | ☐ | ☐ | ☐ | ☐ | ☐ | ☐ |
| Im Vergleich zu den anderen Gruppen schneiden wir meiner Einschätzung nach gut ab. | ☐ | ☐ | ☐ | ☐ | ☐ | ☐ | ☐ |

# Fragebogen 3

Tragen Sie bitte hier wieder Ihre
**Losnummer** _______________ ein.

Zum Ende dieses Experiments bitten wir Sie, uns noch ein paar abschließende Fragen zu beantworten.

1. Beurteilen Sie nachfolgend bitte das Vergütungssystem, nach dem Sie in der zweiten Runde vergütet wurden.

| Bitte kreuzen Sie jeweils an, inwiefern Sie folgenden Aussagen zustimmen. | stimme überhaupt nicht zu 1 | 2 | 3 | teils/teils 4 | 5 | 6 | stimme voll zu 7 |
|---|---|---|---|---|---|---|---|
| Ich habe den Eindruck, dass andere Teammitglieder auf meine Kosten eine gute Vergütung erhalten. | ☐ | ☐ | ☐ | ☐ | ☐ | ☐ | ☐ |
| Durch die Kooperation ist meine Vergütung geringer ausgefallen als dies der Fall gewesen wäre, wenn ich alleine gearbeitet hätte. | ☐ | ☐ | ☐ | ☐ | ☐ | ☐ | ☐ |
| Die Arbeit im Team hat verhindert, dass ich eine bestmögliche Vergütung erhalte. | ☐ | ☐ | ☐ | ☐ | ☐ | ☐ | ☐ |
| Durch die Arbeit im Team konnte ich nicht alle meine Ideen einbringen. | ☐ | ☐ | ☐ | ☐ | ☐ | ☐ | ☐ |
| Die Arbeit im Team hat dazu beigetragen, dass ich eine gute Vergütung erhalte. | ☐ | ☐ | ☐ | ☐ | ☐ | ☐ | ☐ |
| Andere Teammitglieder haben verhindert, dass wir gut abschneiden. | ☐ | ☐ | ☐ | ☐ | ☐ | ☐ | ☐ |
| Die Vergütung war förderlich für unsere Zusammenarbeit. | ☐ | ☐ | ☐ | ☐ | ☐ | ☐ | ☐ |
| Die Arbeit im Team hat zur Verbesserung der jeweiligen Ergebnisse beigetragen. | ☐ | ☐ | ☐ | ☐ | ☐ | ☐ | ☐ |
| Alleine hätte ich kreativere Ideen entwickelt als im Team. | ☐ | ☐ | ☐ | ☐ | ☐ | ☐ | ☐ |
| An die Vergütung habe ich während der Bearbeitung der Aufgabe gar nicht gedacht. | ☐ | ☐ | ☐ | ☐ | ☐ | ☐ | ☐ |
| Ich hätte mich mehr angestrengt, wenn die Vergütung meiner Präferenz entsprochen hätte. | ☐ | ☐ | ☐ | ☐ | ☐ | ☐ | ☐ |
| Das andere Vergütungssystem wäre für unsere Zusammenarbeit besser gewesen. | ☐ | ☐ | ☐ | ☐ | ☐ | ☐ | ☐ |
| Mit dem anderen Vergütungssystem hätten wir kreativere Ideen entwickeln können. | ☐ | ☐ | ☐ | ☐ | ☐ | ☐ | ☐ |
| Weil die Vergütung meiner Präferenz entsprochen hat, habe ich mich mehr angestrengt. | ☐ | ☐ | ☐ | ☐ | ☐ | ☐ | ☐ |
| Ich glaube, dass die Leistungsbeurteilung insgesamt sehr fair ablaufen wird. | ☐ | ☐ | ☐ | ☐ | ☐ | ☐ | ☐ |
| Ich glaube, dass die Höhe der Vergütung, die ich erhalten werde, insgesamt sehr fair sein wird. | ☐ | ☐ | ☐ | ☐ | ☐ | ☐ | ☐ |
| Mir ist ein fairer Ablauf der Leistungsbeurteilung wichtiger als eine faire Höhe der Vergütung. | ☐ | ☐ | ☐ | ☐ | ☐ | ☐ | ☐ |

## Fragebogen 3

| | stimme überhaupt nicht zu 1 | 2 | 3 | teils/teils 4 | 5 | 6 | stimme voll zu 7 |
|---|---|---|---|---|---|---|---|
| Verteilungsergebnisse sind wesentlich wichtiger als die Prozesse, wodurch diese Ergebnisse zu Stande kommen. | ☐ | ☐ | ☐ | ☐ | ☐ | ☐ | ☐ |
| Ich glaube, dass die Vergütung, die ich erhalten werde, alles in allem sehr fair sein wird. | ☐ | ☐ | ☐ | ☐ | ☐ | ☐ | ☐ |
| Ich glaube, dass meine Leistungen beim anderen Vergütungssystem deutlich besser anerkannt worden wären. | ☐ | ☐ | ☐ | ☐ | ☐ | ☐ | ☐ |
| Das Vergütungssystem hat mich in meiner Arbeitsweise enorm eingeschränkt. | ☐ | ☐ | ☐ | ☐ | ☐ | ☐ | ☐ |
| Ich sehe mich bei den Gewinnern des Vergütungssystems. | ☐ | ☐ | ☐ | ☐ | ☐ | ☐ | ☐ |
| Ich habe in der zweiten Runde mehr angestrengt als in der ersten. | ☐ | ☐ | ☐ | ☐ | ☐ | ☐ | ☐ |
| In der zweiten Runde habe ich meine Leistung gesteigert. | ☐ | ☐ | ☐ | ☐ | ☐ | ☐ | ☐ |
| Mit dem anderen Vergütungssystem hätte ich mich mehr angestrengt. | ☐ | ☐ | ☐ | ☐ | ☐ | ☐ | ☐ |

2. Bitte schätzen Sie ein, inwieweit die Merkmale der Arbeitsumgebung, in der Sie gearbeitet haben, für Ihre Kreativität förderlich waren.

| Bitte kreuzen Sie jeweils an, inwiefern Sie folgenden Aussagen zustimmen. | stimme überhaupt nicht zu 1 | 2 | 3 | teils/teils 4 | 5 | 6 | stimme voll zu 7 |
|---|---|---|---|---|---|---|---|
| Das Setting, in dem ich während des Experiments gearbeitet habe, war für meine Kreativität insgesamt förderlich. | ☐ | ☐ | ☐ | ☐ | ☐ | ☐ | ☐ |
| Die Arbeitsumgebung war mir zu unpersönlich, um wirklich kreativ sein zu können. | ☐ | ☐ | ☐ | ☐ | ☐ | ☐ | ☐ |
| Mit anderen Arbeits-/Hilfsmitteln hätte ich meine Kreativität mehr entfalten können. | ☐ | ☐ | ☐ | ☐ | ☐ | ☐ | ☐ |
| Es war/wäre für meine Kreativität förderlich, anonym arbeiten zu können. | ☐ | ☐ | ☐ | ☐ | ☐ | ☐ | ☐ |
| Es hat meine Kreativität gebremst, dass ich durch die gegebenen Rahmenbedingungen nur langsam auf die Beiträge der anderen reagieren konnte. | ☐ | ☐ | ☐ | ☐ | ☐ | ☐ | ☐ |
| Die Gruppe hätte kreativere Ideen produziert, wenn wir schneller auf die jeweiligen Beiträge hätten reagieren können. | ☐ | ☐ | ☐ | ☐ | ☐ | ☐ | ☐ |

## Fragebogen 3

| | 1 stimme überhaupt nicht zu | 2 | 3 | 4 teils/teils | 5 | 6 | 7 stimme voll zu |
|---|---|---|---|---|---|---|---|
| Es hat mich in meiner Kreativität gefördert, dass die anderen sehr schnell auf meine Ideen reagiert haben. | ☐ | ☐ | ☐ | ☐ | ☐ | ☐ | ☐ |
| Für die Kreativität meiner Ideen wäre es besser gewesen, wenn es unterschiedliche Möglichkeiten gegeben hätte, sie meinen Teammitgliedern vorzustellen. | ☐ | ☐ | ☐ | ☐ | ☐ | ☐ | ☐ |
| Für die Kreativität unserer Ergebnisse waren die Kommunikationskanäle, die wir zur Verfügung hatten, ausreichend. | ☐ | ☐ | ☐ | ☐ | ☐ | ☐ | ☐ |
| Ich kann nur kreativ sein, wenn ich verschiedene Möglichkeiten habe, um meine Ideen darzustellen. | ☐ | ☐ | ☐ | ☐ | ☐ | ☐ | ☐ |
| Es hat zur Kreativität in der Gruppe beigetragen, dass wir alle gleichzeitig Ideen äußern konnten. | ☐ | ☐ | ☐ | ☐ | ☐ | ☐ | ☐ |
| Gleichzeitiger Input von außen/meinen Teammitgliedern hilft mir dabei, kreative Ideen zu entwickeln. | ☐ | ☐ | ☐ | ☐ | ☐ | ☐ | ☐ |
| Ich glaube, die meiste Zeit haben alle Gruppenmitglieder gleichzeitig, wenn auch zum Teil auf unterschiedliche Weise an Ideen gearbeitet. | ☐ | ☐ | ☐ | ☐ | ☐ | ☐ | ☐ |
| Es war für meine Kreativität förderlich, dass ich lange auf meinen Ideen „herumdenken" konnte, bevor ich sie den anderen mitteilte. | ☐ | ☐ | ☐ | ☐ | ☐ | ☐ | ☐ |
| Ich hätte meine Ideen gerne noch länger überarbeitet, um sie kreativer zu machen. | ☐ | ☐ | ☐ | ☐ | ☐ | ☐ | ☐ |
| Die kreative Qualität meiner Ideen hat davon profitiert, dass ich Gelegenheit hatte, sie kritisch zu prüfen, bevor ich sie den anderen mitteilte. | ☐ | ☐ | ☐ | ☐ | ☐ | ☐ | ☐ |
| Ich konnte die Kreativität der Beiträge meiner Vorredner häufig verbessern. | ☐ | ☐ | ☐ | ☐ | ☐ | ☐ | ☐ |
| Es fiel mir leicht, an Ideen meiner Teammitglieder anzuknüpfen, um sie kreativer zu machen. | ☐ | ☐ | ☐ | ☐ | ☐ | ☐ | ☐ |
| Meine Teammitglieder konnten die Kreativität meiner Beiträge nur schwer verbessern. | ☐ | ☐ | ☐ | ☐ | ☐ | ☐ | ☐ |

## Fragebogen 3

3. Bitte beurteilen Sie nachfolgend, wie Sie die Bearbeitung der Aufgabe im Team empfunden haben.

| Bitte kreuzen Sie jeweils an, inwiefern Sie folgenden Aussagen zustimmen. | 1 stimme überhaupt nicht zu | 2 | 3 | 4 teils/teils | 5 | 6 | 7 stimme voll zu |
|---|---|---|---|---|---|---|---|
| Es hat mir Spaß gemacht, meine Fähigkeiten in dieser Aufgabe einzubringen. | ☐ | ☐ | ☐ | ☐ | ☐ | ☐ | ☐ |
| Ich hätte gerne noch weiter gemacht. | ☐ | ☐ | ☐ | ☐ | ☐ | ☐ | ☐ |
| Ich würde gerne öfter solche Aufgaben bearbeiten. | ☐ | ☐ | ☐ | ☐ | ☐ | ☐ | ☐ |
| Die Aufgabe war mir gleichgültig. | ☐ | ☐ | ☐ | ☐ | ☐ | ☐ | ☐ |
| Ich fühlte mich durch die Anweisungen zum Vorgehen bei der Aufgabenbearbeitung in meiner Kreativität eingeschränkt. | ☐ | ☐ | ☐ | ☐ | ☐ | ☐ | ☐ |
| Ich hatte das Gefühl, in der Bearbeitung der Aufgabe völlig frei zu sein. | ☐ | ☐ | ☐ | ☐ | ☐ | ☐ | ☐ |
| Ich konnte meiner Kreativität freien Lauf lassen. | ☐ | ☐ | ☐ | ☐ | ☐ | ☐ | ☐ |
| Durch die strengen Vorgaben fiel es mir schwer, wirklich kreativ zu sein. | ☐ | ☐ | ☐ | ☐ | ☐ | ☐ | ☐ |
| Ich hätte gern mehr Vorgaben zur Bearbeitungsweise gehabt. | ☐ | ☐ | ☐ | ☐ | ☐ | ☐ | ☐ |
| Mir fehlte durch die wenigen Vorgaben die Orientierung. | ☐ | ☐ | ☐ | ☐ | ☐ | ☐ | ☐ |
| In meiner Gruppe haben alle bereitwillig Wissen und Informationen geteilt. | ☐ | ☐ | ☐ | ☐ | ☐ | ☐ | ☐ |
| Wir haben uns in meiner Gruppe gern miteinander unterhalten. | ☐ | ☐ | ☐ | ☐ | ☐ | ☐ | ☐ |
| Einzelne Gruppenmitglieder haben auf Kosten der Gruppe versucht, ihr Einzelergebnis zu verbessern. | ☐ | ☐ | ☐ | ☐ | ☐ | ☐ | ☐ |
| Wir haben in meiner Gruppe zusammen gearbeitet, um ein gutes Ergebnis zu erzielen. | ☐ | ☐ | ☐ | ☐ | ☐ | ☐ | ☐ |
| In meiner Gruppe wurden Entscheidungen gemeinsam getroffen. | ☐ | ☐ | ☐ | ☐ | ☐ | ☐ | ☐ |
| Es fiel mir leicht, mit meinen Gruppenkollegen zusammen zu arbeiten. | ☐ | ☐ | ☐ | ☐ | ☐ | ☐ | ☐ |
| Es gab großes gegenseitiges Verständnis in meiner Gruppe. | ☐ | ☐ | ☐ | ☐ | ☐ | ☐ | ☐ |
| Ich beurteile meine Gruppe insgesamt als kooperativ. | ☐ | ☐ | ☐ | ☐ | ☐ | ☐ | ☐ |
| In meiner Gruppe war jeder nur auf seinen eigenen Vorteil bedacht. | ☐ | ☐ | ☐ | ☐ | ☐ | ☐ | ☐ |
| Ich hätte mir mehr Informationen über meine Teammitglieder gewünscht. | ☐ | ☐ | ☐ | ☐ | ☐ | ☐ | ☐ |
| Die Arbeit wäre produktiver verlaufen, wenn wir zu Beginn Gelegenheit erhalten hätten, uns gegenseitig kennen zu lernen. | ☐ | ☐ | ☐ | ☐ | ☐ | ☐ | ☐ |

## Fragebogen 3

| | 1 stimme überhaupt nicht zu | 2 | 3 | 4 teils/teils | 5 | 6 | 7 stimme voll zu |
|---|---|---|---|---|---|---|---|
| Meine Teammitglieder haben wesentlich mehr brauchbare Ideen eingebracht als ich. | ☐ | ☐ | ☐ | ☐ | ☐ | ☐ | ☐ |
| Meine Ideen waren kreativ. | ☐ | ☐ | ☐ | ☐ | ☐ | ☐ | ☐ |
| Wir haben insgesamt gute Ergebnisse geliefert. | ☐ | ☐ | ☐ | ☐ | ☐ | ☐ | ☐ |
| Im Vergleich zu den anderen Gruppen schneiden wir meiner Einschätzung nach gut ab. | ☐ | ☐ | ☐ | ☐ | ☐ | ☐ | ☐ |
| Wäre meine Arbeitsgruppe größer gewesen, hätte ich kreativere Ideen gehabt. | ☐ | ☐ | ☐ | ☐ | ☐ | ☐ | ☐ |
| Kreativ sein kann ich nur alleine. | ☐ | ☐ | ☐ | ☐ | ☐ | ☐ | ☐ |
| Es war gut, dass ich auf den Ideen meiner Teamkameraden aufbauen konnte. | ☐ | ☐ | ☐ | ☐ | ☐ | ☐ | ☐ |
| Ich war durch die anderen Personen in meiner Arbeitsgruppe abgelenkt. | ☐ | ☐ | ☐ | ☐ | ☐ | ☐ | ☐ |
| Hätte ich alleine arbeiten dürfen, hätte ich mehr Ideen gehabt. | ☐ | ☐ | ☐ | ☐ | ☐ | ☐ | ☐ |
| Ich konnte meine Ideen in der Gruppe gut einbringen. | ☐ | ☐ | ☐ | ☐ | ☐ | ☐ | ☐ |
| Manche Ideen, die ich hatte, habe ich aus Furcht vor Kritik zurückgehalten. | ☐ | ☐ | ☐ | ☐ | ☐ | ☐ | ☐ |
| Weil andere in der Gruppe sich in den Vordergrund gedrängt haben, sind einige meiner Ideen untergegangen. | ☐ | ☐ | ☐ | ☐ | ☐ | ☐ | ☐ |
| Andere in meiner Arbeitsgruppe waren sehr kritisch. | ☐ | ☐ | ☐ | ☐ | ☐ | ☐ | ☐ |

**Herzlichen Dank für Ihre Teilnahme!**

Ergänzungen/Anmerkungen zur Studie:

# Anhang 3: Aufgabenstellungen

**Aufgabe 1**

Team: ____________________

Wir als Edwin Cards stellen uns vor, dass die Texte für unsere Grußkarten gereimt sein sollen. Bitte entwickeln Sie also

- möglichst viele,
- möglichst kreative

**gereimte Kurztexte** für die Edwin-Karten, die in zu den Anlässen **„Advent & Weihnachten" und/oder „Hochzeit"** passen. Bei dieser Aufgabe ist es einerseits wichtig, dass Sie als Kreativ-Team uns viele und höchst kreative Vorschläge liefern, andererseits ist es natürlich auch relevant, dass die Vorschläge für unsere neue Kategorie von Grußkarten *„Was sich reimt, das neckt sich"* **brauchbar** sind.

Sie haben für diese Aufgabe zehn Minuten Zeit.

Beispiel:
Es hat den Wald heut' zugeschneit – ich glaub, jetzt kommt die Weihnachtszeit.

An der Etablierung unserer neuen Grußkartenkategorie sollen natürlich diejenigen Mitarbeiter, die hier am besten abgeschnitten haben, mitarbeiten. Bitte machen Sie also deutlich, ***von wem*** welche Lösung gefunden wurde (**der letzte Buchstabe auf Ihrem Los**). Wenn Sie der Meinung sind, dass mehrere oder alle Teammitglieder an der Lösung beteiligt waren, vermerken Sie bitte alle Beteiligten.

**Aufgabe 2**

Team: ____________________

Wir als Edwin Cards stellen uns vor, dass die Texte für unsere Grußkarten gereimt sein sollen. Bitte entwickeln Sie also

- möglichst viele,
- möglichst kreative

**gereimte Kurztexte** für die Edwin-Karten, die in zu den Anlässen **„Advent & Weihnachten" und/oder „Hochzeit"** passen. Bei dieser Aufgabe ist es einerseits wichtig, dass Sie als Kreativ-Team uns viele und höchst kreative Vorschläge liefern, andererseits ist es natürlich auch relevant, dass die Vorschläge für unsere neue Kategorie von Grußkarten *„Was sich reimt, das neckt sich"* **brauchbar** sind.

**Bitte halten Sie sich bei der Bearbeitung der Aufgabe an die folgende Anweisung:**
Bitte knüpfen Sie zunächst mit einer Idee an eine Idee eines Vorredners an und entwickeln erst im Anschluss eine weitere, ganz eigene Idee.

Sie haben für diese Aufgabe zehn Minuten Zeit.

Beispiel:
Es hat den Wald heut' zugeschneit – ich glaub, jetzt kommt die Weihnachtszeit.

An der Etablierung unserer neuen Grußkartenkategorie sollen natürlich diejenigen Mitarbeiter, die hier am besten abgeschnitten haben, mitarbeiten. Bitte machen Sie also deutlich, ***von wem*** welche Lösung gefunden wurde (**der letzte Buchstabe auf Ihrem Los**). Wenn Sie der Meinung sind, dass mehrere oder alle Teammitglieder an der Lösung beteiligt waren, vermerken Sie bitte alle Beteiligten.

# Anhang 4: Memos der Geschäftsleitung

### Fixe Vergütung

> **MEMO der Geschäftsleitung**
> In einigen Abteilungen hat es noch Widersprüche gegen das variable Vergütungssystem gegeben. Unser Experte hat uns daher geraten, mit der Einführung noch zu warten.
> Sie werden also im Folgenden **weiterhin fix** vergütet!
>
> Wir weisen darauf hin, dass wie jedes Jahr die besten drei Mitarbeiter auf der Weihnachtsfeier, die dieses Jahr am 02.12.10 stattfindet, prämiert werden und ein kleines Präsent erhalten.

### Variable Vergütung

> **MEMO der Geschäftsleitung**
> Bitte denken Sie daran, dass Sie ab sofort entsprechend unseres **variablen Vergütungssystems** vergütet werden!

# Anhang 5: Präsentation zum Vergütungssystem

## EDWIN CARDS

*~ Kreative Grußkarten ~*

Variable Vergütung für unsere Mitarbeiter

## Ziele der variablen Vergütung

Ziel ist es, die Kategorie von Grußkarten „Was sich reimt, das neckt sich" aufzubauen und zu etablieren!

- □ Wir möchten deshalb die Arbeit und die Zusammenarbeit in unseren Kreativ-Teams fördern,
- □ alle Beteiligten zu noch mehr Leistung anspornen und
- □ die Leistung auch entsprechend honorieren.

⇒ Um dies zu unterstützen, haben wir ein System zur variablen Vergütung erarbeitet.

# Unser variables Vergütungssystem

## Vergleich bisher - neu

**Bisher**

**Fixe Vergütung**

* Punktzahl stand vorher fest und war somit **unabhängig** von der eigenen Leistung (50 Punkte)

⇒ *Gesamtpunktzahl = fixe Punktzahl*

**Neu**

**Variable Vergütung**

***Basisvergütung: Fixe Komponente***

* Punktzahl steht vorher fest und ist somit **unabhängig** von der eigenen Leistung (15 Punkte)

***Variable Komponente (flexibel)***

* Punktzahl ist **abhängig** von der eigenen Leistung

* Leistung wird gemessen mit Hilfe von quantitativen und qualitativen Kriterien

⇒ *Gesamtpunktzahl = fixe Punktzahl + variable Punktzahl*

# Unser variables Vergütungssystem

## Leistungsbeurteilung

### Quantitatives Kriterium *Anzahl*

**Wie viele** Ideen hatten Sie?

Die Anzahl geht degressiv in die Berechnung ein:

Idee 1-2: je 4 Punkte; Idee 3-4: je 2 Punkt; ab Idee 5: je 1 Punkte

### Qualitatives Kriterium *Kreativität*

**Wie kreativ** waren Ihre Ideen?

Ein Expertenteam beurteilt die Kreativität und vergibt Kreativitätspunkte für die folgenden Kriterien: Die vorgeschlagene Idee...

... ist inhaltlich sinnvoll / aussagekräftig.

... passt zum Anlass.

... wahrscheinlich für die meisten neu ist.

... ist unerwartet / originell.

... reimt sich.

| Erfüllte Kriterien | | Punkte |
|---|---|---|
| 5 | => | 10 |
| 4 | => | 7 |
| 3 | => | 4 |
| 2 | => | 1 |
| 1 | => | 0 |
| 0 | => | 0 |

Für jedes erfüllte Kriterium gibt es zwei Pluspunkte, für jedes nicht erfüllte einen Minuspunkt, insgesamt nicht weniger als Null Punkte. Stammt die Idee von mehreren, erhält jeder anteilige Punkte.

# Unser variables Vergütungssystem
## Leistungsbeurteilung

**Beispiele zur Kreativitätsbeurteilung**

Kreativitätskriterien

... ist inhaltlich sinnvoll / aussagekräftig.

... passt zum Anlass.

... wahrscheinlich für die meisten neu ist.

... ist unerwartet / originell.

... reimt sich.

| Erfüllte Kriterien | | Punkte |
|---|---|---|
| 5 | => | 10 |
| 4 | => | 7 |
| 3 | => | 4 |
| 2 | => | 1 |
| 1 | => | 0 |
| 0 | => | 0 |

Beispiele

1) Still und leise, mit Bedacht,
hat sich ein Lebensjahr vollendet.
Nun wird heimlich, doch mit Macht,
das Lebensuhrglas neu gewendet.

2) 60 Jahre, ach du Schreck,
die Jugend und der Lack sind weg.

3) Alle Gäste sind schon da
und feiern Dich – den Jubilar.

Bewertung

**Beispiele 1 und 2:** je 2 + 2 + 2 +2 +2 = **10**

**Beispiel 3:** 2 + 2 -1 - 1 + 2 = **4**

# Unser variables Vergütungssystem
## Ermittlung der Gesamtpunkte

| | Variable Vergütung = | Beispiel 1 Viele, eher schlechte Ideen (7 Ideen) | Beispiel 2 Wenige, aber (sehr) gute Ideen (3 Ideen) | Beispiel 3 Mehrere, mittelmäßige Ideen (5 Ideen) | Bisher |
|---|---|---|---|---|---|
| | Basisvergütung (Fixe Punkte) | **15** | **15** | **15** | Fixe Vergütung |
| Quantitativ Punkte (A) | + Anzahl der Ideen (1-2: 4 Punkte, 3-4: 2 Punkt, ab 5: 1 Punkte) | 2*4 + 2*2 + 3*1 = **15** | 2*4 + 1*2 = **10** | 2*4 + 2*2 + 1*1 = **13** | |
| Qualitativ Punkte (K) | + Punkte für Kreativität (0-10 Punkte je Idee) (Idee 1) + (Idee 2) +... | 0 (Idee 1) + 0 (Idee 2) + 1 + 0 + 1 + 0 + 0 (Idee 7) = **2** | 10 (Idee 1) + 10 (Idee 2) + 7 (Idee 3) = **27** | 4 (Idee 1) + 4 (Idee 2) + 4+ 4 + 1 (Idee 5) = 17 | |
| | **Summe** | **32 Punkte** | **52 Punkte** | **45 Punkte** | **50 Punkte** |

**Je mehr kreative Ideen Sie haben, desto höher ist Ihre Vergütung!**

## Unser variables Vergütungssystem
### Vergütung in Abhängigkeit der Punktzahl

In Abhängigkeit der erreichten Punktzahl erhält jeder folgende Vergütung:

Fixe Vergütung in Höhe von 50 Punkten entspricht einer normalen Tafel Schokolade bzw. Tüte Gummibärchen.

| | |
|---|---|
| **< 45 Punkte** | entspricht einer **kleinen** Tafel Schokolade bzw. Tüte Gummibärchen |
| **45-59 Punkte** | entspricht einer **normalen** Tafel Schokolade bzw. Tüte Gummibärchen. |
| **> 59 Punkte** | entspricht einer **großen** Tafel Schokolade bzw. Tüte Gummibärchen. |

**Wie jedes Jahr werden außerdem die besten drei Mitarbeiter auf der Weihnachtsfeier am 02.12.10 prämiert und erhalten ein kleines Präsent.**

# Vielen Dank für Ihre Aufmerksamkeit und viel Erfolg bei Ihrer weiteren Arbeit!

# Anhang 6: Korrelationstabelle

Korrelationen

| | | LS_IMot | LS_SumVarPktK SumVarPktK 2-1 (absolute Werte!) | LS_MWKreaPkt | LS_AnzK | VIntF1 Mean 2 3 4 6 | VIntF2 Mean 7 8 9 | Nutz MW 1 7 9 10 |
|---|---|---|---|---|---|---|---|---|
| LS_IMot | Korrelation nach Pearson | 1 | ,067 | -,065 | -,020 | ,291** | ,145 | ,145 |
| | Signifikanz (2-seitig) | | ,480 | ,491 | ,836 | ,002 | ,125 | ,124 |
| | N | 114 | 114 | 114 | 114 | 114 | 114 | 114 |
| LS_SumVarPktK SumVarPktK 2-1 (absolute Werte!) | Korrelation nach Pearson | ,067 | 1 | ,571** | ,609** | ,182 | ,038 | -,016 |
| | Signifikanz (2-seitig) | ,480 | | ,000 | ,000 | ,051 | ,682 | ,866 |
| | N | 114 | 120 | 120 | 120 | 115 | 116 | 116 |
| LS_MWKreaPkt | Korrelation nach Pearson | -,065 | ,571** | 1 | ,153 | -,059 | -,236* | -,152 |
| | Signifikanz (2-seitig) | ,491 | ,000 | | ,094 | ,530 | ,011 | ,102 |
| | N | 114 | 120 | 120 | 120 | 115 | 116 | 116 |
| LS_AnzK | Korrelation nach Pearson | -,020 | ,609** | ,153 | 1 | ,133 | -,028 | -,072 |
| | Signifikanz (2-seitig) | ,836 | ,000 | ,094 | | ,157 | ,769 | ,442 |
| | N | 114 | 120 | 120 | 120 | 115 | 116 | 116 |
| VIntF1 Mean 2 3 4 6 | Korrelation nach Pearson | ,291** | ,182 | -,059 | ,133 | 1 | ,449** | ,294** |
| | Signifikanz (2-seitig) | ,002 | ,051 | ,530 | ,157 | | ,000 | ,001 |
| | N | 114 | 115 | 115 | 115 | 115 | 115 | 115 |
| VIntF2 Mean 7 8 9 | Korrelation nach Pearson | ,145 | ,038 | -,236* | -,028 | ,449** | 1 | ,571** |
| | Signifikanz (2-seitig) | ,125 | ,682 | ,011 | ,769 | ,000 | | ,000 |
| | N | 114 | 116 | 116 | 116 | 115 | 116 | 116 |
| Nutz MW 1 7 9 10 | Korrelation nach Pearson | ,145 | -,016 | -,152 | -,072 | ,294** | ,571** | 1 |
| | Signifikanz (2-seitig) | ,124 | ,866 | ,102 | ,442 | ,001 | ,000 | |
| | N | 114 | 116 | 116 | 116 | 115 | 116 | 116 |
| GerDistr Mean GerDistr 1 2 3 4 | Korrelation nach Pearson | ,115 | ,009 | ,055 | -,015 | ,533** | ,359** | ,313** |
| | Signifikanz (2-seitig) | ,223 | ,920 | ,560 | ,870 | ,000 | ,000 | ,001 |
| | N | 114 | 116 | 116 | 116 | 115 | 116 | 116 |
| GerProz Mean GerProz 1 2 3 4 5 | Korrelation nach Pearson | ,085 | ,095 | ,248** | ,048 | ,318** | ,180 | ,078 |
| | Signifikanz (2-seitig) | ,370 | ,313 | ,007 | ,610 | ,001 | ,054 | ,403 |
| | N | 114 | 116 | 116 | 116 | 115 | 116 | 116 |
| EinschLKF1 MW 1 2 4 | Korrelation nach Pearson | ,204* | ,029 | -,251** | ,048 | ,277** | ,373** | ,373** |
| | Signifikanz (2-seitig) | ,032 | ,758 | ,008 | ,615 | ,003 | ,000 | ,000 |
| | N | 110 | 112 | 112 | 112 | 111 | 112 | 112 |
| EinschLKF2 MW 5 6 | Korrelation nach Pearson | ,172 | -,048 | -,152 | -,072 | ,008 | ,160 | ,345** |
| | Signifikanz (2-seitig) | ,073 | ,615 | ,109 | ,453 | ,935 | ,092 | ,000 |
| | N | 110 | 112 | 112 | 112 | 111 | 112 | 112 |
| IA_K MW 1 7 9 | Korrelation nach Pearson | -,009 | ,108 | ,075 | ,124 | ,179 | -,011 | -,181 |
| | Signifikanz (2-seitig) | ,928 | ,248 | ,423 | ,184 | ,055 | ,911 | ,051 |
| | N | 114 | 116 | 116 | 116 | 115 | 116 | 116 |
| IA_O MW 5 6 | Korrelation nach Pearson | ,161 | ,014 | ,000 | -,017 | ,334** | ,418** | ,335** |
| | Signifikanz (2-seitig) | ,086 | ,882 | ,998 | ,859 | ,000 | ,000 | ,000 |
| | N | 114 | 116 | 116 | 116 | 115 | 116 | 116 |
| IA_M MW 3 | Korrelation nach Pearson | ,073 | ,153 | -,088 | ,181 | ,402** | ,131 | ,017 |
| | Signifikanz (2-seitig) | ,441 | ,103 | ,350 | ,054 | ,000 | ,164 | ,861 |
| | N | 113 | 114 | 114 | 114 | 114 | 114 | 114 |
| IA_QB MW10 | Korrelation nach Pearson | ,114 | ,177 | ,036 | ,143 | ,372** | ,136 | ,096 |
| | Signifikanz (2-seitig) | ,228 | ,058 | ,700 | ,125 | ,000 | ,145 | ,306 |
| | N | 114 | 116 | 116 | 116 | 115 | 116 | 116 |

**. Die Korrelation ist auf dem Niveau von 0,01 (2-seitig) signifikant.
*. Die Korrelation ist auf dem Niveau von 0,05 (2-seitig) signifikant.

**Tabelle 12: Korrelationen**
**Quelle: Eigene Darstellung**

| GerDistr Mean GerDistr 1 2 3 4 | GerProz Mean GerProz 1 2 3 4 5 | EinschLKF1 MW 1 2 4 | EinschLKF2 MW 5 6 | IA_K MW 1 7 9 | IA_O MW 5 6 | IA_M MW 3 | IA_QB MW 10 |
|---|---|---|---|---|---|---|---|
| ,115 | ,085 | ,204* | ,172 | -,009 | ,161 | ,073 | ,114 |
| ,223 | ,370 | ,032 | ,073 | ,928 | ,086 | ,441 | ,228 |
| 114 | 114 | 110 | 110 | 114 | 114 | 113 | 114 |
| ,009 | ,095 | ,029 | -,048 | ,108 | ,014 | ,153 | ,177 |
| ,920 | ,313 | ,758 | ,615 | ,248 | ,882 | ,103 | ,058 |
| 116 | 116 | 112 | 112 | 116 | 116 | 114 | 116 |
| ,055 | ,248** | -,251** | -,152 | ,075 | ,000 | -,088 | ,036 |
| ,560 | ,007 | ,008 | ,109 | ,423 | ,998 | ,350 | ,700 |
| 116 | 116 | 112 | 112 | 116 | 116 | 114 | 116 |
| -,015 | ,048 | ,048 | -,072 | ,124 | -,017 | ,181 | ,143 |
| ,870 | ,610 | ,615 | ,453 | ,184 | ,859 | ,054 | ,125 |
| 116 | 116 | 112 | 112 | 116 | 116 | 114 | 116 |
| ,533** | ,318** | ,277** | ,008 | ,179 | ,334** | ,402** | ,372** |
| ,000 | ,001 | ,003 | ,935 | ,055 | ,000 | ,000 | ,000 |
| 115 | 115 | 111 | 111 | 115 | 115 | 114 | 115 |
| ,359** | ,180 | ,373** | ,160 | -,011 | ,418** | ,131 | ,136 |
| ,000 | ,054 | ,000 | ,092 | ,911 | ,000 | ,164 | ,145 |
| 116 | 116 | 112 | 112 | 116 | 116 | 114 | 116 |
| ,313** | ,078 | ,373** | ,345** | -,181 | ,335** | ,017 | ,096 |
| ,001 | ,403 | ,000 | ,000 | ,051 | ,000 | ,861 | ,306 |
| 116 | 116 | 112 | 112 | 116 | 116 | 114 | 116 |
| 1 | ,510** | ,028 | -,067 | ,121 | ,242** | ,248** | ,207* |
|  | ,000 | ,766 | ,484 | ,195 | ,009 | ,008 | ,026 |
| 116 | 116 | 112 | 112 | 116 | 116 | 114 | 116 |
| ,510** | 1 | -,048 | -,065 | ,196* | ,124 | ,134 | ,139 |
| ,000 |  | ,617 | ,493 | ,035 | ,184 | ,154 | ,136 |
| 116 | 116 | 112 | 112 | 116 | 116 | 114 | 116 |
| ,028 | -,048 | 1 | ,461** | -,041 | ,237* | ,085 | ,060 |
| ,766 | ,617 |  | ,000 | ,669 | ,012 | ,377 | ,530 |
| 112 | 112 | 112 | 112 | 112 | 112 | 111 | 112 |
| -,067 | -,065 | ,461** | 1 | -,320** | ,039 | ,056 | -,027 |
| ,484 | ,493 | ,000 |  | ,001 | ,681 | ,560 | ,778 |
| 112 | 112 | 112 | 112 | 112 | 112 | 111 | 112 |
| ,121 | ,196* | -,041 | -,320** | 1 | ,124 | ,423** | ,169 |
| ,195 | ,035 | ,669 | ,001 |  | ,186 | ,000 | ,069 |
| 116 | 116 | 112 | 112 | 116 | 116 | 114 | 116 |
| ,242** | ,124 | ,237* | ,039 | ,124 | 1 | ,255** | ,172 |
| ,009 | ,184 | ,012 | ,681 | ,186 |  | ,006 | ,065 |
| 116 | 116 | 112 | 112 | 116 | 116 | 114 | 116 |
| ,248** | ,134 | ,085 | ,056 | ,423** | ,255** | 1 | ,229* |
| ,008 | ,154 | ,377 | ,560 | ,000 | ,006 |  | ,014 |
| 114 | 114 | 111 | 111 | 114 | 114 | 114 | 114 |
| ,207* | ,139 | ,060 | -,027 | ,169 | ,172 | ,229* | 1 |
| ,026 | ,136 | ,530 | ,778 | ,069 | ,065 | ,014 |  |
| 116 | 116 | 112 | 112 | 116 | 116 | 114 | 116 |

Folgende Tabelle 13 gibt die in der Korrelationstabelle verwendete Variablenbezeichnung mit der entsprechenden Bedeutung wieder.

| Variablenbezeichnung | Bedeutung |
|---|---|
| LS_IMot | Steigerung der intrinsischen Motivation |
| LS_SumVarPktK | Leistungssteigerung (insgesamt) |
| LS_MwKreaPkt | Leistungssteigerung Kreativität |
| LS_AnzK | Leistungssteigerung Anzahl |
| VIntF1 | Verhaltensintention Faktor 1: Bereitschaft, sich im Sinne der Anreize des Systems zu verhalten |
| VIntF2 | Verhaltensintention Faktor 2: Bereitschaft, auf das variable Vergütungssystem umzusteigen |
| NutzMW | Wahrgenommener Nutzen |
| GerDistr | Wahrgenommene distributive Gerechtigkeit |
| GerProz | Wahrgenommene prozedurale Gerechtigkeit |
| EinschLKF1 | Einschätzung der eigenen Leistung |
| EinschLKF2 | Einschätzung der Teamleistung |
| IA_K | Maßnahme der Kommunikation im Rahmen der Implementierungsarbeit |
| IA_O | Maßnahme der Organisation im Rahmen der Implementierungsarbeit |
| IA_M | Maßnahme der Motivation im Rahmen der Implementierungsarbeit |
| IA_QB | Maßnahme der Qualifizierung/Bertreuung im Rahmen der Implementierungsarbeit |

**Tabelle 13: Übersicht der verwendeten Variablenbezeichnungen und deren Bedeutung**
**Quelle: Eigene Darstellung**

# Anhang 7: Regressionsanalytischer Output

| Leistungssteigerung insgesamt | | | | | | | | |
|---|---|---|---|---|---|---|---|---|
| $R^2$; Steigerung | 0,078 | 0,078 | 0,118 | 0,04 | 0,078 | 0 | 0,121 | 0,043 |
| N | Modell 0 | 115 | Modell 1 | 115 | Modell 2 | 115 | Modell 3 | 115 |
| | Standardisierter Beta-Koeffizient | | Standardisierter Beta-Koeffizient | | Standardisierter Beta-Koeffizient | | Standardisierter Beta-Koeffizient | |
| Konstante | | + | | + | | * | | + |
| allgemeine Einstellung gegenüber variabler Vergütung | -,143 | n.s. | -,204 | * | -,149 | n.s. | -,191 | * |
| Form der Zusammenarbeit | ,166 | + | ,139 | n.s. | ,161 | + | ,151 | n.s. |
| Vergütungsform | ,165 | + | ,141 | n.s. | ,161 | + | ,148 | n.s. |
| Bereitschaft, sich im Sinne der Anreize des variablen Vergütungssystems zu verhalten | | | ,211 | * | | | ,236 | * |
| Bereitschaft, auf das variable Vergütungssystem umzusteigen | | | | | ,022 | n.s. | -,069 | n.s. |
| Konditionsindex | | 10,557 | | 12,060 | | 11,989 | | 13,521 |

| Leistungssteigerung Kreativität | | | | | | | | |
|---|---|---|---|---|---|---|---|---|
| $R^2$; Steigerung | 0,057 | 0,057 | 0,059 | 0,002 | 0,121 | 0,064 | 0,124 | 0,066 |
| N | Modell 0 | 115 | Modell 1 | 115,00 | Modell 2 | 115 | Modell 3 | 115 |
| | Standardisierter Beta-Koeffizient | | Standardisierter Beta-Koeffizient | | Standardisierter Beta-Koeffizient | | Standardisierter Beta-Koeffizient | |
| Konstante | | n.s. | | n.s. | | n.s. | | n.s. |
| allgemeine Einstellung gegenüber variabler Vergütung | -,069 | n.s. | -,055 | n.s. | ,011 | n.s. | ,001 | n.s. |
| Form der Zusammenarbeit | ,164 | + | ,171 | + | ,226 | * | ,224 | * |
| Vergütungsform | -,151 | n.s. | -,146 | n.s. | -,109 | n.s. | -,112 | n.s. |
| Bereitschaft, sich im Sinne der Anreize des variablen Vergütungssystems zu verhalten | | | -,048 | n.s. | | | ,060 | n.s. |
| Bereitschaft, auf das variable Vergütungssystem umzusteigen | | | | | -,273 | * | -,296 | * |
| Konditionsindex | | 10,557 | | 12,060 | | 11,989 | | 13,521 |

| Leistungssteigerung Anzahl | | | | | | | | |
|---|---|---|---|---|---|---|---|---|
| $R^2$; Steigerung | 0,093 | 0,093 | 0,126 | 0,033 | 0,093 | 0 | 0,13 | 0,037 |
| N | Modell 0 | 115 | Modell 1 | 115 | Modell 2 | 115 | Modell 3 | 115 |
| | Standardisierter Beta-Koeffizient | | Standardisierter Beta-Koeffizient | | Standardisierter Beta-Koeffizient | | Standardisierter Beta-Koeffizient | |
| Konstante | | ** | | * | | ** | | * |
| allgemeine Einstellung gegenüber variabler Vergütung | -,193 | * | -,249 | * | -,195 | * | -,234 | * |
| Form der Zusammenarbeit | -,057 | n.s. | -,082 | n.s. | -,059 | n.s. | -,068 | n.s. |
| Vergütungsform | ,221 | * | ,199 | * | ,220 | * | ,208 | * |
| Bereitschaft, sich im Sinne der Anreize des variablen Vergütungssystems zu verhalten | | | ,192 | * | | | ,220 | * |
| Bereitschaft, auf das variable Vergütungssystem umzusteigen | | | | | ,007 | ,947 | -,078 | ,456 |
| Konditionsindex | | 10,557 | | 12,060 | | 11,989 | | 13,521 |
| Durbin-Watson falls nicht zwischen 1,5 und 2,5 | | | | | | 1,480 | | |

+ p < 0,10 * p < 0,05 ** p < 0,01 n.s. p > 0,10

**Tabelle 14: Detaillierte regressionsanalytische Ergebnisse zur Leistungssteigerung als abhängige Variable Quelle: Eigene Darstellung**

# Literaturverzeichnis


Aaker, D. A., Kumar, V., Day, G. S. & Aaker-Kumar-Day. (1998). *Marketing research*. New York, NY: Wiley.

Adams, S. J. (1965). Inequity in social exchange. In L. Berkowitz (Ed.), *Advances in experimental social psychology* (Vol. 2, 267-299). New York: Academic Press.

Aguinis, H. (2009). *Performance management*. Upper Saddle River, NEW JERSEY: Pearson/Prentice Hall.

Ajzen, I. (1991). The theory of planned behavior. *Organizational Behavior and Human Decision Processes*, 50, 179-211.

Ajzen, I. (2001). Nature and operation of attitudes. *Annual Review of Psychology*, 52 (1), 27-58.

Ajzen, I. & Fishbein, M. (1980). *Understanding attitudes and predicting social behavior*. Englewood Cliffs, NEW JERSEY: Prentice-Hall.

Ajzen, I. & Madden, T. J. (1986). Prediction of goal-directed behaviour: Attitudes, intentions, and perceived behavioral control. *Journal of Experimental Social Psychology*, 22 (5), 453-474.

Albers, M. (2008). *Morgen komm ich später rein: Für mehr Freiheit in der Festanstellung*. Frankfurt am Main: Campus.

Alberternst, C. (2003). *Evaluation von Mitarbeitergesprächen*. Schriften zur Arbeits-, Betriebs- und Organisationspsychologie: Bd. 2. Hamburg: Kovač.

Alderfer, C. P. (1969). An empirical test of a new theory of human needs. *Organizational Behavior and Human Performance*, 4 (2), 142-175.

Alderfer, C. P. (1972). *Existence, relatedness, and growth: Human needs in organisational settings*. New York: Free Press.

Alewell, D. (1993). Lohngerechtigkeit und Lohndifferenzierung. *WiSu*, 22 (7), 591-598.

Allen, D. G., Griffeth, R. W., Vardaman, J. M., Aquino, K., Gaertner, S. & Lee, M. (2009). Structural validity and generalisability of a referent cognitions model of turnover intentions. *Applied Psychology: An International Review*, 85 (4), 709-728.

Ambrose, M. L., Seabright, M. A. & Schminke, M. (2002). Sabotage in the workplace: The role of organizational justice. *Organizational Behavior and Human Decision Processes*, 89 (1), 947-965.

Ambrose, M. L., Harland, L. K. & Kulik, C. T. (1991). Influence of social comparison on perceptions of organizational fairness. *Journal of Applied Psychology*, 76 (2), 239-246.

Ambrose, M. L. & Arnaud, A. (2005). Are procedural justice and distributive justice conceptually distinct? In J. Greenberg & J. A. Colquitt (Eds.), *Handbook of organizational justice* (59-84). Mahwah, New Jersey: Lawrence Erlbaum Associates.

Ambrose, M. L. & Cropanzano, R. (2003). A longitudinal analysis of organizational fairness: An examination of reactions to tenure and promotion decisions. *Journal of Applied Psychology*, 88 (2), 266-275.

Anderson, L. (1997). *Argyris and Schon's theory on congruence and learning*. http://www.scu.edu.au/schools/gcm/ar/arp/argyris.html. 02.08.2011.

Andersson-Straberg, T., Sverke, M. & Hellgren, J. (2007). Perceptions of justice in connection with individualized pay setting. *Economic and Industrial Democracy*, 28 (3), 431-464.

Appelbaum, S. H., St-Pierre, N. & Glavas, W. (1998). Strategic organizational change: The role of leadership, learning, motivation and productivity. *Management Decision*, 36 (5), 289-301.

Argyris, C. (1976). Single-Loop and Double-Loop Models in Research on Decision Making. *Administrative Science Quarterly*, *21 (*3), 363-375. http://academic.udayton.edu/richardghere/IGO%20NGO%20research/Argyris.pdf. 23.09.2011.

Argyris, C. & Schön, D. A. (1978). *Organizational Learning: A theory of action perspective.* Massachusetts: Addison-Wesley.

Aronson, E., Wilson, T. D. & Akert, R. M. (2008). *Sozialpsychologie.* PS - Psychologie. München: Pearson Studium.

Atkinson, J. W. (1957). Motivational determinants of risk-taking behavior. *Psychological Review*, 64 (6), 359-372.

Atteslander, P. (1993). *Methoden der empirischen Sozialforschung*. Berlin: De Gruyter.

Atteslander, P. (2010). *Methoden der empirischen Sozialforschung*. Berlin: Schmidt.

Bach, N. (2006). Einstellungen und Verhalten der betroffenen Mitarbeiter. In W. Krüger (Hrsg.). *Excellence in Change. Wege zur strategischen Erneuerung* (171-208). Wiesbaden: Gabler.

Backhaus, K., Erichson, B., Plinke, W. & Weiber, R. (2008). *Multivariate Analysemethoden: Eine anwendungsorientierte Einführung*. Berlin: Springer.

Bandura, A. (1979). *Sozial-kognitive Lerntheorie*. Stuttgart: Klett-Cotta.

Bandura, A. (1986). *Social foundations of thought and action: A social cognitive theory. Prentice-Hall series in social learning theory*. Englewood Cliffs, New Jersey: Prentice-Hall.

Bandura, A. (1991). Social cognitive theory of self-regulation. *Organizational Behavior and Human Decision Processes*, 50, 248-287.

Barnard, C. I. (1937). *The functions of the executive*. Cambridge, Massachusetts.

Barnard, C. I. (1970). *Die Führung großer Organisationen*. Essen: Girardet.

Baron, R. M. & Kenny, D. A. (1986). The moderator-mediator variable distinction in social psychological: Research: conceptual, strategic, and statistical considerations. *Journal of Personality and Social Psychology*, 51 (6), 1173-1182.

Barrett-Howard, E. & Tyler, T. R. (1986). Justice as a criterion in allocation decisions. *Journal of Personality and Social Psychology*, 50, 296-304.

Bateson, G. (1972). *Steps to an ecology of mind*. Chicago: University of Chicago Press.

Bau, F. & Dowling, M. (2007). An empirical study of reward and incentive systems in german entrepreneurial firms. *Schmalenbach business review: SBR*, 59, 160-175.

Bauermann, R. (1988). *Die Implementierung organisatorischer und softwaretechnologischer Methoden und Techniken: Probleme und Lösungsansätze*. Schriften zur Unternehmungsführung: Vol. 6. Frankfurt am Main: Lang.

Baumberger, J., Gmür, U. & Käser, H. (1973). *Ausbreitung und Übernahme von Neuerungen: Ein Beitrag zur Diffusionsforschung*. Veröffentlichungen der Hochschule St. Gallen für Wirtschafts- und SozialwissenschaftenSchriftenreihe Betriebswirtschaft: Vol. 1. Bern: Haupt.

Bazerman, M. H. (1993). Fairness, social comparison, and irrationality. In J. K. Murnighan (Ed.), *Social psychology in organizations. Advances in theory and research* (184-203). Englewood Cliffs, New Jersey: Prentice Hall.

Beblo, M., Wolf, E. & Zwick, T. (2002). *Erfolgsabhängige Vergütung: Ein sicherer Weg zur Steigerung der Leistung von Top-Managern?* Discussion Paper 02-72. ftp://ftp.zew.de/pub/zew-docs/dp/dp0272.pdf. 19.12.2011.

Beblo, M., Wolf, E. & Zwick, T. (2005). Erfolgsabhängige Vergütung: Welche Faktoren führen zu einer Motivationssteigerung bei Topmanagern? *Zeitschrift Führung und Organisation*, 2, 78-84.

Becker, F. G. (1987a). *Anreizsysteme für Führungskräfte im strategischen Management.* Bergisch Gladbach: Eul.

Becker, F. G. (1987b). Zur Ausgestaltung eines strategisch-orientierten Anreizsystems: Anforderungen und Gestaltungsmerkmale zur Beeinflussung des strategischen Leistungsverhaltens. *Zeitschrift Führung und Organisation*, 56 (3), 159-164.

Becker, F. G. (1995). Anreizsysteme als Führungsinstrument. In A. Kieser (Hrsg.), *Enzyklopädie der Betriebswirtschaftslehre: Bd. 10. Handwörterbuch der Führung* (34-45). Stuttgart: Schäffer-Poeschel.

Beckmann, J. & Heckhausen, H. (2006). Motivation durch Erwartung und Anreiz. In J. Heckhausen & H. Heckhausen (Hrsg.), *Motivation und Handeln* (105-142). Heidelberg: Springer.

Beer, M. & Cannon, M. D. (2004). Promise and perin in implementing pay-for-performance. *Human Resource Management*, 43 (1), 3-48.

Behrens, G. (1993). Wissenschaftstheorie und Betriebswirtschaftslehre. In W. Wittmann, W. Kern, R. Köhler, H.-U. Küpper & K. v. Wysocki (Hrsg.), *Handwörterbuch der Betriebswirtschaft* (4763-4772). Stuttgart: Schäffer-Poeschel.

Bennis, W. G., Benne, K. D. & Chin, R. (1975). *Änderung des Sozialverhaltens*. Stuttgart: Klett.

Bernard, U. (2006). Leistungsvergütung: Direkte und indirekte Effekte der Gestaltungsparameter auf die Motivation. Gabler Edition Wissenschaft. Wiesbaden: Deutscher Universitäts-Verlag.

Berthel, J. & Becker, F. G. (2003). *Personal-Management: Grundzüge für Konzeptionen betrieblicher Personalarbeit.* Stuttgart: Schäffer-Poeschel.

Besley, J. C. (2010). Public engagement and the impact of fairness perceptions on public engagement and the impact of fairness perceptions on decision favorability and acceptance. *Science Communication*, 32, 256-280.

Beutin, N. (2006). Verfahren zur Messung der Kundenzufriedenheit. In C. Homburg (Hrsg.), *Kundenzufriedenheit. Konzepte, Methoden, Erfahrungen* (121-169). Wiesbaden: Gabler.

Beyer, H.-T. (1991). *Personallexikon*. München: Oldenbourg.

Bierbrauer, G. (2005). *Sozialpsychologie*. Grundriss der Psychologie: Vol. 15. Stuttgart: Kohlhammer.

Bierhoff, H. W. (1992). Prozedurale Gerechtigkeit: Das Wie und Warum der Fairneß. *Zeitschrift für Sozialpsychologie*, 23 (3), 163-178.

Bies, R. J. & Moag, J. S. (1986). Interactional justice: Communication criteria of fairness. *Research on Negotiation in Organizations*, 1, 43-55.

Bititci, U. S., Mendibil, K., Nudurupati, T. & Garengo, P. (2004). The interplay between performance measurement, organizational culture and management styles. *Measuring Business Excellence*, 8 (3), 28-41. http://strathprints.strath.ac.uk/3879/1/Interplay_between_PM_and_Culture_for_MBE.pdf. 07.11.2011.

Bochenek, T. (1995). Anreizsysteme: Führungsinstrumente zur Erreichung der geschäftspolitischen Ziele. *Sparkasse*, 112 (4), 186-189. http://www.wiso-net.de/webcgi?START=A60&DOKV_DB=ZECU&DOKV_NO=SPARC4C18F892A0554 39EF460FE6CB153F42&DOKV_HS=0&PP=1. 09.09.2011.

Bohnet, I. & Oberholzer-Gee, F. (2002). Leistungslohn als Motivations- und Selektionsinstrument. In B. S. Frey & M. Osterloh (Hrsg.), *Managing Motivation. Wie Sie die neue Motivationsforschung für Ihr Unternehmen nutzen können* (137-161). Wiesbaden: Gabler.

Böhnisch, W. (1975). Innovationswiderstände, personale. In E. Gaugler (Hrsg.), *Handwörterbuch des Personalwesens* (1046-1061). Stuttgart: Schäffer-Poeschel.

Böhnisch, W. (1979). *Personale Widerstände bei der Durchsetzung von Innovationen.* Stuttgart: Schäffer-Poeschel.

Bol, J. C. & Moers, F. (in Vorbereitung). The dynamics of incentive contracting: The role of learning in the diffusion process. *Accounting, Organizations and Society*.

Bono, K. G. de & Synder, M. (1995). Acting on one's attitudes: The role of a history of choosing situations. *Personality and Social Psychology Bulletin*, 21, 629-636.

Borkenau, P. & Ostendorf, F. (1993). *NEO-Fünf-Faktoren-Inventar (NEO-FFI) nach Costa und McCrae: Handanweisung*. Göttingen: Hogrefe Verlag für Psychologie.

Börsig, C. H. (1975). *Die Implementierung von Operations Research in Organisationen.* Dissertation. Aachen.

Bortz, J. (2005). *Statistik für Human- und Sozialwissenschaftler*. Heidelberg: Springer-Medizin-Verlag.

Bortz, J. & Döring, N. (2009). *Forschungsmethoden und Evaluation: Für Human- und Sozialwissenschaftler*. Heidelberg: Springer-Medizin-Verlag.

Bovey, W. H. & Hede, A. (2001a). Resistance to organizational change: The role of cognitive and affective processes. *Leadership & Organization Development Journal*, 22 (8), 372-382.

Bovey, W. H. & Hede, A. (2001b). Resistance to organizational change: The role of defence mechanisms. *Journal of Managerial Psychology*, 16 (7), 534-548.

Braunstein, C., Huber, F. & Herrmann, A. (2005). Ein Ansatz zur Erklärung der Kundenbindung auf Basis der Theorie des geplanten Verhaltens. *Zeitschrift für betriebswirtschaftliche Forschung*, 57, 187-213.

Brehm, J. W. (1966). *A theory of psychology reactance*. New York: Academic Press.

Bresnen, M., Goussevskaia, A. & Swan, J. (2005). Organizational routines, situated learning and processes of change in project-based organizations. *Project Management Journal*, 36 (3), 27-41.

Brockner, J. (2002). Making sense of procedural fairness: How high procedural fairness can reduce or heighten the influence of outcome favorability. *Academy of Management Review*, 27 (1), 58-76.

Brockner, J. (2010). *A contemporary look at organizational justice: Multiplying insult times injury. Organization and management series*. New York, NY: Routledge.

Brockner, J. & Wiesenfeld, B. M. (1996). An integrative framework for explaining reactions to decisions: Interactive effects of outcomes and procedures. *Psychological Bulletin*, 120 (2), 189-208.

Brockner, J. & Siegel, P. A. (1996). Understanding the interaction between procedural and distributive justice: The role of trust. In R. M. Kramer & T. R. Tyler (Eds.), *Trust in organizations. Frontiers of theory and research* (390-413). Thousand Oaks, California: Sage Publications.

Brockner, J., Siegel, P. A., Daly, J. P., Martin, C. & Tyler, T. (1997). When trust matters: The moderating effect of outcome favorability. *Administrative Science Quarterly, 42*, 558-583.

Brockner, J., Konovsky, M. A., Cooper-Schneider, R., Folger, R., Martin C. & Bies, R. J. (1994). The interactive effects of procedural justice and outcome negativity on the victims and survivors of job loss. *Academy of Management Journal, 37*, 397-409.

Brockner, J., Chen, Y.-R., Mannix, E. A., Leung, K. & Skarlicki, D. P. (2000). Culture and procedural fairness: When the effects of what you do depend on how you do it. *Administrative Science Quarterly*, 45 (1), 138-159.

Brownstein, A. L. (2003). Biased precision processing. *Psychological Bulletin*, 129 (4), 545-568.

Brunstein, J. C. & Heckhausen, H. (2006). Leistungsmotivation. In J. Heckhausen & H. Heckhausen (Hrsg.), *Motivation und Handeln* (143-191). Heidelberg: Springer-Medizin-Verlag.

Bullinger, H.-J. & Stiefel, K.-P. (1997). Unternehmenskultur und Implementierungsstrategien. In M. Nippa & H. Scharfenberg (Hrsg.), *Implementierungsmanagement. Über die Kunst, Reengineeringkonzepte erfolgreich umzusetzen* (133-153). Wiesbaden: Gabler.

Bürg, O. (2005). *Akzeptanz von E-Learning in Unternehmen: Die Bedeutung von institutionellen Rahmenbedingungen, Merkmalen des Individuums und Merkmalen der Lernumgebung für die Akzeptanz von E-Learning*. Berlin: Logos.

Bürg, O., Kronburger, K. &Mandl, H. (2004). *Implementation von E-Learning in Unternehmen: Akzeptanzsicherung als zentrale Herausforderung*. Forschungsbericht 170. München. http://epub.ub.uni-muenchen.de/444/1/FB_170.pdf. 19.12.2011.

Bürg, O. & Mandl, H. (2005). Akzeptanz von E-Learning in Unternehmen. *Zeitschrift für Personalpsychologie, 4* (2), 75-85.

Bürg, O. & Mandl, H. (2004). *Akzeptanz von E-Learning in Unternehmen: Forschungsbericht 167*. München. http://epub.ub.uni-muenchen.de/328/1/FB_167.pdf. 08.01.2008.

Burnett, M. F., Williamson, I. O. & Bartol, K. M. (2009). The moderating effect of personality on employees' reactions to procedural fairness and outcome favorability. *Journal of Business and Psychology*, 24, 469-484.

Burrell, G. & Morgan, G. (1979). *Sociological paradigms and organisational analysis: Elements of the sociology of corporate life*. Vermondt: Ashgate; Gower.

Büssing, A. (1997). Motivation and satisfaction. In A. Sorge & M. Warner (Eds.), *The IEBM handbook of organizational behavior* (459-471). London, Bonn: International Thomson Business Press.

Cable, D. M. & Judge, T. A. (1994). Pay preferences and job search decisions: A person-organization fit perspective. *Personnel Psychology*, 47 (2), 317-348.

Cacaci, A. (2006). *Change Management - Widerstände gegen Wandel: Plädoyer für ein System der Prävention*. Gabler Edition Wissenschaft: Internationalisierung und Management. Wiesbaden: Deutscher Universitäts-Verlag.

Cadsby, C. B., Song, F. & Tapon, F. (2007). Sorting and incentive effects of pay for performance: An experimental investigation. *Academy of Management Journal*, 50 (2), 387-405.

Caldwell, S. D., Herold, D. M. & Fedor, D. B. (2004). Toward an understanding of the relationships among organizational change, individual differences, and changes in person-environment fit: A cross-level study. *Journal of Applied Psychology*, 89 (5), 868-882.

Campbell, J. P. & Pritchard, R. D. (1976). Motivation theory in industrial and organizational psychology. In M. D. Dunnette (Ed.), *Handbook of industrial and organizational psychology* (63-130). Chicago: Rand McNally.

Caruth, D., Middlebrook, B. & Rachel, F. (1985). Overcoming resistance to change. *SAM Advanced Management Journal*, 50 (3), 23-27.

Chalmers, A. F. & Bergemann, N. (2001). *Wege der Wissenschaft: Einführung in die Wissenschaftstheorie*. Berlin [etc.]: Springer.

Chang, C.-C. & Dubisky Alan J. (2005). Organizational justice in sales force: A literature review with propositions. *Journal of Business-to-Business Marketing*, 12 (1), 35-71.

Cheng, M.-I., Dainty, A. & Moore, D. (2007). Implementing a new performance management system within a project-based organization. *International Journal of Productivity and Performance Management*, 56 (1), 60-75.

Chrusciel, D. & Field, D. W. (2006). Success factors in dealing with significant change in an organization. *Business Process Management Journal*, 12 (4), 503-516.

Coetsee, L. (1999). From resistance to commitment. *Public Administration Quarterly*, 23 (2), 204-222.

Cohen-Charash, Y. & Spector, P. E. (2001). The role of justice in organizations: A meta-analysis. *Organizational Behavior and Human Decision Processes*, 86 (2), 287-321.

Colquitt, J. A. (2001). On the dimensionality of organizational justice: A construct validation of a measure. *Journal of Applied Psychology*, 86 (3), 386-400.

Colquitt, J. A., Conlon, D. E., Wesson, M. J., Porter, C. O. L. H. & Ng, K. Y. (2001). Justice at the millennium: A meta-analytic review of 25 years of organizational justice research. *Journal of Applied Psychology*, 86 (3), 425-445.

Comelli, G. & Rosenstiel, L. von. (2001). *Führung durch Motivation: Mitarbeiter für Organisationsziele gewinnen*. Innovatives Personalmanagement. München: Vahlen.

Conlon, D. E., Meyer, C. J. & Nowakowski, J. M. (2005). How does organizational justice affect performance, withdrawal, and counterproductive behavior. In J. Greenberg & J. A. Colquitt (Eds.), *Handbook of organizational justice* (301-327). Mahwah, New Jersey: Lawrence Erlbaum Associates.

Conner, M. & Armitage, C. J. (1998). Extending the theory of planned behavior: A review and avenues for further research. *Journal of Applied Social Psychology*, 28 (15), 1429-1464.

Corby, S., White, G. & Stanworth, C. (2005). No news is good news? Evaluation new pay systems. *Human Resource Management Journal*, 15 (1), 4-24.

Cremer, D. de & Dedikides, C. (2005). Self-uncertainty and responsiveness to procedural justice. *Journal of Experimental Social Psychology*, 41 (2), 157-173.

Cropanzano, R. & Greenberg, J. (1997). Progress in organizational justice: Tunneling through the maze. In C. L. Cooper & I. T. Robertson (Eds.), *International review of industrial and organizational psychology* (317-372). New York: Wiley.

Cropanzano, R. & Folger, R. (1989). Referent cognitions and task decision autonomy: Beyond equity theory. *Journal of Applied Psychology*, 74 (2), 293-299.

Cropanzano, R., Slaughter, J. E. & Bachiochi, P. D. (2005). Organizational justice and black applicants' reactions to affirmative action. *Journal of Applied Psychology*, 90 (6), 1168-1184.

Cropanzano, R. & Ambrose, M. L. (2001). Procedural and distributive justice are more similar than you think: A monistic perspective and a research agenda. In J. Greenberg & R.

Cropanzano (Eds.), *Advances in organizational justice* (119-151). Stanford, California: Stanford University Press.

Cropanzano, R. & Folger, R. (1991). Procedural justice and worker motivation. In R. M. Steers & L. W. Porter (Eds.), *McGraw-Hill series in management. Motivation and work behavior* (131-143). New York: McGraw-Hill.

Csikszentmihalyi, M. (1985). *Das flow-Erlebnis: Jenseits von Angst und Langeweile: im Tun aufgehen*. Stuttgart: Klett-Cotta.

Csikszentmihalyi, M. & Aebli, H. (2008). *Das flow-Erlebnis: Jenseits von Angst und Langeweile: im Tun aufgehen*. Stuttgart: Klett-Cotta.

Cummings, T. G. & Worley, C. G. (1993). *Organization development and change*. Minneapolis/St. Paul: West Publishing Company.

Cunningham, C. E., Woodward, C. A., Shannon, H. S., Maclontosh, J., Lendrum, B. & Rosenbloom, D. B. J. (2002). Readiness for organizational change: A longitudinal study of workplace, psychological and behavioural correlates. *Journal of Occupational and Organizational Psychology*, 75, 377-392.

Daft, R. L. & Lengel, R. H. (1986). Organizational information requirements, media richness and structural design. *Management Science*, 32 (5), 554-571.

Daft, R. L., Lengel, R. H. & Trevion, L. K. (1987). Message equivocality, media selection, and manager performance: Implications for information systems. *MIS Quarterly*, 11, 355-366.

Dalbert, C. (1999). *Die Ungewissheitstoleranzskala: Skaleneigenschaften und Validierungsbefunde*. Hallesche Berichte zur pädagogischen Psychologie: Vol. 1. Halle (Saale): Martin-Luther-Universität Halle-Wittenberg; Universitäts- und Landesbibliothek Sachsen-Anhalt.

Davis, F. D. (1985). *A technology acceptance model for empirically testing new end-user information systems: Theory and results*. Doctoral Thesis. Sloan School of Management. Massachusetts Institute of Technology.

Davis, F. D. (1989). Perceived usefulness, perceived ease of use, and user acceptance of information technology. *MIS Quarterly*, 13 (3), 319-340.

Davis, F. D., Bagozzi, R. P. & Warshaw, P. R. (1989). User acceptance of computer technology: A comparison of two theoretical models. *Management Science*, 35 (8), 982-1003.

Dawes, R. M. (1977). *Grundlagen der Einstellungsmessung*. Weinheim [u. a.]: Beltz.

Deci, E. L. (1975). *Intrinsic motivation. Perspectives in social psychology*. New York: Plenum Press.

Deci, E. L. (1971). Effects of externally mediated rewards on intrinsic motivation. *Journal of Personality and Social Psychology*, 18 (1), 105-115.

Deci, E. L. & Ryan, R. M. (1993). Die Selbstbestimmungstheorie der Motivation und ihre Bedeutung für die Pädagogik. *Zeitschrift für Pädagogik*, 39 (2), 223-238.

Deci, E. & Ryan, R. M. (2008). Facilitating optimal motivation and psychological well-being across life's domains. *Canadian Psychologist*, 49 (1), 14-23.

Degenhardt, W. (1986). *Akzeptanzforschung zu Bildschirmtext: Methoden und Ergebnisse*. Schriftenreihe der Studiengruppe Bildschirmtext: Vol. 10. München: Fischer.

Dennis, A. R., Fuller, R. M. & Valacich, J. S. (2008). Media, tasks, and communication processes: A theory of media synchronicity. *MIS Quarterly*, 32 (3), 575-600.

Dent, E. B. & Goldberg, S. G. (1999). Challenging "resistance to change". *Journal of Applied Behavioral Science*, 25-41.

Dienstbach, H. (1972). *Dynamik der Unternehmungsorganisation: Anpassung auf der Grundlage des „planned organizational change".* Die Betriebswirtschaft in Forschung und Praxis: Vol. 10. Wiesbaden: Gabler.

Dierdorff, E. C. & Surface, E. A. (2008). If you pay for skills, will they learn? Skill change and maintenance under a skill-based pay system. *Journal of Management*, 34 (4), 721-743.

Donnellan, M. B., Oswald, F. L., Baird, B. M. & Lucas, R. E. (2006). The Mini-IPIP scales: Tiny-yet-effective measures of the big five factors of personality. *Psychological Assessment*, 18, 192-203.

Dörfler, H.-W. (1993). *Grundlagen der praktischen Gestaltung von Anreizsystemen zur Unternehmensführung: Ein Weg zur Unternehmenssteuerung durch Erfolgsfaktoren.* Frankfurt am Main: Lang.

Downing, D. & Clark, J. (1997). Statistics the easy way (3rd). Hauppauge, N.Y: Barron's.

Dressler, M. (1999). Der Einfluß variabler Vergütung auf die Arbeitsmotivation. *Personal*, 6, 294-297.

Drumm, H. J. (1988). Vom Einheitskonzept zur Individualisierung. In R. Marr (Hrsg.), *Mitarbeiterorientierte Unternehmenskultur. Herausforderungen für das Personalmanagement der 90er Jahre. Beiträge zum Personalmanagement-Symposium '88* (99-116). München.

Drumm, H. J. (1989). Personalwirtschaftslehre. Berlin [etc.]: Springer.

Dürr, A. & Fischer, N. (2009). Umfrage zur Vergütungspraxis bei Finanzdienstleistern: Eckpunkte einer überfälligen Reform. *Personalführung*, 5, 42-47.

Eagly, A. H. & Chaiken, S. (1993). *The psychology of attitudes.* Belmont, California: Wadsworth Thompson.

Eberl, M. (2006). *Unternehmensreputation und Kaufverhalten: Methodische Aspekte komplexer Strukturmodelle.* http://dx.doi.org/10.1007/978-3-8350-9314-0. 19.11.2011.

Eby, L. T., Adams, D. M., Russell, J. E. A. & Gaby, S. H. (2000). Perceptions of organizational readiness for change: Factors related to employees' reactions to the implementation of team-based selling. *Human Relations*, 53 (3), 419-442.

Eck, C. D. (2010). Beurteilung der Mitarbeitenden. In P. Bechtel (Hrsg.), *Mitarbeitermotivation ist lernbar. Mitarbeiter in Gesundheitseinrichtungen motivieren, führen, coachen* (119-141). Berlin, Heidelberg: Springer.

Eckardstein, D. von (1995). Zur Modernisierung betrieblicher Entlohnungssysteme in industriellen Unternehmen. In D. v. Eckardstein & Janes A. (Hrsg.), *Neue Wege der Lohnfindung in der Industrie* (1-15). Wien: Manz'sche.

Ellig, B. R. (1982). Executive compensation: A total pay perspective. New York et al.

Erdogan, B., Liden, R. C. & Kraimer, M. L. (2006). Justice and leader-member exchange: The moderating role of organizational culture. *Academy of Management Journal*, 49 (2), 395-406.

Erez, M. (1990). Performance quality and work motivation. In U. Kleinbeck, H.-H. Quast, H. Thierry & H. Häcker (Eds.), *Work motivation* (53-65). Hillsdale, New Jersey: Lawrence Erlbaum Associates.

Fahlenbrach, R. & Stulz, R. M. (2010). Bank CEO incentives and the credit crisis. *Journal of Financial Economics*, 99 (1), 11-26.

Fassina, N. E., Jones, D. A. & Uggerslev, K. L. (2008). Relationship clean-up time: Using meta-analysis and path analysis to clarify relationships among job satisfaction, perceived fairness, and citizenship behavior. *Journal of Management*, 34 (2), 161-188.

Fazio, R. H. (1990). Multiple processes by which attitudes guide behavior: The MODE model as an integrative framework. In M. P. Zanna (Ed.), *Advances in experimental social psychology* (75-109). San Diego, CA: Academic Press.

Fechtenhauer, D. (2009). Was ist Gerechtigkeit und wie kommt sie zustande? Die psychologische Perspektive. In Roman-Herzog-Institut (Hrsg.), *Diskussion: Vol. 11. Was ist Gerechtigkeit - und wie lässt sie sich verwirklichen? Antworten eines interdisziplinären Diskurses* (23-27). München: Roman Herzog Inst.

Femppel, K., Reichmann, L. & Böhm, H. (2002). *Ganzheitliche Vergütungspolitik: Baustein einer wertorientierten Unternehmensführung*. Düsseldorf: Gesellschaft für Personalführung.

Femppel, K. & Zander, E. (2000). *Leistungsorientierte Vergütung*. Köln: Bachem Wirtschaftsverlag.

Fernis, J. (2006). *Change Management in der IT: Akzeptanzförderung der Mitarbeiter bei informationstechnischen Veränderungsprozessen*. Saarbrücken: Verlag Dr. Müller.

Fersch, J. M. (2002). *Leistungsbeurteilung und Zielvereinbarungen in Unternehmen: Praxiserprobte Instrumente zur systemorientierten Mitarbeiterführung*. Wiesbaden: Gabler.

Festinger, L. (1978). *Theorie der kognitiven Dissonanz*. M. Irle & V. Möntmann (Hrsg.), Bern, Stuttgart, Wien: Huber.

Fink, L. (2006). Pay for performance: A clash of cultures. *The Physician Executive*, 32 (4), 34-38.

Fischer, L., Jacobus, G. & Hauser, F. (2008). Gerechtigkeitsempfinden in deutschen Organisationen: Determinanten und Konsequenzen. *Wirtschaftspsychologie*, 2, 112-127.

Fischer, L. & Wiswede, G. (1997). *Grundlagen der Sozialpsychologie*. Wolls Lehr- und Handbücher der Wirtschafts- und Sozialwissenschaften. München: Oldenbourg.

Fischer, R. & Smith, P. B. (2006). Who cares about justice? The moderating effect of values on the link between organisational justice and work behaviour. Applied Psychology: An International Review, 55 (4), 541-562.

Fishbein, M. (1967). Attitude and the prediction of behavior. In M. Fishbein (Ed.), *Readings in attitude theory and measurement* (477-492). New York: Wiley.

Fishbein, M. & Ajzen, I. (1975). *Belief, attitude, intention and behavior: An introduction to theory and research*. Reading, Massachusetts: Addison-Wesley.

Folger, R. (1986a). A referent cognitions theory of relative deprivation. In J. M. Olson, C. P. Herman & M. P. Zanna (Eds.), *Relative deprivation and social comparison. The Ontario symposium, volume 4* (33-55). Hillsdale, New Jersey: Lawrence Erlbaum Associates.

Folger, R. (1986b). Rethinking equity theory: A referent cognitions model. In H. W. Bierhoff, R. L. Cohen & J. Greenberg (Eds.), *Critical issues in social justice. Justice in social relations* (145-162). New York: Plenum Press.

Folger, R. (1993). Reactions to mistreatment at work. In J. K. Murnighan (Ed.), *Social psychology in organizations. Advances in theory and research* (161-183). Englewood Cliffs, New Jersey: Prentice Hall.

Folger, R. & Konovsky, M. A. (1989). Effects of procedural and distributive justice on reactions to pay raise decisions. *Academy of Management Journal*, 32 (1), 115-130.

Folger, R. & Greenberg, J. (1985). Procedural justice: An interpretative analysis of personnel systems. *Research in Personnel and Human Resource Management*, 3, 141-183.

Folger, R. & Cropanzano, R. (1998). *Organizational justice and human resource management.* Foundations for organizational science. Thousand Oaks: Sage.

Folger, R. & Skarlicki, D. P. (1999). Unfairness and resistance to change: Hardship as mistreatment. *Journal of Organizational Change Management*, 12 (1), 35-50.

Ford, J. D., Ford, L. W. & D'Amelio, A. (2008). Resistance to change: The rest of the story. *Academy of Management Review*, 33 (2), 362-377.

Frank, R. H. (1986). *Choosing the right pond: Human behavior and the quest for status.* New York, NY: Oxford Univ. Press.

Frese, E. (2005). *Grundlagen der Organisation: Entscheidungsorientiertes Konzept der Organisationsgestaltung*. Wiesbaden: Gabler.

Frey, B. S. (1997). On the relationship between intrinsic and extrinsic work motivation. *International Journal of Industrial Organization*, 15, 427-439.

Frey, B. S. (2001). Die Grenzen ökonomischer Anreize: Was Menschen motiviert. *Neue Zürcher Zeitung* 18.05.2001, 25 (114).

Frey, B. S. (2002). Wie beeinflusst Lohn die Motivation? In B. S. Frey & M. Osterloh (Hrsg.), *Managing Motivation. Wie Sie die neue Motivationsforschung für Ihr Unternehmen nutzen können* (73-106). Wiesbaden: Gabler.

Frey, B. S. & Benz, M. (2004). Anreizsysteme, ökonomische und verhaltenswissenschaftliche Dimensionen. In G. Schreyögg & A. v. Werder (Hrsg.), *Enzyklopädie der Betriebswirtschaftslehre: Bd. 2. Handwörterbuch Unternehmensführung und Organisation* (21-28). Stuttgart: Schäffer-Poeschel.

Frey, B. S. & Jengen, R. (2001). Motivation crowding theory. *Journal of Economic Surveys*, 15 (5), 589-611.

Frey, B. S. & Osterloh, M. (2002). Motivation – der zwiespältige Produktionsfaktor. In B. S. Frey & M. Osterloh (Hrsg.), *Managing Motivation. Wie Sie die neue Motivationsforschung für Ihr Unternehmen nutzen können* (19-42). Wiesbaden: Gabler.

Frey, B. S. & Osterloh, M. (1997). Sanktionen oder Seelenmassage? Motivationale Grundlagen der Unternehmensführung. *Die Betriebswirtschaft*, 57, 307-321.

Frey, B. S. & Osterloh, M. (2000). Pay for performance: Immer empfehlenswert? *Zeitschrift Führung und Organisation,* 2, 64-69.

Frey, D., Gerkhardt, M. & Fischer, P. (2008). Erfolgsfaktoren und Stolpersteine bei Veränderungen. In R. Fisch, A. Müller & D. Beck (Hrsg.), *Veränderungen in Organisationen. Stand und Perspektiven* (281-300). Wiesbaden: Verlag für Sozialwissenschaften.

Frey, D., Stahlberg, D. & Gollwitzer, P. M. (1993). Einstellung und Verhalten: Die Theorie des überlegten Handelns und die Theorie des geplanten Verhaltens. In D. Frey & M. Irle (Hrsg.), *Theorien der Sozialpsychologie: Bd. 1. Kognitive Theorien* (361-398). Bern: Huber.

Friesl, M. (2008). *Managing Capability Development: Eine empirische Analyse der Handlungsmöglichkeiten und Einflussfaktoren bei der Entwicklung der Kernfähigkeiten junger Technologieunternehmen am Beispiel der Biotechnologie Branche in Deutschland.* http://d-nb.info/98906378x/34. 25.10.2011.

Früh, W. (1994). *Realitätsvermittlung durch Massenmedien: Die permanente Transformation der Wirklichkeit.* Opladen: Westdeutscher Verlag.

Furst, S. A. & Cable, D. M. (2008). Employee resistance to organizational change: Managerial influence tactics and leader-member-exchange. *Journal of Applied Psychology*, 93 (2), 453-462.

Gagné, M., Koestner, R. & Zuckerman, M. (2000). Facilitating acceptance of organizational change: The importance of self-determination. *Journal of Applied Social Psychology*, 30 (9), 1843-1852.

Gagné, M. & Deci, E. L. (2005). Self-determination theory and work motivation. *Journal of Organizational Behavior*, 26, 331-362.

Gallup. (2010). *Gallup Engagement Index 2009: Nur 11 Prozent der Beschäftigten in Deutschland setzen sich voll und ganz für ihren Arbeitgeber ein.* http://eu.gallup.com/berlin/141002/gallup-engagement-index-2009-nur-prozent-der-besch%C3%A4ftigten-deutschland-setzen-si.aspx. 27.08.2010.

Gaßner, W. (1999). *Implementierung organisatorischer Veränderungen: Eine mitarbeiterorientierte Perspektive.* Gabler-Edition Wissenschaft: Markt- und Unternehmensentwicklung. Wiesbaden: Deutscher Universitäts-Verlag.

Gefen, D. & Straub, D. (2000). The relative importance of perceived ease of use in IS adoption: A study of e-commerce adoption. *Journal of the Association for Information Systems*, 1, 1-30. http://www.cis.gsu.edu/~dstraub/Courses/MGS%209940/2007/Tim-Mathieu-Betrice%20choice.pdf. 22.02.2011.

Geier, K. (2007). *Kommunikation und subjektive Gerechtigkeit von Vergütung. Eine (theoretische und empirische) Untersuchung zu deren Zusammenhang.* Hamburg: Kovač.

Gerstenmaier, J. & Mandl, H. (1995). Wissenserwerb unter konstruktivistischer Perspektive. *Zeitschrift für Pädagogik*, 41, 867-888.

Giangreco, A. & Peccei, R. (2005). The nature and antecedentes of middle manager of resistance to change: Evidence from an Italian context. *International Journal of Human Resource Management*, 16 (10), 1812-1829.

Gilliland, S. W. & Langdon, J. C. (1998). Creating performance management systems that promote perceptions of fairness. In J. W. Smither (Ed.), *Professional practice series. Performance appraisal. State of the art in practice* (209-243). San Francisco: Jossey-Bass Publishers.

Gino, F. & Staats, B. R. (2011). *Driven by social comparison. How feedback about coworkers' effort influences individual productivity.* Havard Business School. Working Paper. No. 11-078. http://www.hbs.edu/research/pdf/11-078.pdf. 14.12.2011.

Gniech, G. & Dickenberger, D. (1997). Reaktanz. In D. Frey & Frey-Greif (Hrsg.), *Sozialpsychologie. Ein Handbuch in Schlüsselbegriffen* (259-262). Weinheim: Beltz.

Gollwitzer, P. M. (1990). Action phases and mindsets. In E. T. Higgins & R. M. Sorrentino (Eds.), *Handbook of motivation and cognition* (53-92). New York: The Guilford Press.

Gollwitzer, P. M. (1996). Rubikonmodell der Handlungsphasen. In J. Kuhl & H. Heckhausen (Hrsg.), *Motivation, Volition und Handlung* (531-582). Göttingen, Seattle: Hogrefe.

Gollwitzer, P. M. & Bayer, U. (1999). Deliberative versus implemental mindsets in the control of action. In Chaiken & Trope (Eds.), *Dual-process theories in social psychology* (403-422). New York: Guilford.

Gomesz-Mejia, L. R. & Balkin, D. B. (1989). Effectiveness of individual and aggregate compensation strategies. *Industrial Relations*, 28(3), 431-445.

Gomez, P. & Müller-Stewens, G. (1994). Corporate Transformation: Zum Management fundamentalen Wandels großer Unternehmen. In P. Gomez & K. Bleicher (Hrsg.), *Unternehmerischer Wandel. Konzepte zur organisatorischen Erneuerung; Knut Bleicher zum 65. Geburtstag* (135-198). Wiesbaden: Gabler.

Goodhue, D. L. (1995). Understanding user evaluations of information systems. *Management Science*, 41 (12), 1827-1844.

Goodhue, D. L. & Thompson, R. L. (1995). Task-technology fit and individual performance. *MIS Quarterly*, 19 (2), 213-236.

Gough, H. G. (1979). A creative personality scale for the adjective check list. *Journal of Personality and Social Psychology*, 37 (8), 1398-1405.

Gramke, K., Fischer, D., Schlesinger, M. & Schüssler, R. (2009). *Arbeitslandschaft 2030: Auswirkungen der Wirtschafts- und Finanzkrise.* Eine Studie der Prognos AG, Basel. http://www.bayme.de/agv/downloads/41822@agv/www. 19.12.2011.

Graumann, C.-F. (1969). *Einführung in die Psychologie: Motivation.* Bern, Stuttgart: Huber.

Greenberg, J. (1986). The distributive justice of organizational performance evaluations. In H. W. Bierhoff, R. L. Cohen & J. Greenberg (Eds.), *Critical issues in social justice. Justice in social relations* (337-351). New York: Plenum Press.

Greenberg, J. (1996). *The quest for justice on the job: Essays and experiments.* Thousand Oaks, California: Sage Publications.

Greif, S., Runde, B. & Seeberg, I. (2004). *Erfolge und Misserfolge beim Change Management.* Innovatives Management. Göttingen: Hogrefe.

Greiner, L. E. (1972). Evolution and revolution as organizations grow. *Harvard Business Review*, 50 (4), 37-46.

Grewe, A. (2003). *Implementierung neuer Anreizsysteme: Grundlagen, Konzept und Gestaltungsempfehlungen.* Schriften zum Management: Bd. 15. München, Mering: Hampp.

Grubb III, L. W. (2006). Procedural justice and layoff supervisors' commitment: A quantitative review. *Psychological Review*, 99, 515-530.

Guo, L., Wong-On-Wing, B. & Lui, G. (2010). *Incentive systems and proactive work behavior: The moderating effects of task uncertainty.* Working Paper. http://mba.xmu.edu.cn/UploadFiles/201039163124380.pdf. 19.12.2011.

Guthof, P. (1995). *Strategische Anreizsysteme: Gestaltungsoptionen im Rahmen der Unternehmungsentwicklung.* Gabler Edition Wissenschaft. Wiesbaden: Deutscher Universitäts-Verlag.

Habelt, W. (2009). Leistungsbewertung erfolgreich führen. Leitfaden zur Umsetzung von Leistungsbewertungen für Führungskräfte. *Forum* 01/09, 46-65. w3bw-o.hm.edu/iframe/getdokuments.php?publikationenid=371. 14.12.2011.

Häring, N. (2008). Höchstleistungen. Demotivieren leichtgemacht. *Handelsblatt* 08.09.2008. http://www.handelsblatt.com/politik/oekonomie/nachrichten/demotivieren-leichtgemacht/3017830.html?p3017830=all.19.12.2011.

Hair, J. F., Black, W. C., Babin, B. J. & Anderson, R. E. (2010). *Multivariate data analysis: A global perspective.* Upper Saddle River, New Jersey, London: Pearson Education.

Hanpachern, C., Morgan, G. A. & Griego, O. V. (1998). An extension of the theory of margin: A framework for assessing readiness for change. *Human Resource Development Quarterly*, 9 (4), 339-350.

Hartan, M. & Preißler, P. R. (1980). *Leistungsorientierte Vergütung für den Verkaufsaußendienst.* Eschborn: Rationalisierungs-Kuratorium der Deutschen Wirtschaft (RKW) e. V.

Hartwick, J. & Barki, H. (1994). Explaining the role of user participation in information system use. *Management Science*, 40 (4), 440-465.

Hauenstein, N. M. A., McGonigle, T. & Flinder, S. W. (2001). A meta-analysis of the relationship between procedural justice and distributive justice: Implications for justice research. *Employee Responsibilities and Rights Journal*, 13 (1), 39-56.

Hauschildt, J. & Salomo, S. (2007). *Innovationsmanagement.* Vahlens Handbücher der Wirtschafts- und Sozialwissenschaften. München: Vahlen.

Haussmann, T. (2009). Vergütungsmanagement in Krisenzeiten – Zehn Thesen: Aktuelle Herausforderungen in zentralen Handlungsfeldern. *Personalführung*, 5, 38-41.

Haussmann, T. & Brück, C. (2007). Erfolgsfaktoren variabler Vergütungssysteme: Ergebnisse einer Studie (I/III). *VDI nachrichten*. http://www.ingenieurkarriere.de/bewerberservice/beratung/starting/StartingShow.asp?rubrik=making&su_id=4075. 01.08.2011.

Havercamp, S. M. & Reiss, S. (2003). A comprehensive assessment of human strivings: Test-retest reliability and validity of the Reiss Profile. *Journal of Personality Assessment*, 81 (1), 123-132.

Heckhausen, H. (1977). Motivation: Kognitionspsychologische Aufspaltung eines summarischen Konstrukts. *Psychologische Rundschau*, 28, 175-189.

Heckhausen, H. (1989). *Motivation und Handeln*. Berlin, Heidelberg: Springer.

Heckhausen, J. & Heckhausen, H. (2006). Motivation und Handeln: Einführung und Überblick. In J. Heckhausen & H. Heckhausen (Hrsg.), *Motivation und Handeln* (1-11). Heidelberg: Springer.

Hedberg, B. (1981). How organizations learn and unlearn. In P. C. Nystrom & W. H. Starbuck (Eds.), *Handbook of organizational design* (8-27). London: Oxford University Press.

Heissmann. (2007). Variable Vergütung: Erfolgsfaktoren und Nutzen. Wiesbaden.

Helmreich, R. (1980). Was ist Akzeptanzforschung? *Elektronische Rechenanlagen*, 22 (1), 21-24.

Herkner, W. (1992). Einstellungen. In E. Gaugler & Weber Wolfgang (Hrsg.), *Enzyklopädie der Betriebswirtschaftslehre: Bd. 5. Enzyklopädie der Betriebswirtschaftslehre* (792-807). Stuttgart: Schäffer-Poeschel.

Herold, D. M., Fedor, D. B. & Caldwell, S. D. (2007). Beyond change management: A multilevel investigation of contextual and personal influences on employees' commitment to change. *Journal of Applied Psychology*, 92 (4), 942-951.

Herold, D. M., Fedor, D. B., Caldwell, S. D. & Liu, Y. (2008). The effects of transformational and change leadership on employees' commitment to a change: A multilevel study. *Journal of Applied Psychology*, 93 (2), 346-357.

Herrmann, T. (1999). Medienkompetenz und Medienakzeptanz. In N. Szyperski (Hrsg.), *Reihe: Vol. 5. Perspektiven der Medienwirtschaft. Kompetenz - Akzeptanz - Geschäftsfelder; Development of Media Services* (195-198). Lohmar: Eul.

Herscovitch, L. & Meyer, J. P. (2002). Commitment to organizational change: Extension of a three-component model. *Journal of Applied Psychology*, 87 (3), 474-487.

Herzberg, F., Mausner, B. & Snyderman, B. B. (1959). *The motivation to work*. New York: Wiley.

Herzberg, P. Y. (2002). Zur psychometrischen Optimierung einer Reaktanzskala mittels klassischer und IRT-basierter Analysemethoden. *Diagnistica*, 48(4), 163-171.

Hessenchemie. (2010). Umdenken für mehr Wettbewerbsfähigkeit. *Pluspunkte*, 3, 3-3. http://www.verguetungsportal.kienbaum.de/Portaldata/4/Resources/veroeffentlichungen/Pluspunkte3-2010.pdf. 01.08.2011.

Hiemisch, A., Schwabe, L. & Schelske, S. (2007). Intensionsbildung und Handlungsabbruch. *Zeitschrift für Sozialpsychologie*, 38(4), 251-260.

Higgs, M. & Rowland, D. (2005). All changes great and small: Exploring approaches to change and its leadership. *Journal of Change Management*, 5 (2), 121-151.

Hills, F. S. (1987). *Compensation decision making*. Chicago: Dryden Press.

Hinkofer, L. & Mandl, H. (2003). *Implementation von E-Learning in einem Pharmaunternehmen*. Praxisbericht Nr. 28. München.

Hirsch, F. (1976). *Social limits to growth.* London: Routledge & Kegan Paul.

Hofbauer, H. & Winkler, B. (2002). *Das Mitarbeitergespräch als Führungsinstrument: Mit Sonderteil „Leistungsorientierte Vergütung".* München: Hanser.

Hoffmann, A. (2008). *Die Akzeptanz kartenbasierter Kundenbindungsprogramme aus Konsumentensicht: Determinanten und Erfolgswirkungen.* Gabler Edition Wissenschaft: Kundenmanagement & Electronic Commerce. Wiesbaden: Gabler.

Holmström, B. & Milgrom, P. (1991): Multitask Principal-Agent Analyses: Incentive Contracts, Asset Ownership, and Job Design. *Journal of Law, Economics and Organization*, 7, 24-52.

Holt, D. T., Armenakis, A. A., Feild, H. S. & Harris, S. G. (2007). Readiness for organizational change: The systematic development of a scale. *Journal of Applied Behavioral Science*, 43 (2), 232-255.

Holz, M. (2007). Motivation von älteren Mitarbeitern. In M. Holz & P. Da-Cruz (Hrsg.), *Demografischer Wandel in Unternehmen. Herausforderung für die strategische Personalplanung* (159-170). Wiesbaden: Gabler.

Hopfenmüller, U. von. (2008). Der Trend zur variablen Vergütung: Leistung fordern, fördern, honorieren. PQ-Magazin, o. S. http://www.perspektive-mittelstand.de/Der-Trend-zur-variablen-Verguetung-Leistung-fordern-foerdern-honorieren/management-wissen/2187.html. 05.07.2009.

Howard, P. J. & Howard, J. M. (2002). *Führen mit dem Big-Five-Persönlichkeitsmodell: Das Instrument für optimale Zusammenarbeit.* Frankfurt am Main: Campus-Verlag.

Hug, M. (2008). *Fachkräftemangel im Mittelstand: Status quo, Ursachen und Strategien.* Freiburg: Rudolf Haufe Verlag GmbH & Co. KG. http://www.erfahrung-deutschland.de/website/_html/presse/marktinfos/pdf_8.pdf. 02.07.2009.

Hung, S.-Y., Chang, C.-M. & Yu, T.-J. (2006). Determinants of user acceptance of the e-Government services: The case of online tax filing and payment system. *Government Information Quarterly*, 23, 97-122.

Hurtmanns, F. (2008). Gesamtvergütungssysteme für eine nachhaltige Unternehmensentwicklung: Keine Effizienz ohne Gerechtigkeit. In S. Sackmann (Hrsg.). *Mensch und Ökonomie. Wie sich Unternehmen das Innovationspotenzial dieses Wertespagats erschließen* (380-393). Wiesbaden: Gabler.

Igalens, J. & Roussel, P. (1999). A study of the relationships between compensation package, work motivation and job satisfaction. *Journal of Organizational Behavior*, 20 (7), 1003-1025.

Irving, P. G., Coleman, D. F. & Bobocel, D. R. (2004). The moderating effect of negative affectivity in the procedural justice-job satisfaction relation. *Canadian Journal of Behavioural Science*, 37 (1), 20-32.

Ivancevich, J. M. & Matteson, M. T. (1996). *Organizational behavior and management.* Chicago: Irwin.

Iverson, R. D. (1996). Employee acceptance of organizational change: The role of organizational commitment. *The International Journal of Human Resource Management*, 7 (1), 122-149.

Jenkins, G. D., Mitra, A., Gupta, N. & Shaw, J. D. (1998): Are financial incentives related to performance? A meta-analytic review of empirical research. *Journal of Applied Psychology*, 83 (5), 777-787.

Jermias, J. (2001). Cognitive dissonance of resistance to change: The influence of commitment confirmation and feedback on judgment usefulness of accounting Systems. *Accounting, Organizations and Society*, 26, 141-160.

Jerusalem, M. & Schwarzer, R. (1999). *Skalen zur Erfassung von Lehrer- und Schülermerkmalen. Dokumentation der psychometrischen Verfahren im Rahmen der Wissenschaftlichen Begleitung des Modellversuchs Selbstwirksame Schulen.* Berlin. userpage.fu-berlin.de/~health/self/skalendoku_selbstwirksame_schulen.pdf. 19.12.2011.

Jimmieson, N. L., Peach, M. & White, K. M. (2008). Utilizing the theory of planned behavior to inform change management: An investigation of employee intentions to support organizational change. T*he Journal of Applied Behavioral Science*, 44 (2), 237-262.

Johnson, S. K., Holladay, C. L. & Quinones, M. A. (2009). Organizational citizenship behavior in performance evaluations: Distributive justice or injustice. *Journal of Business and Psychology*, 24, 409-418.

Jones, F. F. (1998). Pay procedures and voluntary turnover: Does procedural justice matter? *Psychological Reports*, 83 (2), 475-482.

Jones, R. A., Jimmieson, N. L. & Griffiths, A. (2005). The impact of organizational culture and reshaping capabilities on change implementation success: The mediating role of readiness for change. *Journal of Management Studies*, 42 (2), 361-386.

Judge, T. A., Thoresen, C., Pucik, V. & Welbourne, T. M. (1999). Managerial coping with organizational change: A dispositional perspective. *Journal of Applied Psychology*, 84 (1), 107-122.

Jung, H. (2006). *Personalwirtschaft.* München: Oldenbourg Wissenschaftsverlag.

Kahai, S. S. & Cooper, R. B. (2003). Exploring the core concepts of media richness Theory: The impact of cue multiplicity and feedback immediacy on decision quality. *Journal of Management Information Systems*, 20 (1), 263-299.

Kanter, R. M., Stein, B. & Jick, T. D. (1992). *The challenge of organizational change: How companies experience it and leaders guide it.* New York: Free Press [u. a.].

Karavasilis, I., Zafiropoulus & Vrana, V. (2010). Extending TAM to understand e-governance adoption by teachers in Greece. *Communications in Computer and Information Science*, 112, 57-68.

Katz, E. & Lazarsfeld, P. F. (1955). *Personal influence: The part played by people in the flow of mass communications.* New York: Free Press.

Kerr, J. & Solcum, J. W. (1987). Managing corporate culture through reward systems. *Academy of Management EXECUTIVE*, 1 (2), 99-108.

Kessler, T. & Harth, N. S. (2008). Die Theorie relativer Deprivation. In L.-E. Petersen & B. Six (Hrsg.), *Stereotype, Vorurteile und soziale Diskriminierung* (249-258). Weinheim: Beltz.

Kiefer, K. (1967). *Die Diffusion von Neuerungen: Kultursoziologische und kommunikationswissenschaftliche Aspekte der agrarsoziologischen Diffusionsforschung.* Tübingen: Mohr Siebeck.

Kieser, A., Klimmer, M. & Hegele, C. (1998). Kommunikation im organisatorischen Wandel. Stuttgart: Schaeffer-Poeschel.

Kiessler-Hauschildt, K. & Scholl, W. (1972). *Einführung in die Erforschung politischer Attitüden: Zur Dimensionalität, Universalität und Verhaltensrelevanz politischer Attitüden.* Arbeitspapiere zur politischen Soziologie: Vol. 3. München: Olzog.

Kim, C. W. & Mauborgne, R. (2003). Fair process: Managing in the knowledge economy. *Harvard Business Review*, 127-136.

Kim, T. G., Hornung, S. & Rousseau, D. M. (2010). Change-supportive employee behavior: Antecedents and the moderating role of time. *Journal of Management*, 1-30.

Kirsch, W. & Börsing, C. A. H. (1980). Reorganisationsprozesse. In E. Grochla (Hrsg.), *Enzyklopädie der Betriebswirtschaftslehre: Bd. 2. Handwörterbuch der Organisation* (2027-2043). Stuttgart: Schäffer-Poeschel.

Kirsch, W., Esser, W.-M. & Gabele, E. (1979). *Das Management des geplanten Wandels von Organisationen*. Stuttgart: Schäffer-Poeschel.

Kirsch, W., Esser, W.-M. & Gabele, E. (1978). *Reorganisation: Theoretische Perspektiven des geplanten organisatorischen Wandels*. München: Kirsch.

Kittl, C. (2009). Kundenakzeptanz und Geschäftsrelevanz: Erfolgsfaktoren für Geschäftsmodelle in der digitalen Wirtschaft. Gabler Edition Wissenschaft. Mobil Computing. Wiesbaden: Gabler.

Klammer, B. (2005). *Empirische Sozialforschung: Eine Einführung für Kommunikationswissenschaftler und Journalisten*. Konstanz: Universitätsverlag Konstanz.

Klaus, N. (in Vorbereitung). *Kreativität bei virtueller Zusammenarbeit: Der Einfluss von Virtualität, Vergütung und Vertrautheit auf die kreative Arbeit - eine experimentelle Analyse*.

Kleinbeck, U. & Schmidt, K.-H. (1996). Die Wirkung von Zielsetzungen auf das Handeln. In J. Kuhl & H. Heckhausen (Hrsg.), *Motivation, Volition und Handlung* (875-907). Göttingen; Seattle: Hogrefe--Verlag für Psychologie.

Koestner, R., Ryan, R. M., Bernieri, F. & Holt, K. (1984). Setting limits on children's behavior: The differential effects of controlling vs. informational styles on intrinsic motivation and creativity. *Journal of Personality*, 52 (3), 231-248.

Kolb, M., Burkart, B. & Zundel, F. (2010). *Personalmanagement: Grundlagen und Praxis des Human Resources Managements*. Wiesbaden: Gabler.

Kollmann, T. (2000). Die Messung der Akzeptanz bei Telekommunikationssystemen. *Wissenschaftsjournal*, (2), 67-78.

Konovsky, M. A. (2000). Understanding procedural justice and its impact on business organizations. *Journal of Management*, 26 (3), 489-511.

Kopp, T. & Schuler, H. (2003). Vertrauen gegenüber Vorgesetzten und Akzeptanz von Entgeltsystemen. *Zeitschrift für Personalpsychologie*, 2 (4), 182-192.

Kornmeier, K. (2009). *Determinanten der Endkundenakzeptanz mobilkommunikationsbasierter Zahlungssysteme: Eine theoretische und empirische Analyse*. http://duepublico.uni-duisburg-essen.de/servlets/DerivateServlet/Derivate-21559/Dissertation%20Kornmeier.pdf. 01.03.2011.

Kornmeier, M. (2007). *Wissenschaftstheorie und wissenschaftliches Arbeiten: Eine Einführung für Wirtschaftswissenschaftler*. Heidelberg: Physica-Verlag Heidelberg.

Kosiol, E. (1962). *Leistungsgerechte Entlohnung*. Wiesbaden: Gabler.

Kossbiel, H. (1994). Überlegungen zur Effizienz betrieblicher Anreizsysteme. *Die Betriebswirtschaft*, 54 (1), 75-93.

Kothé, M. (2005). *Der Unternehmer in der Gesellschaft: Rede von Bundespräsident Horst Köhler beim Wirtschaftsforum der Kreissparkasse Tuttlingen*. http://www.bundespraesident.de/Anlage/original_630703/Der-Unternehmer-in-der-Gesellschaft.pdf. 21.06.2009.

Kotler, P. & Bliemel, F. (2001): *Marketing-Management: Analyse, Planung und Verwirklichung*. Stuttgart: Schäffer-Poeschel.

Kotter, J. P. & Schlesinger, L. A. (2008). Choosing strategies for change. *Harvard Business Review*, 130-139.

Krapp, A. (1992). Das Interessenkonstrukt: Bestimmungsmerkmale der Interessenhandlung und des individuellen Interesses aus der Sicht einer Person-Gegenstands-Konzeption. In A. Krapp & M. Prenzel (Hrsg.), *Interesse, Lernen, Leistung. Neuere Ansätze der pädagogisch-psychologischen Interessenforschung* (297-329). Münster: Aschendorff.

Krech, D., Crutchfield, R. S. & Ballachey, E. L. (1962). *Individual in society: A textbook of social psychology*. New York: McGraw-Hill.

Kressler, H. W. (2001). *Leistungsbeurteilung und Anreizsysteme: Motivation, Vergütung, Incentives*. Ueberreuter Wirtschaft. Frankfurt: Ueberreuter.

Kroeber-Riel, W., Weinberg, P. & Gröppel-Klein, A. (2009). *Konsumentenverhalteen*. Vahlens Handbücher der Wirtschafts- und Sozialwissenschaften. München: Vahlen.

Kromrey, H. (2009). *Empirische Sozialforschung: Modelle und Methoden der standardisierten Datenerhebung und Datenauswertung*. Stuttgart: Lucius & Lucius.

Krönes, G. V. (2005). Leistungslohn lohnt nicht immer. *Personal*, (12), 10-12.

Krüger, W. (1994a). *Organisation der Unternehmung*. Kohlhammer-Lehrbuchreihe Betriebswirtschaft. Stuttgart: Kohlhammer.

Krüger, W. (1994). Transformations-Management: Grundlagen, Strategien, Anforderungen. In P. Gomez & K. Bleicher (Hrsg.), *Unternehmerischer Wandel. Konzepte zur organisatorischen Erneuerung; Knut Bleicher zum 65. Geburtstag* (199-228). Wiesbaden: Gabler.

Krüger, W. (1994b). Umsetzung neuer Organisationsstrategie: Das Implementierungsproblem. In E. Frese & W. Maly (Hrsg.), *Organisationsstrategien zur Sicherung der Wettbewerbsfähigkeit. Lösungen deutscher Unternehmungen* (197-221). Düsseldorf [etc.]: Handelsblatt.

Krüger, W. (2004). Wandel, Management des (Change Management). In A. Schreyögg & A. v. Werder (Hrsg.), *Enzyklopädie der Betriebswirtschaftslehre: Bd. 2. Handwörterbuch Unternehmensführung und Organisation* (1605-1614). Stuttgart: Schäffer-Poeschel.

Krüger, W. (2006). Das 3W-Modell: Bezugsrahmen für das Wandlungsmanagement. In W. Krüger (Hrsg.). *Excellence in Change. Wege zur strategischen Erneuerung* (21-46). Wiesbaden: Gabler.

Krüger, W. (2006). Strategische Erneuerung: Programme, Prozesse, Probleme. In W. Krüger (Hrsg.). *Excellence in Change. Wege zur strategischen Erneuerung* (48-96). Wiesbaden: Gabler.

Krüger, W. & Petry, T. (2005). 3W-Modell des Unternehmungswandels: Bezugsrahmen für ein erfolgreiches Wandlungsmanagement. *soFid Organisations- und Verwaltungsforschung*, 2, 11-18. http://www.org-portal.org/fileadmin/media/legacy/Kr_ger_Petry-_3W-Modell_des_Unternehmungswandels.pdf. 24.06.2011.

Kruse, O. (2002). *Variable Vergütungssysteme in Kreditinstituten: Eine Akzeptanzstrategie zur Gestaltung und Implementierung am Beispiel einer deutschen Großbank*. Europäische Hochschulschriften: Reihe 5, Volks- und Betriebswirtschaft: Bd. 2910. Frankfurt am Main [u. a.]: Lang.

Kühlmann, T. M. (1988). *Technische und organisatorische Neuerungen im Erleben betroffener Arbeitnehmer: Längsschnittstudien zum Verlauf neuerungsbezogener Wahrnehmungen und Erwartungen*. Enke-Sozialwissenschaften. Stuttgart: Enke.

Kuhn, K. M. (2009). Compensation as a signal of organisational culture: The effects of advertising individual or collective incentives. *The International Journal of Human Resource Management*, 20 (7), 1634-1648.

Küpper, C. (2005). *Verbreitung und Akzeptanz von e-Learning: Eine theoretische und empirische Untersuchung*. Betriebswirtschaftliche Forschungsergebnisse: Vol. 128. Berlin: Duncker & Humblot.

Kwon, S., Kom, M. S., Kang, S.-C. & Kim, M. U. (2008). Employee reactions to gainsharing under seniority pay systems: The mediation effect of distributive, procedural, and interactional justice. *Human Resource Management*, 47 (4), 757-775.

Landry, S., Schiehll, E. & Fallu, J.-M. (2009). *Procedural justice in managerial performance evaluation: Effects of subjectivity, voice opportunity, and relationship quality*. Working Paper, 1-47. http://ssrn.com/abstract=1435029. 01.10.2010.

Langdridge, D., Sheeran, P. & Connolly, K. J. (2007). Analyzing additional variables in the theory of reasoned action. *Journal of Applied Social Psychology*, 37 (8), 1884-1913.

Lansberg, I. (1984). Hierarchy as a mediator of fairness: A contingency approach to distributive justice in organizations. *Journal of Applied Psychology*, 14 (2), 124-135.

Lappe, M., Camana, C. & Schott, E. (2006). Motivation von Projektteams durch leistungsbezogene Vergütung. *Projektmanagement*, 3, 55-59.

Lasswell, H. D. (1948). *Power and personality*. New York: W. W. Norton.

Latham, G. P. & Locke, E. A. (1991). Self-regulation through goal setting. *Organizational Behavior and Human Decision Processes*, 50, 212-247.

Latham, G. P. & Seijts, G. H. (2005). Learning versus performance goals. When should each be used? *Academy of Management Executive*, 19 (1), 124-131.

Latham, G. P. & Seijts, G. H. (2006). Learning goals or performance goals. Is it the journey or the destination? *Ivey Business Journal Online*, 70 (5), 1-6.

Lau, C.-M. & Woodman, R. W. (1995). Understanding organizational change: A schematic perspective. *Academy of Management Journal*, 38 (4), 537-554.

Lavelle, J. J., Brockner, J., Konovsky, M. A., Price, K. H., Henley, A. B., Taneja, A. & Vinekar, V. (2009). Commitment, procedural fairness, and organizational citizenship behavior: A multifoci analysis. *Journal of Organizational Behavior*, 30 (3), 337-357.

Lawler, E. E. (2003). Reward practices and performance management system effectiveness. *Organizational Dynamics*, 32 (4), 396-404.

Lawler, E. E. & Worley, C. G. (2006). Winning support for organizational change: Designing employee reward systems that keep on working. *Ivey Business Journal*, 1-5.

Lebrenz, C. (2007). Führung nach dem Prinzip der prozeduralen Gerechtigkeit. Chance für mehr Transparenz und Partizipation. *Personalführung*, 4, 52-57.

Lepper, M. R. & Greene, D. (Eds.). (1978). *The hidden costs of reward: New perspectives on the psychology of human motivation*. New York: Hillsdale.

Lerner, M. J. (2003). The justice motive: Where social psychologists found it, how they lost it, and why they may not find it a gain. *Personality and Social Psychology Review*, 7 (4), 388-399.

Leventhal, G. S. (1980). What should be done with equity theory? New approaches to the study of fairness in social relationships. In K. J. Gergen, M. S. Greenberg & R. H. Willis (Eds.), *Social exchange. Advances in theory and research* (27-55). New York: Plenum Press.

Lewin, K. (1947). Frontiers in group dynamics: Concept, method and reality in social science; social equilibria and social change. *Human Relations*, (1), 5-41.

Lewin, K. (1958). Group decision and social change. In E. E. Maccoby, T. M. Newcomb & E. L. Hartley (Eds.), *Readings in social psychology* (197-211). Holt, Rinehart and Winston.

Liao, H. & Rupp, D. E. (2005). The impact of justice climate and justice orientation on work outcomes: A cross-level multifoci framework. *Journal of Applied Psychology*, 90 (2), 242-256.

Libby, T. (2001). Referent cognitions and budgetary fairness: A research note. *Journal of Management Accounting Research*, 13, 91-105.

Liepmann, D. (1997). Einstellungsmessung. In D. Frey & Frey-Greif (Hrsg.), *Sozialpsychologie. Ein Handbuch in Schlüsselbegriffen* (386-391). Weinheim: Beltz.

Lind, E. A. & Tyler, T. R. (1988). *The social psychology of procedural justice. Critical issues in social justice*. New York: Plenum.

Lines, R. (2004). Influence of participation in strategic change: Resistance, organizational commitment and change goal achievement. *Journal of Change Management*, 4 (3), 193-215.

Lines, R. (2005). The structure and function of attitudes toward organizational change. *Human Resource Development Review*, (4), 8-32.

Locke, E. A. (1968). Toward a theory of task motivation and incentives. *Organizational Behavior and Human Performance*, 3 (2), 157-189.

Locke, E. A. & Latham, G. P. (2002). Building a practically useful theory of goal setting and task motivation: A 35-year odyssey. *American Psychologist*, 57 (9), 705-717.

Locke, E. A. & Latham, G. P. (1990). *A theory of goal setting & task performance*. Englewood Cliffs, New Jersey: Prentice Hall.

Löffelholz, J. (1993). *Lohn und Arbeitsentgelt: Begriff und Bestimmung des Lohnes, der „gerechte“ Lohn, Zeitlohn, Akkordlohn oder Stücklohn, Prämienentlohnung, Erfolgsbeteiligung der Arbeitnehmer, betriebliche Sozialleistungen*. Wiesbaden: Gabler.

Lucke, D. (1995). *Akzeptanz: Legitimität in der „Abstimmungsgesellschaft“*. Opladen: Leske und Budrich.

Ma, X. J. (2007). *Personalführung in China: Motivationsinstrumente und Anreize*. Psychologie und Beruf: Vol. 7. Göttingen: Vandenhoeck & Ruprecht.

Madden, T. J. & Ellen, P. S. A. I. (1992). A comparison of the theory of planned behavior and the theory of reasoned action. *Personality and Social Psychology Bulletin*, 18 (2), 3-9.

Maier, G. W., Streicher, B., Jonas, E. & Woschée, R. (2007). Gerechtigkeitseinschätzungen in Organisationen: Die Validität einer deutschsprachigen Fassung des Fragebogens von Colquitt (2001). *Diagnistica*, (53), 97-108.

Mandl, H., Winkler, K., Heuser, B. & Weber, W. (2007). Mitarbeiterorientierte Implementierung von E-Learning in einem Pharmaunternehmen. In B. Gaiser, F. W. Hesse & M. Lütke-Entrup (Hrsg.), *Bildungsportale. Potenziale und Perspektiven netzbasierter Bildungsressourcen* (165-178). München: Oldenbourg.

Mann, F. (2009). Die Diffusionstheorie. In M. Schwaiger & A. Meyer (Hrsg.), *Theorien und Methoden der Betriebswirtschaft. Handbuch für Wissenschaftler und Studierende* (97-114). München: Vahlen.

March, J. G. & Simon, H. A. (1958). *Organisations*. John Wiley & Sons: New York.

March, J. G. & Simon, H. A. (1976). *Organisation und Individuum: Menschliches Verhalten in Organisationen*. Wiesbaden: Gabler.

Marr, R. & Stitzel, M. (1979). *Personalwirtschaft: Ein konfliktorientierter Ansatz*. München: Verlag Moderne Industrie.

Marr, R. & Fliaster, A. (2003a). *Jenseits der „Ich AG“: Der neue psychologische Vertrag der Führungskräfte in deutschen Unternehmen*. München: Hampp.

Marr, R. & Fliaster, A. (2003b). Bröckelt das Loyalitätsgefüge in deutschen Unternehmen? Herausforderungen für die künftige Gestaltung des „psychologischen Vertrages" mit Führungskräften. In M. J. Ringlstetter, H. A. Henzler & M. Mirow (Hrsg.), *Perspektiven der strategischen Unternehmensführung. Theorien, Konzepte, Anwendungen; Werner Kirsch zum 65. Geburtstag* (277-305). Wiesbaden: Gabler.

Marr, R. & Kötting, M. (1992). Implementierung, organisatorische. In E. Frese (Hrsg.), *Enzyklopädie der Betriebswirtschaftslehre: Bd. 2. Handwörterbuch der Organisation* (827-841). Stuttgart: Schäffer-Poeschel.

Marr, R. & Kötting, M. (1993). Flexibilisierung von Entgeltsystemen als Herausforderung für personalwirtschaftliche Forschung. In W. Weber (Hrsg.), *Entgeltsysteme. Lohn, Mitarbeiterbeteiligung und Zusatzleistungen; Festschrift zum 65. Geburtstag von Eduard Gaugler* (213-232). Stuttgart: Schäffer-Poeschel.

Maslow, A. H. (1954). *Motivation and personality*. New York: Harper.

Maslow, A. H. (1978). *Motivation und Persönlichkeit*. Olten: Walter-Verlag.

Mast, C. (2004). Kommunikation. In A. Schreyögg & A. v. Werder (Hrsg.), *Enzyklopädie der Betriebswirtschaftslehre: Bd. 2. Handwörterbuch Unternehmensführung und Organisation* (596-606). Stuttgart: Schäffer-Poeschel.

Maug, E. & Albrecht, B. (2011). Struktur und Höhe der Vorstandsvergütung: Fakten und Mythen. *Zeitschrift für betriebswirtschaftliche Forschung*, 63 (8), 858-881.

Maxham III, J. G. & Netemeyer, R. G. (2002). Modeling customer perceptions of complaint handling over time: The effects of perceived justice on satisfaction and intent. *Journal of Retailing*, 78, 239-252.

Mayer, V. (2009). Motivationstheorien. In M. Schwaiger & A. Meyer (Hrsg.), *Theorien und Methoden der Betriebswirtschaft. Handbuch für Wissenschaftler und Studierende* (225-249). München: Vahlen.

McClelland, D. C. *Human motivation*. Glenview, Ill.: Scott, Foresman and Co.

McGuire, W. J. (1969). The nature of attitudes and attitude change. In G. Lindzey & E. Aronson (Eds.), *Handbook of social psychology. The individual in a social context* (Vol. 3, 136-314). Reading, Massachusetts: Addison-Wesley.

Mellizo, P., Carpenter, J. & Matthews, P. H. (2011). *Workplace Democracy in the Lab*. Discussion Paper. ZZA DP No. 5460. http://ftp.iza.org/dp5460.pdf?wa=DAS. 14.12.2011.

Mertins, K. & Finke, I. (2003). Vom Anreizsystem zur nachhaltigen Verhaltensänderung: Die Rolle der Personalentwicklung bei der Einführung von Wissensmanagement. *Zeitschrift für wirtschaftlichen Fabrikbetrieb*, 98 (12), 657-660.

Merz, J. (1983). Fragebogen zur Messung der psychologischen Reaktanz. *Diagnistica*, 24, 75-82.

Meumann, E. F. W. (1913). *Intelligenz und Wille*. Leipzig: Quelle & Meyer.

Meyer, J. P., Srinivas, E. S., Lal, J. B. & Topolnytsky. (2007). Employee commitment and support for an organizational change: Test of the three-component model in two cultures. *Journal of Occupational and Organizational Psychology*, 80 (2), 185-211.

Miron, A. M. & Brehm, J. W. (2006). Reactance theory - 40 years later. *Zeitschrift für Sozialpsychologie*, 37 (1), 9-18.

Mitchell, T. R. & Daniels, D. (2003). Motivation. In W. C. Borman & I. B. Weiner (Eds.), *Handbook of psychology Vol. 12. Industrial and organizational psychology* (225-254). Hoboken, New Jersey: Wiley.

Moorman, R. H. & Byrne, Z. S. (2005). How does organizational justice affect organisational citizenship behavior? In J. Greenberg & J. A. Colquitt (Eds.), *Handbook of organizational justice* (355-380). Mahwah, New Jersey: Lawrence Erlbaum Associates.

Muck, P. M. (2006). Persönlichkeit und berufsbezogenes Sozialverhalten. In H. Schuler (Hrsg.), *Lehrbuch der Personalpsychologie* (527-577). Göttingen: Hogrefe.

Müller, G. F. (1998). Prozedurale Gerechtigkeit in Organisationen. In G. Blickle (Hrsg.), *Schriftenreihe Wirtschaftspsychologie. Ethik in Organisationen. Konzepte, Befunde, Praxisbeispiele* (57-70). Göttingen: Verlag für Angewandte Psychologie.

Müller-Böling, D. & Müller, M. (1986). *Akzeptanzfaktoren der Bürokommunikation.* München, Wien: Oldenbourg.

Murray, H. A. (1938). *Explorations in personality.* New York: Oxford University Press.

Mustermann, U., Kleine, T. & Ahlers, A. (2006). Kulturwechsel zum Leistungslohn. *Personalwirtschaft*, (1), 42-44.

Narcisse, S. & Harcourt, M. (2008). Employee fairness perceptions of performance appraisal: A Saint Lucian case study. *The International Journal of Human Resource Management*, 19 (6), 1152-1169.

Näser, C. (2010). IT-Gehälter in München ganz weit oben. *IT-Szene München*, 5 (3), 4. http://www.verguetungsportal.kienbaum.de/Portaldata/4/Resources/veroeffentlichungen/It-Szene_IT-Gehaelter_in_Muenchen_ganz_weit_oben_September_2010.pdf. 01:08:2011.

Nerdinger, F. W. (2006). Motivierung. In H. Schuler (Hrsg.), *Lehrbuch der Personalpsychologie* (385-407). Göttingen: Hogrefe.

Nerdinger, F. W. (1995). *Motivation und Handeln in Organisationen: Eine Einführung.* Stuttgart: Kohlhammer.

Nerdinger, F. W. (2003a). *Grundlagen des Verhaltens in Organisationen. Organisation und Führung.* Stuttgart: Kohlhammer.

Nerdinger, F. W. (2003b). *Motivation von Mitarbeitern.* Göttingen: Hogrefe Verlag für Psychologie.

Nerdinger, F. W. (2004). Organizational Citizenship Behavior und Extra-Rollenverhalten. In H. Schuler (Hrsg.), *Organisationspsychologie* (293-333). Göttingen: Hogrefe, Verlag für Psychologie.

Niederer, M. (2004). Vom Homo oeconomicus zum sozialen Wesen. *Der Arbeitsmarkt*, (6), 16-18.

Nieschlag, R., Dichtl, E. & Hörschgen, H. (2002). *Marketing.* Berlin: Duncker & Humblot.

Nippa, M. (1997). Erfolgsfaktoren organisatorischer Veränderungsprozesse in Unternehmen: Ergebnisse einer Expertenbefragung. In M. Nippa & H. Scharfenberg (Hrsg.), *Implementierungsmanagement. Über die Kunst, Reengineeringkonzepte erfolgreich umzusetzen* (21-57). Wiesbaden: Gabler.

Nohira, N., Groysberg, B. & Lee, L.-E. (2008). Employee motivation: A powerful new model. *Harvard Business Review*, 78-84.

o. V. (2010). Generation Y: Karriere im Enterprise 2.0. *IT-Szene München*, 5 (3), 6.

Ohyl, S. & Strabac, Z. (2008). Verbesserungsvorschläge, Fairness und Arbeitszufriedenheit: Ergebnisse aus einer repräsentativen Stichprobe europäischer Arbeitnehmer. *Wirtschaftspsychologie*, (2), 44-53.

Oppermann, R. (1975). *Die Dreikomponentenkonzeption der Einstellung - untersucht am Beispiel der schulischen Weiterbildung.* Bonn: Rheinische Friedrich-Wilhemls-Universität Bonn.

Oppermann, R. (1976). *Einstellung und Verhaltensabsicht: Eine Studie zur schulischen Weiterbildung.* Darmstadt: Steinkopff Verlag.

Pankow, M. (1986). *Untersuchungen zur Verbesserung der betrieblichen Arbeitssituation: Unter Verwendung der Akzeptanz im Rahmen von Arbeitsanalyse und Arbeitsentwicklung.* Hamburg: Kovač.

Pappas, J. M. & Flaherty, K. E. (2006). The moderating role of individual-difference variables in compensation research. *Journal of Managerial Psychology*, 21 (1), 19-35.

Pardo del Val, M. & Fuentes, C. M. (2003). Resistance to change: A literature review and empirical study. *Management Decision*, 42 (2), 148-155.

Peach, M., Jimmieson, N. L. & White, K. M. (2005). Beliefs underlying employee readiness to support a building relocation: A theory of planned behavior perspective. *Organization Development Journal*, 23 (3), 9-22.

Pelkmann, T. (2011). *Studie Berufseinsteiger 2011*: Karriere ist wichtiger als Gehalt. http://www.cio.de/2266233. 11.04.2011.

Pfaff, D. (2007). Anreizsysteme. In R. Köhler, H. U. Küpper & A. Pfingsten (Hrsg.), *Enzyklopädie der Betriebswirtschaftslehre; 1. Handwörterbuch der Betriebswirtschaft* (30-38). Stuttgart: Schäffer-Poeschel.

Pfeiffer, S. (1981). *Die Akzeptanz von Neuprodukten im Handel: Eine empirische Untersuchung zum Innovationsverhalten des Lebensmittelhandels.* Schriftenreihe Unternehmensführung und Marketing: Vol. 14. Wiesbaden: Gabler.

Picot, A., Reichwald, R. & Wigand, R. T. (2003). *Die grenzenlose Unternehmung: Information, Organisation und Management; Lehrbuch zur Unternehmensführung im Informationszeitalter.* Gabler-Lehrbuch. Wiesbaden: Gabler.

Pillai, R., Wiliams, E. S. & Tan, J. J. (2001). Are the scales tipped in favor of procedural or distributive justice? An investigation of the U.S., India, Germany, and Hong Kong (China). *The International Journal of Conflict Management*, 12 (4), 312-332.

Pillai, R., Schriesmheim, C. A. & Williams, E. S. (1999). Fairness perceptions and trust as mediators for transformational and transactional leadership: A two-sample study. *Journal of Management*, 25 (6), 897-933.

Pleier, N. (2006). Anreize im Wandel. *Personal*, (12), 6-9.

Pongratz, H. J. & Trinczek, R. (2005). BOHICA! Change zwischen Akzeptanz und Widerstand. http://www.ls3.soziologie.uni-muenchen.de/downloads/wise0607/betrieb_reorg/change05.pdf. 19.12.2011.

Popper, K. R. (1982). *Logik der Forschung.* Tübingen: J.C.B. Mohr (Paul Siebeck).

Porter, L. W. & Lawler, E. E. (1968). *Managerial attitudes and performance.* Homewood: Irwin-Dorsey.

Prendergast, C. (1999). The provision of incentives in firms. *Journal of Economic Literature*, 37 (1), 7-63.

PricewaterhouseCoopers. (2008). *Reward: A new paradigm?* http://www.pwc.lu/en_LU/lu/hr/docs/pwc-publ-reward-a-new-paradigm.pdf. 31.08.2011.

Probst, G. J. B. (1993). *Organisation: Strukturen, Lenkungsinstrumente, Entwicklungsperspektiven.* Landsberg/Lech: Moderne Industrie.

Probst, G. J. B. & Büchel, B. S. T. (1994). *Organisationales Lernen: Wettbewerbsvorteil der Zukunft.* Wiesbaden: Gabler.

Quiring, O. (2006). *Methodische Aspekte der Akzeptanzforschung bei interaktiven Medientechnologien.* Elektronische Publikationen der Universität München. Kommunikations- und Medienforschung. Münchner Beiträge zur

Kommunikationswissenschaft Nr. 6. http://epub.ub.uni-muenchen.de/1348/1/mbk_6.pdf. 19.12.2011.

Rammstedt, B. & John, O. P. (2005). Kurzversion des Big Five Inventory (BFI-K). *Diagnistica*, 51 (4), 195-206.

Rammstedt, B., Koch, K., Borg, I. & Reitz, T. (2004). Entwicklung und Validierung einer Kurzskala für die Messung der Big-Five-Persönlichkeitsdimensionen in Umfragen. *ZUMA-Nachrichten*, 28 (55), 5-28.

Reeve, J. & Deci, E. L. (1996). Elements of the competitive situation that affect intrinsic motivation. *Personality and Social Psychology Bulletin*, 22, 24-33.

Reichers, A. E., Wanous, J. P. & Austin, J. T. (1997). Understanding and managing cynicism about organizational change. *Academy of Management EXECUTIVE*, 11 (1), 48-59.

Reichmann, L. (2004). Lohngerechtigkeit. In E. Gaugler (Hrsg.), *Enzyklopädie der Betriebswirtschaftslehre: Bd. 5. Handwörterbuch des Personalwesens* (1114-1120). Stuttgart: Schäffer-Poeschel.

Reiß, M. (1993). Führungsaufgabe „Implementierung“. *Personal*, 12, 551-555.

Reiß, M. (1997a). Change Management als Herausforderung. In M. Reiß, L. von Rosenstiel & A. Lanz (Hrsg.), *Change Management: Programme, Projekte und Prozesse* (5-29). Stuttgart: Schäffer-Poeschel.

Reiß, M. (1997b). Instrumente der Implementierung. In M. Reiß, L. von Rosenstiel & A. Lanz (Hrsg.), *Change Management: Programme, Projekte und Prozesse* (91-108). Stuttgart: Schäffer-Poeschel.

Reiß, M., Rosenstiel, L. von & Lanz, A. (Hrsg.). (1997). *Change Management: Programme, Projekte und Prozesse*. Stuttgart: Schäffer-Poeschel.

Rheinberg, F. (1981). Leistungsmotivation. In H. Schiefele & A. Krapp (Hrsg.), *Handlexikon zur pädagogischen Psychologie* (227-230). München: Ehrenwirth.

Rheinberg, F. (2002). *Motivation*. Stuttgart: Kohlhammer.

Rheinberg, F. (2006). Intrinsische Motivation und Flow-Erleben. In J. Heckhausen & H. Heckhausen (Hrsg.), *Motivation und Handeln* (331-354). Heidelberg: Springer.

Rice, R. E. (1992). Task analyzability, use of new media, and effectiveness: A multi-site exploration of media richness. *Organization Science*, 3 (4), 475-500.

Rinker, A. (1997). *Anreizsysteme in Kreditinstituten: Gestaltungsprinzipien und Steuerungsimpulse aus Controllingsicht.* Schriftenreihe des Zentrums für Ertragsorientiertes Bankmanagement, Münster: Vol. 15. Frankfurt am Main: Knapp.

Robbins, S. P. (2001). *Organisation der Unternehmung*. München: Pearson Studium.

Robbins, S. P. & Judge, T. A. (2007). *Organizational behavior*. Upper Saddle River, New Jersey: Pearson/Prentice Hall.

Robson, I. (2005). Implementing a performance management system capable of creating a culture of high performance. *International Journal of Productivity and Performance Management*, 54 (2), 137-145.

Roch, S. G., Sternburgh, A. M. & Caputo Pat M. (2007). Absolute vs. relative performance rating formats: Implications for fairness and organizational justice. *International Journal of Selection and Assessment*, 15 (3), 302-316.

Rogers, E. M. & Shoemaker, F. F. (1971). *Communication of innovations: A cross-cultural approach.* New York: Free Press.

Rogers, E. M. (1983, 2003). *Diffusion of innovations*. New York: Free Press.

Rosch, M. & Frey, D. (1997). Soziale Einstellung. In D. Frey & Frey-Greif (Hrsg.), *Sozialpsychologie. Ein Handbuch in Schlüsselbegriffen* (296-305). Weinheim: Beltz.

Rosenberg, M. J. & Hovland, C. I. (1969). Cognitive, affective, and behavioral components of attitudes. In M. J. Rosenberg, C. I. Hovland, W. J. McGuire, R. P. Abelson & J. W. Brehm (Eds.), *Attitude organization and change. An analysis of consistency among attitude components* (1-14). New Haven and London: Yale University Press.

Rosenstiel, L. von. (1975). *Die motivationalen Grundlagen des Verhaltens in Organisationen: Leistung und Zufriedenheit.* Wirtschaftspsychologische Schriften der Universitäten München und Augsburg: Vol. 2. Berlin: Duncker & Humblot.

Rosenstiel, L. von. (1995). Arbeitszufriedenheit. In L. von Rosenstiel, E. Regnet & M. E. Domsch (Hrsg.), USW-Schriften für Führungskräfte: Vol. 20. *Führung von Mitarbeitern. Handbuch für erfolgreiches Personalmanagement* (181-192). Stuttgart: Schäffer-Poeschel.

Rosenstiel, L. von. (1996). *Motivation im Betrieb: Mit Fallstudien aus der Praxis.* Leonberg: Rosenberger Fachverlag.

Rosenstiel, L. von. (1997). Verhaltenswissenschaftliche Grundlagen von Veränderungsprozessen. In M. Reiß, L. von Rosenstiel & A. Lanz (Hrsg.), *Change Management: Programme, Projekte und Prozesse* (191-212). Stuttgart: Schäffer-Poeschel.

Rosenstiel, L. von. (2003). *Grundlagen der Organisationspsychologie: Basiswissen und Anwendungshinweise.* Stuttgart: Schäffer-Poeschel.

Rosenstiel, L. von, Molt, W. & Rüttinger, B. (2005). *Organisationspsychologie.* Urban-Taschenbücher: Vol. 567. Stuttgart: Kohlhammer.

Rost, K. & Osterloh, M. (2007). Management fashion pay-for-performance. Working Paper. http://ssrn.com/abstract=1028753. 13.12.2011.

Rost, K., Weibel, A. & Osterloh, M. (2007). *Good organizational design for bad motivational dispositions?* Working Paper. http://ssrn.com/abstract=1019765. 22:04:2008:

Roth, E. (1967). *Einstellung als Determination individuellen Verhaltens.* Göttingen: Hanser.

Roth, S. (2009). Eine ökonomische Annäherung an den Begriff der Gerechtigkeit und mögliche Implikationen für gesellschaftliches Handeln. In Roman-Herzog-Institut (Hrsg.), Diskussion / Roman-Herzog-Institut: Vol. 11. *Was ist Gerechtigkeit - und wie lässt sie sich verwirklichen? Antworten eines interdisziplinären Diskurses* (15-19). München: Roman Herzog Institut.

Rousseau, D. M. (1995). *Psychological contracts in organizations: Understanding written and unwritten agreements.* Thousand Oaks, CA: Sage Publications.

Ryan, R. M. (1995). Psychological needs and the facilitation of integrative processes. *Journal of Personality*, 63 (3), 397-427.

Ryan, R. M. & Deci, E. L. (2000a). Self-determination theory and the facilitation of intrinsic motivation, social development, and well being. *American Psychologist*, 55 (1), 68-78.

Ryan, R. M. & Deci, E. (2000b). Intrinsic and extrinsic motivations: Classic definitions and new directions. *Contemporary Educational Psychology*, 25, 54-67.

Ryan, T. P. (1997). Modern regression methods. New York: Wiley.

Rynes, S. L., Gerhart, B. & Parks, L. (2005). Personnel psychology: Performance evaluation and pay for performance. *Annual Review of Psychology*, 56, 571-600.

Sackmann, S. A. (2007). *Unternehmenskultur: Erkennen - Entwickeln - Verändern.* Neubiberg, München: Im Eigenverlag.

Sackmann, S. A. & Klaus, N.B. (2011). Erwartungen an künftige Arbeitgeber und Vorgesetzte. Befragung von Studierenden an deutschsprachigen Universitäten 2011. Tagungsbeitrag *Münchner LeadershipDialog: Zukunft der Führung – in die Zukunft führen.* 25.11.2011. Universität der Bundeswehr München.

Sagie, A., Ellzur, D. & Koslowsky, M. (1990). Effect on participation in strategic and tactical decisions on acceptance of planned change. *Journal of Social Psychology*, 130 (4), 459-465.

Salt, B. (2007). *Jenseits der Babyboomer: der Aufstieg der Generation Y: Chancen und Herausforderungen für die Investmentbranche*. KPMG. http://www.kpmg.de/docs/Generation_Y.pdf. 12.03.2010.

Schanz, G. (1991). Motivationale Grundlagen der Gestaltung von Anreizsystemen. In G. Schanz (Hrsg.), *Handbuch Anreizsysteme* (3-30). Stuttgart: Schäffer-Poeschel.

Schanz, G. (1992). Partizipation. In E. Frese (Hrsg.), *Enzyklopädie der Betriebswirtschaftslehre: Bd. 2. Handwörterbuch der Organisation* (1901-1914). Stuttgart: Schäffer-Poeschel.

Schaubroeck, J., May, D. R. & Brown, F. W. (1994). Procedural justice explanations and employee reactions to economic hardship: A field experiment. *Journal of Applied Psychology*, 79 (3), 455-460.

Scheidl, K. (1991). Die Bedeutung der Entgeltgerechtigkeit für die Leistungsmotivation. In G. Schanz (Hrsg.), *Handbuch Anreizsysteme* (257-273). Stuttgart: Schäffer-Poeschel.

Schenk, M. (2002). *Medienwirkungsforschung*. Tübingen: Mohr Siebeck.

Scherer, A. G. (2002). Kritik der Organisation oder Organisation der Kritik? Wissenschaftstheoretische Bemerkungen zum kritischen Umgang mit Organisationstheorien. In A. Kieser (Hrsg.), *Organisationstheorien* (1-37). Stuttgart: Kohlhammer.

Schiefele, U. (1990). *Einstellung, Selbstkonsistenz und Verhalten*. Göttingen: Hogrefe Verlag für Psychologie.

Schiefele, U. (1996). *Motivation und Lernen mit Texten*. Göttingen: Hogrefe Verlag für Psychologie.

Schira, J. (2007). *Statistische Methoden der VWL und BWL: Theorie und Praxis*. München [u. a.]: Pearson Studium.

Schmalen, H. & Pechtl, H. (1996). Die Rolle der Innovationseigenschaften als Determinanten im Adoptionsverhalten. *Zeitschrift für betriebswirtschaftliche Forschung*, 48 (9), 816-836.

Schmidt, K.-H. & Kleinbeck, U. (2004). Leistung und Leistungsförderung. In H. Schuler (Hrsg.), *Organisationspsychologie. Grundlagen und Personalpsychologie* (891-945). Göttingen: Hogrefe.

Schneider, K. & Schmalt, H.-D. (2000). *Motivation*. Stuttgart: Kohlhammer.

Schneider, W. & Kornmeier, M. (2006). *Kundenzufriedenheit: Konzept, Messung, Management*. Bern [u. a.]: Haupt.

Schnell, R., Hill, P. B. & Esser, E. (1999). *Methoden der empirischen Sozialforschung*. München: Oldenbourg.

Schoder, D. (1995). *Erfolg und Mißerfolg telematischer Innovationen: Erklärung der „kritischen Masse" und weiterer Diffusionsphänomene*. Gabler Edition Wissenschaft. Wiesbaden: Deutscher Universitäts-Verlag.

Scholl, W. (1995). Grundkonzepte der Organisation. In H. Schuler (Hrsg.), *Lehrbuch Organisationspsychologie* (409-444). Bern [u. a.]: Huber.

Scholz, C. (2000). *Personalmanagement: Informationsorientierte und verhaltenstheoretische Grundlagen*. München: Vahlen.

Schreyögg, G. (2008). *Organisation: Grundlagen moderner Organisationsgestaltung; mit Fallstudien*. Wiesbaden: Gabler.

Schumacher. (2003). *Multikollinearität.* http://www.ivwl.uni-kassel.de/eckey/lehre/oekonometrie/spss/sitzung8.pdf. 20.07.2011.

Schuster & Schloderer (2007). 1. Workshop zur Vergütung bei der TechSAT GmbH. Poing. Unveröffentlicht.

Schwarzer, R. & Jerusalem, M. (2002). Das Konzept der Selbstwirksamkeit. In M. Jerusalem & D. Hopf (Hrsg.), *Zeitschrift für Pädagogik,* Beiheft, 44. Selbstwirksamkeit und Motivationsprozesse in Bildungsinstitutionen (28-53). Weinheim: Beltz.

Sebald, H., Ballhausen, H., Denison, K. & Blösinger, N. (2010). *Nachhaltiges Mitarbeiterengagement braucht neue Erfolgsformel: Towers Watson Global Workfoce Study 2010.* Executive Summary. http://www.towerswatson.com/assets/pdf/1455/GlobalWorkfoceStudy2010_ExecutiveSummary_Germany.pdf. 23.07.2010.

Sebald, H. & Enneking, A. (2006). *Was Mitarbeiter bewegt und Unternehmen erfolgreich macht: Binden und Motivieren von Mitarbeitern als erfolgskritischer Beitrag zum Unternehmenserfolg.* http://www.towersperrin.com/tp/getwebcachedoc?webc=HRS/DEU/2007/200701/GWS.pdf. 21.06.2009.

Seibt, D. (1980). Implementierung, organisatorische. In E. Grochla (Hrsg.), *Enzyklopädie der Betriebswirtschaftslehre: Bd. 2. Handwörterbuch der Organisation* (853-862). Stuttgart: Schäffer-Poeschel.

Seiwert, L. J. (1992). Kommunikation im Betrieb. In E. Gaugler & Weber Wolfgang (Hrsg.), *Enzyklopädie der Betriebswirtschaftslehre: Bd. 5. Enzyklopädie der Betriebswirtschaftslehre* (1126-1138). Stuttgart: Schäffer-Poeschel.

Shapiro, D. L. (1991). The effect of explanations on negative reactions to deceit. *Administrative Science Quarterly*, 36, 614-630.

Sheppard, B. H. (1984). Third party conflict intervention: A procedural framework. *Research in Organizational Behavior*, 6, 141-190.

Shire, K. A. (2011). Integrierte Steuerungsinstrumente zur Steigerung der Innovationsfähigkeit von Unternehmen der Verlags- und Medienwirtschaft (FLEXMEDIA). In Projektträger im Deutschen Zentrum für Luft- und Raumfahrt e. V. (Hrsg.), *Forschungs- und Entwicklungsprogramm für innovative Arbeitsgestaltung und Dienstleistungen.* Jahresbericht 2010/2011 (155-160).

Siebert, J. (2006). *Führungssysteme zwischen Stabilität und Wandel: Ein systematischer Ansatz zum Management der Führung.* Gabler Edition Wissenschaft: Markt- und Unternehmensentwicklung. Wiesbaden: Deutscher Universitäts-Verlag.

Siegel, P. A., Post, C., Brockner, J., Fishman, A. Y. & Garden, C. (2005). The moderating influence of procedural fairness on the relationship between work-life conflict and organizational commitment. *Journal of Applied Psychology*, 90 (1), 13-24.

Sigmund, K., Fehr, E. & Nowak, M. A. (2002). Teilen und Helfen: Ursprünge sozialen Verhaltens. *Spektrum der Wissenschaft*, 52-59.

Simons, T. & Roberson, Q. (2003). Why managers should care about fairness: The effects of aggregate justice perceptions on organizational outcomes. *Journal of Applied Psychology*, 88 (3), 432-443.

Six, B. & Eckes, T. (1996). Metaanalysen in der Einstellungs-Verhaltens-Forschung. *Zeitschrift für Sozialpsychologie*, 27 (1), 7-17.

Skarlicki, D. P. & Folger, R. (1997). Retaliation in the workplace: The role of distributive, procedural, and interactional justice. *Journal of Applied Psychology*, 82 (3), 434-443.

Skarlicki, D. P., Folger, R. & Tesluk, P. (1999). Personality as a moderator in the relationship between fairness and retaliation. *Academy of Management Journal*, 42 (1), 100-108.

Skitka, L. J. & Crosby, F. J. (2003). Trends in the social psychological study of justice. *Personality and Social Psychology Review*, 7 (4), 282-285.

Sperka, M. (1996). *Psychologie der Kommunikation in Organisationen: Eine Einführung auf systemtheoretischer Grundlage*. Pädagogische Psychologie und ihre Anwendungen: Vol. 3. Essen: Verlag Die Blaue Eule.

Spiegel-Gespräch (2008). Es gab klare Exzesse. *Der Spiegel*, 8, 73-75. http://wissen.spiegel.de/wissen/image/show.html?did=64197233&aref=image039/2009/02/14/ROSP200900800730075.PDF&thumb=false. 09.12.2009.

Staehle, W. H. (1999). *Management: Eine verhaltenswissenschaftliche Perspektive*. München: Vahlen.

StepStone Deutschland AG. (2009). *Variables Gehalt: Das müssen Sie beachten*. http://www.stepstone.de/Karriere-Bewerbungstipps/gehalt/variables-gehalt-das-muessen-sie-beachten.cfm. 11.06.2010.

Stock-Homburg, R. (2007). Nichts ist so konstant wie die Veränderung: Ein Überblick über 16 Jahre empirische Change Management-Forschung. *Zeitschrift für Betriebswirtschaft*, 77 (7/8), 795-861.

Streich, R. K. (1997). Veränderungsprozeßmanagement. In M. Reiß, L. von Rosenstiel & A. Lanz (Hrsg.), *Change Management: Programme, Projekte und Prozesse* (237-254). Stuttgart: Schäffer-Poeschel.

Streicher, B., Maier, G. W., Jonas, E. & Reisch, L. (2008). Organisationale Gerechtigkeit und Qualität der Führungskraft-Mitarbeiter-Beziehung. *Wirtschaftspsychologie*, (2), 54-64.

Suchanek, A. & Lin-Hi, N. (2010). Stichwort: Gerechtigkeit. In *Gabler Wirtschaftslexikon*. http://wirtschaftslexikon.gabler.de/Archiv/6013/gerechtigkeit-v8.html. 14.01.2011

Suffel, W. (1981). *Widerstand von Geschäftsbereichsleitern im Entwicklungsprozeß der strategischen Planung*. Reihe Wirtschaftswissenschaften: Vol. 228. Thun, Frankfurt am Main: Deutsch.

Sweeney, P. D. & McFarlin, D. B. (1993). Workers' evaluations of the "ends" and the "means": An examination of four models of distributive and procedural justice. *Organizational Behavior and Human Decision Processes*, 55 (1), 23-40.

Tarlatt, A. (2001). *Implementierung von Strategien im Unternehmen*. Gabler Edition Wissenschaft. Wiesbaden: Deutscher Universitäts-Verlag.

Tata, J. (2000). Influence of role and gender on the use of distributive and procedural justice principles. *The Journal of Psychology*, 134 (3), 261-268.

Thibaut, J. W. & Walker, L. (1975). *Procedural justice: A psychological analysis*. Hillsdale, New Jersey: Lawrence Erlbaum Associates.

Thibaut, J. W. & Kelley, H. H. (1959). *The social psychology of groups*. New York: Wiley.

Thierry, H. (2002). Enhancing performance through pay and reward systems. In S. Sonnentag (Ed.), Wiley handbooks in the psychology of management in organizations. *Psychological management of individual performance* (325-348). Chichester: Wiley.

Thüsing, G. (2003). ECLR. Auf der Suche nach dem iustum pretium der Vorstandstätigkeit: Überlegungen zur Angemessenheit im Sinne des § 87 Abs. 1 Satz 1 AktG. *Zeitschrift für Unternehmens- und Gesellschaftsrecht*, 457-507.

Tränkle, J. (1983). Fragebogenkonstruktion. In H. Feger & J. Breden (Hrsg.), *Enzyklopädie der Psychologie* (222-301). Göttingen [u. a.]: Hogrefe Verlag für Psychologie.

Trommsdorff, V. (2009). *Konsumentenverhalten*. Stuttgart: Kohlhammer.

Trommsdorff, V., Bleiker, U. & Hildebrandt, L. (1979). *Nutzen und Einstellung: Studenten beurteilen Marktforschungsbücher*. Diskussionspapier 50. Wirtschaftswissenschaftliche Dokumentation. Berlin.

Tyler, T. R. & Bies, R. J. (1990). Beyond formal procedures: The interpersonal context of procedural justice. In J. S. Carroll (Ed.), *Applied social psychology and organizational settings* (77-98). Hillsdale, New Jersey: Lawrence Erlbaum Associates.

Tyler, T. R. & Blader, S. L. (2003). The group engagement model: Procedural justice, social identity, and cooperative behavior. *Personality and Social Psychology Review*, 7 (4), 349-361.

Tyler, T. R. & Lind, E. A. (1992). A relational model of authority in groups. In M. P. Zanna (Ed.), *Advances in experimental social psychology* (115-191). New York: Academic Press.

Uhl, A. (2000). *Motivation durch Ziele, Anreize, und Führung: Eine empirische Untersuchung am Beispiel eines Versicherungskonzerns*. Berlin: Duncker & Humblot.

Uhrich, D. (2010). *Studie: Deutschlands attraktivste Arbeitgeber*. http://www.absolventa.de/blog/studie-attraktive-arbeitgeber. 11.04.2011.

Ulrich, H. (1995). Von der Betriebswirtschaftslehre zur systemorientierten Managementlehre. In R. Wunderer (Hrsg.), *Betriebswirtschaftslehre als Management- und Führungslehre* (161-178). Stuttgart: Schäffer-Poeschel.

Urban, D. & Mayerl, J. (2011). *Regressionsanalyse: Theorie, Technik und Anwendung*. Wiesbaden: Verlag für Sozialwissenschaften

Utman, C. H. (1997). Performance effects of motivational state. A meta-analysis. *Personality and Social Psychology Review*, 1 (2), 170-182.

Vakola, M., Tsaousis, I. & Nikolaou, I. (2004). The role of emotional intelligence and personality variables on attitudes toward organisational change. *Journal of Managerial Psychology*, 19 (2), 88-110.

van Dam, K., Oreg, S. & Schyns, B. (2008). Daily work contexts and resistance to organisational change: The role of leader-member exchange, development climate, and change process characteristics. *Applied Psychology: An International Review*, 57 (2), 313-334.

van den Bos, K. (2005). What is responsible for the fair process effect? In J. Greenberg & J. A. Colquitt (Eds.), *Handbook of organizational justice* (273-300). Mahwah, New Jersey: Lawrence Erlbaum Associates.

van den Bos, K. & Lind, E. A. (2002). Uncertainty management by means of fairness judgments. In M. P. Zanna (Ed.), *Advances in experimental social psychology* (1-60). Amsterdam: Academic Press.

van den Bos, K. & van Prooijen, J.-W. (2001). Referent cognitions theory: The role of closeness of reference points in the psychology of voice. *Journal of Personality and Social Psychology*, 81 (4), 616-626.

Vancouver, J. B. & Kendall, L. N. (2006). When self-efficacy negatively relates to motivation and performance in a learning context. *Journal of Applied Psychology*, 91 (5), 1146-1153.

vbw - Verband bayerischer Wirtschaft. (2010). *Arbeitslandschaft 2030: Die Auswirkungen der Wirtschaftskrise auf Deutschland*. http://www.vbw-bayern.de/agv/vbw-Themen-Brennpunkt-Arbeitslandschaft_2030-Arbeitslandschaft_2030_Die_Auswirkungen_der_Wirtschaftskrise_auf_Deutschland--29737,ArticleID__8609.htm. 21.09.2011.

Venkatesh, V. (2000). Determinants of perceived ease of use: Integrating control, intrinsic motivation, and emotion into the technology acceptance model. *Information System Research*, 11 (4), 342-365.

Venkatesh, V. & Davis, D. F. (2000). Theoretical extension of the technology acceptance model: Four longitudinal field studies. *Management Science*, 46 (2), 186-204.

Venkatesh, V. & Bala, H. (2008). Technology acceptance model 3 and a research agenda on interventions. *Decision Sciences*, 39 (2), 273-315.

Venkatesh, V., Morris, M. G., Davis, G. B. & Davis, F. D. (2003). User acceptance of information technology: Toward a unified view. *MIS Quarterly*, 27 (3), 425-478.

Verband der Bayerischen Metall- und Elektroindustrie e. V. (VBM). (2000). *Wissensmanagement für die Praxis*. München: VBM.

Vetter, G. (1987). Verhalten. In S. Grubitzsch & G. Rexilius (Hrsg.), *Psychologische Grundbegriffe, Menschen und Gesellschaft in der Psychologie. Ein Handbuch* (1159-1169). Reinbeck.

Vroom, V. H. (1964). *Work and motivation*. New York: Wiley.

Wagner, D., Grawert, A. & Langemeyer, H. (1993). *Cafeteria-Modelle: Möglichkeiten der Individualisierung und Flexibilisierung von Entgeltsystemen für Führungskräfte*. Stuttgart, Zürich: Schäffer-Poeschel; Verlag Neue Zürcher Zeitung.

Wahl, R. (2001). *Akzeptanzprobleme bei der Implementierung von Projektmanagementkonzepten in der Praxis: Eine empirische Analyse*. Europäische Hochschulschriften Reihe V, Volks- und Betriebswirtschaft: Bd. 2779. Frankfurt am Main: Lang.

Walter-Busch, E. (2008). *Arbeits- und Organisationspsychologie im Überblick*. Uni-Taschenbücher: Vol. 8405. Wien: facultas.wuv.

Wanberg, C. R. & Banas, J. T. (2000). Predictors and outcomes of openness to changes in reorganizing workplace. *Journal of Applied Psychology*, 85 (1), 132-142.

Wanous, J. P., Reichers, A. E. & Austin, J. T. (2000). Cynicism about organizational change: Measurement, antecedents, and correlates. *Group and Organization Management*, 25 (2), 132-153.

Wanous, J. P., Reichers, A. E. & Austin, J. T. (2004). Cynicism about organizational change: An attribution process perspective. *Psychological Reports*, 94 (3), 1421-1434.

Watson Wyatt Worldwide. (2006). *Aligning rewards with the changing employment deal: Strategic rewards 2006/2007*. http://www.worldatwork.org/waw/adimLink?id=17180. 20.11.2007.

Weibel, A. (2009). Leistungsvariable Vergütung ist mit Vorsicht zu genießen. *HR Today*, 9, 24-25.

Weibel, A., Rost, K. & Osterloh, M. (2009). Pay for performance in the public sector: Benefits and (hidden) costs. *Journal of Public Administration Research and Theory*, 20, 387-412.

Weibel, A., Rost, K. &Osterloh, M. (2007). *Crowding-out of intrinsic motivation: Opening the black box*. Working paper. http://ssrn.com/abstract=957770. 15.12.2008.

Weiber, R. (1992). *Diffusion von Telekommunikation: Problem der kritischen Masse*. Neue betriebswirtschaftliche Forschung: Vol. 101. Wiesbaden: Gabler.

Weiber, R. & Mühlhaus, D. (2010). *Strukturgleichungsmodellierung: Eine anwendungsorientierte Einführung in die Kausalanalyse mit Hilfe von AMOS, SmartPLS und SPSS.* Berlin, Heidelberg: Springer.

Weinert, A. B. (1998). *Organisationspsychologie: Ein Lehrbuch*. Weinheim: Beltz.

Weinert, A. B. (1992). Anreizsysteme, verhaltenswissenschaftliche Dimension. In E. Frese (Hrsg.), *Enzyklopädie der Betriebswirtschaftslehre: Bd. 2. Handwörterbuch der Organisation* (124-133). Stuttgart: Schäffer-Poeschel.

Weinert, A. B. (2004). *Organisations- und Personalpsychologie.* Weinheim, Basel: Beltz.

Welslau, D. (2001). Einführung eines neuen Vergütungssystems bei der Deutschen Telekom: Ein neues Bewertungs- und Vergütungssystem bei der Deutschen Telekom AG orientiert sich an den Größen „Funktion" und „Leistung". *Personalführung,* (10), 30-35.

Wenzel, M. & Weller, I. (2008). Leistungsorientierte Vergütung im öffentlichen Sektor: Ein Test der Motivationsverdrängungsthese. *Zeitschrift für Betriebswirtschaft,* 78 (1), 35-60.

Wiendieck, G. (1992). Akzeptanz. In E. Frese (Hrsg.), *Enzyklopädie der Betriebswirtschaftslehre: Bd. 2. Handwörterbuch der Organisation* (89-98). Stuttgart: Schäffer-Poeschel.

Wiersma, U. J. (1997). intrinsic/extrinsic motivation. In N. Nicholson (Ed.), *The Blackwell encyclopedia of management: Vol. 6. The Blackwell encyclopedic dictionary of organizational behavior* (260-261). Cambridge, Massachusetts: Blackwell.

Wild, J. (1973). Organisation und Hierarchie. *Zeitschrift Führung und Organisation,* 42, 45-54.

Williamson, O. E. (1993). Opportunism and its critics. *Managerial and Decision Economics,* 14 (2), 97-117.

Winkler, B. E. (2007). Die Effekte der Fairnesswahrnehmungen bei Leistungsbeurteilungen auf Mitarbeiterreaktionen: Ergebnisse einer empirischen Untersuchung von Mitarbeitern nach einer mit variablen Bonuszahlungen verbundenen Leistungsbeurteilung. München.

Winkler, K. & Mandl, H. (2004). Mitarbeiterorientierte Implementation von Wissensmanagement in Unternehmen. In G. Reinmann & H. Mandl (Hrsg.), *Psychologie des Wissensmanagements. Perspektiven, Theorien und Methoden* (207-219). Göttingen: Hogrefe.

Winter, S. (1996). *Prinzipien der Gestaltung von Managementanreizsystemen.* Neue Betriebswirtschaftliche Forschung: Bd. 178. Wiesbaden: Gabler.

Winter, S. (1997). Möglichkeiten der Gestaltung von Anreizsystemen für Führungskräfte. *Die Betriebswirtschaft,* 57 (5), 615-629.

Wiswede, G. (1980). *Motivation und Arbeitsverhalten: Organisationspsychologische und industriesoziologische Aspekte der Arbeitswelt.* Uni-Taschenbücher: Vol. 998. München: Reinhardt.

Witt, T. & Klaus, H. (1997). Widerstände bei BPR-Projekten: Erfolge hängen an der Akzeptanz bei Mitarbeitern. *Office Management,* 10, 23-28.

Witte, E. (1973). *Organisation für Innovationsentscheidungen: Das Promotoren-Modell. Schriften der Kommission für Wirtschaftlichen und Sozialen Wandel*: Vol. 2. Göttingen: Schwartz.

Yanadori, Y. & Kang, S.-C. (2011). Intra-firm differentiation of compensation systems: Evidence from US high-technology firms. *Human Resource Management Journal,* 21 (3), 236-257.

Zanna, M. P. & Fazio, R. H. (1982). The attitude-behavior relation: Moving toward a third generation of research. In M. P. Zanna, E. T. Higgins & C. P. Herman (Eds.), *Consistency in social behavior. The Ontario Symposium* (283-301). Hillsdale, New Jersey: Lawrence Erlbaum.

Zapata-Phelan, C. P., Colquitt, J. A., Scott, B. A. & Livingston, B. (2009). Procedural justice, interactional justice, and task performance: The mediating role of intrinsic motivation. *Organizational Behavior and Human Decision Processes,* 108, 93-105.

Zimmermann, K., Campana, C. & Schott, E. (1998). Leistungs- und Prämiensystem für Projektteams. *Personalwirtschaft,* 25 (5), 51-54.